GRASSHOPPER 参数化非线性设计

白云生　高云河　著

华中科技大学出版社
http://www.hustp.com
中国·武汉

图书在版编目(CIP)数据

Grasshopper参数化非线性设计 / 白云生，高云河著. - 武汉 ：华中科技大学出版社，2018.8
（2022.8 重印）
ISBN 978-7-5680-4406-6

Ⅰ. ①G… Ⅱ. ①白… ②高… Ⅲ. ①三维动画软件 Ⅳ. ①TP391.414

中国版本图书馆CIP数据核字(2018)第173188号

Grasshopper参数化非线性设计 白云生 高云河 著
GRASSHOPPER CANSHUHUA FEIXIANXING SHEJI

出版发行：华中科技大学出版社（中国 · 武汉） 电话：（027）81321913
武汉市东湖新技术开发区华工科技园 邮编： 430223
出 版 人：阮海洪

责任编辑：尹 欣 责任监印：秦 英
责任校对：张 靖 装帧设计：王亚平

印 刷：湖北恒泰印务有限公司
开 本：787 mm×1092 mm 1/16
印 张：16
字 数：128千字
版 次：2022年8月第1版第3次印刷
定 价：69.80元

投稿热线：(010)64155588-8000
本书若有印装质量问题，请向出版社营销中心调换
全国免费服务热线：400-6679-118 竭诚为您服务

前言 PREFACE

参数化设计（Parametric Design）是一种基于算法思维模式的处理方法。可以将各方面条件因子有效地组织起来。通过定义规则、组合排列及编码等方式来实现可视化的设计意图。

以（Rhino+Grasshopper）技术为主的建筑方向的参数化设计，自2010年开始，在中国各个城市院校及设计事务所越来越受到重视。基于这种算法技术，建筑师获得了用以分析及模拟复杂的自然研究、结构化建造、城市规划组合等诸多主题的设计工具。将创意想象交给自己，迭代计算交给软件和计算机。但是在刚开始的几年，参数化设计仅仅是提供给具有编写程序代码能力的设计师，并依靠抽象化的RhinoScript（类似VB Script）来编写参数化模型，对于希望从事这方面研究的设计师，不得不先投入精力学习枯燥的编程语言，这对设计师来讲，是一种非常沉重的学习负担。所幸，随着可视化编程插件Grasshopper的出现，设计师可以快速上手学习该插件，并掌握设计的关键技术。由于该插件是基于Rhino本身开发，其内部的API和功能模块也都天衣无缝地与Rhino集成在一起，更加高效!

本书中涵盖了大量的参数化算法实现模型、技术研究成果、利用插件实现延展设计的经验。针对众多的Grasshopper工具，以分类案例的讲解方式，详细探讨了数据结构，表皮、向量、多边形网格、物理动力学，结构研究等不同方向的设计案例。析精剖微之下，读者可有效总结出一整套适合个人设计工作的快速工具包。本书内容不仅仅针对的是建筑设计专业的学生，对景观设计、城市规划、结构设计、幕墙设计等不同专业都有精彩的案例讲解。

目　录

第一章　Grasshopper 基本设置与理论基础

第二章　数据结构

第四章 Mesh 应用实例

第五章 Surface 应用实例

第一章　Grasshopper 基本设置与理论基础

1. 软件的下载与安装

如图 1-1 所示，本书所使用的 Grasshopper 版本为 0.9.0076，为了便于描述，后面内容将 Grasshopper 简称为 GH。

图 1—1　0.9.0076 版本的 Grasshopper

如图 1-2 所示，GH 可以在官网页面中进行下载，其网站链接为：http://www.grasshopper3d.com/。进入官网后单击【download】转至下载页面，输入邮箱地址后即可提取安装文件。

通过双击安装程序即可完成 GH 的安装，如图 1-3 所示。安装完成后，在 Rhino 指令栏里输入“grasshopper”即可打开 GH 界面。

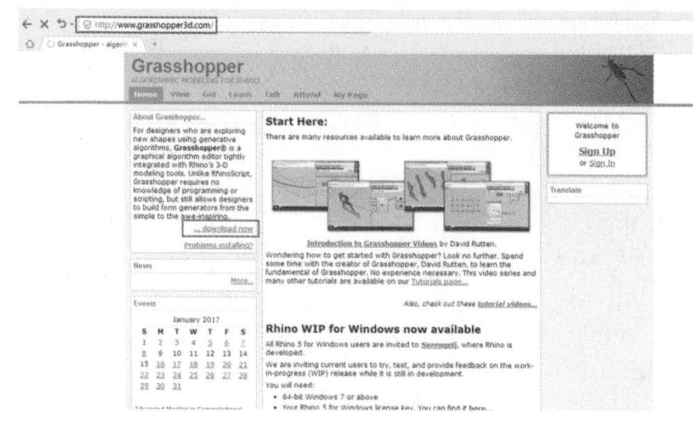

图 1—2　官网下载页面

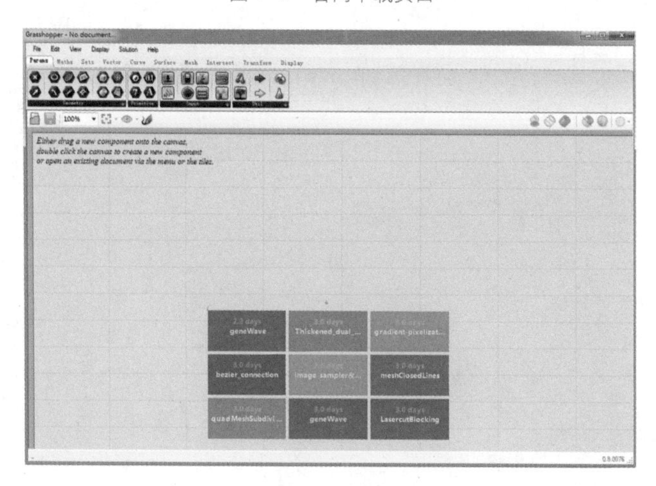

图 1—3　安装

2. GH 界面介绍（UI）

如图 1-4 所示，GH 的界面主要由 8 个部分组成，分别是传统标题栏、主要菜单栏、运算器标签栏、工具栏、工作区、历史文档记录、文件名称、版本显示。

（1）传统标题栏（如图 1-4 所示）

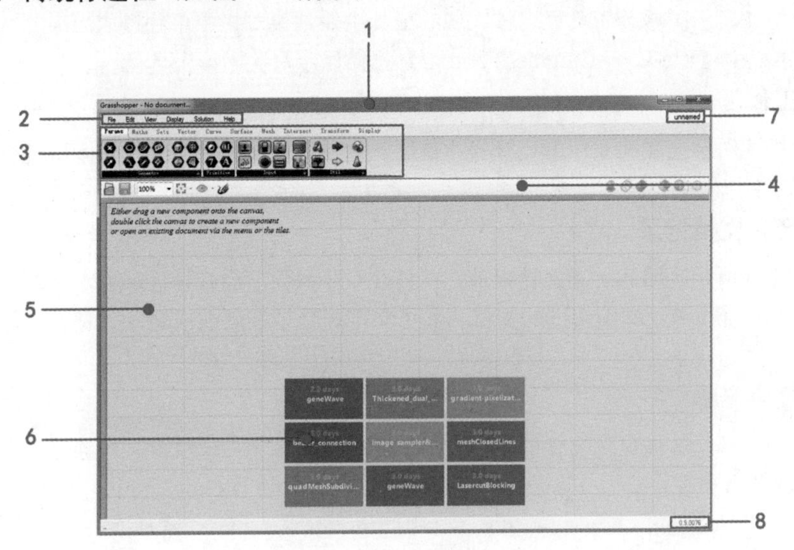

图 1-4　GH 的界面

图 1-4 中 1 所示区域为传统标题栏，它显示当前 GH 文件的名称，以及最小化、最大化、关闭界面的操作按钮。

（2）主要菜单栏

图 1-4 中 2 所示区域为主要菜单栏，它是 GH 相关设置的菜单集合，包含文件、编辑、视图、显示、方法、帮助等相关菜单的调整与设置。正常情况下，设置保持默认即可，也可根据需求调整相关设置。

（3）运算器标签栏

图 1-4 中 3 所示区域为运算器模块区，该区域是 GH 的核心区域，包含 GH 中的全部运算器，并且将同类运算器放在一个标签栏下。

（4）工具栏（如图 1-5 所示）

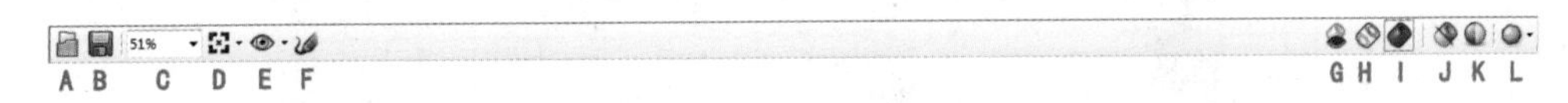

图 1-5　工具栏

A. 打开文档
B. 保存文档
C. 缩放显示比例
D. 可调整缩放视图
E. 命名视图
F. 铅笔标注工具
G. 关闭显示所有物体

H. 线框模式显示

I. 着色模式显示

J. 仅显示选中运算器的物体

K. 显示相关设置

L. 显示精度设置（可以将显示精度调整为 Document Quality）

图 1-4 中 4 所示区域为工具栏，该区域的工具主要是菜单栏中单独提取出来的常用设置，读者可在菜单栏中【View → Canvas Toolbar】选择显示与关闭该工具栏。

（5）工作区

图 1-4 中 5 所示区域为 GH 的运算器工作区，它可通过将运算器调入该区域进行逻辑模型构建，是 GH 工作的核心区域。

（6）历史文档记录

图 1-4 中 6 所示区域为历史文档记录，在打开 GH 界面后会在该区域显示近期打开过的文档，方便用户快速找到近期编辑过的文档。如果文档的路径被更改或删除，那么文件名称会以红色标示。

（7）文件名称

图 1-4 中 7 所示区域显示文件的名称，如果同时打开多个 GH 文件，可通过单击该处来切换不同的文件。

（8）GH 版本显示

图 1-4 中 8 所示区域显示当前安装的 GH 版本。

3. GH 个性化设置

在使用软件的时候，很多人往往会根据各自的喜好不同，将软件工作区设置成适合自己的风格。如图 1-6 所示，常用的设置可以通过菜单栏中【File → Preferences → Palette】打开，里面包含了 GH 中的多种选项设置。

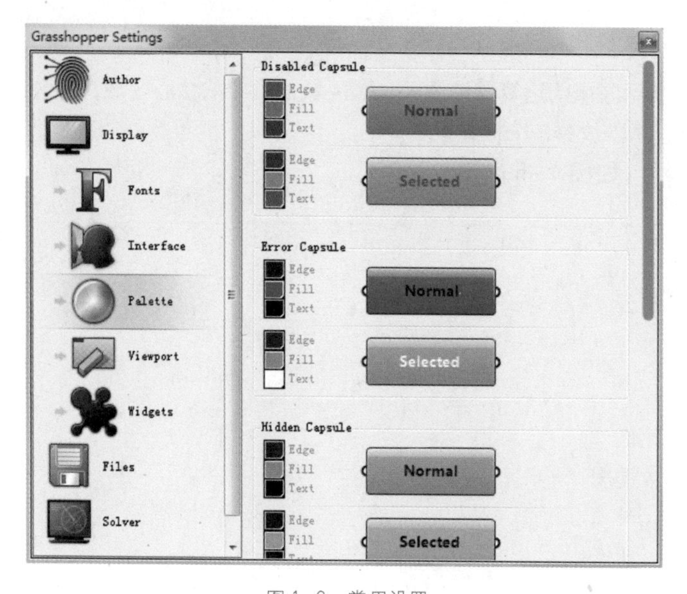

图 1-6 常用设置

3.1 自定义物体颜色与背景颜色

如图 1-7 所示，GH 中默认的几何体显示颜色在【File → Preferences → Viewport】中进行更改。默认状态下的几何体显示颜色为透明的红色，当几何体运算器处于选择状态下时，显示颜色为透明的淡绿色。

如图 1-8 所示，右键单击【Document Meterials】图框位置，可以通过调整 HSVA 四个数值调整需要的颜色。此处的颜色设置只对当前文件起作用，如果重新打开一个 GH 文件，将还原为默认值。

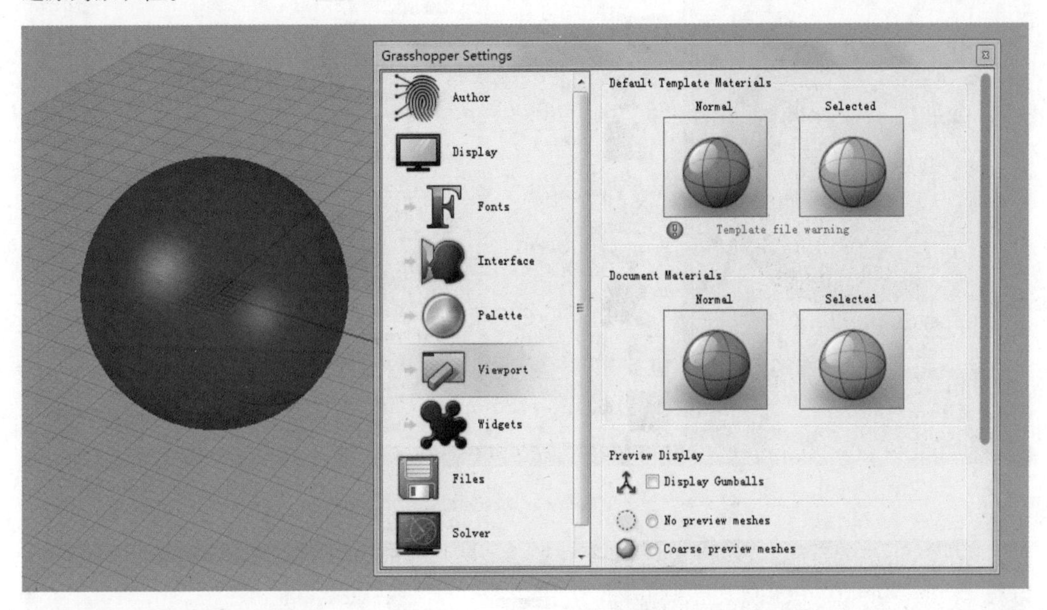

图 1-7 几何体显示颜色的更改

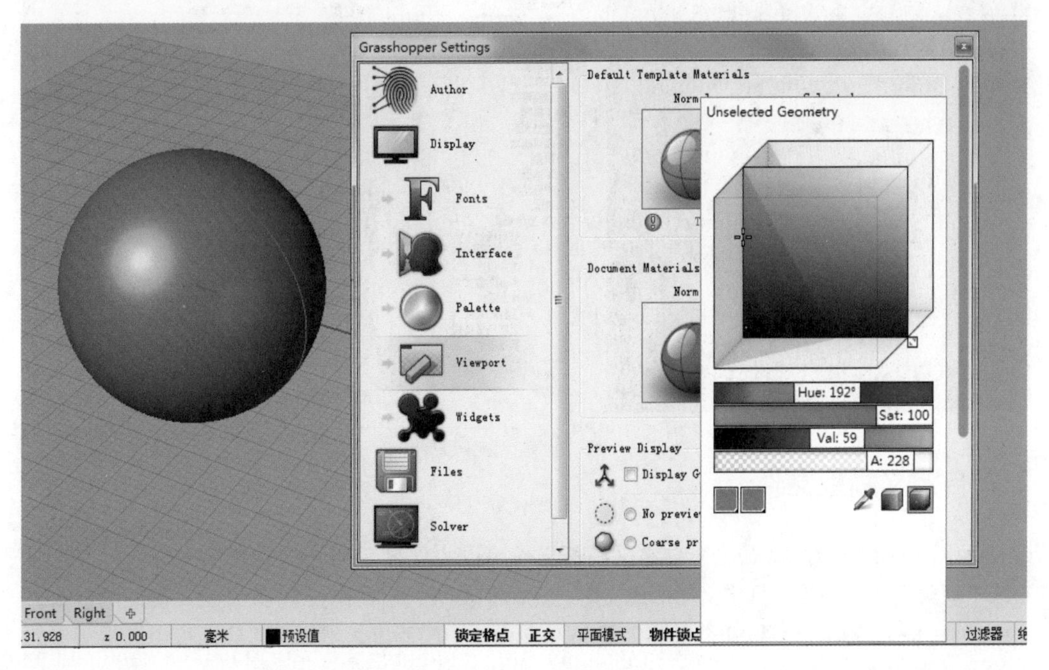

图 1-8 通过 HSVA 调整颜色

如图 1-9 所示，如果希望通过 HSVA 调整后的颜色在其他文件中也可以使用，那么可将【Default Template Materials】中的颜色设置成相同的颜色，这样其他文件中的物体也以该颜色进行显示。

如图 1-10 所示，搭配 Rhino 中【工具 → 选项 → 视图】设置视窗背景颜色，可以定义适合自己的显示效果。

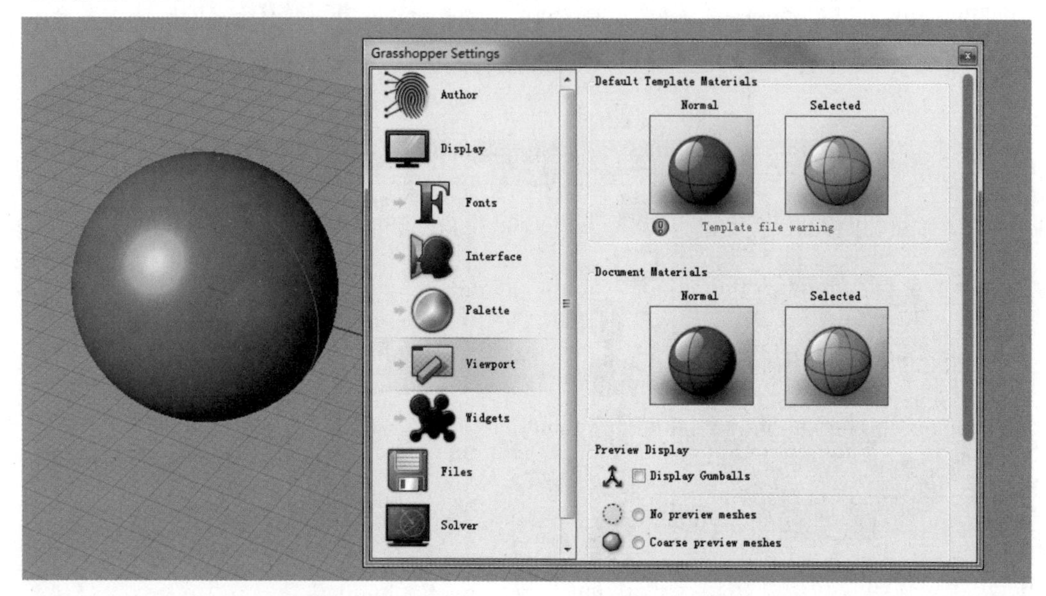

图 1-9　Default Template Materials 中的颜色设置

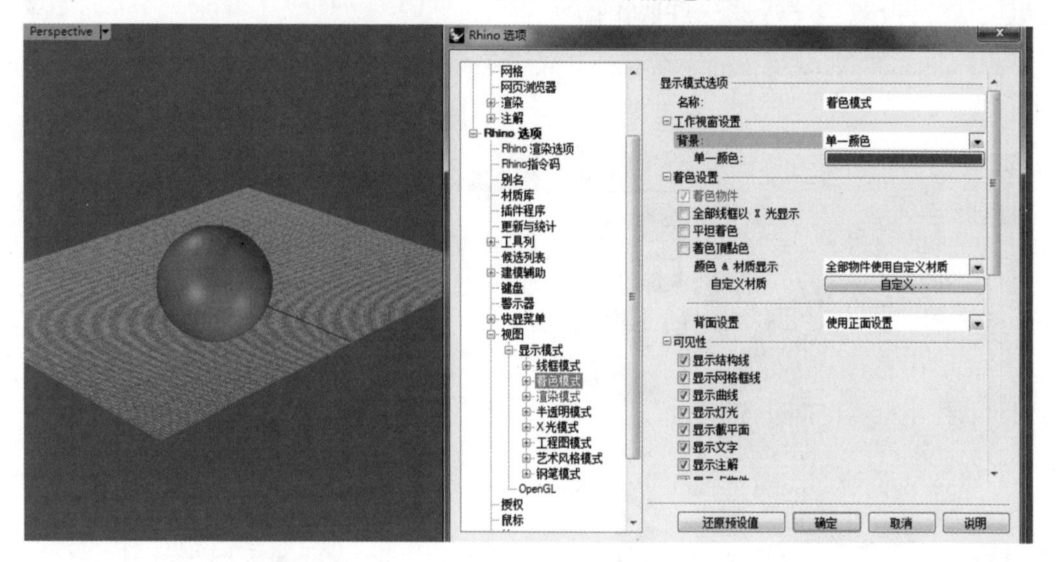

图 1-10　设置视窗背景颜色

3.2 自定义模板文件

如图 1-11 所示，设置一个自定义模板文件可以方便显示用户信息及风格特征。首先在 GH 中利用模块或画笔工具定义图形或文字，然后将该 GH 文件保存到一个不会被更改的位置。

如图 1-12 所示，可以通过画笔工具导入 Rhino 中的图案，然后在 GH 面板中调整图案的颜色及线条宽度。

图 1–11　设置自定义模板文件

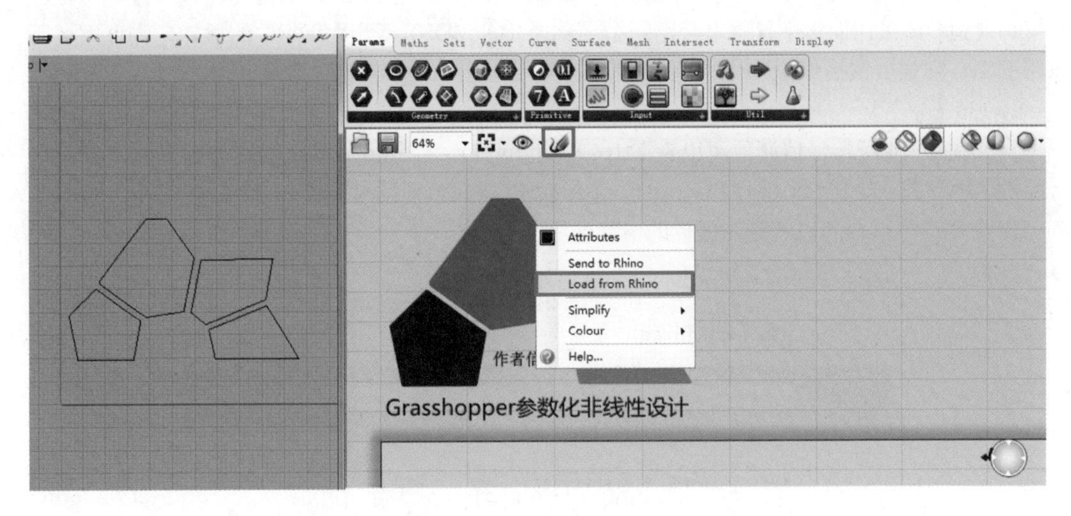

图 1–12　导入 Rhino 的图案

如图 1–13 所示，自定义的模板文件可通过【File → Preferences → Files】进行加载，在 Template File 文件路径中找到之前保存好的 GH 文件，这样模板文件中的图案就可在新的 GH 文档中显示出来。

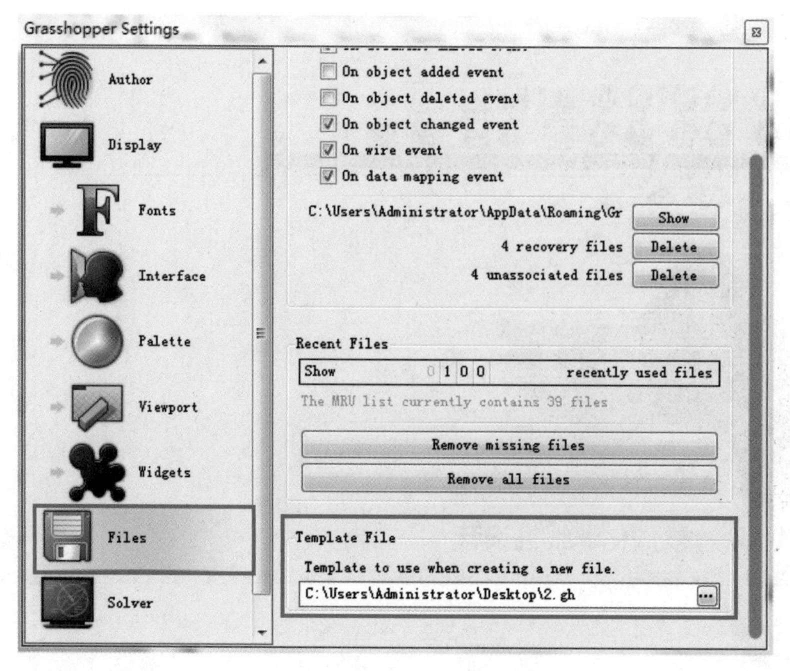

图 1—13　加载自定义的模板文件

3.3 GH 界面调用 Rhino 视窗

在默认状态下，GH 的操作与 Rhino 视窗的显示是不重合的，为了能即时观察 GH 中的操作在 Rhino 视窗中的反馈结果，需要将 GH 的工作面板与 Rhino 视窗不重叠放置。

为了提高视窗的利用率，便于观察 GH 的操作在 Rhino 视窗的显示情况，可以将 Rhino 视窗调入到 GH 工作面板中，这里介绍一个名称为 TOPMOST　VIEWPORT 的插件，它可用来调用 Rhino 视窗（该插件由 McNeelAsia 制作，Rhino 亚洲原厂官方网站网址为：http://www.shaper3d.cn/”）。

如图 1—14 所示，该插件可以在 http://www.food4rhino.com/ 网站进行下载，该网站提供了种类齐全的Rhino插件和Grasshopper插件，进入该网站后，在搜索栏里输入“TOPMOST VIEWPORT”，就可以找到该插件的下载地址。

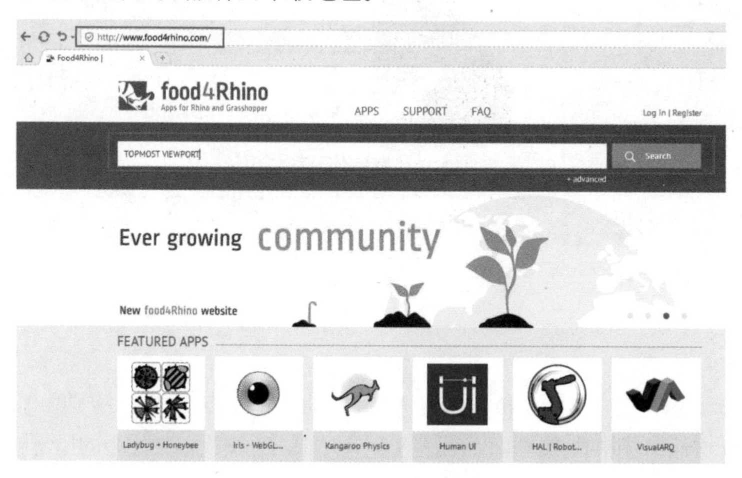

图 1—14　插件下载网站

插件下载完成后直接将该安装文件拖入到 Rhino 视窗中即可完成安装。安装完成后，在指令栏里输入“_TopMostViewport”命令即可调入浮动的 Rhino 视图。如图 1–15 所示，在全屏操作 GH 面板的情况下，Rhino 视窗可在 GH 工作区中显示。

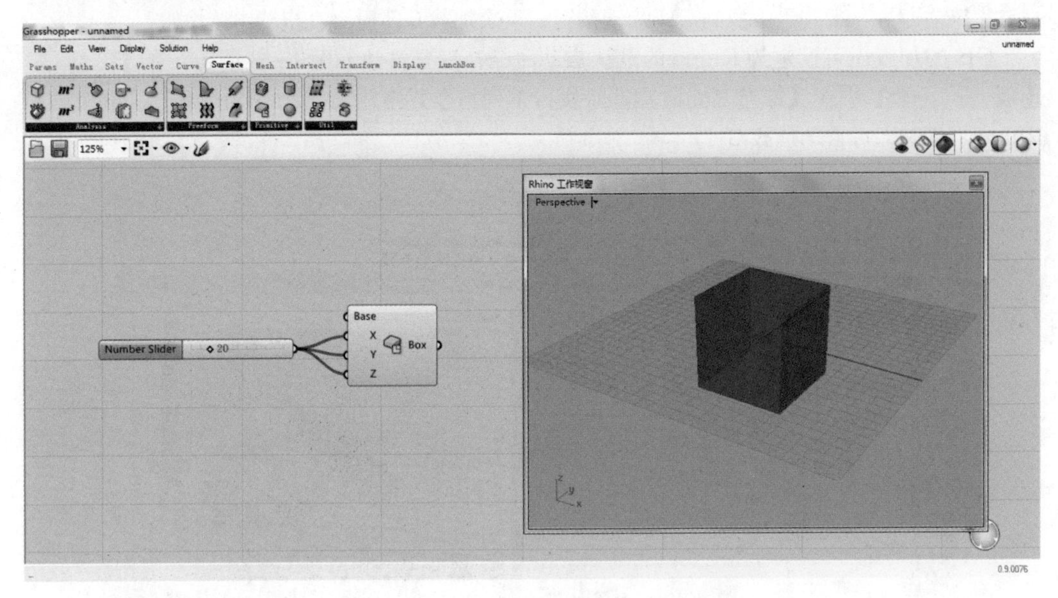

图 1–15　安装

4．GH 实用工具

4.1 创建 GH 启动按钮

正常情况下，打开 GH 界面需要在指令栏里输入“grasshopper”，它作为一个常用命令，可以通过在 Rhino 标签栏里创建按钮来实现一键启动。制作方法如图 1–16 所示，在上方工具栏空白处单击右键，选择【新增按钮】，即可打开一个设置面板。

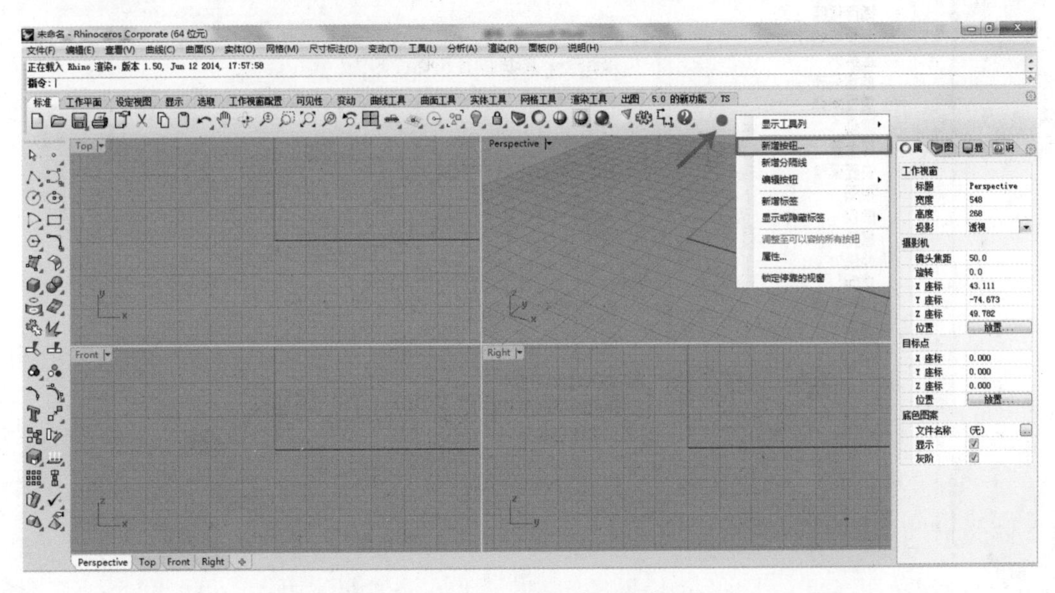

图 1–16　创建一键启动按钮制作方法

如图 1–17 所示，在【鼠标左键】和【鼠标右键】的【指令】栏里输入“grasshopper”，文字和工具提示可自行设定。然后打开图标编辑按钮，选择【文件 → 导入图示（填满）】，使用者可以根据自己喜好来设定图标的样式，笔者所用的此处图片截取于 GH 开启画面。全部设定完毕后即可在工具栏中找到 GH 启动按钮，下次加载 GH 时可直接单击该按钮。

GH 的加载还可设定为 Rhino 的默认启动命令，设置方法如图 1–18 所示，在【工具 → 选项 → 一般】中在【每当 Rhino 启动时执行下列指令】中输入“grasshopper”，下次启动 Rhino 界面时即可自动加载 GH。

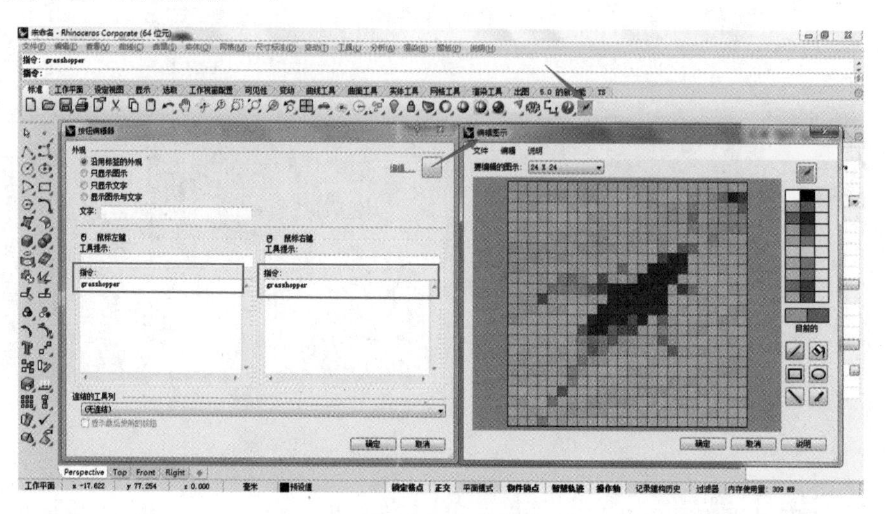

图 1–17　设置面板

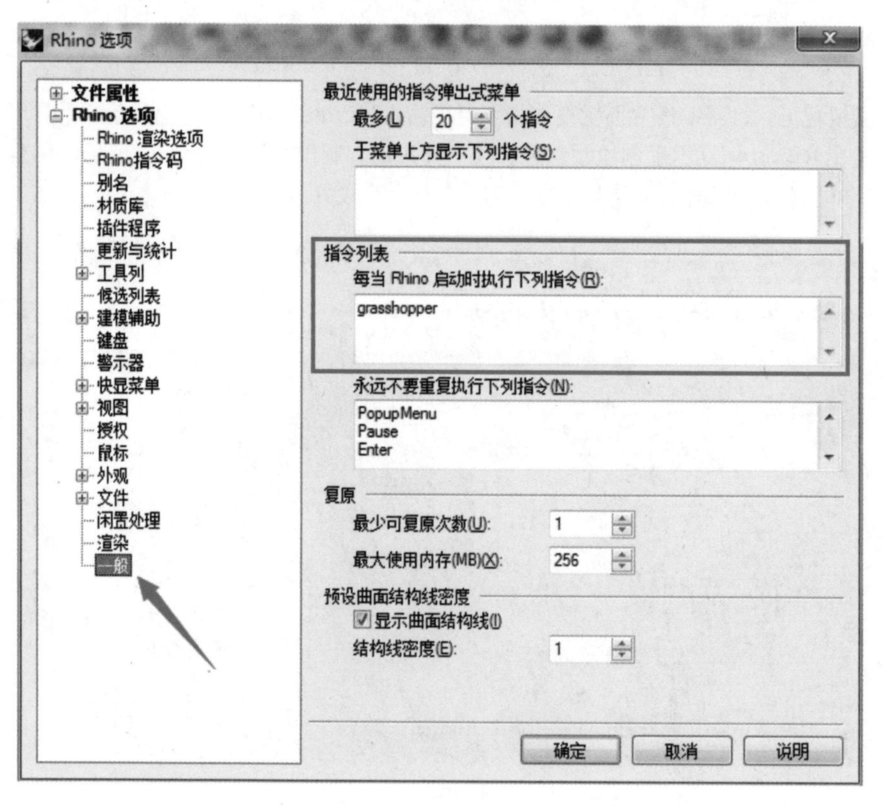

图 1–18　默认启动命令设置方法

4.2 帮助文件

在使用 Rhino 和 GH 的时候大家往往忽略了它们自带的帮助文件，其实帮助文件才是需要认真研究的。如图 1–19 所示，右键单击【运算器】选择【Help】，即可打开 GH 的帮助文件，帮助文件会详细介绍每个输入端和输出端的数据类型及含义。

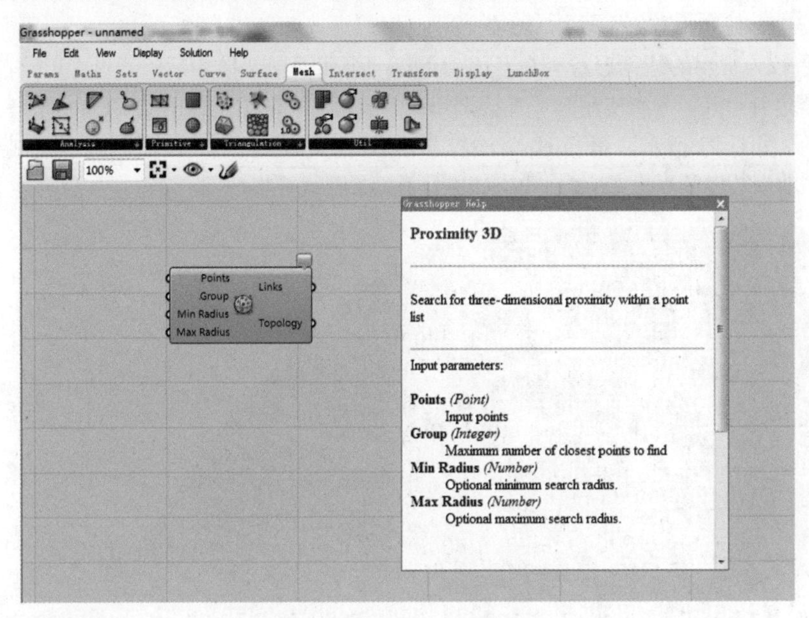

图 1–19　GH 的帮助文件界面

4.3 定位运算器

使用者在拿到其他人做的 GH 文件时，往往会出现一些陌生的运算器，如图 1–20 所示，这时可以鼠标左键单击【运算器】，同时按住 Ctrl 和 Alt 键，这样就可以显示出该运算器所在的位置。

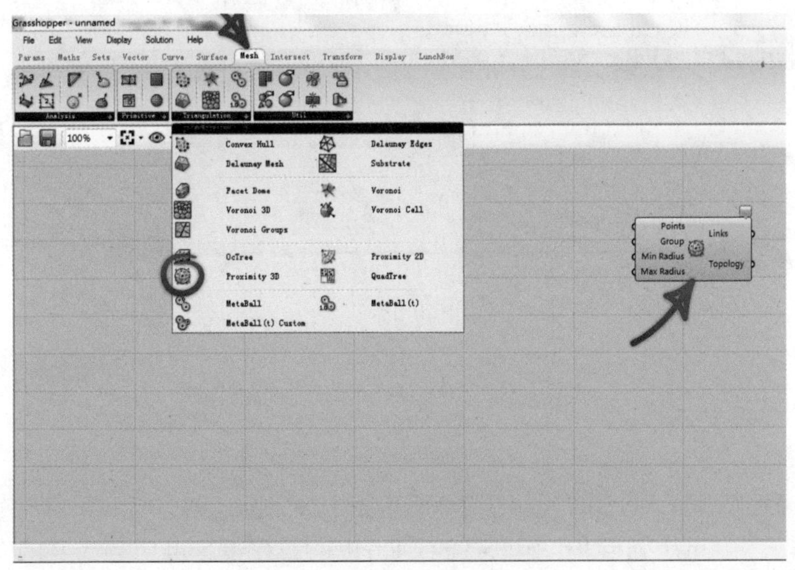

图 1–20　陌生运算器所在位置显示

4.4 封装运算器

使用者在学习和工作过程中，往往会遇到一些相同逻辑的构建过程，将组成这些逻辑的运算器进行封装，即可创建一个 Cluster。封装后的运算器可以保存放置在 GH 的标签栏中，作为独立的功能模块，方便随时调用。制作 Cluster 的最大好处就是可以提高工作效率，将相同逻辑的运算器进行封装，避免了重复制作的过程。

网架是较为常用的结构形式，在 GH 中创建一个曲面网架结构后，通过 Cluster 将该部分逻辑运算器进行封装，下次使用时可直接调用该封装程序。以下是该网架 Cluster 的具体做法。

（1）如图 1-21 所示，用 Surface 运算器拾取 Rhino 空间中的曲面，由于在创建 Cluster 过程中，该曲面数据需要由 Cluster Input 进行替换，因此可将 Surface 运算器命名为“Input”。

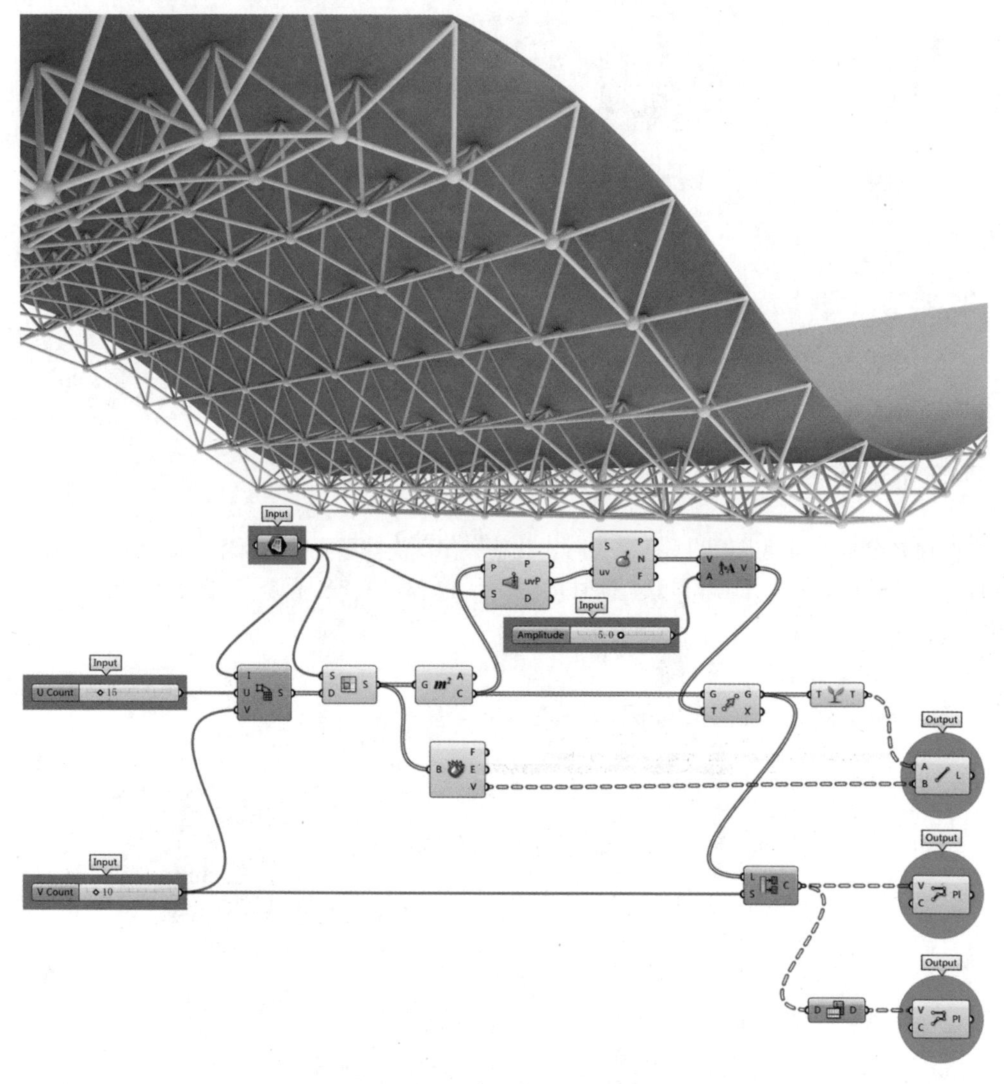

图 1-21　用 Surface 运算器拾取 Rhino 空间中的曲面

（2）通过 Divide Domain² 运算器将曲面等分为二维区间，其中 U 和 V 两个输入端的数据可分别设定为 15 和 10。由于在创建 Cluster 过程中，该数值需要由 Cluster Input 进行替换，因此可将两个 Number Sliser 运算器同时命名为“Input”。

（3）通过 Isotrim 运算器依据二维区间将曲面进行分割。

（4）通过 Area 运算器提取分割后全部子曲面的中心点。

（5）通过 Surface Closest Point 和 Evaluate Surface 两个运算器找出中心点对应曲面的法线方向。

（6）由 Number Sliser 运算器创建一个数值 5，并通过 Amplitude 运算器将其作为中心点对应法线向量的数值。由于在创建 Cluster 过程中，该数值需要由 Cluster Input 进行替换，因此可将该 Number Sliser 运算器命名为“Input”。

（7）将子曲面中心点通过 Move 运算器沿着向量进行移动，并由 Graft Tree 运算器将其创建成树形数据。

（8）通过 Deconstruct Brep 运算器提取每个子曲面的 4 个顶点。

（9）将移动后的中点与对应子曲面的 4 个顶点通过 Line 运算器进行连线，由于在创建 Cluster 过程中，该直线数据需要赋予 Cluster Output，因此可将 Line 运算器命名为“Output”。

（10）通过 Partition List 运算器将移动后的中点进行分组，每组点的个数与等分二维区间中的 V 向数值保持一致。

（11）通过 PolyLine 运算器将分组后的点连成多段线，由于在创建 Cluster 过程中，该多段线数据需要赋予 Cluster Output，因此可将该 PolyLine 运算器命名为“Output”。

（12）通过 Flip Matrix 运算器将步骤（10）中的分组数据进行矩阵翻转，点的分组规则即由横向变为纵向。

（13）通过 PolyLine 运算器将翻转后的点连成多段线，由于在创建 Cluster 过程中，该多段线数据需要赋予 Cluster Output，因此可将该 PolyLine 运算器命名为“Output”。

（14）程序构建完毕后，可继续创建 Cluster 封装程序。如图 1-22 所示，调入 4 个 Cluster Input 运算器，并将程序中名称为“Input”的 4 个运算器全部进行替换。

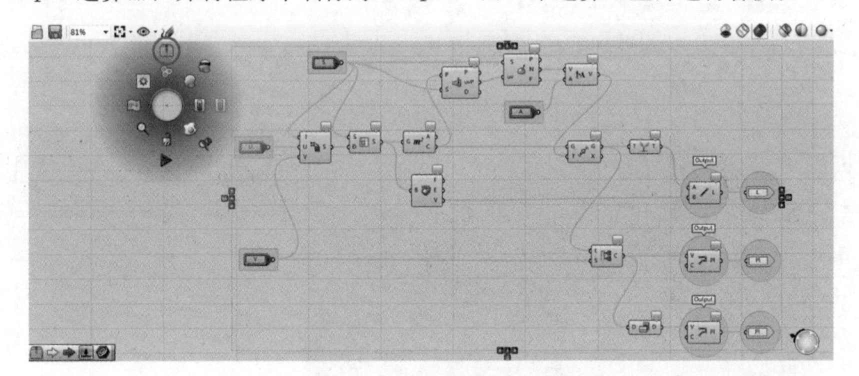

图 1-22 调入 4 个 Cluster Input 运算器

（15）调入 3 个 Cluster Output 运算器，将程序中 3 个名称为“Output”的运算器输出数据分别赋予 3 个 Cluster Output 运算器。

（16）数据替换完毕后，选择全部运算器，然后按空格键，选择 Cluster 即可创建封装运算器。

（17）如图 1-23 所示，选中封装好的 Cluster 运算器，然后选择【File → Creat User Object 】，在弹出的设置面板中可对 Cluster 的名称、描述、所属标签栏、图标进行更改。

（18）当选项设置完毕后，单击【OK】即可在 GH 的标签栏中找到名称为 “网架结构”的运算器。

（19）如果读者想删除自定义的 Cluster 运算器，可选择【File → Special Folder → User Object Folder】，在打开的文件夹中将对应名称的文件删除。

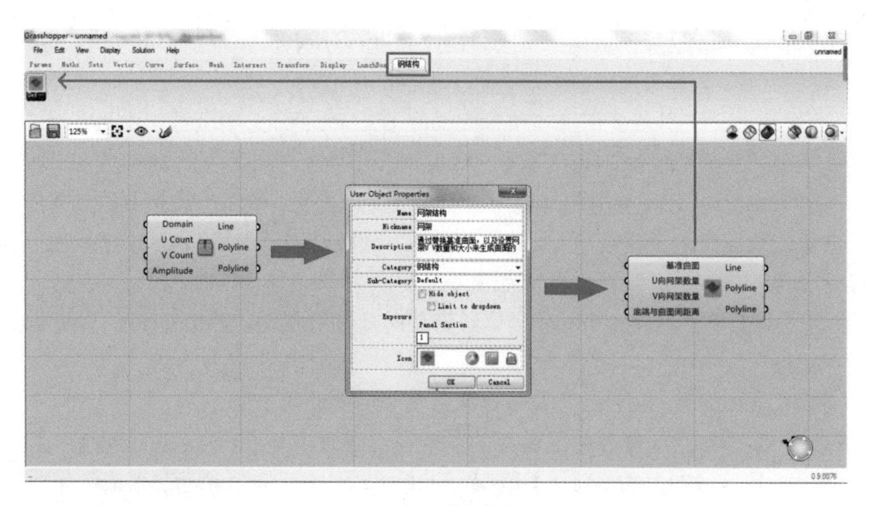

图 1–23 设置面板

4.5 GH 远程控制面板

通常一个程序在构建完成后，需要通过改变参数来观察 Rhino 视窗中模型的变化，将 GH 中的所有变量添加到远程控制面板中，即可直接在 Rhino 中调整变量，进而直接看到模型变化的反馈结果。

具体做法如图 1–24 所示，首先选择【View → Remote Control Panel】，在 Rhino 视窗中打开 GH 的远程控制面板，可将其放到右侧的标签栏里；然后在 GH 中右键单击需要调整参数的Number Slider运算器，选择【Publish To Remote Panel】将该变量添加到远程控制面板中。

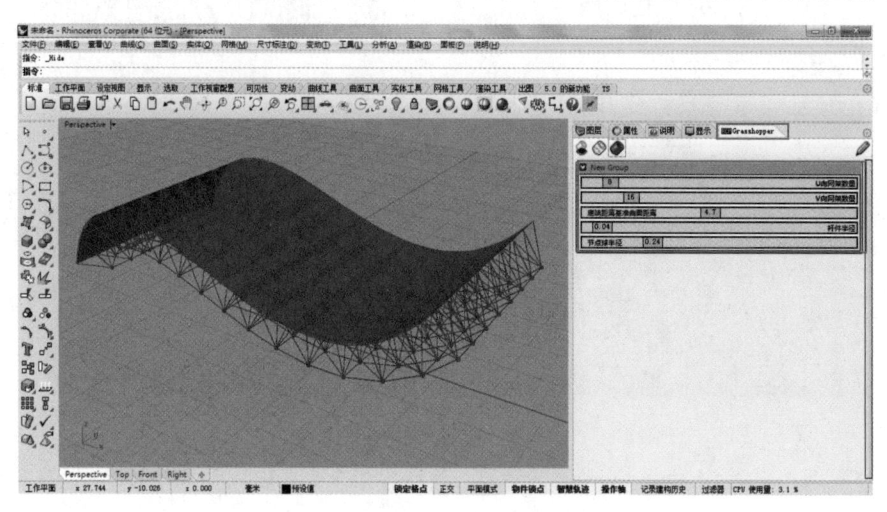

图 1–24 远程控制面板

5. 公差的含义与单位设置

GH 中创建模型的原理同 Rhino 一样，GH 中的点、向量、平面、曲线、曲面、网格也是通过方程式计算得到的，很多情况下的计算结果并不精确，而是一个近似值。例如，两个点之间的距离经过软件计算得到的结果为 45.734 445 32，可是实际需求的结果只要保留小数点后两位数字即可，那么可以把精度值设定为小数点后两位，也就是告诉程序当运行到小数点后两位的时候即可停止计算，这样可以大大节省计算时间，我们把这个精度值叫做“公差”，一般把公差设为 0.01 或 0.001。

GH 所用的公差、单位设定跟随当前 Rhino 的设定，如果在 Rhino 中设置的单位是米，那么在 GH 中所有的参数单位则为米。如果在操作过程中将 Rhino 中的单位改为毫米，那么 GH 中的单位将变为毫米，这个时候如果希望长度不变，则需要把所有数据乘以 1000，这个是在更改模型单位时需要注意的地方。如图 1-25 所示，在 Rhino 中的【工具→选项→单位】设置中可调整 GH 的公差及单位。

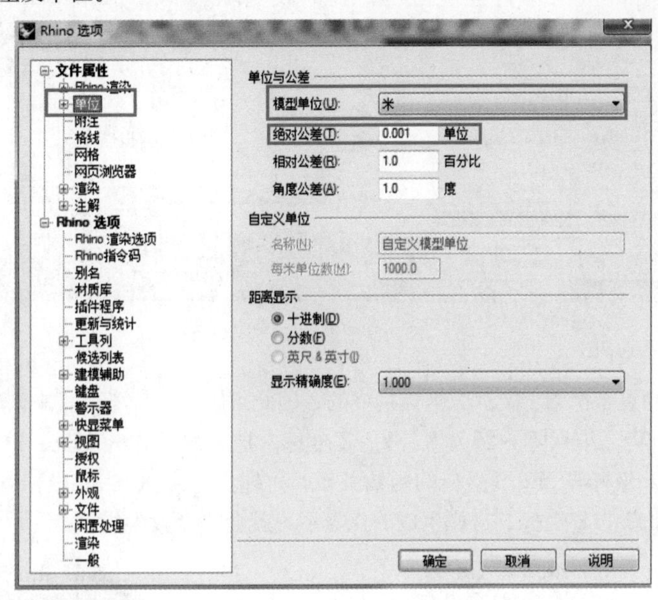

图 1-25　调整公差及单位

6．Point（点）基本概念

GH 中的点是由三维坐标（X、Y、Z）构成的，创建点的方法包括指定 X、Y、Z 坐标，以及拾取 Rhino 空间中的点。GH 中默认点的显示样式为 X 状，如图 1-26 所示，可以在【Display → Preview Point Flavour】中更改点的显示样式。

在一些实际项目中往往涉及三维坐标点的施工定位，将场地与软件中的坐标系统一以后，可以通过 Panel 面板导出定位点的三维坐标。具体方法如图 1-27 所示，右键单击包含点坐标

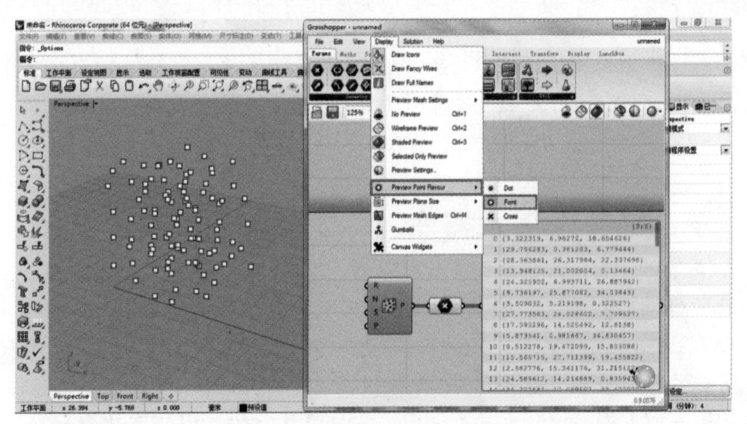

图 1-26　更改点的显示样式

信息的 Panel 面板，选择【Stream Contents】，然后将文件保存为 CSV 格式，这样文件就可以直接在 Excel 中打开，最后将坐标信息提交给施工单位进行定位。

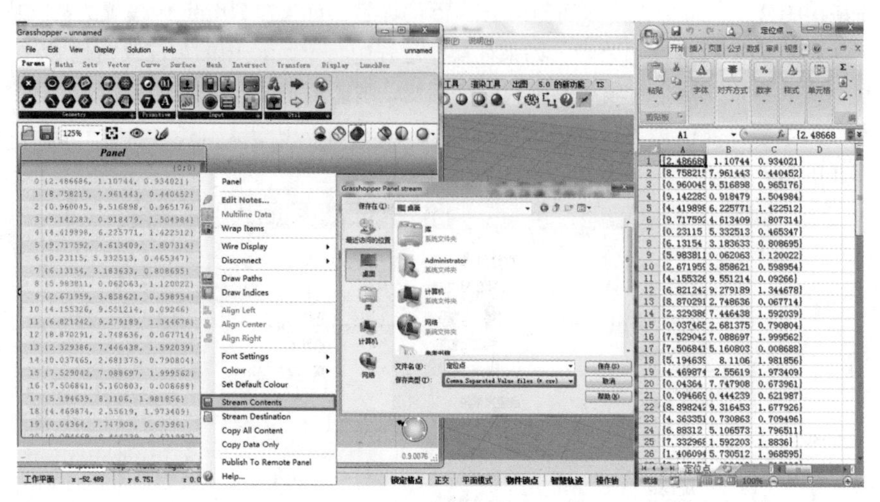

图 1–27　导出定位点的三维坐标

由于 GH 中的点是由 X、Y、Z 坐标构成的，因此可以根据数学公式来创建有规律的点阵。如图 1–28 所示，将二维点阵分解为 X、Y、Z 坐标，把 Z 坐标作为变量，通过 Expression 输入表达式来确定 Z 坐标与 X、Y 坐标的函数关系，每输入一组 X 、Y 坐标值，就会依据输入的表达式生成一个新的 Z 坐标，这样生成的点阵形态就会符合数学规律。

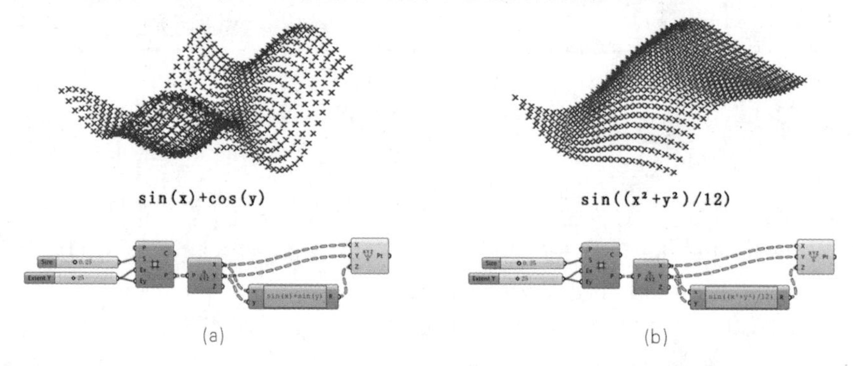

图 1–28　将二维点阵分解为 X、Y、Z 坐标

点作为 GH 中最低维度的物体，一些高阶运算往往都需要降低到点这个维度进行操作，这一点其实跟 Rhino 比较类似，比如想在 Rhino 中建立高质量的曲线，就需要布局合理的控制点位置。

7. Vector（向量）基本概念

向量是一种抽象的三维数据类型，在 Rhino 场景中是不可见的。GH 为了存储数据简便，将向量以点的数据形式来表达。如图 1–29 所示，向量输出的结果其实都是点的坐标。以最基本的向量 X 来说明，向量 X 输出的结果为 {1.0，0.0，0.0}，代表的是坐标为 {1.0，0.0，0.0} 的这个点相对于原点的长度和方向，所以说向量是相对的，但是点是绝对的。

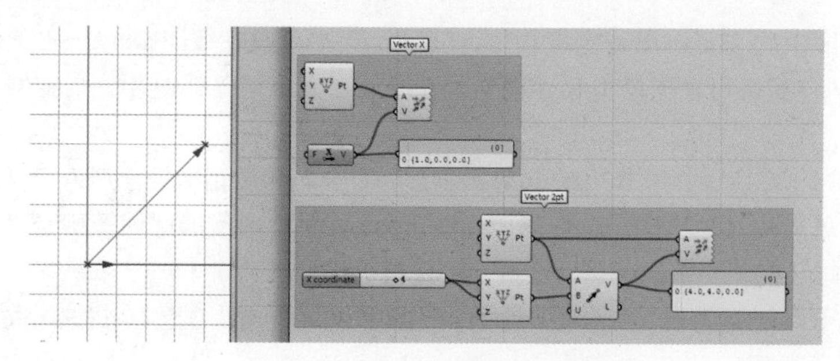

图 1–29　向量的输出结果为点的坐标

向量通常与 Move 运算器一起搭配使用，如图 1–30 所示，将平面六边形矩阵每个单元随机移动，移动的向量方向为 Z 轴方向，向量的大小通过随机数值控制。由于向量是不可见的，因此可以通过 Vector Display 运算器来显示向量。

将移动前后的两个对应六边形通过放样成面，再由 Cap Holes 运算器将曲面加盖，最后通过 Gradient Control 运算器为六边形体块赋予渐变色。

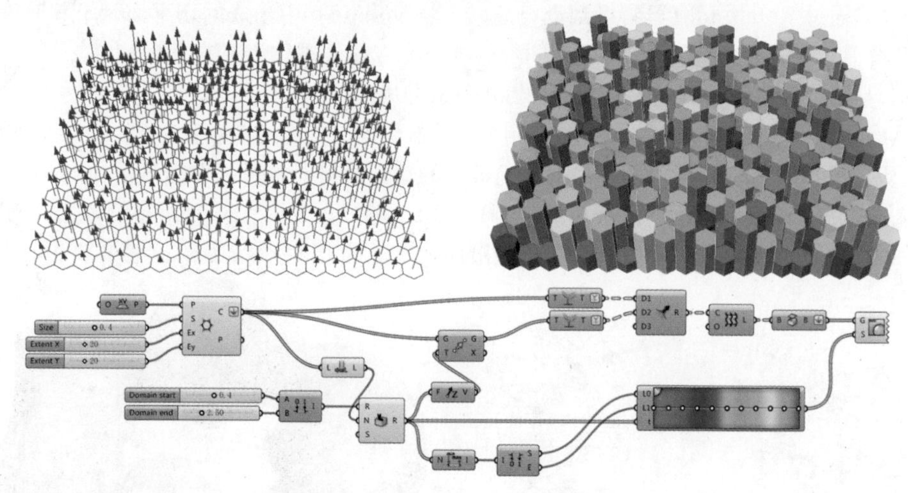

图 1–30　向量与 Move 运算器搭配使用

8. Plane（平面）基本概念

平面是没有边界且向两个方向无限延伸的，如图 1–31 所示，用 Panel 面板来查看平面所输出的数据，可以发现平面是由一个平面中心点及垂直于这个平面的向量共同组成的数据构成的。GH 把向量和平面都以点的数据形式来存储，这样也简化了数据的结构类型。

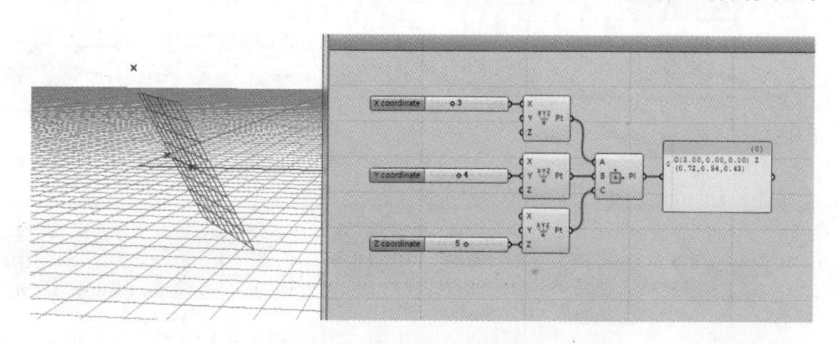

图 1–31　平面输出的数据

平面在 GH 中的主要作用是定位物体，其显示大小可以在【Display → Preview Plane Size】中调整，使用者可根据模型尺寸调整平面的显示大小。以下通过一个案例介绍 Plane 的应用方法。

（1）如图 1-32 所示，用 Ellipse 运算器创建一个长轴和短轴半径分别为 65 和 55 的椭圆。同时通过右键单击其 E 输出端，选择【Reparameterize】将曲线的区间范围定义到 0 至 1，这样做的目的是与 Range 运算器的默认区间范围保持数据关联。

（2）调入 Range 运算器，由于其 D 输入端的默认区间范围是 0 至 1，将该区间等分为 24 段，那么可生成 25 个数值。

（3）通过 Perp Frame 运算器生成椭圆的切平面，将上一步骤中等分区间的数值赋予其 T 输入端，那么生成切平面的数量为 25 个。

（4）通过 Ellipse 运算器以切平面为定位中心生成椭圆，其长轴和短轴半径分别设定为 34 和 15。

（5）调入 Range 运算器，将 5*Pi 的弧度值赋予其 D 输入端，将步骤（2）中的等分段数 24 赋予其 N 输入端。

（6）通过 Rotate 运算器将椭圆进行旋转，将步骤（3）中生成的切平面赋予其 P 输入端作为参考平面；将上一步骤中等分的区间数值赋予其 A 输入端作为旋转的弧度值。

（7）通过 Loft 运算器将旋转后的椭圆进行放样成面。

（8）由 Divide Domain² 和 Isotrim 两个运算器依据二维区间细分子曲面。

（9）用 Surface 运算器拾取 Isotrim 运算器的输出结果，并通过右键单击 Surface 运算器的输入端，将 Wire Display 的连线模式改为 Hidden，即可隐藏其与 Isotrim 运算器之间的连线。

（10）通过 Area 运算器提取每个子曲面的中心点，并由 Deconstruct 运算器将中心点分解

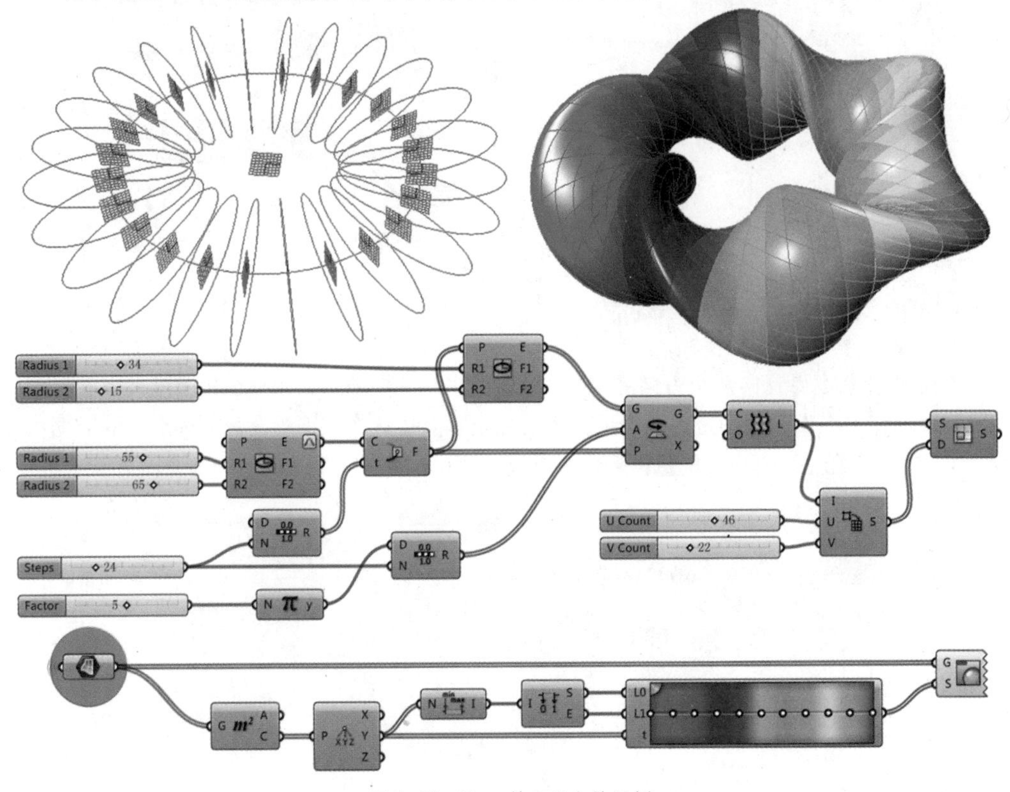

图 1-32　Plane 的应用方法示例

为 X、Y、Z 坐标。

（11）用 Bounds 运算器统计中心点的 Y 坐标值组成的区间范围，并利用 Deconstruct Domain 运算器提取区间的最小值和最大值。

（12）将区间的最小值和最大值分别赋予 Gradient Control 运算器的 L0、L1 两个输入端，同时将步骤（10）的中心点分解后的 Y 坐标赋予其 T 输入端。

（13）通过 Custom Preview 运算器将渐变色赋予子曲面，使用者可尝试将渐变色依据更换为 X 或 Z 坐标，查看子曲面的不同渐变色效果。

9．Domain（区间）基本概念

GH 的本质其实就是对数据的处理，因此区间作为限定数据的范围是非常重要的。为了存储数据简便，GH 把常用的一些图形或几何体以区间的数据形式来存储，比如说曲线可以定义为一维区间，曲面定义为二维区间。

创建区间的方法很多，如图 1–33 所示，可以通过数字指定范围创建区间，也可以通过曲线或分解曲面来创建区间。在 GH 中很多运算器的默认区间都是 0 至 1，在实际应用中我们往往需要将区间重新定义到 0 至 1 这个范围，对于数字区间的重新定义可以通过 Remap 运算器进行映射来完成（Remap 的目标区间默认数值为 0 至 1），对于曲线和曲面区间的重新定义可以通过右键单击输入端或输出端选择【Reparameterize】来完成。

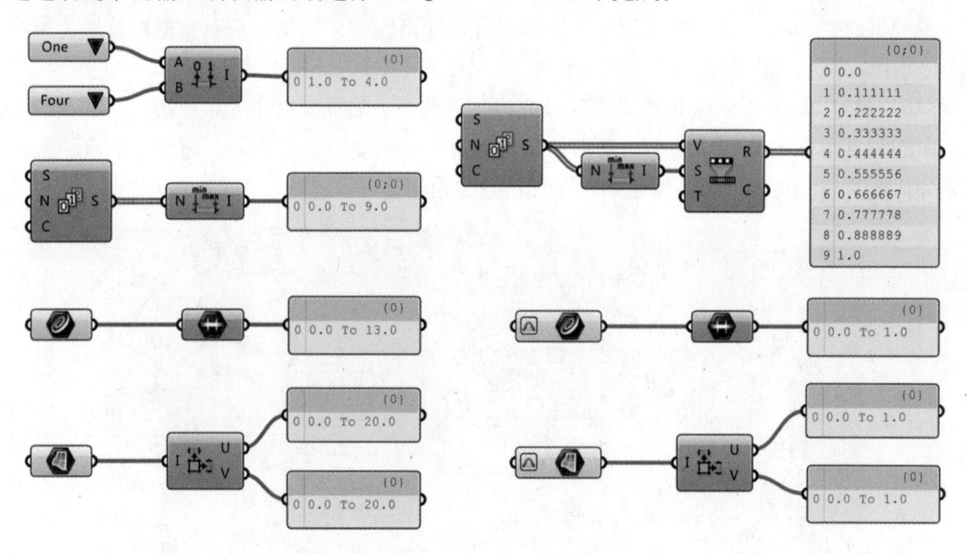

图 1–33　创建区间

常用的默认区间为 0 至 1 的运算器有 Image Sampler、Graph Mapper、Range。其中 Range 多配合 Graph Mapper 一起使用。

图像采样器 Image Sampler 输出的数据为图片上点对应的颜色或明度值，如图 1–34 所示，Image Sampler 运算器默认的 X、Y 区间都是 0 至 1，为了保证数据的对应，需要把边界的区间重新定义到 0 至 1。其中 Channel 一般选择的模式为 Colour brightness 明度值，这样输出的数据就是单个数据。勾选【Auto update】和【Save in file】可以防止图片因路径的变动或删除而产生错误。

通过 Image Sampler 运算器可依据图片快速生成像素墙，其应用既可用于室外建筑立面，

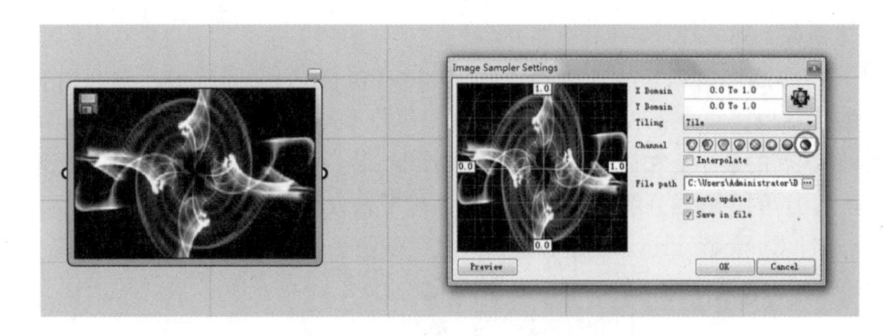

图 1–34　图像采样器输出的数据

也可用于室内装饰墙面。以下为通过图像采样器创建像素墙的具体方法。

（1）如图 1–35 所示，通过 Rectangle 运算器创建一个长和宽分别为 60、40 的矩形。

（2）通过 Boundary Surfaces 运算器将矩形进行封面，同时右键单击其输出端选择【Reparameterize】，将曲面的区间定义为 0 至 1，这样做的目的是为了与图像采样器的默认区间保持一致。

（3）通过 Divide Surface 运算器在曲面上生成等分点，其 U、V 两个方向的等分点数量分别设置为 80 和 60。

（4）调入 Image sampler 运算器，并导入一张图片，将 Channel 模式改为 Colour brightness。把等分点的 U、V 坐标赋予图像采样器，这样就保证了 0 至 1 区间的一致性。

（5）通过 Multiplication 运算器将图像采样器输出的 U、V 坐标点对应的图片明度值乘以一个倍增值，这样可以更加灵活地控制数据大小。

（6）通过 Center Box 运算器创建长方体，将曲面上的等分点作为其中心点，其 X、Y 两个方向的长度值设定为相同大小，将图像采样器输出的明度信息值作为长方体的高度。其输出结果为：图片越亮位置的长方体越高，图片越暗位置的长方体越低。

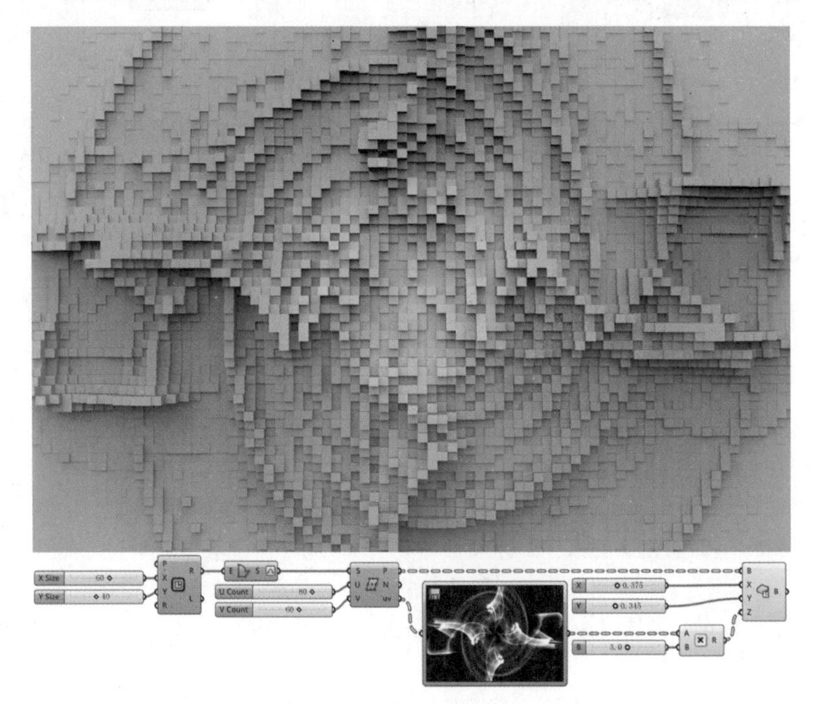

图 1–35　通过 Rectangle 运算器创建矩形

Graph Mapper 函数映射是 GH 中十分常用的运算器，如图 1—36 所示，它的运算原理就是将输入的数值对应 X 轴上的坐标值，然后输出函数图形上对应 Y 轴的坐标值，我们可以通过右键单击【Graph Mapper】运算器更改函数的类型。

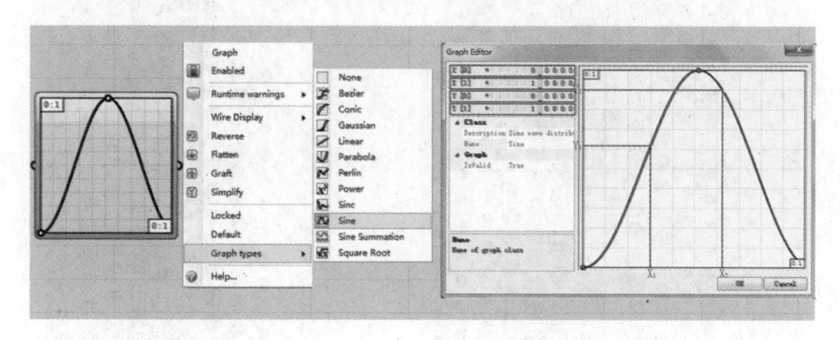

图 1—36　Graph Mapper 函数映射

Graph Mapper 运算器的 X、Y 默认区间都是 0 至 1，如图 1—37 所示，为了避免手工修改函数的区间，可以借助 Range 运算器将 0 至 1 的区间进行等分，将生成的数值作为函数图形对应的 X 坐标。

由于函数图形的输出数据是 Y 轴对应的坐标值，可通过 Construct Domain、Bounds 和 Remap Numbers 三个运算器将 0 至 1 范围内的输出坐标值映射到自定义的区间内。需要注意的是，Range 运算器的 D 输入端并没有赋予数值，是因为其默认区间范围就是 0 至 1。该方法可以看做是函数映射的固定用法，在后面的很多案例中都会用到。

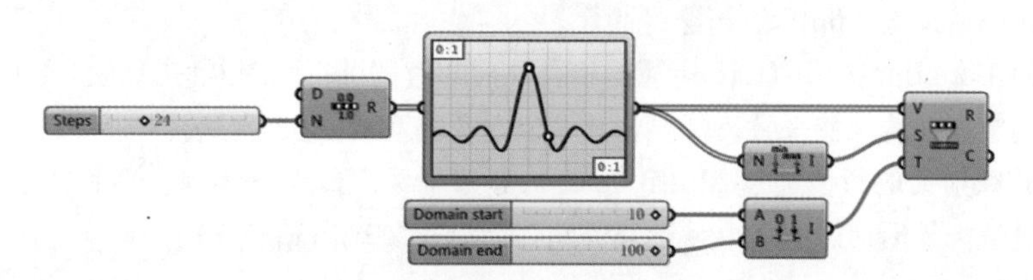

图 1—37　借助 Range 运算器将区间进行等分

Graph Mapper 运算器在 GH 中的应用较为广泛，以下通过一个案例介绍函数映射的具体方法。

（1）如图 1—38 所示，用 Hexagonal 运算器创建一个六边形矩阵，X、Y 方向的六边形数量分别为 30 和 20。

（2）由于 Hexagonal 运算器的输出数据为树形数据，为了简化路径结构，可右键单击其 C、P 两个输出端，选择 Flatten 将路径进行拍平。

（3）通过 List Length 运算器测量六边形的数量，并由 Subtraction 运算器将总数量减去 1。

（4）用 Range 运算器将 0 至 1 区间进行等分，等分的段数为六边形数量减去 1。

（5）调入 Graph mapper 运算器，并将其函数类型改为 Sine 函数。将等分数值赋予 Graph mapper 运算器，对其进行函数映射。

（6）由于正弦函数的输出数据区间是 0 至 1，可通过 Bounds、Remap Numbers 和 Construct Domain 三个运算器将函数的输出数据映射到 0.12 至 0.89 区间内。

（7）通过 Scale 运算器将六边形依据中心点进行缩放，缩放的比例因子为映射后的数值。

（8）通过两个 Graft Tree 运算器将缩放前后的六边转化为树形数据。

（9）用 Merge 运算器将两组树形数据进行合并，为了简化路径结构，需要将 Merge 运算

图 1-38　创建六边形矩阵

器的两个输入端通过 Simplify 进行路径简化。

（10）用 Boundary Surfaces 运算器将合并后的数据进行两两对应封面，为了使数据结构与之前映射的数据结构保持一致，需要将其输出端通过 Flatten 进行路径拍平。

（11）将映射后的数值通过 Multiplication 运算器乘以一个倍增值，并将其赋予向量 Z 作为封面的高度值。最后通过 Extrude 运算器将封面沿着 Z 轴向量进行延伸。

10．Curve（曲线）基本概念

Curve 在 GH 中是以一维区间的数据来存储的。如图 1-39 所示，在 Rhino 空间中绘制一条曲线，选中曲线后在指令栏中输入“What”命令来查看它的描述，会发现这条曲线的定义域是 0.00 至 224.58。

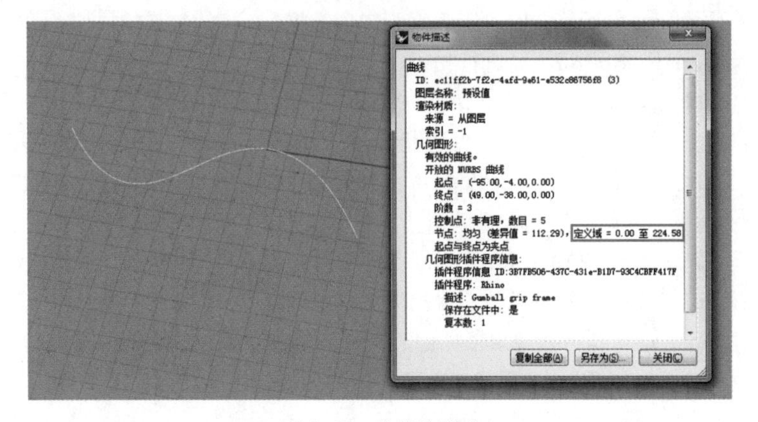

图 1-39　曲线的描述

如图 1-40 所示，将这条曲线拾取进 GH，用 Length 运算器测量该曲线长度，会发现其长度值为 177.201784，那么说明这个区间的最大值并不是依据曲线的长度来确定的。

打开曲线的控制点，将这些控制点连成多段线，用 Length 运算器测量其长度，可以发现这个多段线的长度值就是 NURBS 曲线区间的最大值。

由于 GH 中很多运算器的默认区间值都是 0 至 1，因此可以通过右键单击输入端或输出端选择【Reparameterize】将曲线的区间范围重新定义到 0 至 1。

曲线上的每一个点都可以由 X、Y、Z 坐标来表示，由于 GH 中很多操作都需要降低到点这个维度来操作，因此在曲线上找点是很常用的做法。为了简化数据存储的维度，GH 中引入了 t 值的概念。

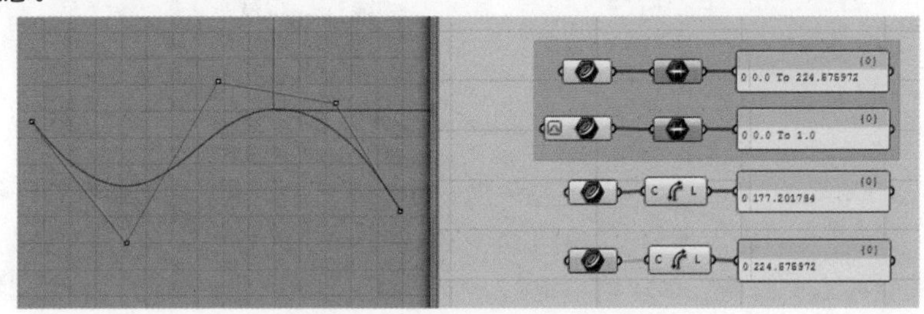

图 1-40　将曲线拾取进 GH

曲线可以用一个 0 至 1 的区间来表示，t 值就是这个区间中的数值。需要注意的是，t 值的确定不是根据距离或弧长，影响 t 值的因素是曲线控制点的位置。我们可以把一条曲线想象成 F1 赛车的赛道，一位赛车手从起点到节点 t 所用的时间就是 t 值，在行驶距离相同的情况下，赛道弯折程度越大，所需要的时间越长。

如图 1-41 所示，创建两条长度相等的曲线，由于控制点的分布位置不同，相同的 t 值所对应点的位置相差很大，控制点分布越密集的地方产生的阻力越大。

将第二条曲线进行复制作为第三条曲线，通过 Point On Curve 运算器找到第三条曲线的中点，会发现 Point On Curve 运算器是依据长度来定位的。

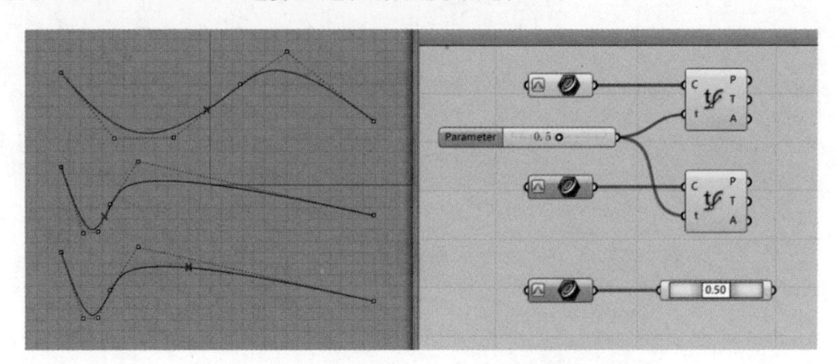

图 1-41　创建两条长度相等的曲线

t 值在曲线的相关操作中扮演着很重要的角色，以下为 t 值在曲线操作过程中的一些用法实例。

（1）如图 1-42 所示，可以将 t 值与 Shatter 运算器搭配使用来分割曲线。

（2）通过 Horizontal Frame 运算器可依据 t 值生成曲线的水平平面；通过 Perp Frame 运算器可依据 t 值生成曲线的切平面。

（3）Evaluate Curve 运算器既可计算出曲线 t 值对应的点，同时还可确定该点对应曲线的切线方向。

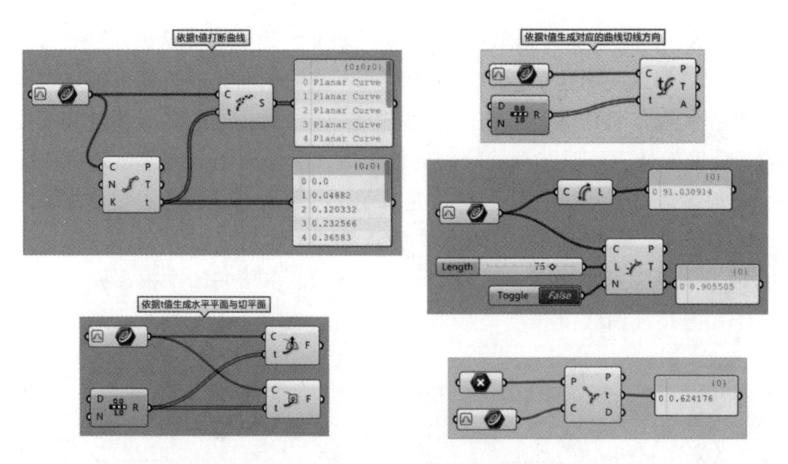

图 1–42　t 值与 Shatter 运算器搭配使用分割曲线

（4）通过 Evaluate　Length 运算器可依据长度计算出曲线上对应点的位置，并得到该点对应的 t 值。需要注意的是其 N 输入端需要赋予的数据为布尔值，当输入的布尔值为 True 时，整个曲线的长度被定义到单位 0 至 1 区间内，当输入的布尔值为 False 时，则按照曲线实际的长度来计算。

（5）Curve　Closest　Point 运算器可计算曲线外一点到这条曲线的最近点，并确定该点所对应的 t 值，利用该运算器也可计算曲线上的点对应的 t 值。

以下通过一个案例介绍曲线在 GH 中的应用方法：

（1）如图 1–43 所示，在 Rhino 空间中绘制 3 条直线，其长短及方向可以自行定义。

（2）通过 Divide　Curve 运算器将 3 条曲线等分为相同的点数，并用 Graph　Mapper 配合 Remap　Numbers 运算器将等分点沿着 Z 轴方向进行移动。

（3）通过 Interpolate 运算器将点重新连成曲线，曲线形态可由 Graph　Mapper 运算器的

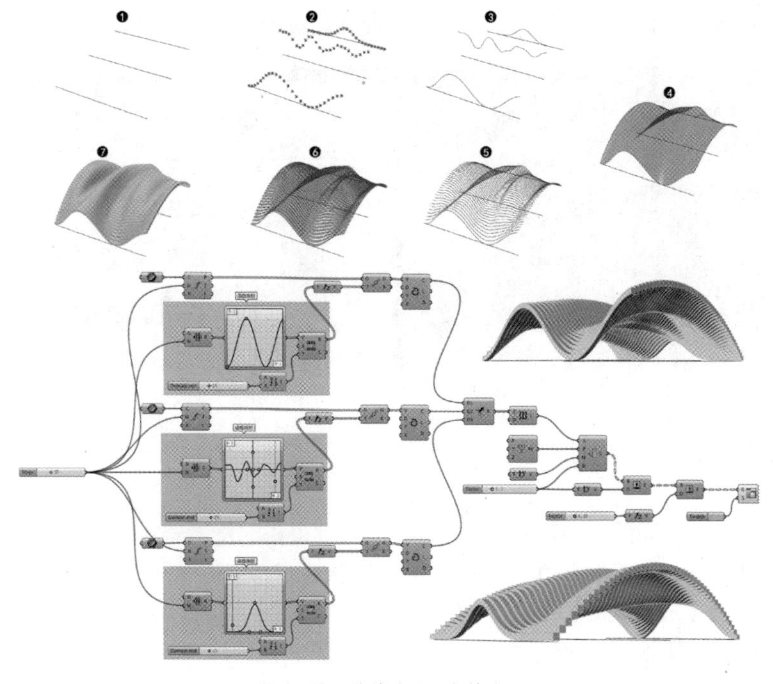

图 1–43　曲线在 GH 中的应用

函数图形控制，可通过右键单击Graph Mapper运算器，在graph types中选择不同的函数类型。

(4) 将三条曲线通过 Loft 运算器放样成面，并由 Contour 运算器在曲面上沿着 Y 轴生成等距断面线。Contour运算器的用法与Rhino中的等距断面线命令的用法一致，需要指定起始点、方向、间距大小。

(5) 通过 Extrude 运算器将上一步生成的线条沿着 Y 轴方向延伸成面，为了保证生成的结构体彼此相连，这一步骤中延伸的距离需要与等距断面线的间距保持数据关联。

(6) 将上一步生成的曲面沿着 Z 轴延伸形成结构体。

11. Surface（曲面）基本概念

曲面可以看做是由两个方向的曲线组成的，这两个方向我们称为 U 向和 V 向，类似坐标轴中的 X 轴和 Y 轴。当把曲面 Reparameterize 以后，U 向和 V 向的定义域都被重新定义到 0 至 1 的区间内，这样曲面上任意一点都可以通过 0 至 1 内的两个数字来表示，这两个数值组成的坐标就是曲面的 UV Point。

UV Point 的概念与曲线上 t 值类似，只是 t 值属于一维区间，而 UV Point 属于二维区间。UV Point 表示的其实并不是点，而是曲面上的坐标。如图 1-44 所示，可以通过 Evaluate Surface 运算器求出 U、V 坐标对应曲面上的点，同时该运算器的输出端 N 表示点对应曲面的法线方向，输出端 F 表示对应点垂直于曲面法线方向的平面；通过 Iso Curve 运算器可计算通过对应点的两个方向的结构线。

Surface 的本质就是一个二维区间，如图 1-45 所示，可以通过 Deconstruct Domain[2] 运算器将曲面的二维区间分成两个一维区间，曲面同样可以通过 Reparameterize 将 U 向和 V 向的两个区间重新定义到 0 至 1。

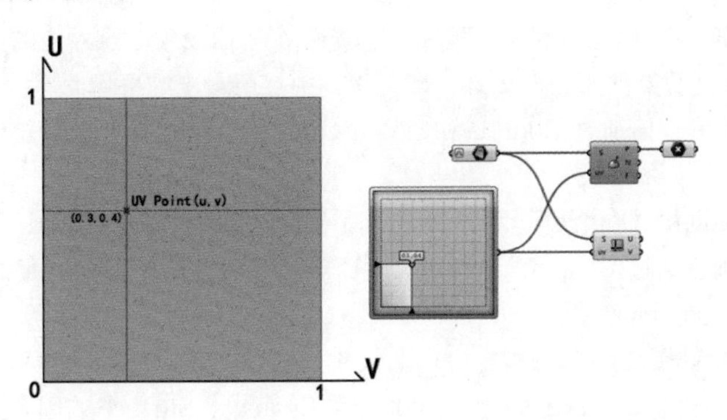

图 1-44 通过 Evaluate Surface 运算器求 U、V 坐标对应曲面上的点

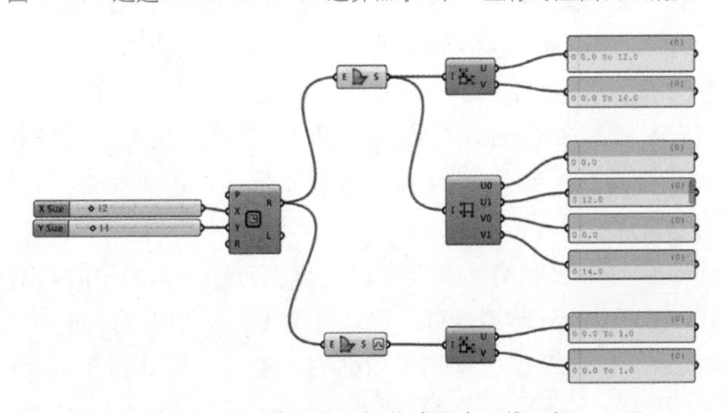

图 1-45 将二维区间分成两个一维区间

GH 可以按照曲面的 UV 走势将其分割为一定数量的子曲面，子曲面可作为曲面幕墙的嵌板，同时GH也提供了分析曲率的工具。以下通过一个幕墙案例介绍GH中曲面相关的操作方法。

（1）如图 1-46 所示，在 Rhino 空间中绘制四条曲线，曲线的形态和位置可根据需求自行设置，然后通过 Loft 命令依据曲线生成一个曲面。

（2）用 Surface 运算器将曲面拾取到 GH 中，并通过 Divide Domain² 和 Isotrim 两个运算器将曲面细分为一定数量的子曲面。

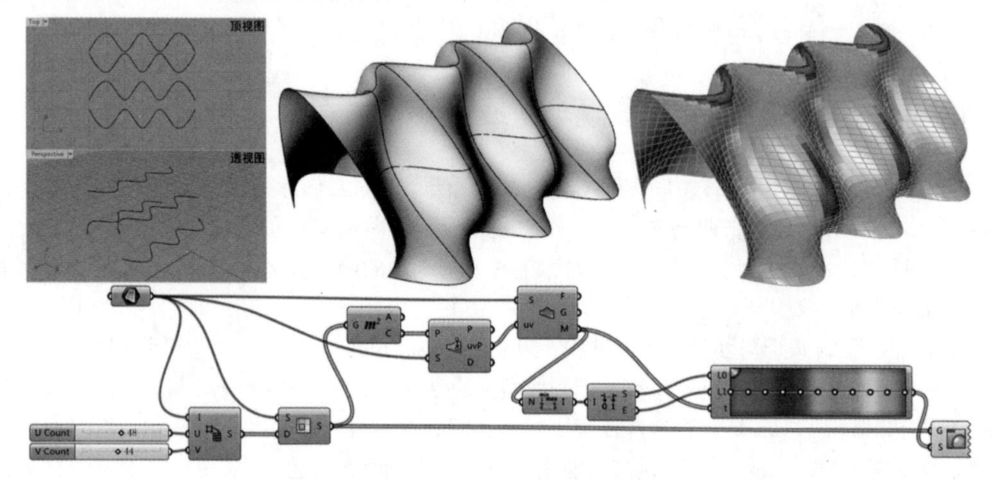

图 1-46 GH 曲面相关的操作方法实例

（3）通过 Area 运算器确定每个子曲面的中心点，并通过 Surface Closest Point 计算这些中心点对应的曲面 U、V 坐标值。

（4）通过 Surface Curvature 可以测量曲面对应 U、V 坐标的曲率值，其中输出端 G 表示的是高斯曲率，输出端 M 表示的是平均曲率。把每个子曲面中心点对应的 U、V 坐标赋予到 Surface Curvature 运算器的 UV 输入端，即可得到中点所对应的平均曲率。

（5）将平均曲率数值通过 Bounds 和 Deconstruct Domain 两个运算器计算出最小值和最大值。

（6）通过 Gradient Control 运算器将平均曲率的数值进行颜色映射。

（7）将渐变颜色通过 Custom Preview 运算器赋予对应的子曲面，那么全部嵌板曲率变化的趋势就可以清楚地显示出来。

GH 的很多操作都需要由向量指定方向与大小，曲面上点对应的法线 Normal 的方向是较为常用的向量方向。通过 Surface Closest Point 和 Evaluate Surface 的固定搭配可以计算曲面上的点对应的法线方向。首先由 Surface Closest Point 运算器找到曲面上的点对应的 U、V 坐标值，然后通过 Evaluate Surface 运算器找到 U、V 坐标对应曲面的法线方向。以下通过一个实例介绍曲面法线方向的应用方法：

（1）如图1-47所示，首先在Rhino中创建一个曲面，然后用Surface运算器将其拾取进GH中。

（2）通过 Divide Domain² 和 Isotrim 两个运算器生成一定数量的子曲面，并由 Area 运算器找到每个子曲面的中心点。

（3）通过 Surface Closest Point 运算器可以计算出每个子曲面中心点对应的 U、V 坐标值。

（4）通过 Evaluate Surface 运算器可以确定每个 U、V 坐标对应的曲面法线方向。

（5）通过 List Length 运算器计算出子曲面的数量，并将其赋予 Random 运算器的 N 输入端。

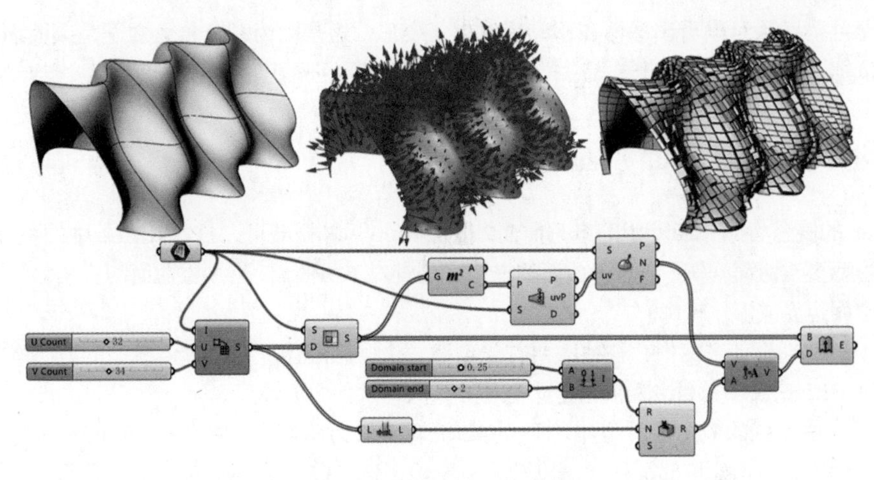

图 1–47　曲面法线方向的应用

(6) 通过 Random 运算器可在一定区间内创建与子曲面数量相等的随机数据。

(7) 通过 Amplitude 运算器将随机数据赋予子曲面中心点对应的曲面法线向量。

(8) 通过 Extrude 运算器将子曲面沿着对应的向量进行移动，由于向量的大小由随机数据控制，因此会生成高度随机的表皮肌理。

通过划分曲面 UV 可创建一定数量的单元范围，将单元体放置在分割后的 UV 单元内，可创建阵列的表皮肌理效果。以下通过一个阵列球体覆盖表皮实例介绍曲面划分 UV 单元的应用方法。

(1) 如图 1–48 所示，首先用 Sphere 运算器创建一个球体，将其作为阵列在曲面上的单元体。使用者也可在 Rhino 中创建其他形式的单元体，然后用 Brep 运算器将其拾取进 GH 中。

(2) 用 Bounding Box 运算器创建一个包裹球体的盒子，并由 Deconstruct Box 运算器分解该盒子，计算该长方体的高度值。

(3) 通过 Divide Domain² 和 Surface Box 两个运算器将曲面按照 UV 结构划分出一系列的单元盒子。将之前分解长方体的高度值赋予 Surface Box 运算器的 H 输入端，这样单元体与最终被放置到曲面上的单元体将保持高度关联。

(4) 通过 Box Morph 运算器将球体放置在每个单元盒子内，Box Morph 运算器的 G 输入端表示的是需要移动的单体；R 输入端表示的是参考盒子，也就是包裹单体的 Bounding Box；T 输入端表示的是目标盒子，也就是在曲面上划分出来的单元盒子。

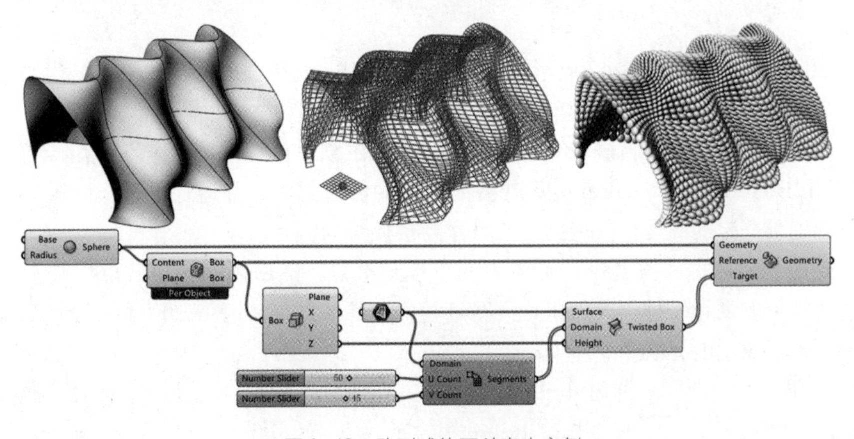

图 1–48　阵列球体覆盖表皮实例

从最终的结果可以看出球体在移动后发生了变形，这是因为划分单元盒子是以曲面的 UV 结构为依据，当把球体放置于单元盒子时，目标球体会为了适应其范围而产生缩放变形。

12. Brep（多重曲面）基本概念

Brep 的概念类似 Rhino 中的多重曲面，但是 Brep 运算器既可以拾取 Rhino 中的单一曲面，也可以拾取多重曲面。GH 中对于曲面的操作多是针对单一曲面， 多重曲面的应用相对较少，多用于空间边界或形体轮廓。

在一些前期设计方案中，往往需要首先创建一个概念形体。构建形体模型的方法有很多，可以通过 Rhino 或 T-Splines 来创建，也可导入其他软件中的模型。

对于一些前期的概念设计方案，T-Splines 有着较为明显的优势。T-Splines 作为搭载在 Rhino 平台的多边形建模的插件，可以较为方便地创建一些仿生类形体，同时由于其允许 T 点的存在，可大大减少曲面控制点的数量，便于方案的更改。以下通过一个案例介绍 Brep 在 GH 中的应用方法。

（1）如图 1-49 所示，借助 T-Splines 创建一个高层的形体轮廓，此处轮廓的形体可根据需求自行定义，然后将该形体用 Brep 运算器拾取到 GH 中。

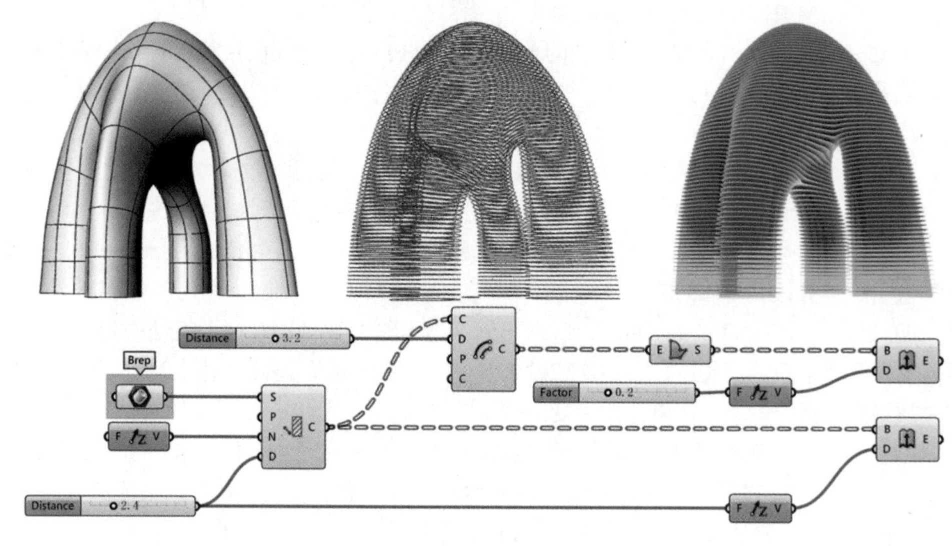

图 1-49 Brep 在 GH 中的应用

（2）用 Contour 运算器在高层形体表面生成楼层线，将生成的楼层线沿着 Z 轴方向延伸，将延伸高度与层高数值保持一致，其输出结果可作为玻璃幕墙结构。

（3）通过 Offset 运算器将楼层线向外偏移一定的距离，其输出结果可作为出挑阳台的边界线。

（4）用 Boundary Surfaces 运算器将偏移后的曲线封面，并通过 Extrude 运算器将其沿着 Z 轴方向延伸一定的高度，其输出结果可作为楼板结构。

在 GH 中可以依据一些复杂的形体表面生成随机点，然后用这些随机点生成不同的结构单元，这样就可以创建一种堆叠效果，同时还可保留原始的形体趋势。以下通过一个案例介绍 Brep 创建随机分布物体的方法。

（1）如图 1-50 所示，通过 T-Splines 创建一个形体轮廓，并通过 Brep 运算器将其拾取到 GH 中。

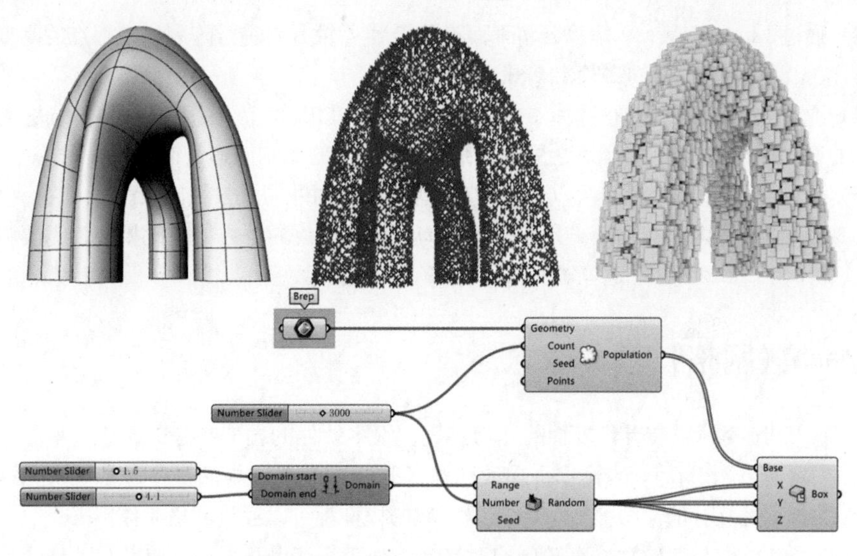

图 1-50　应用 Brep 创建随机分布物体

（2）通过 Populate Geometry 运算器在形体表面生成一系列的随机点。

（3）通过 Random 运算器创建与点数量相同的随机数据。

（4）以随机点为中心，并以随机数值作为正方体的边长，通过 Center Box 运算器在形体表面生成大小不同的正方体。

Brep 除了可以作为形体轮廓，还可作为边界范围判定点的位置。在一些概念设计中可以通过 Brep 筛选出点，并以点生成 Box（或其他形式的结构单元）来模拟一定空间范围内的堆叠效果。以下通过一个案例介绍 Brep 筛选点的应用方法。

（1）如图 1-51 所示，通过 T-Splines 创建一个封闭的形体轮廓，并通过 Brep 运算器将其拾取到 GH 中。

（2）由 Square 运算器创建一个平面的正方形点阵，其 X、Y 方向的正方形数量可设定为 100，正方形的边长可设定为 5。

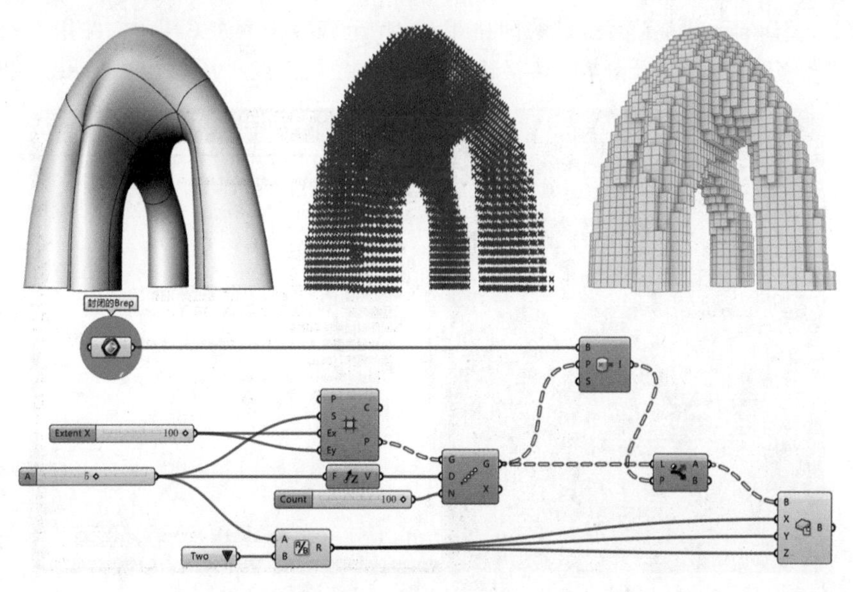

图 1-51　Brep 筛选点的应用

（3）通过 Linear Array 运算器将平面点阵沿着 Z 轴方向进行阵列，相邻点的高度差可与正方形的边长保持一致，阵列的个数可设定为 100。

（4）通过 Point In Brep 运算器判定阵列点是否在 Brep 范围之内，在 Brep 之内的点是以 True 的布尔值形式输出，Brep 之外的点则是以 False 的布尔值形式输出。

（5）通过 Dispatch 运算器可以依据布尔值将 Brep 内外的点分流出来。

（6）由于 Brep 内部点的距离是相等的，为了保证生成的正方体彼此相连，需要将点阵的间距除以 2 作为 Center Box 运算器的 X、Y、Z 输入端的数值。

13. Mesh（网格）基本概念

网格是 3D 建模领域最有代表性的几何形式，很多软件的构架都是以网格为中心，但是由于 Rhino 主要是针对 Nurbs 的操作，导致网格在 Rhino 及 GH 中的操作容易被人忽视。网格与 Nurbs 的作用是互补的，很多 Nurbs 难以实现的模型都可以通过网格制作出来。

网格创建的模型与其他软件有较好的对接性，因为其在保存成 3ds 或者 Obj 格式后导入其他软件时，网格的拓扑关系不会发生变化，可继续对模型进行编辑。但是 Nurbs 模型在导入到其他软件过程中，往往需要先转换为网格，其拓扑结构往往与预期效果不一致，导致后面的软件不能对其进行有效的编辑，相信经常使用 Sketch Up 与 Rhino 进行模型互导的用户会深有感触。

网格可以大大提升模型的显示效率，因为计算机的显卡无法直接读取 Nurbs 物体，它需要先在后台将其转换成网格才可以读取出来。如果模型本身就是网格的话，那么就无需这个转换过程，因此可大大节约显示的时间。网格还可以通过 Join 的方法减少模型的存储空间，同样可以提升模型的显示效率。

由于 GH 中的 Mesh 命令相对较少且不够完善，因此需要外部插件来弥补其功能的缺失，较为常用的 Mesh 插件包括 Mesh Edit、Weaverbird、Starling、Meshtools 等。

对于网格的含义，如图 1–52 所示，在 Rhino 中建立一个网格，然后用“What”命令查看对于网格的描述，可以发现该网格是由 9 个顶点、4 个有法线的网格面组成。

如图 1–53 所示，将上面绘制的网格用 Mesh 运算器拾取进 GH 中，并用 Deconstruct Mesh 运算器将这个网格进行分解，其 V 输出端表示网格的顶点； F 输出端表示每个网格面的

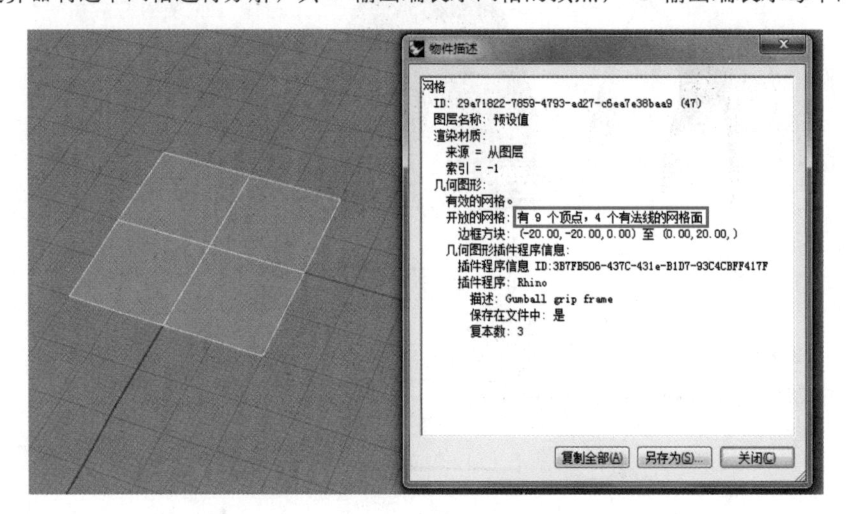

图 1–52 网格的描述

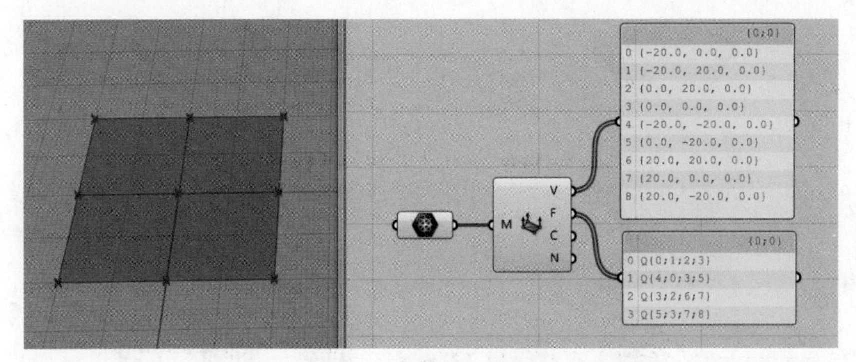

图 1–53　将绘制的网格用 Mesh 运算器拾取进 GH

顶点序号，用 Panel 面板查看其输出结果，其中 Q 表示的是 Quad，即为四边的 Face，如果将三边网格面进行分解，输出端 F 中的数据则会显示 T，所表示的就是 Triangle；输出端 C 表示的是顶点的颜色；输出端 N 表示的是顶点的法线方向。

网格由 Vertices、Edges、Faces 共同组成，包含三边网格和四边网格。通过指定网格内部的拓扑关系（Topology），可以创建不同结构的网格。Construct Mesh 运算器是创建网格的常用命令，如图 1–54 所示，它需要确定网格的顶点及网格面（Face），这里的网格面指的其实是顶点的排列序号，创建网格面可以通过在 Panel 面板中输入顶点序号未完成，也可通过 Mesh Quad 及 Mesh Triangle 运算器未完成。

在创建 Mesh Faces 的时候要尤其注意顶点序号的排列，只有正确的顶点排序才能生成正确的 Mesh 结果，如果顶点的排序是错误的，那么会生成有破面的网格，这样的模型在渲染或 3D 打印的情况下是会出错的。

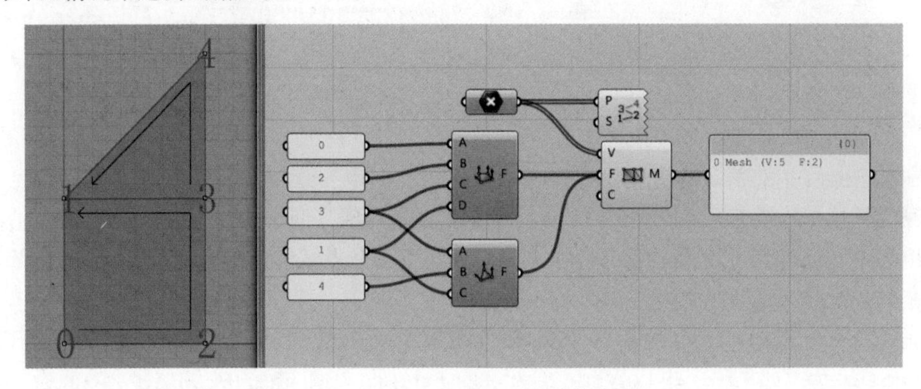

图 1–54　用 Construct Mesh 运算器创建网格

网格同样可以由 Nurbs 曲面转换得到，通过 Mesh Surface 运算器可以将曲面转换成四边网格，并可以自定义 U 向和 V 向网格的数量。如图 1–55 所示，曲面可以通过 Mesh Surface 运算器转换成网格，并保持原始曲面的 UV 拓扑结构。

网格同样可以通过 Mesh Brep 运算器由 Brep 转换而来，不过由于 Brep 的 UV 结构比较混乱，生成的网格拓扑关系也比较混乱，难以对其深化处理，通常的做法是利用 UV 结构较为规整的单一曲面转换成网格，再对其进行深化处理。

GH 中网格框线的开启与关闭可在【Display → Preview Mesh Edges】进行切换，也可通过快捷键“Ctrl+M”控制网格框线的开启与关闭。

网格边缘分为 Naked Edges、Interior Edges、Non–Manifold Edges，如图 1–56 所示，

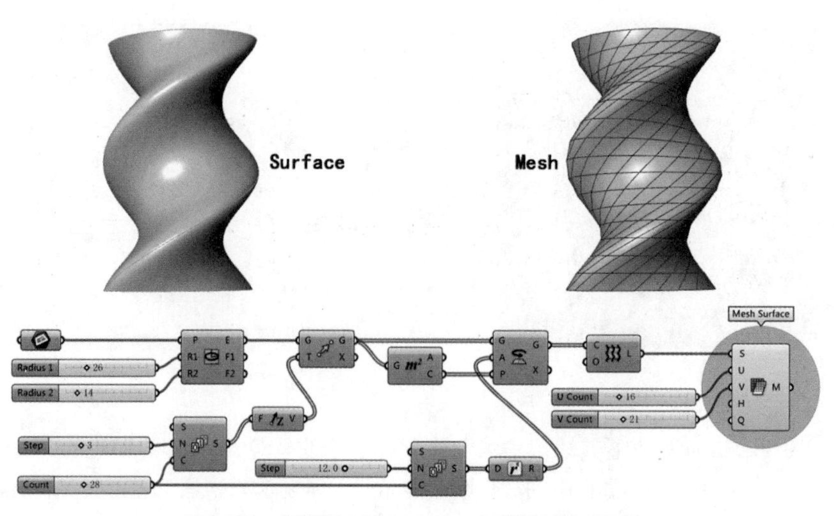

图 1–55　曲面通过 Mesh Surface 运算器转换成网格

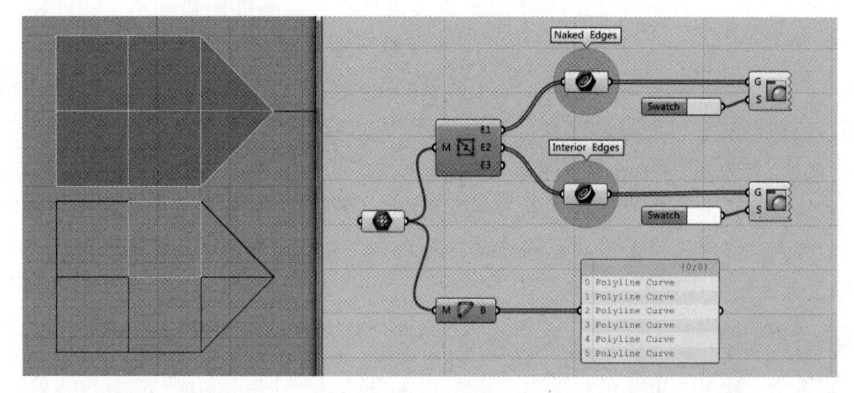

图 1–56　用 Mesh Edges 运算器提取边缘线

用 Mesh Edges 运算器可将这三类边缘线提取出来。其中 Naked Edges 表示外露边缘线（每个边缘线只属于一个面），Interior Edges 表示内部边缘线（两个面共用一个边缘线），Non–Manifold Edges 表示非正常边缘线（多于两个面共用一个边缘线）。用 Mesh Edges 运算器提取出来的边缘线都是断开的线。

通过 Face Boundaries 运算器可提取网格每个面的边缘线，其输出的结果是闭合的 Polyline Curve，如果将这些 Polyline Curve 拆开的话，在面与面相交的位置会有重合的边缘线产生。

创建孔洞表皮是 GH 中比较常见的操作，多数情况下是用 Nurbs 来操作的，Nurbs 所带来的问题就是一旦所开孔洞数量较多的话，整个程序的运行就会变得非常慢。为了提高运算效率，可以通过 Mesh 的做法来优化整个程序。以下通过一个案例介绍 Mesh 方法创建孔洞表皮的方法。

（1）如图 1–57 所示，为了简化操作可以直接调用 1–55 图中的曲面，并用 Mesh Surface 运算器将其转换为网格，U 向和 V 向划分的网格数量可分别设定为 32 和 42。

（2）通过 Face Boundaries 运算器提取每个网格面的轮廓线，并用 Face Normals 运算器找到每个网格面的中心点。

（3）由 List Length 运算器测量网格面的数量，并通过 Subtraction 运算器将总数量减去 1。

（4）用 Range 运算器将 0 至 1 区间进行等分，等分的段数为网格面的数量减去 1。

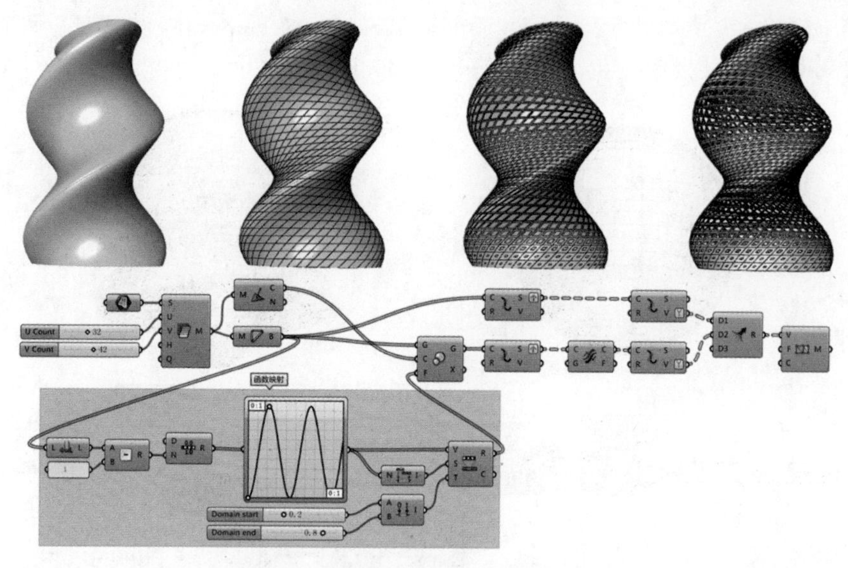

图 1-57 Mesh Surface 运算器创建孔洞表皮

（5）调入 Graph Mapper 运算器，并将其函数类型改为 Sine 函数。将等分数值赋予 Graph Mapper 运算器，对其进行函数映射。

（6）由于正弦函数的输出数据区间是 0 至 1，因此可通过 Bounds、Remap Numbers、Construct Domain 3 个运算器将函数的输出数据映射到 0.2 至 0.8 区间内。

（7）通过 Scale 运算器将网格面边缘线依据中心点进行缩放，缩放的比例因子为映射后的数值。

（8）由两个 Explode 运算器将缩放前后的线框同时打开，为了保证数据路径一一对应，需要通过右键单击 Explode 运算器的 S 输出端，选择【Graft】将两组数据创建成树形数据。

（9）通过 Flip Curve 运算器转换其中一组线的方向，如果不转换方向的话，对应两条线的 4 个端点的排序就是 {0；1；3；2}，这样就需要手工修改 Face 的顶点排序。

（10）将两组网格面的边缘线继续用 Explode 运算器打开，同时右键单击其 V 输出端，选择 Simplify 进行路径简化。

（11）用 Merge 运算器将两组点数据进行合并，那么其输出结果为每个路径下有 4 个构成网格面的顶点。

（12）最后将点赋予 Construct Mesh 运算器的 V 输入端，即可依据顶点的排序创建网格。

Deconstruct Mesh 运算器可以确定网格每个顶点的法线方向， Face Normals 运算器可以确定每个网格面中心点的法线方向。网格上点的法线方向遵从右手螺旋定则，如图 1-58 所示，两个网格面的顶点排序分别为 Q{3；0；2；4}、T{0；1；2}，按照右手螺旋定则，此时网格上点对应的法线方向是向上的。

网格上点的法线应用多伴随形体的变化，以下通过一个案例介绍网格顶点法线方向的应用方法。

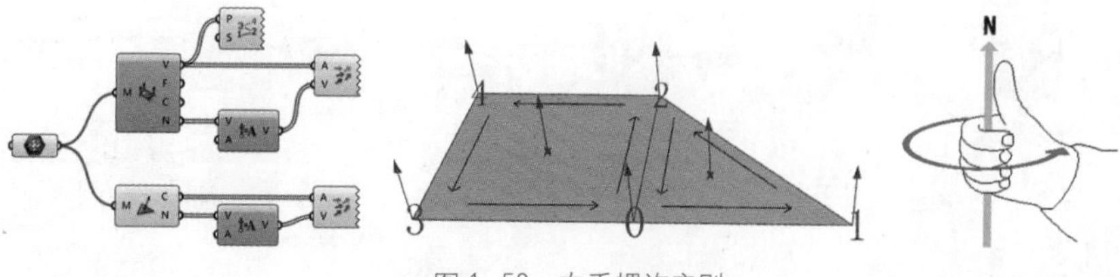

图 1-58 右手螺旋定则

（1）如图 1–59 所示，用 Mesh Sphere 运算器创建一个网格球体，其 U、V 两个方向网格面的数量可同时设定为 30。

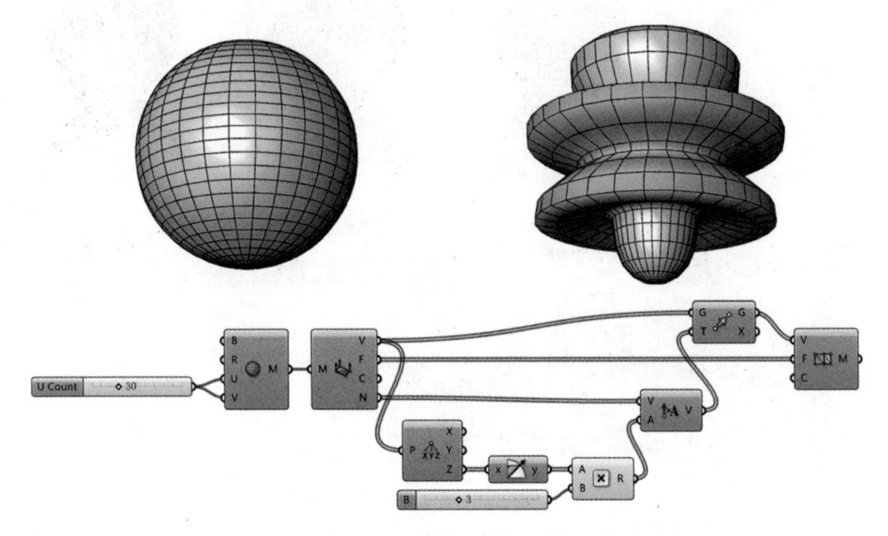

图 1–59　网格顶点法线方向的应用

（2）通过 Deconstruct Mesh 运算器提取网格面的顶点及其对应的法线方向。

（3）用 Deconstruct 运算器将网格面的顶点分解为 X、Y、Z 坐标，并将 Z 坐标的数值通过 Sina 运算器进行正弦函数映射。

（4）为了方便后期调整数据，我们将正弦函数映射后的数值通过 Multiplication 运算器乘以一个倍增值，将该数值赋予 Amplitude 运算器的 A 输入端，作为网格顶点法线向量的数值。

（5）将网格顶点通过 Move 运算器沿着其对应的向量进行移动。

（6）将移动后的顶点由 Construct Mesh 运算器重新组成网格，其 F 输入端的网格顶点排序需要与初始网格的顶点排序保持一致。

在用 Construct Mesh 运算器创建网格的时候，可以在其 C 输入端为网格赋予颜色。如图 1–60 所示，网格着色的原理就是顶点着色，如果只输入一种颜色，那么网格就会显示该种颜色；如果将顶点指定多种颜色，那么网格将会依据这些顶点颜色生成过渡的渐变色。

网格着色可用来显示分析的结果，以下通过一个案例介绍网格着色的应用方法。

（1）如图 1–61 所示，为了简化操作，可以直接调用图 1–59 中的网格结果。

（2）为了更直观地显示顶点位移变化的大小，可以通过 Gradient Control 运算器中的渐变色显示顶点位移的变化趋势。

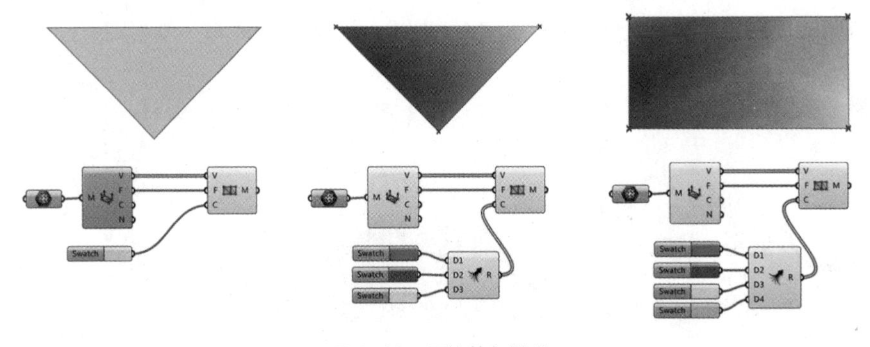

图 1–60　网格着色原理

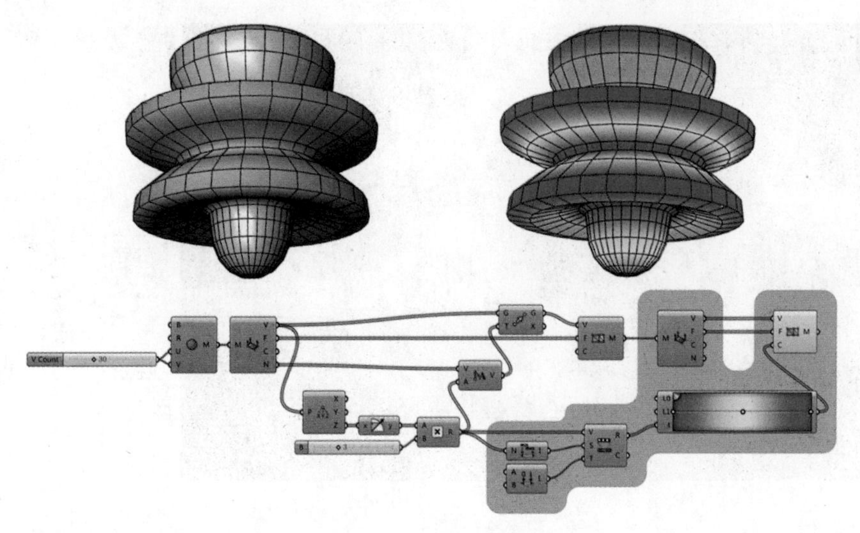

图 1-61　网格着色的应用

（3）由于 Gradient　Control 默认的区间是 0 至 1，因此可以用数据映射的方法将所有顶点的位移数值映射到 0 至 1 区间内。

（4）将渐变色赋予 Construct　Mesh 运算器的 C 输入端，网格的所有顶点将会被赋予相对应的颜色，网格面则会依据四个顶点的颜色生成过渡的渐变色。

14．Color（颜色）基本概念

颜色是人们通过眼、大脑产生的一种对光的视觉效应，具有色相、饱和度、明度三个特性。GH 中的很多分析结果都可以通过颜色显示出来，同时 GH 也可为物体精确指定颜色，并通过输出的颜色数据辅助生产加工。

Colour　Swatch 运算器可快速创建一种不精确的颜色，另外 GH 提供了一系列通过输入数值来创建颜色的运算器。如图 1-62 所示，常用创建颜色的运算器是 Colour　RGB、Colour　CMYK、Colour　HSL。其中 RGB 表示的是红色、绿色、蓝色；CMYK 表示的是青色、洋红色、黄色、黑色（CMYK 的数值已被定义到 0 至 1 这个范围）；HSL 表示的是色相、饱和度、明度（HSL 的数值已被定义到 0 至 1 这个范围）。

在一些立面设计中，如果希望通过图案与颜色来展示主题，可以通过 Image　sampler 图像采样器输出主题图片的颜色，将其赋予对应位置的幕墙嵌板，即可在立面拼出整体的图案效果。以下通过一个案例介绍立面图案的创建方法。

（1）如图 1-63 所示，提取一个需要创建的立面的图案，并用 Surface 运算器将其拾取进

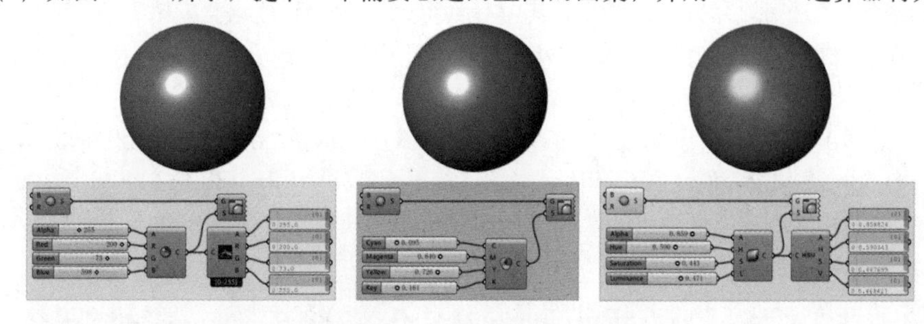

图 1-62　常用创建颜色的运算器

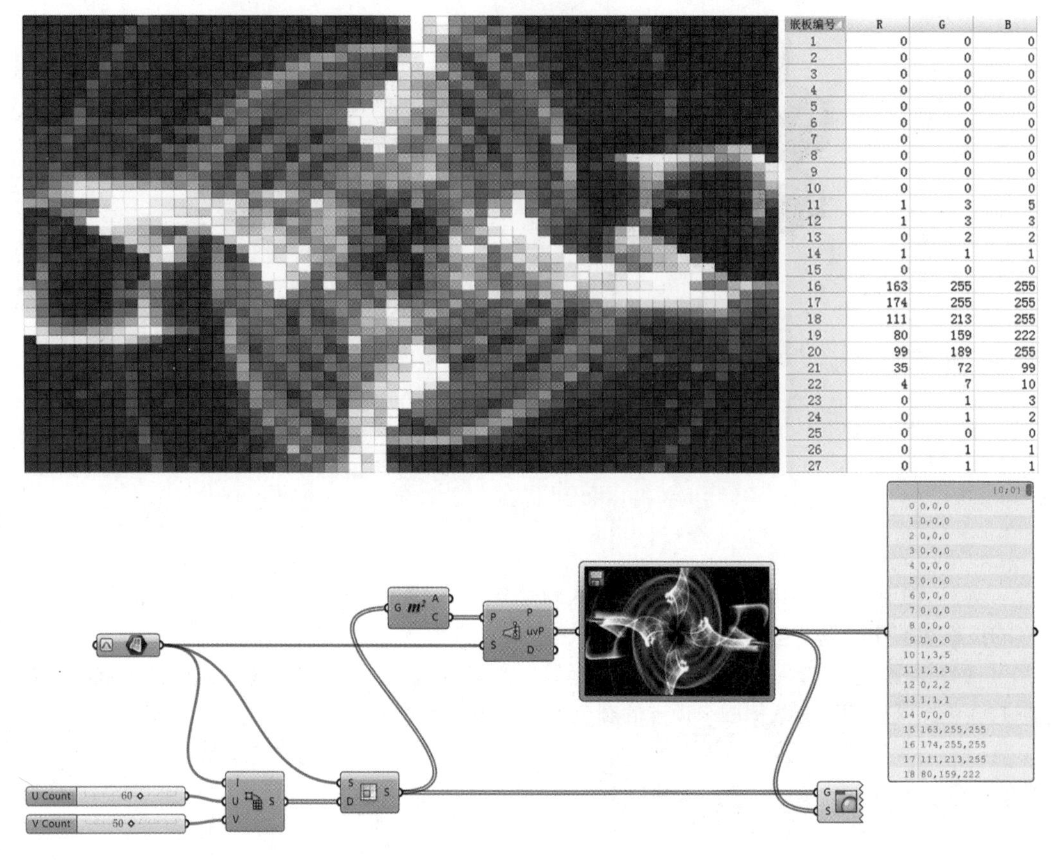

嵌板编号	R	G	B
1	0	0	0
2	0	0	0
3	0	0	0
4	0	0	0
5	0	0	0
6	0	0	0
7	0	0	0
8	0	0	0
9	0	0	0
10	0	0	0
11	1	3	5
12	1	3	3
13	0	2	2
14	1	1	1
15	0	0	0
16	163	255	255
17	174	255	255
18	111	213	255
19	80	159	222
20	99	189	255
21	35	72	99
22	4	7	10
23	0	1	3
24	0	1	2
25	0	0	0
26	0	1	1
27	0	1	1

图 1-63　提取图案并设置参数

GH 中，同时右键单击该 Surface 运算器的输入端，通过 Reparameterize 使其表面区间重新被定义到 0 至 1。

（2）通过 Divide Domain² 和 Isotrim 两个运算器细分曲面，生成一定数量的幕墙嵌板。

（3）由 Area 运算器确定每个嵌板的中心点，并通过 Surface Closest Point 运算器计算中心点对应曲面的 U、V 坐标值。

（4）通过 Image sampler 运算器可以计算出嵌板中心点对应图片的颜色，需要注意的是其 Channel 选项应选择【RGBA Colours】，这样输出的结果就是一个 RGB 数据。

（5）将每个嵌板通过 Custom Preview 运算器赋予颜色。

（6）通过 Split ARGB 运算器将颜色分解为 RGB 数值，并将其输出到 Excel 中，这样就可以下料喷涂对应编号的嵌板单元，加工好以后按照编号进行拼装即可。

GH 中的颜色还可显示分析的结果，其中 Gradient Control 是此类应用中很常用的运算器。在只有高程点数据的地形制作过程中，可以借助 GH 中的 Delaunay Mesh 运算器将高程点生成地形网格。以下通过一个案例介绍渐变色在地形分析中的应用方法。

（1）如图 1-64 所示，将高程点通过 Point 运算器拾取进 GH 中，并由 Delaunay Mesh 运算器依据点生成地形网格。

（2）在一些高程点数量较少的基础文件中，生成的网格往往比较粗糙，可以通过 Smooth Mesh 运算器来进行加工。

（3）将高程点通过 Deconstruct 运算器分解为 X、Y、Z 坐标，通过 Bounds、Remap

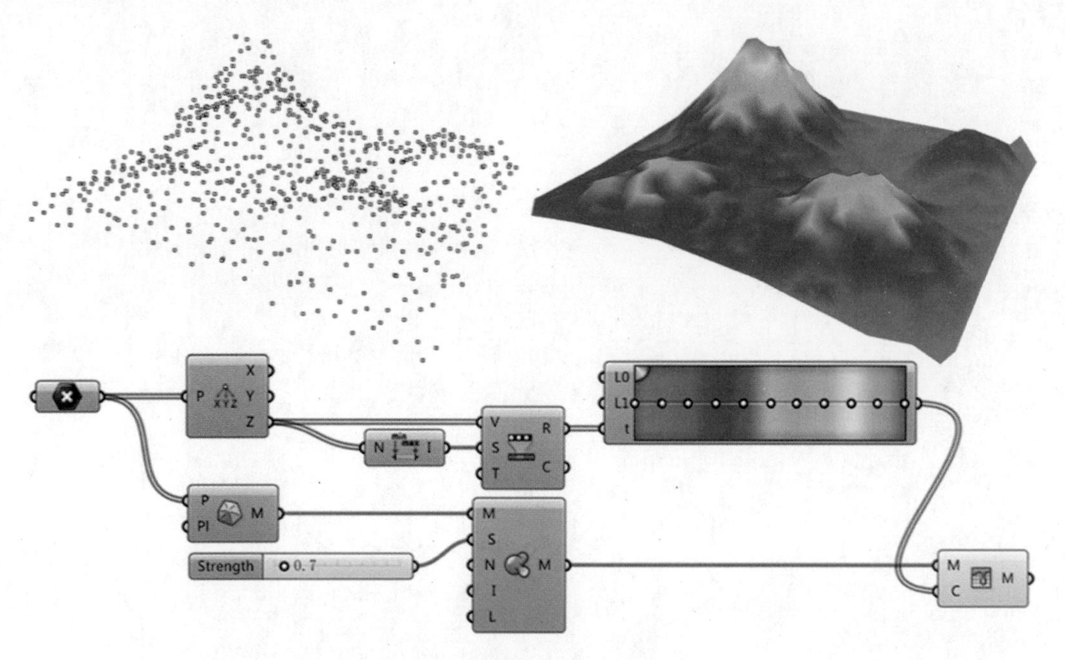

图 1–64　渐变色在地形分析中的应用

Numbers 两个运算器将 Z 坐标数值映射到 0 至 1 范围内。

（4）将映射后的数值赋予 Gradient　Control 运算器的 T 输入端，输出的结果即为数值对应的渐变颜色。

（5）通过 Mesh　Colours 运算器对网格的顶点进行着色，每个网格面依据顶点的颜色生成渐变色。这样就创建了一个过渡自然的地形分析结果，其显示颜色是根据高程点的 Z 坐标值来确定的。

第二章　数据结构

1. 数据类型

GH 的核心内容就是对数据的操作，数据结构包括线性数据和树形数据，其中线性数据又包含单个数据与多个数据。

如图 2-1 所示，单个数据的运算器以单线连接其他运算器，多个数据的运算器以双线连接其他运算器，树形数据的运算器以虚线连接其他运算器。如果使用者在操作过程中没有显示不同数据的连线线型，可在【Display → Draw Fancy Wires】打开运算器连线的线型显示。

常用查看数据类型的运算器是 Panel 面板和 Param Viewer 面板，在操作过程中要注意多观察数据结构，特别是在进行线性数据与树形数据对应的计算时，如果没看清数据结构而随意连线，容易造成整个程序的崩溃。

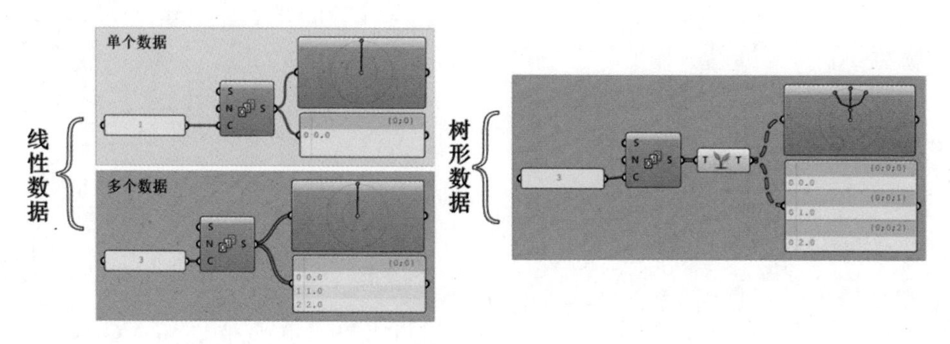

图 2-1　线性数据和树形数据

在树形数据中每增加一级树枝，则会多出一级路径，树枝的末端果实代表各级路径中的数据。为了方便大家理解树形数据结构，如图 2-2 所示，将一个树形数据比喻成一支军队，第一级路径就是这个军队的领导者，即元帅；军衔每降一级，路径就会增加一级，那么将军对应的路径就是 {0；0}；先锋的军衔比将军又低了一级，那么先锋对应的路径就又增加了一级。

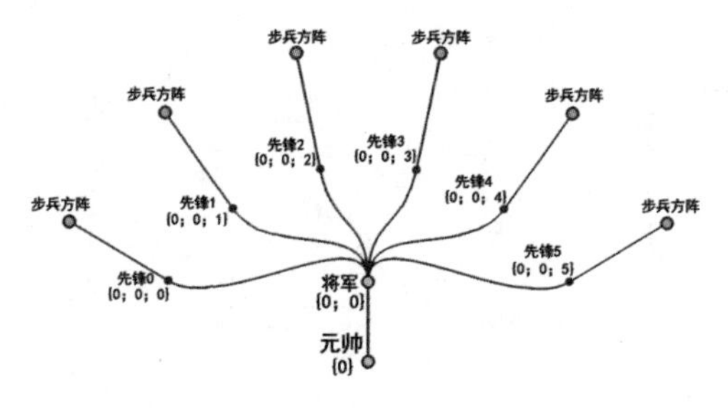

图 2-2　树形数据结构

以上这些军官都是军队的管理层，管理层代表的就是这个数据的路径结构。步兵是战争的直接参与者，每个步兵方阵可能有不同数量的士兵，这些步兵方阵代表的是列表数据。

如果将该数据通过 Flatten 转换成线性数据，那么可以理解为除了元帅以外，其他人无论什么军衔全部降为步兵，同时所有步兵方阵全部合并成一组，并由元帅直接管理；如果将该数据通过 Graft Tree 转换成树形数据，则可以理解为所有步兵全部晋升为先锋，不过这些步兵无权管理任何人，因为他们每个人都处于各自独立的路径内，此时可以将这些士兵理解成特种部队，各自为战。

GH 的核心内容就是对数据的操作，数据分为 List 列表数据和 Tree 树形数据。如果继续沿用上面的比喻，那么 List 列表数据代表的就是步兵方阵，Tree 树形数据代表的就是除了步兵方阵以外的所有管理层。

如图 2-3 所示，List 和 Tree 两部分运算器都集中在 Sets 标签栏下，掌握好这两部分运算器的用法可提升 GH 逻辑构建的效率，本章将着重介绍 List 标签及 Tree 标签下的常用运算器。

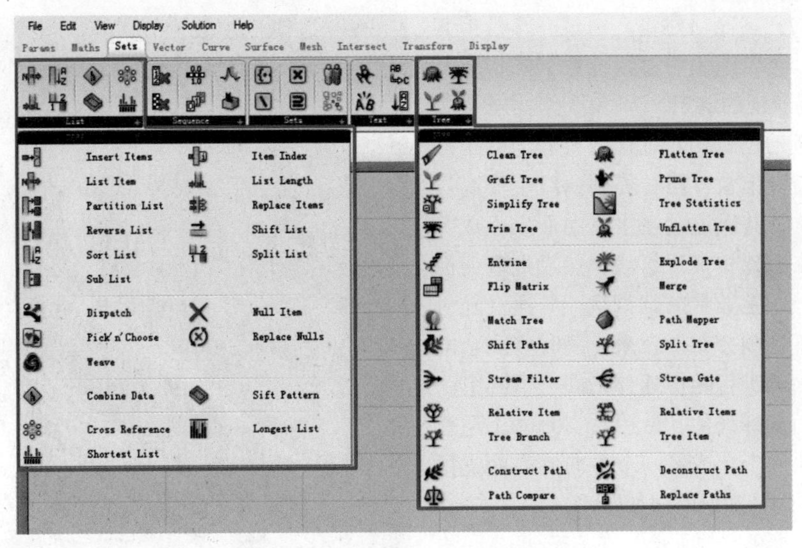

图 2–3 List 和 Tree 两部分运算器

2. List Item、List Length 运算器

2.1 List Item、List Length 运算器介绍

List Item 运算器的作用是根据索引值来提取数据，它的作用类似 Rhino 中的选取命令，例如在 Rhino 空间中有一定数量的球体，如果想选择其中一个球体进行单独编辑，那么只用鼠标选中该球体即可，但是 GH 并不具备这种直接选取的功能，如图 2–4 所示，如需选取指定物体，需要输入对应物体的索引值。

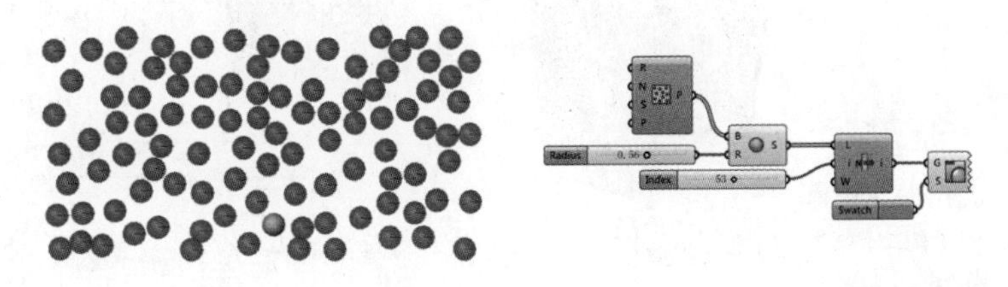

图 2–4 选取指定物体

数据关联是逻辑构建过程中很重要的步骤，如图 2–5 所示，List Length 运算器可通过统计列表内数据的个数进行数据关联。

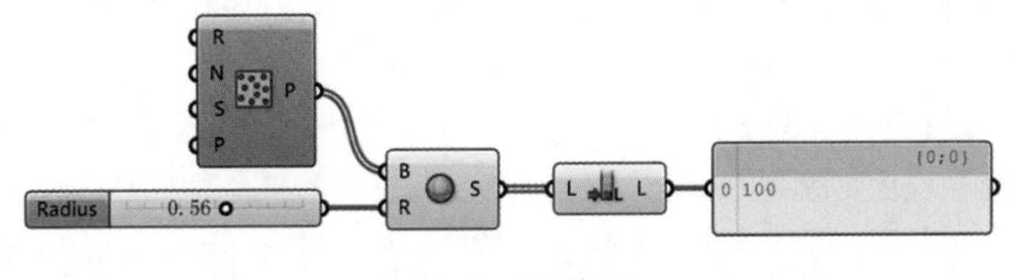

图 2–5 数据关联

2.2 扭转高层案例

List Item 与 List Length 是应用频率较高的两个运算器。如图 2–6 所示，该案例是一个概

念性设计的扭转高层建筑，通过 GH 模拟其生成过程，可以让用户对线性数据的构成与管理有更为直观的认识。

该案例的逻辑构建过程主要分为四个部分，首先通过缩放、扭转阵列曲线生成高层的主体结构；其次通过在主体曲面上生成等距断面线来创建楼板边缘线；然后提取曲面一个方向上一定数量的结构线，并通过随机删除产生不规则分布的效果，同时将剩余的结构线在顶部进行随机延伸，即可得到第一部分的表面支撑杆件；最后由 Contour 运算器在主体曲面上生成另一个方向的表面支撑杆件。以下为该案例的详细做法。

（1）如图 2–7 所示，在 Rhino 空间绘制一条曲线，然后用 Curve 运算器将其拾取进 GH 中，通过 Linear Array 运算器将该曲线沿着 Z 轴方向阵列一定的数量。

（2）如图 2–8 所示，将阵列的曲线通过 Scale 运算器进行缩放控制，缩放的比例因子由 Graph Mapper 运算器控制。

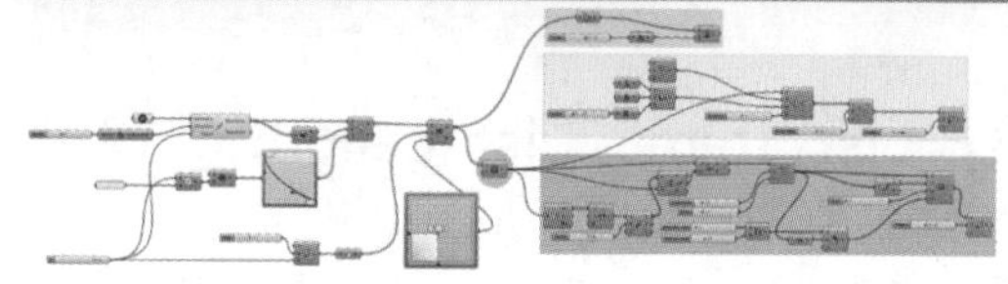

图 2–6　概念性设计的扭转高层建筑

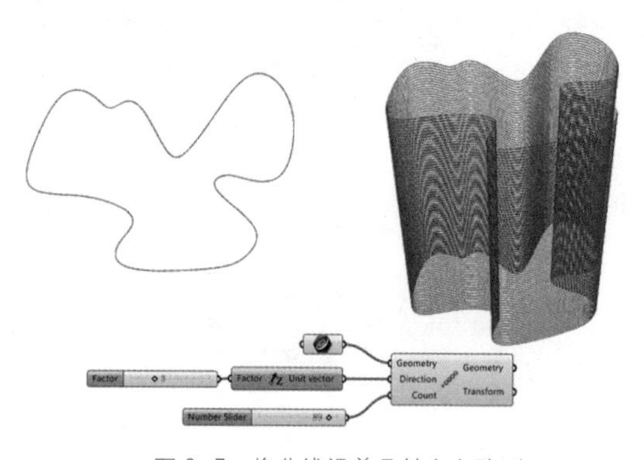

图 2–7　将曲线沿着 Z 轴方向阵列

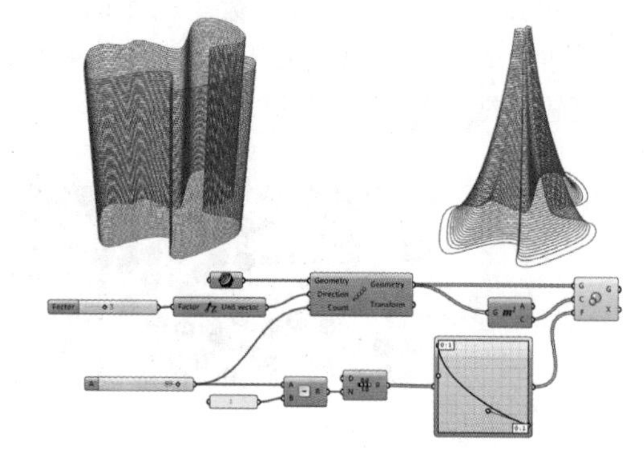

图 2–8　缩放控制

（3）由于 Graph Mapper 运算器的 X、Y 区间都是 0 至 1，通过 Range 运算器可以将默认的 0 至 1 区间等分为一定的段数。为了保证数据关联，需要将阵列线的个数减去 1，并将其赋予 Range 运算器的 N 输入端。（减去 1 的原因：如果将一个线段分成 3 段，那么会产生 4 个点，Range 运算器等分的是段数，而阵列线的个数相当于曲线上的点。）

（4）为了生成上小下大的形体效果，可通过右键单击 Graph Mapper 运算器，在 Graph Types 选项中将函数类型更改为 Bezier，根据函数曲线可调整建筑的整体形态。

（5）如图 2–9 所示，为了产生渐变扭转的效果，可通过 Rotate 运算器对每个楼层线进行旋转，旋转的角度通过 Series 等差数列运算器控制。为了保证数据的关联，需要将初始阵列楼层线的个数赋予 Series 运算器的 C 输入端。

（6）由于 Rotate 运算器的 A 输入端要求数据输入的是弧度制，因此需要通过 Radians 运算器将角度值转换为弧度值。

(7) 旋转的中心点由 MD Slider 运算器来定位，MD Slider 运算器输出的数据就是 XY 平面上的一个点。

(8) 最后将旋转以后的线通过 Loft 运算器放样成面。

(9) 如图 2-10 所示，将全部楼层线通过 Boundary Surfaces 运算器进行封面，然后由 Extrude 运算器通过延伸面生成楼板结构。

(10) 通过 Contour 运算器在建筑表面生成第一个方向的结构杆件，由于 Contour 运算器 N 输入端默认的方向是 Z 向量，因此可以通过 Rotate Vector 运算器将 X 向量以 Z 轴为中心进行旋转，为等距断面线指定不同的计算方向。

(11) 为了避免产生的线条有规律感，可以将等距断面线通过 Random Reduce 运算器随机删除一部分，并将剩余的线通过 Pipe 运算器生成圆管结构。

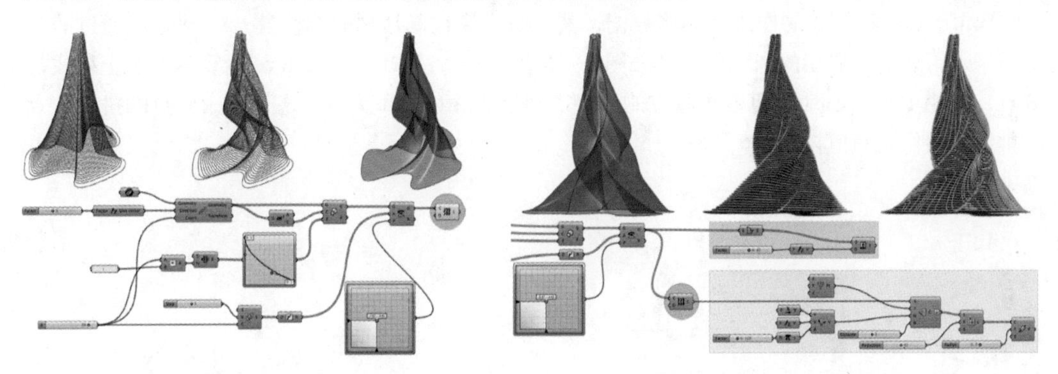

图 2-9 渐变扭转效果　　图 2-10 将全部楼层线封面

(12) 如图 2-11 所示，通过 Brep Edges 运算器提取曲面的边缘，并由 List Item 运算器提取对应索引值为 0 的对露边缘。

(13) 由 Divide Curve 运算器在边缘上生成等分点，并通过 Surface Closest Point 运算器计算等分点对应曲面的 U、V 坐标。

(14) 通过 Iso Curve 运算器提取对应 U、V 坐标处的 U 向结构线，其输出结果为沿着曲面结构线方向的支撑杆件。

(15) 如图 2-12 所示，通过 Random Reduce 运算器随机删除一部分结构线，这样就产生了一个随机分布的效果。

(16) 通过 Extend Curve 运算器将结构线在顶部进行延伸，由于结构线的底部不需要延伸，因此 Extend Curve 运算器的 L0 输入端需要赋予的数值为 0，顶部的延伸数值如果都是一样的，那么整体效果还是较为平整，因此可通过 Random 运算器创建一组随机数据，使每个结构线延伸的长度都不一致，这样在顶部就会产生一种随机生长的效果。

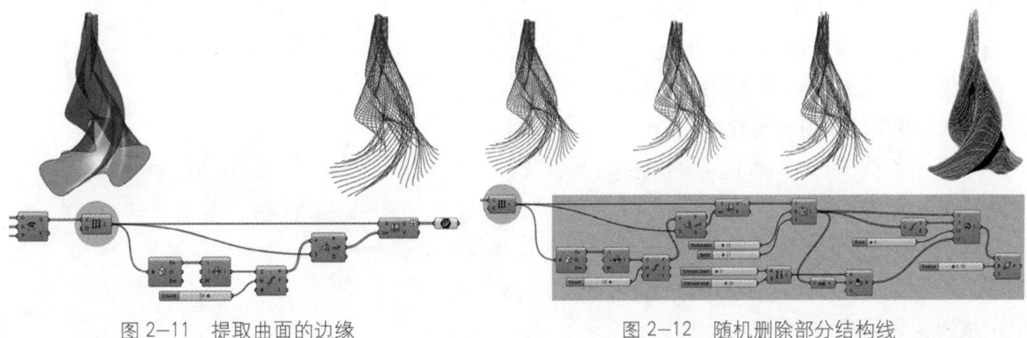

图 2-11 提取曲面的边缘　　图 2-12 随机删除部分结构线

（17）为了保证数据关联，需要用 List Length 运算器测量剩余结构线的数量，并将其作为随机数据的数量值。

（18）通过 Construct Domain 运算器创建一个随机数据的区间。

（19）将延伸后的曲线通过 Pipe 运算器生成圆管结构，最后将三部分主体结构 Bake 到 Rhino 空间，即可得到最终效果。

3. Shift List、Partition List 运算器

3.1 Shift List 运算器介绍

Shift List 运算器的作用是偏移数据，其 S 输入端控制数据的偏移量，W 输入端通过布尔值控制是否删除偏移出的末端数据。如图 2–13 所示，通过 Divide Curve 运算器在圆上生成等分点，并用 Point List 运算器查看点的排序，通过 Shift List 运算器还可以改变点的排序，点的排序方向由正负值控制。

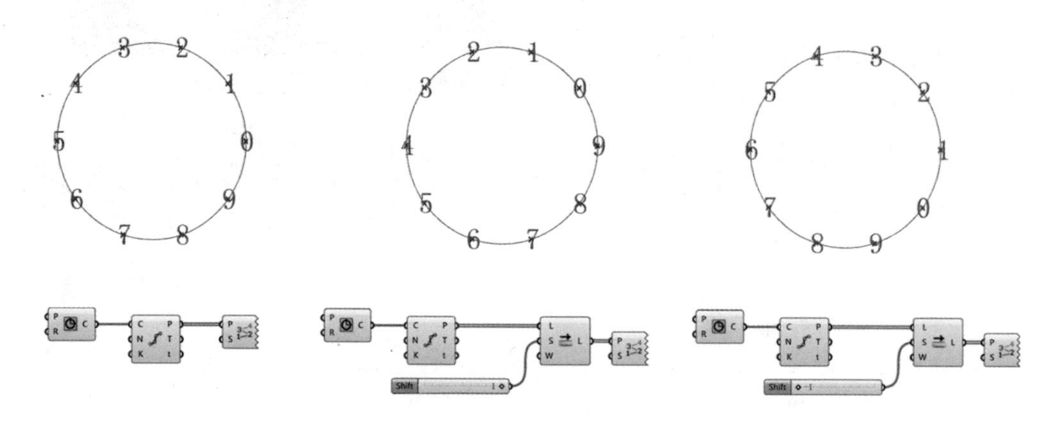

图 2–13 通过 Shift List 运算器改变点的排序

3.2 Shift List 运算器案例

（1）如图 2–14 所示，用 Radial 运算器创建一个矩阵，由于该矩阵数据是个树形数据，因此可用 Tree Statistics 运算器统计路径的个数。

（2）将统计的路径数量赋予 Series 等差数列运算器的 C 输入端，这样就做到了数据关联，并将该等差数列的公差值设为 1。

（3）由于 Series 运算器输出的数据是线性数据，为了保证矩阵中每个路径与等差数列的每个数值一一对应，可通过右键单击 Series 运算器的输出端选择 Graft，将其转换为树形数据。

（4）通过 Shift List 运算器将每个路径下的点进行偏移。

（5）通过 Flip Matrix 运算器将偏移后的数据进行翻转，即可将点的分组由横向变为纵向。

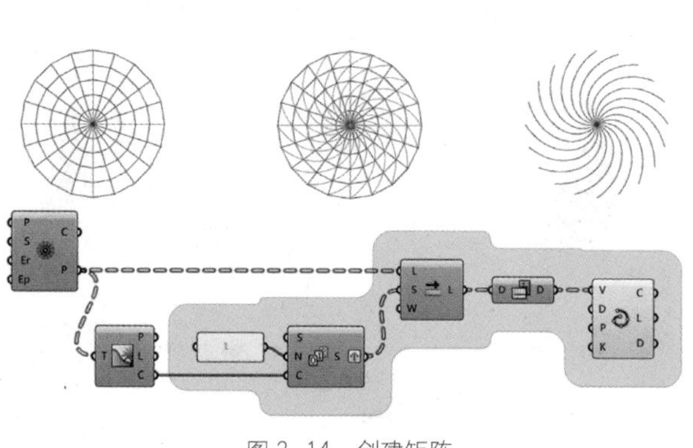

图 2–14 创建矩阵

(6) 由 Interpolate 运算器将每个重新分组后的点连成曲线。

(7) 如图 2-15 所示，由于第一组曲线对应偏移数据的公差值为 1，为了产生与其方向相反的曲线，可将控制偏移数据的等差数列公差值设定为 -1，并重复步骤（3）至步骤（6）的操作，即可生成另一个方向的曲线。

(8) 如图 2-16 所示，通过 Curve | Curve 运算器计算两组曲线的交点，需要将一组曲线通过 Flatten 进行路径拍平，这样才能使树形数据中的每一根曲线与线性数据的所有线条产生相交线。

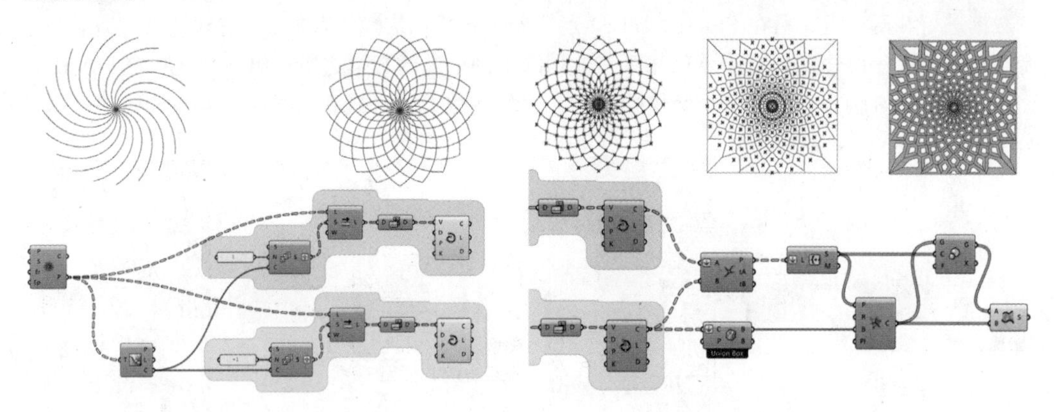

图 2-15 生成方向相反的曲线　　图 2-16 计算两组曲线的交点

(9) 由于输出的相交点是有重复的，因此需要通过 Create Set 运算器删除重复点，并且需要保证赋予 Create Set 运算器的数据是一个线性数据，可在其 L 输入端通过 Flatten 进行路径拍平。

(10) 通过 Voronoi 运算器依据点生成泰森多边形图案，其 B 输入端需要赋予一个边界矩形，可以通过 Bounding Box 运算器依据一组曲线生成一个边界矩形，需要注意的是，Bounding Box 运算器的 C 输入端需要先通过 Flatten 进行路径拍平，然后右键单击运算器，勾选 Union Box 选项，使全部矩形组合为一个整体的矩形框。

(11) 由 Scale 运算器将泰森多边形的每个单元依据中心点进行缩放，最后通过 Ruled Surface 运算器将单元体与缩放后的形体一一对应生成面。

(12) 如图 2-17 所示，可将上面制作的图案应用于建筑立面、室内装饰墙面和吊顶图案中。

图 2-17 绘制的图案在生活中的应用

3.3 Partition List 运算器介绍

Partition List 运算器的作用是将线性数据依据输入端 S 的数值进行分组，如果想对一组数据进行等分分组，那么只要在 Partition List 运算器的 S 输入端赋予一个需要等分的数值即可；如果需要对一组数据进行不等分分组，可在 Partition List 运算器的 S 输入端赋予不同的组合数值来控制每组数据个数。

如图 2-18 所示，由于 Series 运算器的默认输出数据为 0 ～ 9 的十个数字，如果想对这十个数据进行两两分组，可在 Partition List 运算器的 S 输入端赋予数值 2，这样输出的结果中每两个数据在一个路径内；如果希望将等差数列以不同个数的数据进行分组，那么可在 Partition List 运算器的 S 输入端赋予多个数值的组合，这样在分组的时候将会按照该组合数值进行循环分组。

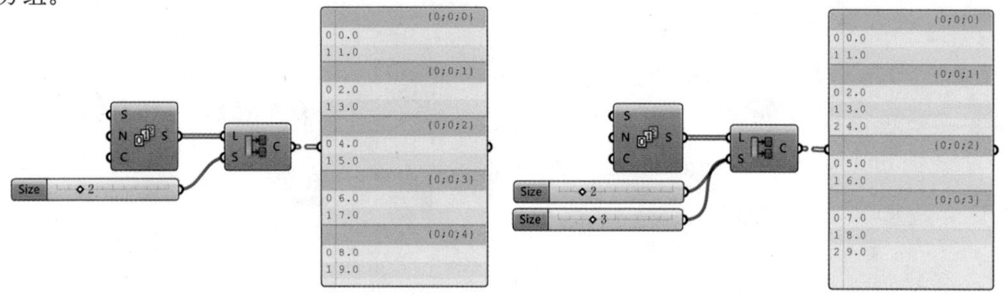

图 2-18　Series 运算器的默认输出数据

3.4 扭转连廊案例

如图 2-19 所示，该案例是一个扭转连廊的设计方案，通过 GH 模拟其构建过程，可以让大家对 Shift List 与 Partition List 两个运算器的应用方法有更为直观的认识。

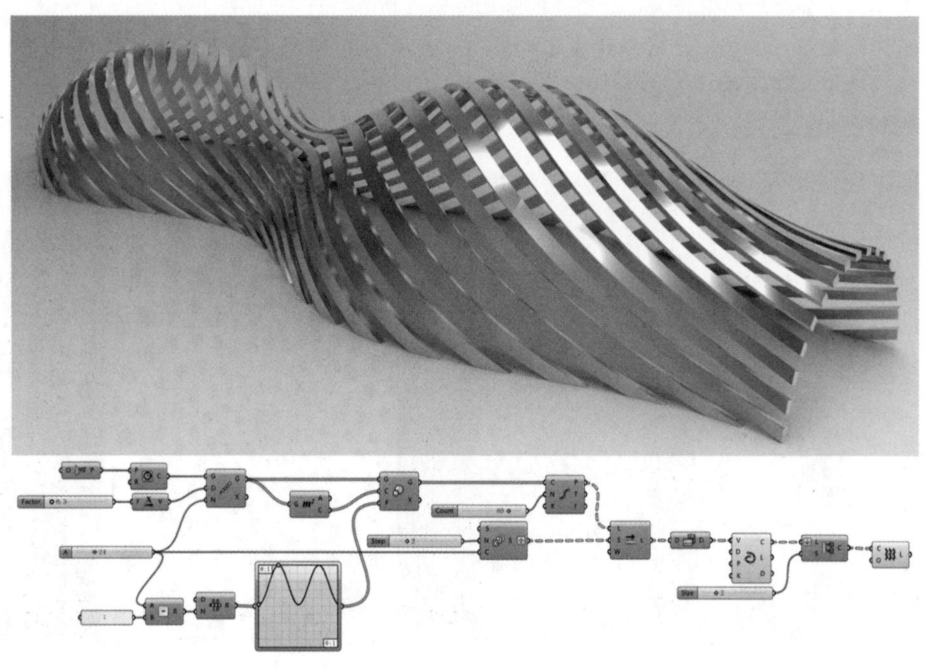

图 2-19　扭转连廊设计

该案例的主要逻辑构建过程分为三部分：首先通过 Graph Mapper 运算器控制整体的形态；然后由 Shift List 运算器将各条曲线的等分点进行数据偏移；最后通过翻转矩阵将点进行重新组合，并将其两两分组后放样成面。以下是该案例的详细做法。

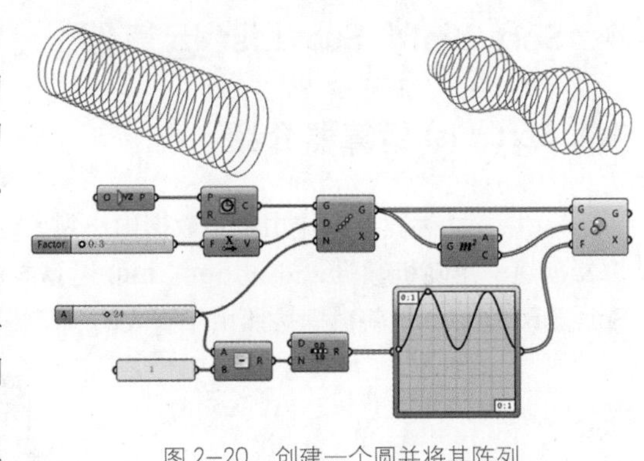

图 2–20　创建一个圆并将其阵列

（1）如图 2–20 所示，首先依据 YZ 平面创建一个圆，然后沿着 X 轴方向将其阵列一定的数量。

（2）通过 Graph Mapper 运算器控制整体缩放的比例，使其形体呈函数变化趋势（这里需要注意的是为了保证数据关联，需要将阵列数减去 1 之后的值赋予 Range 运算器的 N 输入端）。

（3）如图 2–21 所示，通过 Divide Curve 运算器在缩放后的曲线上创建等分点。

（4）由 Shift List 运算器对这些点进行数据偏移，由于每条线等分出的点都各自在一个路径下，因此需要将 Series 运算器的输出端通过 Graft 创建树形数据，这样才能保证等差数列的每一个数值对应一个路径。

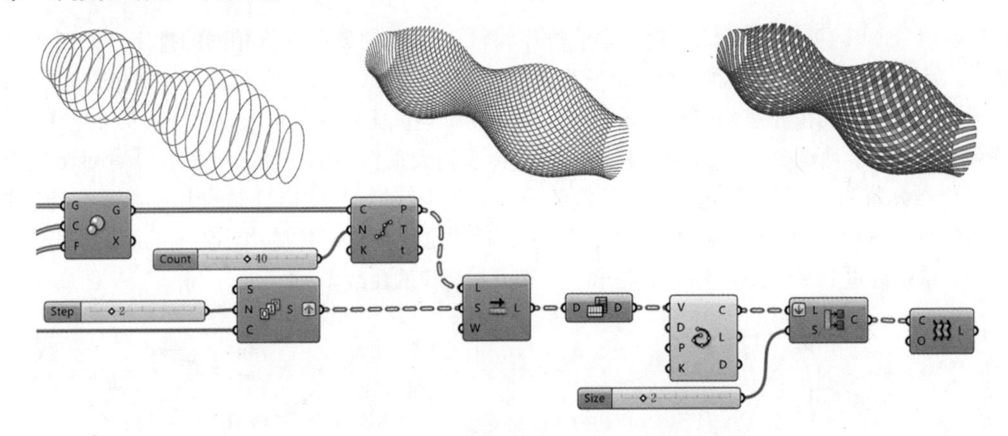

图 2–21　在缩放后的曲线上创建等分点

（5）将偏移后的数值通过 Flip Matrix 运算器进行路径翻转。

（6）通过 Interpolate 运算器将同一个路径下的点连成曲线。

（7）通过 Partition List 运算器对这些曲线进行两两分组，由于之前的曲线是一个树形数据，因此需要先通过 Flatten 将其路径拍平后再分组。

（8）最后将两两分组的曲线通过 Loft 运算器放样成面。

（9）如图 2–22 所示，右键单击 Loft 运算器，将模型 Bake 到 Rhino 空间。

（10）绘制一个地平面，用修剪命令将地平面以下的部分全部修剪掉，并将剩余的面通过偏移曲面命令进行加厚。

图 2–22　将模型 Bake 到 Rhino 空间

4. Sort List、Sub List 运算器

4.1 Sort List 运算器介绍

Sort List 运算器的作用是将数据由小到大进行重新排序。如图 2–23 所示，用 Random 运算器创建一组随机数据，通过 Sort List 运算器对该组数据进行排列，由输出的结果可以看出 Sort List 运算器是将数据按照由小到大的顺序排列的。

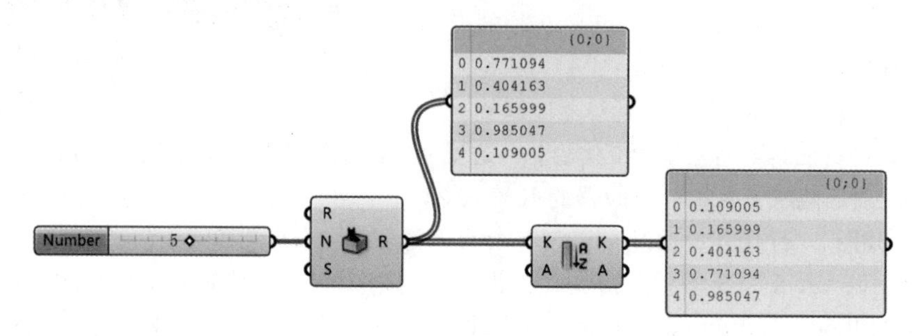

图 2–23 Sort List 运算器将数据进行排列

Sort List 运算器可依据 K 输出端的排序将输入端 A 的数据进行相同的排序。如图 2–24 所示，用 Populate 3D 运算器创建一组三维随机点，并用 Center Box 运算器控制随机点的范围；由于此时随机点的排序是无序的，如果用 Interpolate 运算器将这些点连成曲线，那么生成的曲线就是无序的；如果想让点按照 Z 标高的数值由小到大重新排序，那么可先用 Deconstruct 运算器将点分解为 X、Y、Z 坐标，并且将 Z 坐标值赋予 Sort List 运算器的 K 输入端，然后将点数据赋予 Sort List 运算器的 A 输入端，那么这些点将按 Z 坐标值由小到大的顺序进行重新排序；最后通过 Interpolate 运算器将这些点连成有规律的曲线。

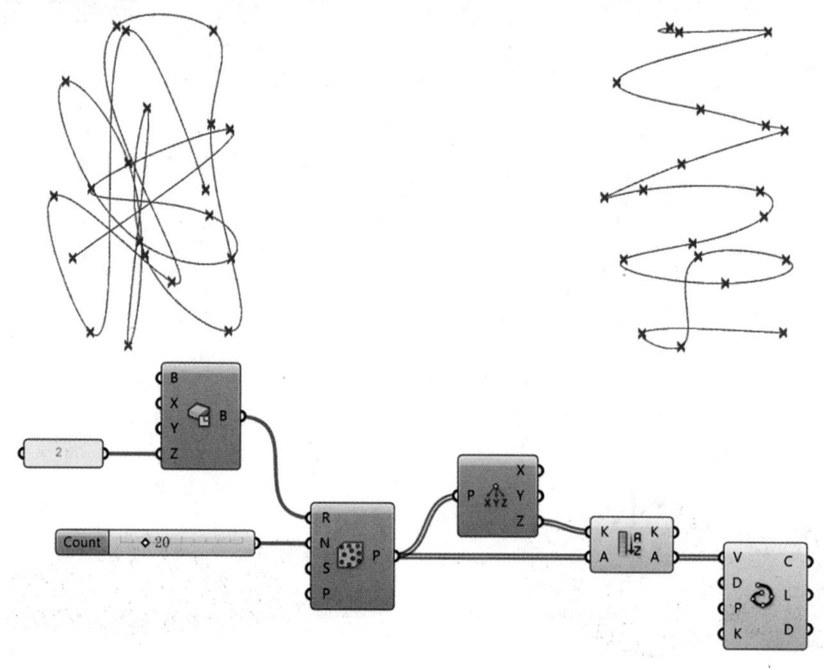

图 2–24 创建有规律的曲线

4.2 Sub List 运算器介绍

Sub List 运算器的作用是依据索引值的区间，提取对应的一段数据。如图 2–25 所示，由于 Series 运算器的默认输出数据为 0 至 9 的十个数字，如果想提取该数列中的某个区间，可通过 Sub List 运算器来实现。

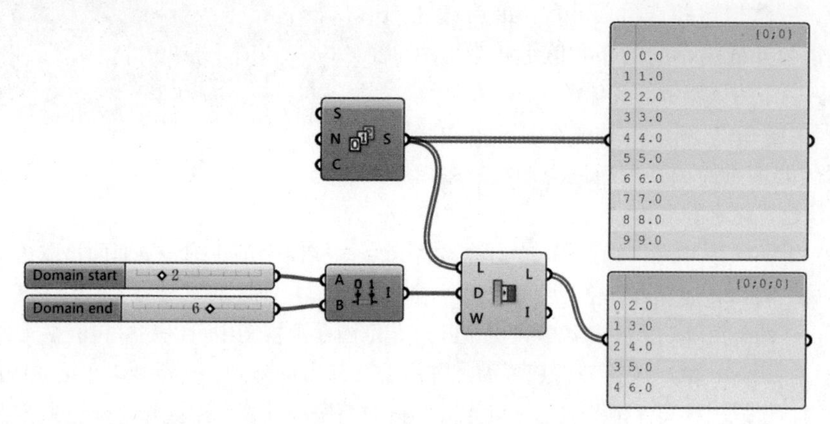

图 2–25　Series 运算器的默认输出数据

5. Dispatch、Weave 运算器

5.1 Dispatch 运算器介绍

Dispatch 运算器的作用是依据布尔值将数据进行分流。如图 2–26 所示，其 P 输入端默认的布尔值为 True、False，True 对应的数据从 A 输出端流出，False 对应的数据从 B 输出端流出。

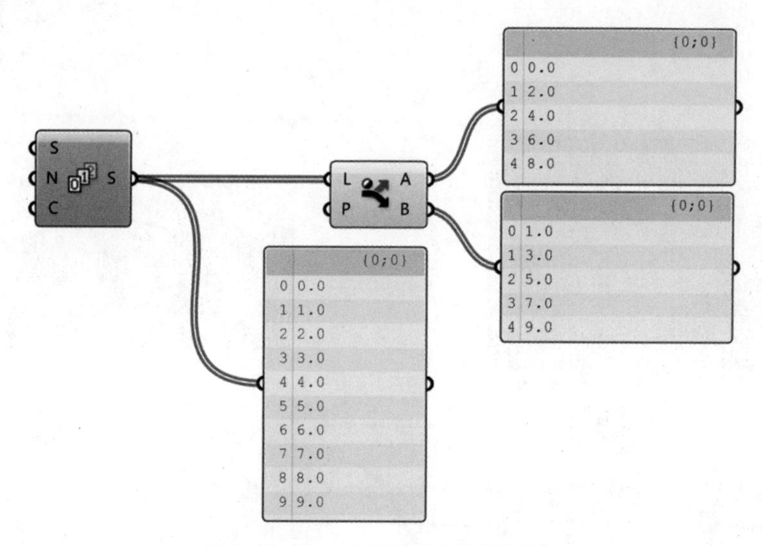

图 2–26　Dispatch 运算器将数据进行分流

5.2 Dispatch 运算器案例

如图 2–27 所示，该案例是一个概念性的综合体设计，通过 Dispatch 运算器的布尔值可有规律地提取部分数据。

该案例的逻辑构成主要分为四个部分：首先在 Rhino 空间绘制一个建筑的外轮廓；其次在 GH 中创建一个能将这个轮廓完全包裹的三维点阵；然后通过 Point In Brep 运算器判定点是否在轮廓内，由 Dispatch 运算器提取出轮廓内部的点，并依据这些点生成 Box；最后通过 Dispatch 运算器依据不同的布尔值组合来提取部分数据。以下为该案例的具体做法：

图 2–27　概念性的综合体设计

（1）如图 2–28 所示，首先在 Rhino 中绘制一个封闭的多重曲面，可通过变形控制编辑器来调整该建筑轮廓的形体。

（2）如图 2–29 所示，通过 Brep 运算器将 Rhino 空间中创建的多重曲面拾取进 GH 中。

（3）由 Square 运算器在 XY 平面创建一个二维点阵，通过在 Rhino 空间中指定二维点阵的起始点，并调整点阵的大小与数量来保证其分布范围在顶视图中可以完全包裹多重曲面。

（4）由 Linear　Array 运算器将平面点阵沿着 Z 轴方向阵列，间距要与平面点阵的间距保持数据关联，这里同样要保证阵列后三维点阵的分布范围在前视图中能够完全包裹多重曲面。

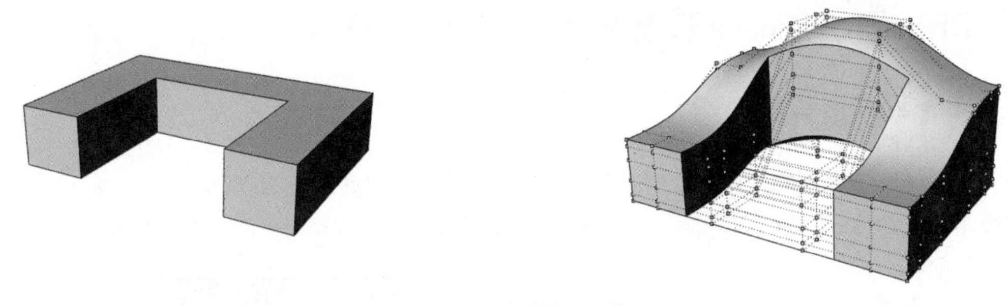

图 2–28　绘制多重曲面

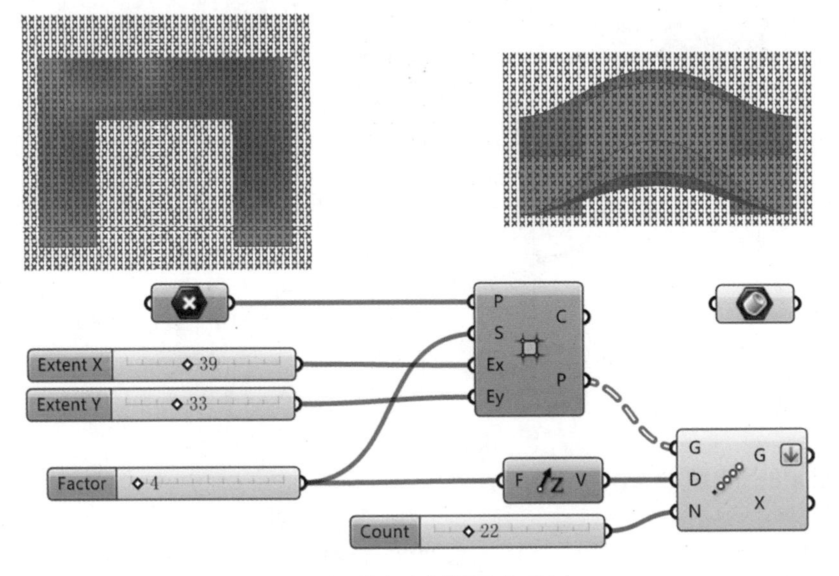

图 2–29　将多重曲面拾取进 GH 中

（5）如图 2-30 所示，通过 Point In Brep 运算器判定三维点阵与多重曲面的位置关系，该运算器输出的数据为一系列布尔值，其中在多重曲面内部的点输出的布尔值为 True，多重曲面外部的点输出的布尔值为 False。

（6）由 Dispatch 运算器依据判定的布尔值将三维点阵进行数据分流，其中 A 输出端输出的对应的点数据就是在多重曲面内部的点。

（7）以筛选出的内部点为中心点，用 Center Box 运算器创建正方体，为了保证每个正方体能够接在一起，需要将三维点阵间距除以 2 的数值赋予 Center Box 运算器的 X、Y、Z 输入端。

（8）由于生成的方块拼贴形体较为规整，可以通过 Dispatch 运算器依据默认的布尔值进行分流，并提取其中一部分数据作为最终结果。

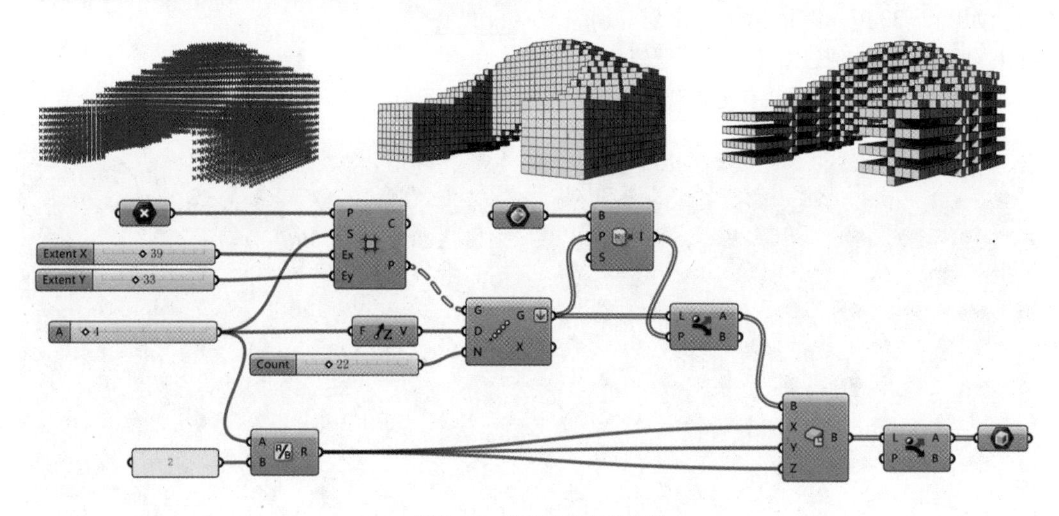

图 2-30　创建方块拼贴形体

（9）如图 2-31 所示，改变步骤（8）中 Dispatch 运算器的布尔值组合，可以得到变化丰富的拼贴形体。

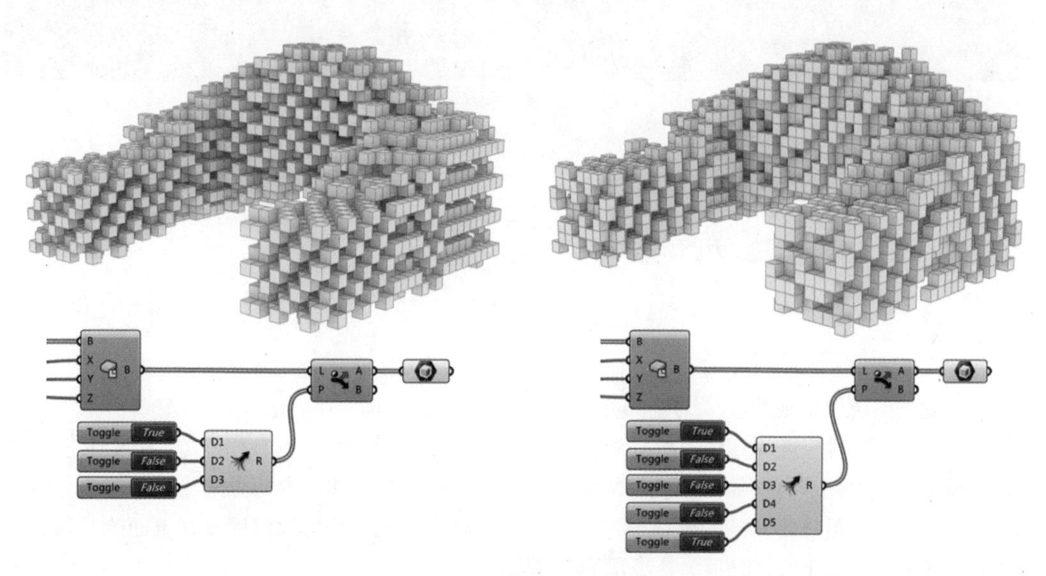

图 2-31　改变布尔值组合

5.3 Weave 运算器介绍

Weave 运算器的作用是依据布尔值将数据进行合并。如图 2–32 所示，由于其 P 输入端的默认布尔值为 0、1，因此两组数据将按照间隔顺序进行编织组合。

Weave 运算器通常搭配 Dispatch 运算器一起使用，通过这两个运算器对数据的分流与组合，可以处理一些较为复杂的逻辑运算。如图 2–33 所示，该案例是一个有编织效果的立面设计，通过 GH 模拟其逻辑构成，可对 Weave 运算器的用法有更直观的认识。

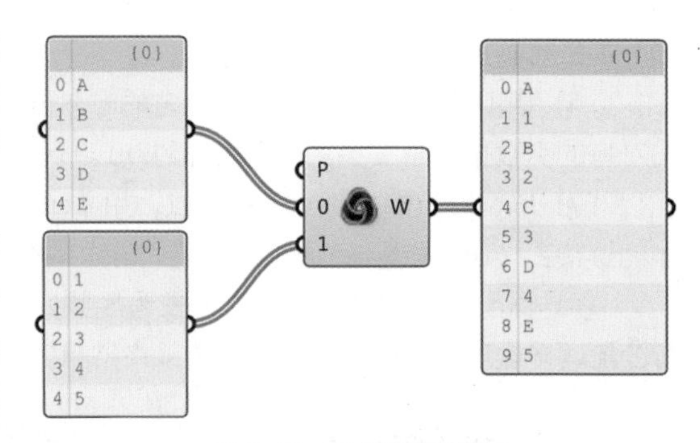

图 2–32　数据的编织组合

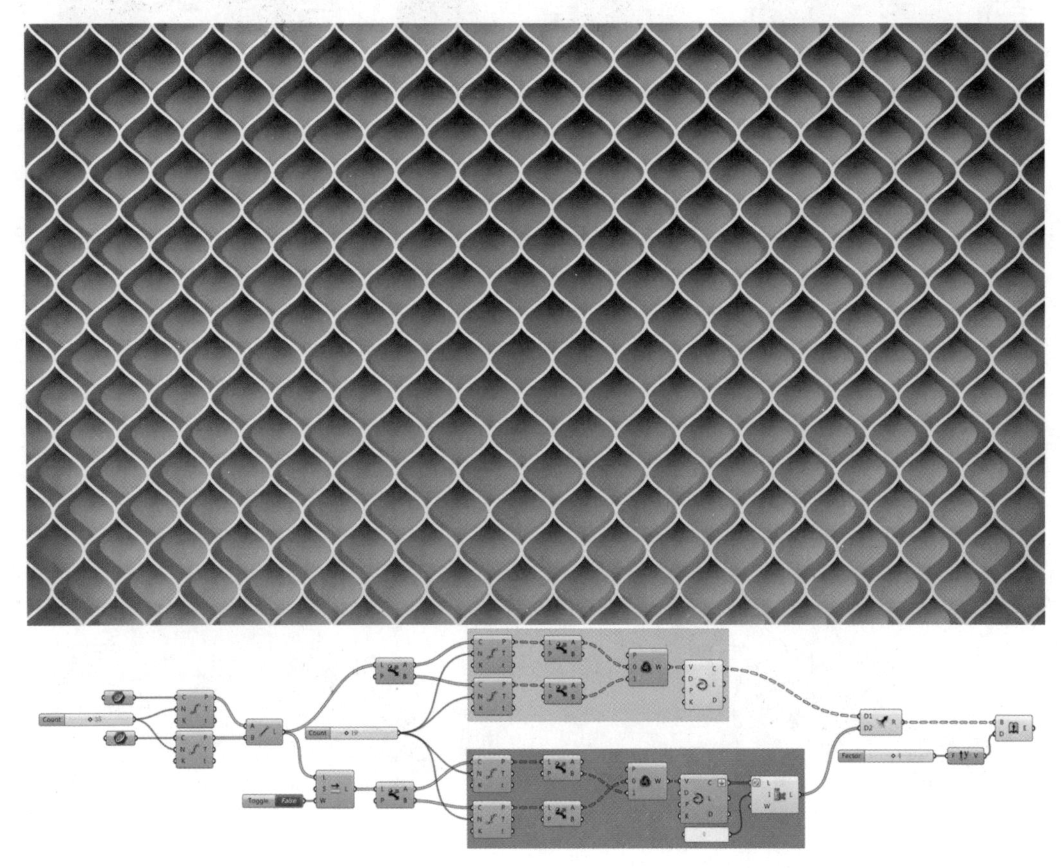

图 2–33　有编织效果的立面设计

该案例的逻辑构成主要分为三部分：首先在建筑立面的上下两个边线上创建等分点，并将这些等分点上下对应连成直线；然后将直线通过 Dispatch 运算器进行数据分流，并对其进行等分点操作，将等分点通过数据分流和编织组合进行重新分组，并由内插点曲线运算器将分组后的点连成曲线；最后将初始的直线通过 Shift　List 运算器进行数据偏移后重复上面的步骤，可生成另一个方向的曲线。以下为该案例的具体做法。

（1）如图 2–34 所示，首先绘制两条长度相等的直线，并将这两条直线拾取进 GH 中。

（2）用 Divide Curve 运算器在两条直线上创建数量相同的等分点，并通过 Line 运算器将两组点对应连线。

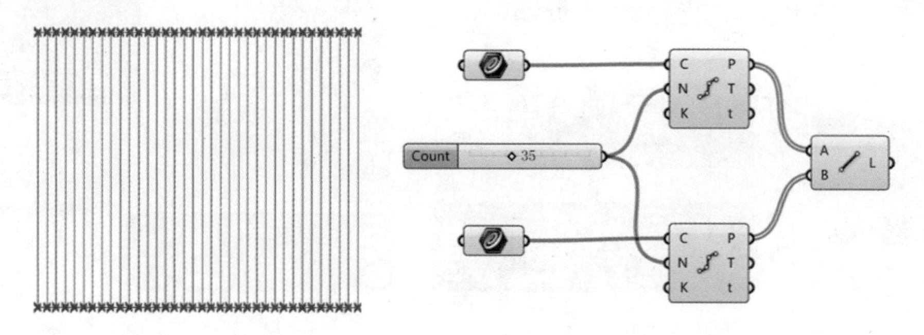

图 2-34　绘制直线并拾取进 GH 中

（3）如图 2-35 所示，通过 Dispatch 运算器将直线进行数据分流，并通过 Divide Curve 运算器在分流后的两组直线上创建数量相同的等分点。

（4）将两组等分点分别用 Dispatch 运算器进行数据分流，并用 Weave 运算器将两组不对应的点进行交叉组合。

（5）通过 Interpolate 运算器将每个路径下的点连成曲线。

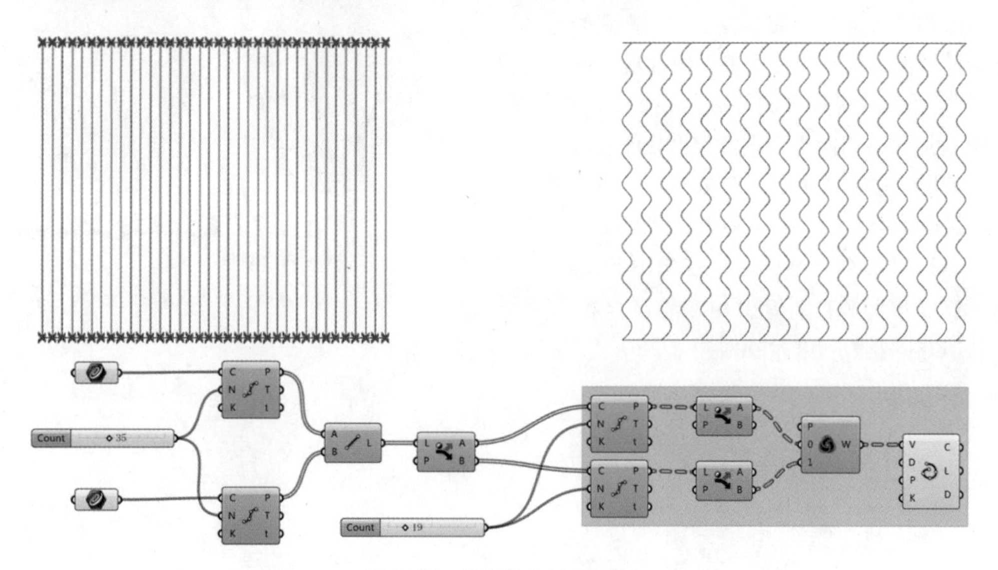

图 2-35　数据分流创建等分点

（6）如图 2-36 所示，通过 Shift List 运算器将步骤（2）中的直线进行数据偏移，这里需要注意的是 Shift List 运算器的 W 输入端赋予的布尔值为 False。

（7）将偏移后的数据重复步骤（3）至步骤（5）的操作，即创建数据分流、等分点、编织组合后再连线。

（8）生成的两组曲线中会存在一条重复的曲线，可由 Cull Index 运算器对其进行删除。需要通过 Flatten 将步骤（7）中的曲线数据转换为线性数据，为了保证删除数据的索引值为 0，可通过 Reverse 对其进行数据反转。

（9）如图 2-37 所示，将生成的两组曲线由 Merge 运算器进行合并，并通过 Extrude 运算器沿着 Y 轴方向延伸生成曲面，它可作为建筑的立面结构或室内的装饰墙面。

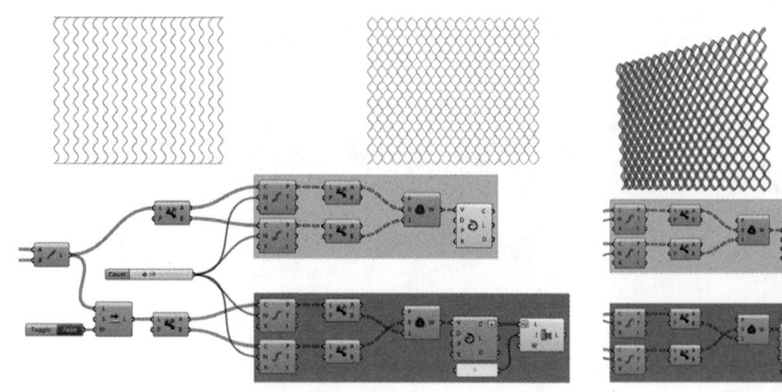

图 2-36　将直线进行数据偏移

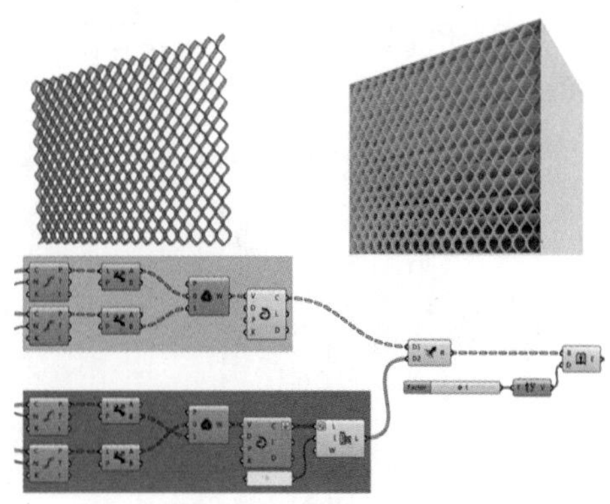

图 2-37　将两组曲线进行合并

5.4 Dispatch 与 Weave 运算器综合应用案例

如图 2-38 所示，该案例为通过 Dispatch 与 Weave 运算器对数据进行分流与编织重组，创建具有数学逻辑的形体结构。

该案例的逻辑构成主要分为三部分：首先由 Graph Mapper 运算器控制阵列椭圆的形体；然后通过偏移曲线生成内外两组曲线，并在两组曲线上创建相同数目的等分点，由 Dispatch 与 Weave 运算器将两组点进行数据分流后再编织重组；最后以楼层线中心点的 Z 坐标值为依据将整体建筑赋予渐变色。以下为该案例的具体做法。

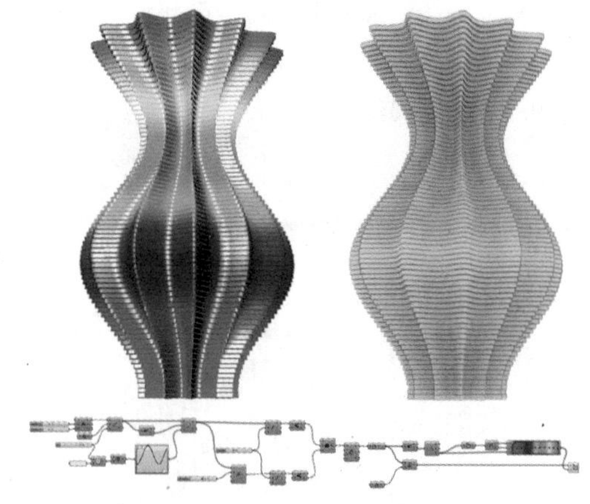

图 2-38　具有数学逻辑的形体结构

（1）如图 2-39 所示，首先由 Ellipse 运算器创建一个椭圆，然后用 Linear　Array 运算器将其沿着 Z 轴方向部分阵列。

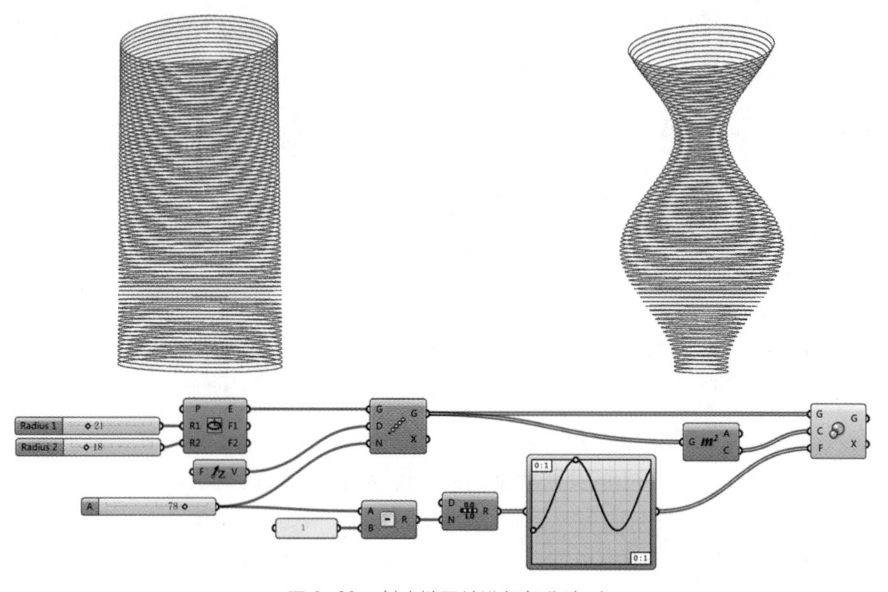

图 2-39　创建椭圆并进行部分阵列

（2）通过 Graph Mapper 运算器控制整体的缩放比例因子，通过 Range 运算器将 0 至 1 区间进行等分，区间等分的段数为椭圆阵列数值减去 1。

（3）如图 2–40 所示，由 Offset 运算器将缩放后的曲线偏移一定的距离。

（4）由 Divide Curve 运算器在两组曲线上生成相同数量的等分点。

（5）通过 Dispatch 运算器将两组点进行数据分流，并由 Weave 运算器将两组不对应的点进行编织重组。

（6）最后用 Interpolate 运算器将相同路径下的点连成曲线，为了保证曲线是闭合的，需要将 Interpolate 运算器 P 输入端的布尔值改为 True，其输出结果可作为建筑楼层线。

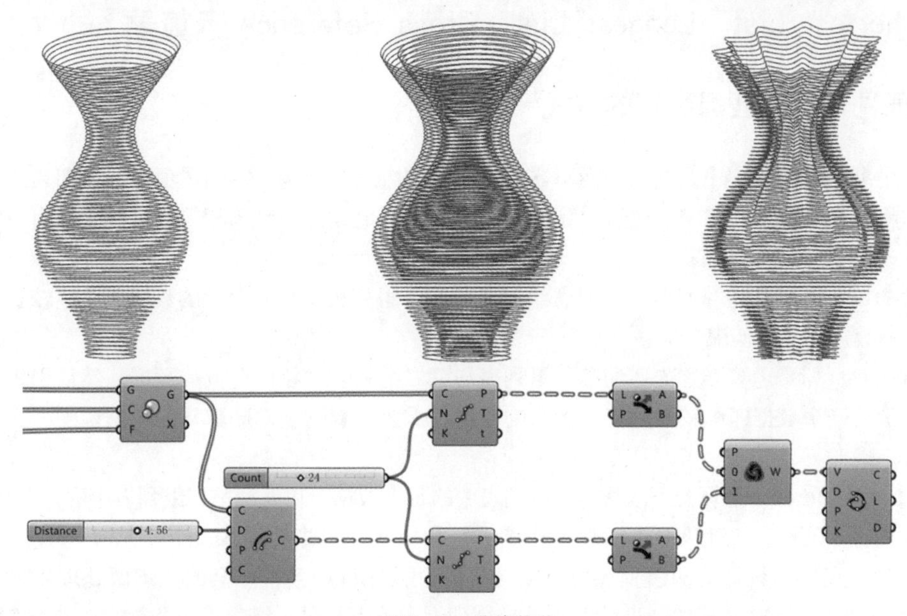

图 2–40　曲线偏移

（7）如图 2–41 所示，用 Boundary Surfaces 运算器将楼层线进行封面，为了简化数据的路径结构，可通过右键单击其输出端选择【Flatten】，将其转换为线性数据。

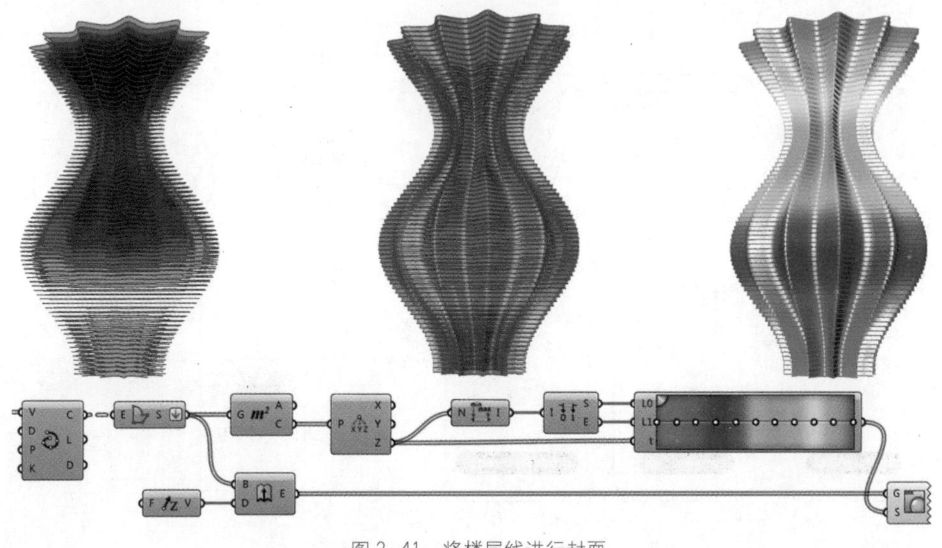

图 2–41　将楼层线进行封面

（8）由 Area 运算器提取每个楼层板的中心点，并通过 Deconstruct 运算器将其分解为 X、Y、Z 坐标。

（9）由 Bounds 运算器统计 Z 坐标的区间， 通过 Deconstruct Domain 运算器可以提取一个区间的最小值和最大值。

（10）将每个楼层板中心点通过 Gradient Control 运算器进行颜色映射．

（11）用 Extrude 运算器将之前生成的楼层板延伸一定的厚度，并用 Custom Preview 运算器将其赋予渐变色。

6．Shortest List、Longest List、Cross Reference 运算器

6.1 三种运算器匹配数据的方式

在早期的 GH 版本中，这三个运算器的功能被整合在其他运算器的选项中，后期为了使用方便才将其提取出来。在一些逻辑运算过程中会遇到两组数据个数不相等的情况，采用不同的匹配方式会产生不同的结果。

Shortest List 运算器可以匹配第一组列表与第二组列表中相同个数的数据，其中较长列表中多余的数据不参与匹配。

Longest List 运算器首先匹配第一组列表与第二组列表中相同个数的数据，然后用较短列表中的最后一个数据匹配较长列表中多余的数据。需要注意的是 GH 默认的数据匹配方式就是 Longest List。

Cross Reference运算器可以将第一组列表中的每个数据对应匹配第二组列表中的每个数据。

如图 2-42 所示，对两组不同数量的点进行数据匹配，当使用 Shortest List 方式进行数据匹配时，直线的数量与两组列表中数据较少的个数保持一致，多余的点不做处理；当使用 Longest List 方式进行数据匹配时，首先是较短列表中的点与另一组中相同个数的点进行匹配，然后是较短列表中最后一个点与另一个列表中多余的点进行匹配；当使用 Cross Reference 方式进行数据匹配时，第一组列表中的每一个点分别与第二组列表中的每一个点匹配。

为了更直观的看出数据匹配的规则，可以将数字与字母分别赋予三个运算器来查看其输

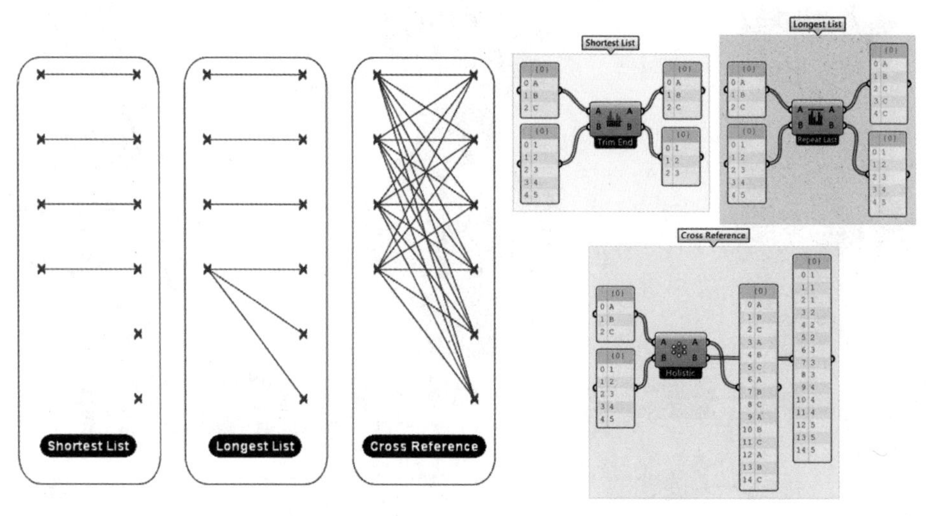

图 2-42 对两组不同数量的点进行数据匹配

出结果。每个运算器的匹配法则不止一种，用户可以通过右键单击运算器进行更改。运算器 Shortest List 有三种匹配法则，包括 Trim Start、Trim End、Interpolate；运算器 Longest List 有五种匹配法则，包括 Repeat First、Repeat Last、Interpolate、Wrap、Flip；运算器 Cross Reference 有七种匹配法则，包括 Holistic、Diagonal、Coincident、Lower Triangle、Lower Triangle（strict）、Upper Triangle、Upper Triangle（strict）。大家可按照图 2-42 中的方法来查看每种匹配法则的区别。

6.2 数据匹配综合案例

（1）如图 2-43 所示，由 Center Box 运算器创建一个基本体，并沿着 X 轴方向将其按照等差数列进行移动阵列。

（2）将生成的阵列基本体沿着 Y 轴方向按照等差数列进行移动，为了产生矩阵的效果，需要通过 Cross Reference 运算器对数据匹配后再进行移动。

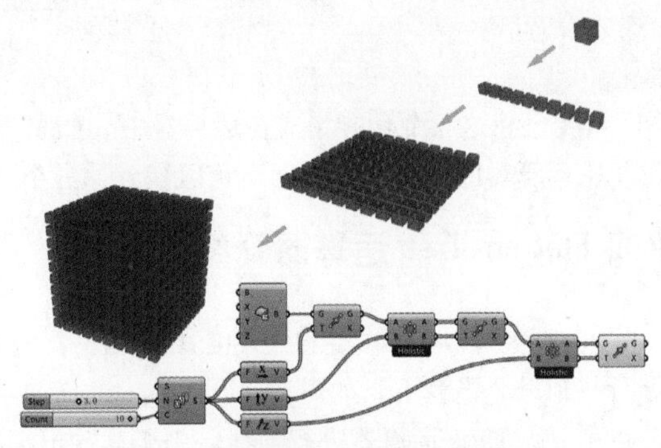

图 2-43　创建基本体并进行移动阵列

（3）将生成的平面矩阵基本体沿着 Z 轴方向按照等差数列进行移动，为了产生三维矩阵的效果，同样需要通过 Cross Reference 运算器对数据匹配后再进行移动。

（4）如图 2-44 所示，由 Volume 运算器提取每个 Box 的几何中心点，并通过 Pull Point 运算器测量中心点到原点的距离。

（5）由 Bounds 运算器统计距离数值构成的区间，并通过 Deconstruct Domain 运算器提取该区间的最小值和最大值。

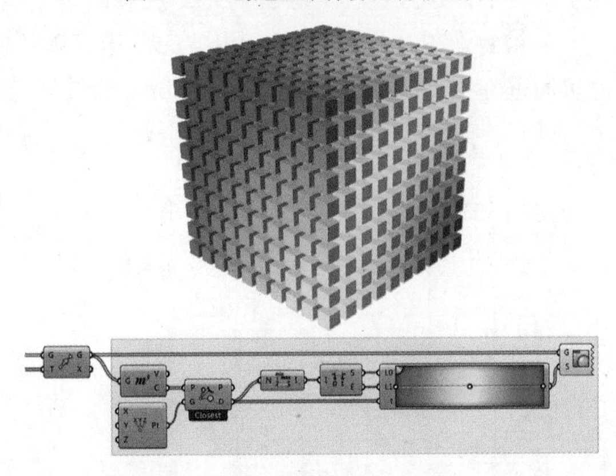

图 2-44　提取每个 Box 的几何中心点

（6）最后将距离数值通过 Gradient Control 运算器进行颜色映射，并将其赋予 Box 的矩阵。

7. Flatten Tree、Graft Tree、Simplify Tree 运算器

7.1 树形数据介绍

前面已经对 List 列表下线性数据的处理进行了介绍，下面将重点介绍 Tree 列表下处理树形数据的运算器。

在一个数据中，如果只包含一个列表，那么称之为“线性数据”；如果该数据由多个列表共同组成，那么称之为树形数据。如图 2-45 所示，通过 Param Viewer 面板可以查看一个树形数据的结构，其中 Data with 2 branches 表示该数据包含两个路径结构，类似 {0；0；0} 这样的数据表示的是路径，N=2 表示的是每个路径下包含 2 个数据。通过双击 Param Viewer 面板可以切换文字显示模式与图示显示模式。如果用 Panel 面板查看一个树形数据，则会显示每个路径的名称以及每个路径下数据的具体形式。

对树形数据编辑常用的就是 Flatten Tree、Graft Tree、Simplify Tree 功能，为了方便操

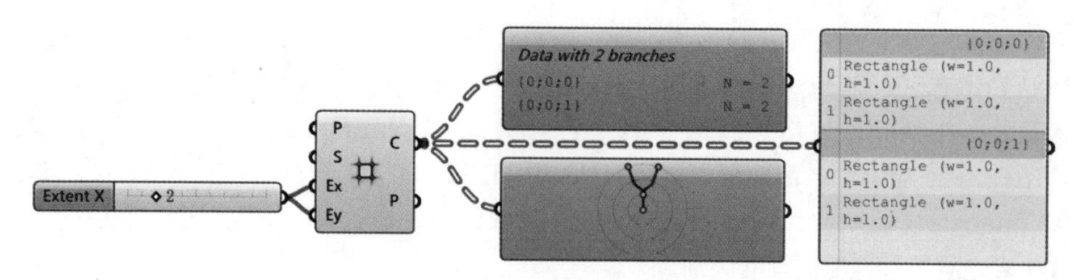

图 2-45 树形数据的结构

作，GH 已将这三个功能集成在运算器中。如图 2-46 所示，通过右键单击运算器的输入端或输出端可以找到这三个选项。

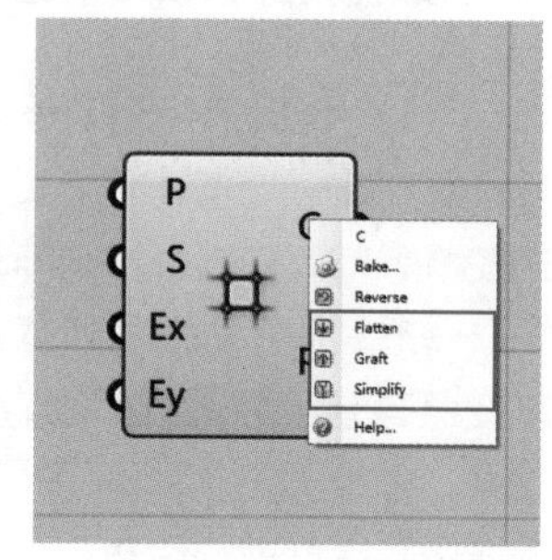

图 2-46 树形数据编辑器

7.2 Flatten Tree 运算器介绍

Flatten Tree 运算器的作用是路径拍平，即将所有路径下的数据合并到一个路径下。如图 2-47 所示，将 Square 运算器 P 输出端的点用 PolyLine 运算器进行连线，由于其输出端默认为每 5 个点在一个路径下，连线过程只会针对每个独立路径下的点进行操作。

如果将 P 输出端通过 Flatten Tree 运算器进行路径拍平（此处也可通过右键单击 P 输出端选择【Flatten】），那么运算器会将所有路径下的点全部合并到一个路径下，此时 PolyLine 运算器则会将所有点连成一条线。

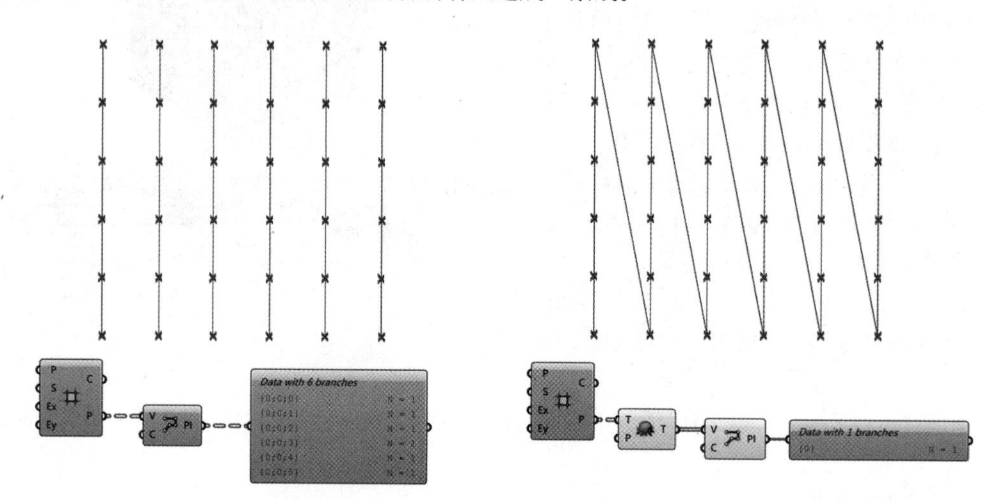

图 2-47 路径拍平效果

7.3 Graft Tree 运算器介绍

树形数据的操作与管理是 GH 逻辑构建的核心部分，而通过 Graft Tree 运算器创建树形数据是较为简单快捷的方法。

Graft Tree 运算器的作用与 Flatten 运算器的作用相反，它是将每个数据分别放在一个路径下。如图 2-48 所示，默认的 Square 运算器 C 输出端包含 5 个路径，每个路径下有 5 个数据，如果将该组数据通过 Graft Tree 运算器创建成树形数据（也可以通过右键单击运算器选择 Graft 选项），那么该数据包含 25 个路径，并且每个路径下只有一个数据。

通过双击 Param Viewer 面板可以切换数据的显示模式，文字显示模式可以查看树形数据路径的个数及每个路径下数据的个数；图示显示模式可以查看树形数据路径之间的逻辑关系。

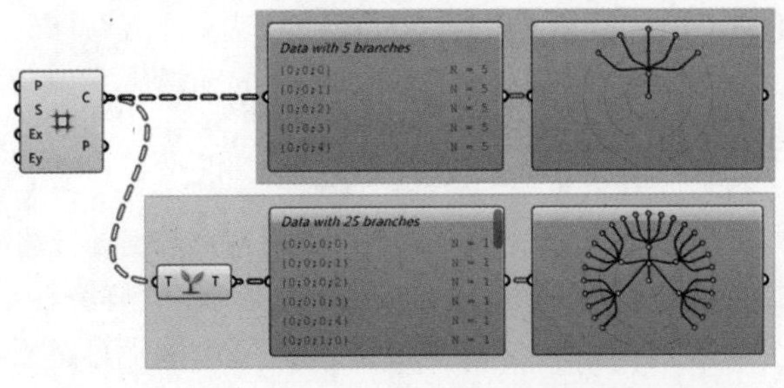

图 2—48 Square 运算器与 Graft Tree 运算器的不同效果

合理地使用树形数据可在很大程度上优化逻辑构建过程，以创建楼层出挑结构为例，以下为该案例的具体做法。

(1) 如图 2-49 所示，通过 Polygon 运算器创建一个三角形楼层线，然后沿着 Z 轴方向将其进行阵列。

(2) Offset 运算器通过偏移曲线生成出挑的边缘线。

(3) 为了使内外曲线能够两两对应，可以通过 Merge 运算器将两组曲线进行组合。

(4) 从图中的两个对比案例可以看出，通过 Graft Tree 运算器将两组曲线变为树形数据，将其组合后再放样成面则会生成正确的结果，这是因为 Merge 运算器合并的是每个对应路径下的数据。

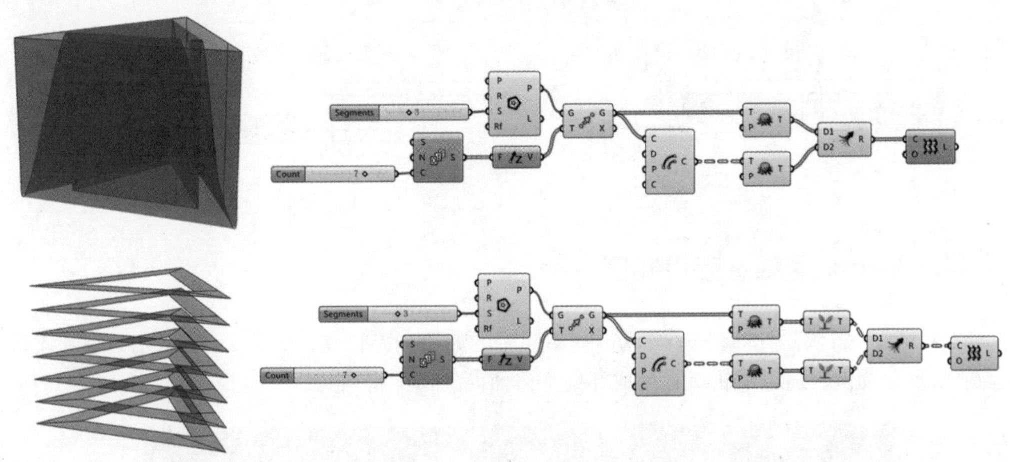

图 2—49 创建楼层出挑结构

7.4 Simplify Tree 运算器介绍

Simplify Tree 运算器的作用就是简化路径结构，把多余的路径结构删除。简化路径结构是一个很常用的功能，通过右键单击运算器的输入端或输出端可直接使用该功能。如图 2—50 所示，偏移曲线后的数据经过 Simplify Tree 运算器简化后，其数据结构由三级路径简化为一级路径。

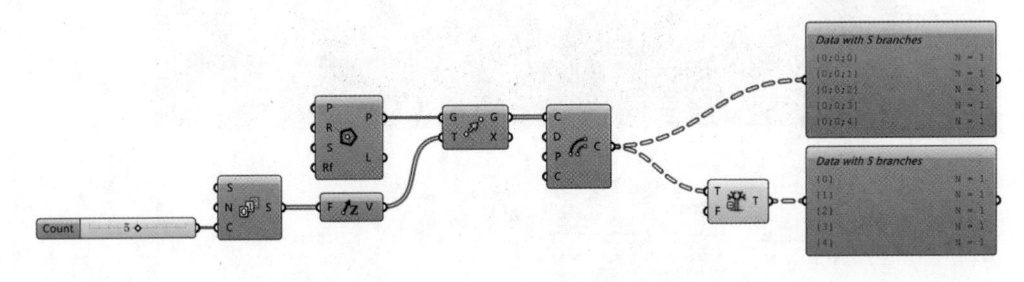

图 2—50 Simplify Tree 运算器简化效果

8. Flip Matrix 运算器

8.1 Flip Matrix 运算器介绍

Flip Matrix 运算器的作用是对树形数据进行翻转矩阵，即将不同路径下相同索引值的数据放到一个新的路径下。如图 2-51 所示，矩阵中心点的数据结构包含 5 个路径，且纵向的每 5 个点在一个路径下，如果通过 Flip Matrix 运算器将中心点的数据进行翻转矩阵，则之前不同路径下索引值相同的点将被放入同一个路径下。

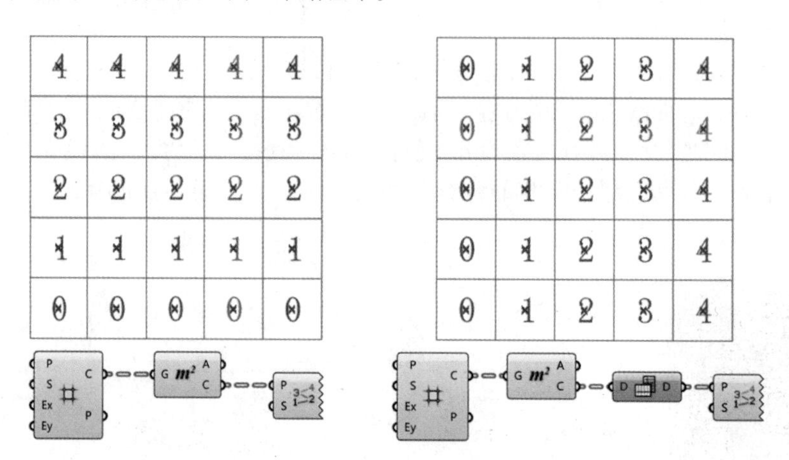

图 2-51　Flip Matrix 运算器的作用效果

8.2 Flip Matrix 运算器应用实例

Flip Matrix 运算器的翻转矩阵功能在 GH 中的应用频率较高。如图 2-52 所示，以国家体育场“鸟巢”为例，通过逻辑运算生成环绕主体曲面的钢结构桁架。

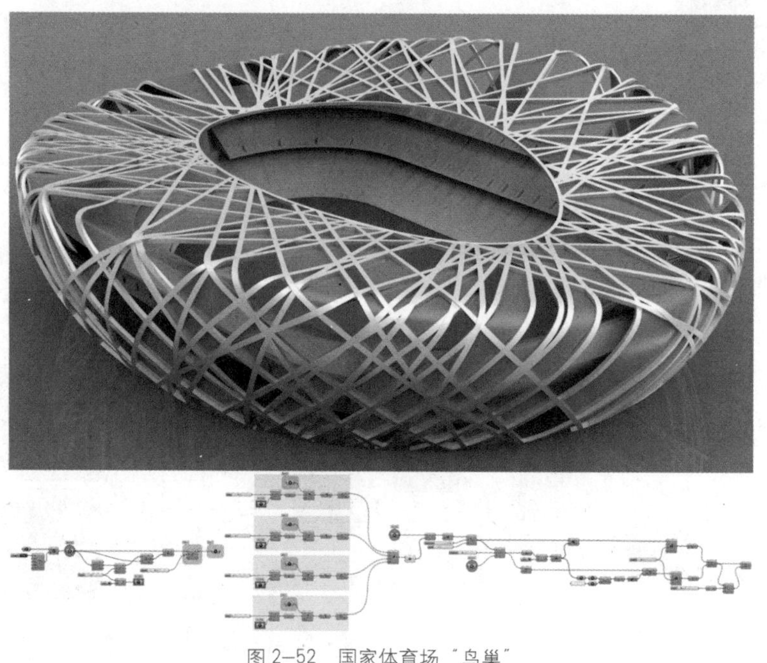

图 2-52　国家体育场“鸟巢”

该案例的主要逻辑构建思路为：首先创建一个主体曲面，然后提取一定数量的横向结构线，并在结构线上形成一定数量的等分点；将几组等分点的排序按照等差数列进行数据偏移，然后通过翻转矩阵功能将点进行重新分组；用每个路径下的点进行拟合平面，形成平面与主体曲面的相交线；通过偏移曲面上的曲线命令可生成桁架曲面的另一条边缘，依据两条曲线可生成整个桁架结构；通过相交线分割主体曲面，并随机删除一定数量的曲面，剩余的曲面可作为体育场的膜结构。以下为该案例的详细做法。

（1）如图 2-53 所示，在 Rhino 空间绘制四条曲线，用户可自行定义控制曲面生成的曲线形态，并用 Curve 运算器将其拾取进 GH 中。

（2）用 Loft 运算器将曲线放样成面，为了保证结果为封闭曲面，可调入 Loft Options 运算器，将其 Closed loft 输入端控制曲面是否闭合的布尔值改为 True。

（3）由于放样生成的曲面数据在后续的操作过程中还会用到，因此可通过 Surface 运算器拾取其输出结果，并将其命名为“基底曲面”。

（4）通过 Brep Edges 运算器提取曲面的边缘曲线。

（5）用 Divide Curve 运算器在曲面的内部边缘上创建等分点，等分的段数可设定为 3，那么生成等分点的数量则为 4。

（6）将等分段数的数值 3 通过 Addition 运算器加上 1，由于其输出结果在后续的操作过程中会用到，因此可通过 Integer 运算器拾取该数据，并将其命名为“等分数量”。

（7）通过 Surface Closest Point 运算器计算等分点对应曲面的 U、V 坐标，并由 Iso Curve 运算器提取 U、V 坐标对应的曲面结构线。

（8）通过 Divide Curve 运算器在 U 方向结构线上创建等分点，等分的段数可设定为 32。由于在后续操作过程中该等分点将作为数据偏移的初始条件，因此可通过 Group 对该运算器创建群组，并将其命名为“偏移点”。（创建初始曲面的方法不同，会导致曲面的 UV 方向不同，用户如果遇到 U 向结构线不是横向的情况，可用 V 向结构线进行替换。）

（9）用 Point 运算器拾取 Divide Curve 运算器的输出结果，并将其命名为“偏移点”。

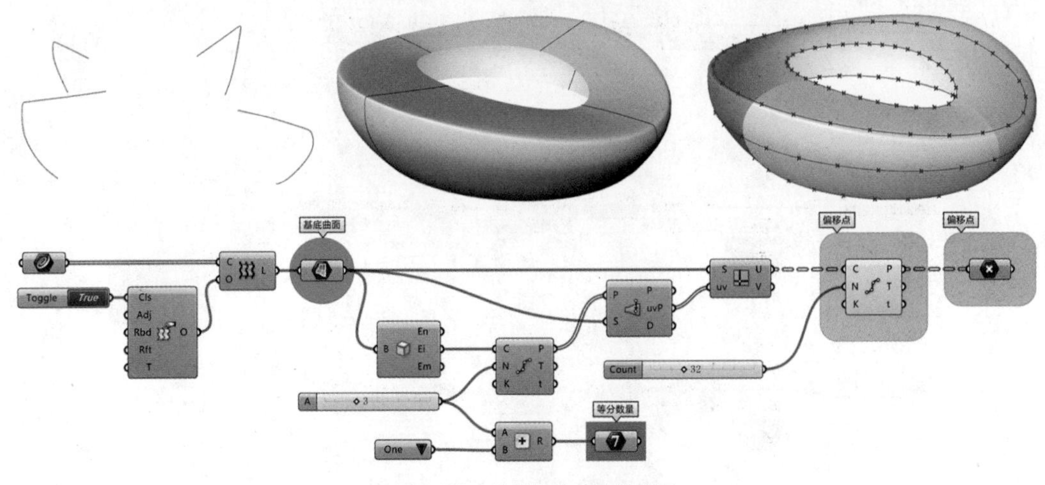

图 2-53　绘制曲线并放样成面

（10）如图 2-54 所示，复制步骤（6）中名称为“等分数量”的 Integer 运算器，并通过右键单击输入端，将其 Wire Display 的连线模式改为 Hidden，即可隐藏其与 Addition 运算器之间的连线。

（11）通过 Series 运算器创建一个等差数列，其 N 输入端的公差值可设定为 3；将名称为

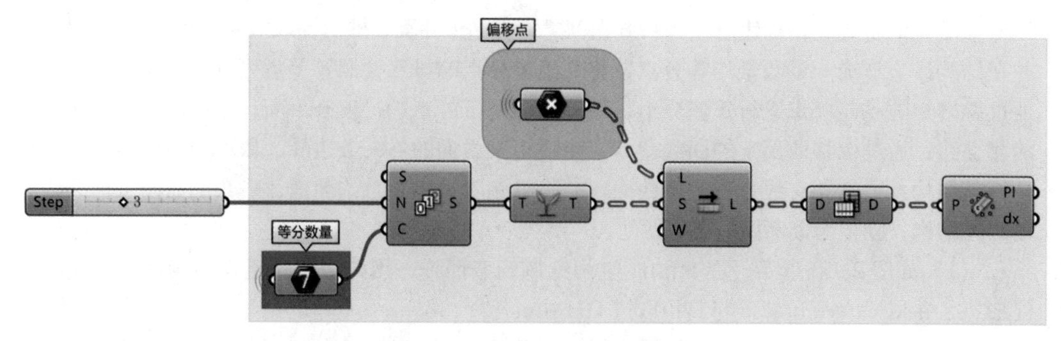

图 2–54　通过点拟合定位平面

“等分数量”的数据赋予其 C 输入端，作为等差数列的数据个数。

（12）通过 Graft　Tree 运算器将等差数列创建成树形数据，并将其赋予 Shift　List 运算器的 S 输入端，作为数据偏移的单位。

（13）复制步骤（9）中名称为“偏移点”的 Point 运算器，并通过右键单击输入端，将其 Wire Display 的连线模式改为 Hidden，即可隐藏其与 Divide　Curve 运算器之间的连线。

（14）通过 Shift　List 运算器将上一步骤的输出结果进行数据偏移，每组点的偏移单位由等差数列进行控制。

（15）通过 Flip　Matrix 运算器对偏移序号后的点进行翻转矩阵，即由横向分组变为纵向分组。

（16）经过翻转矩阵后的每个路径下有 4 个点，可通过 Plane　Fit 运算器依据点拟合出一个平面。

（17）如图 2–55 所示，复制 3 组步骤（10）至步骤（16）的全部运算器，要产生不同方向的桁架结构，只用改变数据偏移的单位即可。

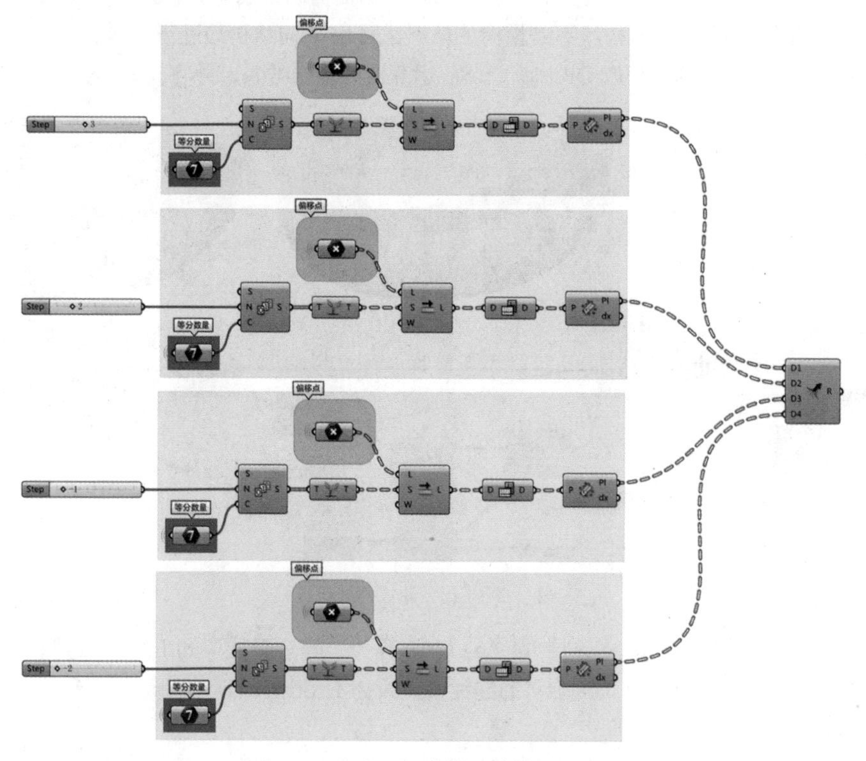

图 2–55　复制运算器

（18）将复制出的 3 组模块中等差数列的公差值分别更改为 2、−1、−2。

（19）用 Merge 运算器将 4 组模块中的拟合平面数据进行合并。

（20）如图 2−56 所示，复制步骤（3）中名称为“基底曲面”的 Surface 运算器，并通过右键单击输入端，将其 Wire Display 的连线模式改为 Hidden，即可隐藏其与 Loft 运算器之间的连线。

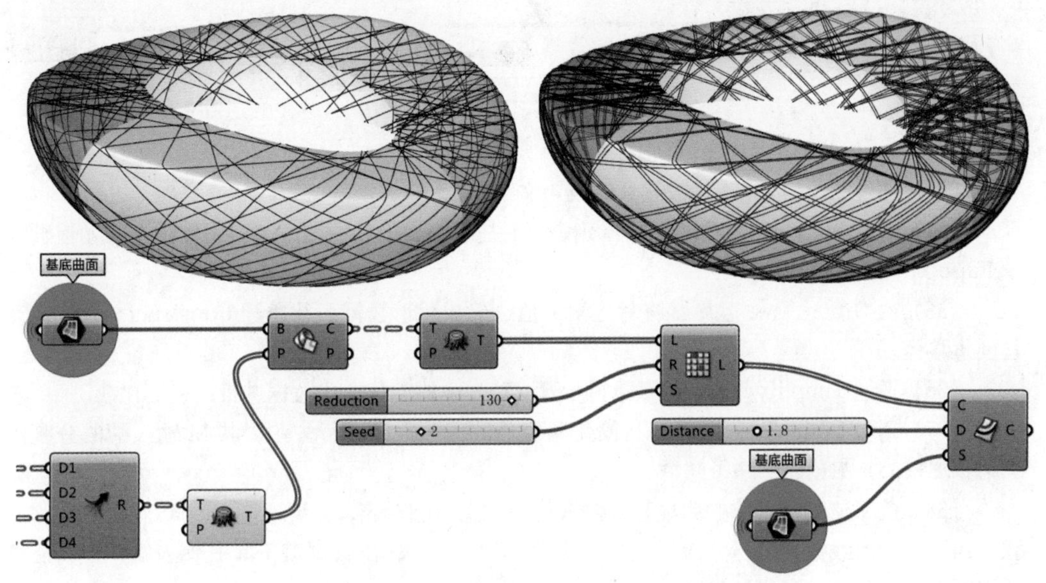

图 2−56 复制名为“基底曲面”的 Surface 运算器

（21）为了简化路径结构，可通过 Flatten Tree 运算器将合并后的平面创建成线性数据。

（22）通过 Brep | Plane 运算器计算形成平面与基底曲面的相交线。

（23）由于计算出的相交线为树形数据，因此需要通过 Flatten Tree 运算器将其进行路径拍平，输出结果即为线性数据。

（24）由于生成的相交线数量较多，可通过 Random Reduce 运算器进行随机删除，其 R 输入端随机删除的个数可设定为 130，S 输入端随机种子的数值可设定为 2。

（25）通过 Offset on Srf 运算器可将剩余的相交线在曲面上进行偏移，其 D 输入端的偏移距离可设定为 1.8。

（26）复制步骤（20）中名称为“基底曲面”的 Surface 运算器，并将其赋予 Offset on Srf 运算器的 S 输入端作为偏移曲线的基底曲面。

（27）调入 Panel 面板，查看 Offset on Srf 运算器的输出数据。由于曲面形态的不同、随机删除的数据个数的不同、随机种子数值的不同，会导致偏移曲线数据中的部分路径包含多条曲线，如果直接将其与偏移之前的相交线两两对应成面，那么将会产生错误的曲面结果。

（28）如图 2−57 所示，为了避免生成错误的曲面结果，可将包含多条曲线的路径删除。通过 List Length 运算器测量偏移曲线数据中每条路径内曲线的个数。

（29）通过 Equality 运算器判定每条路径下曲线的数量是否为 1，其 B 输入端可通过 Value List 运算器赋予数值 1。

（30）将布尔值通过 Flatten Tree 运算器进行路径拍平。

（31）用 Integer 运算器将布尔值转换为数值，False 对应的数值为 0，True 对应的数值为 1。

（32）用 Text 运算器将布尔值对应的数字转换为文字。

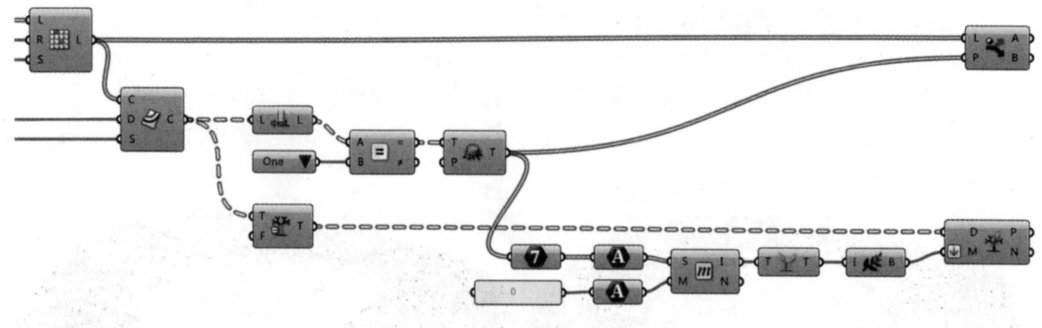

图 2–57　将包含多条曲线的路径删掉

（33）通过 Text 运算器将数值 0 转换为文字。

（34）通过 Member　Index 运算器确定 0 对应数列中的索引值，该索引值也是布尔值数列中 False 对应的索引值。

（35）由 Graft　Tree 运算器将对应索引值创建成树形数据，并通过 Construct　Path 运算器创建路径。

（36）通过 Simplify　Tree 运算器将步骤（25）中的偏移曲线数据进行路径简化。

（37）通过 Split　Tree 运算器将简化路径后的曲线数据进行分割，其 M 输入端的分割依据为步骤（35）中创建的路径结构。

（38）为了使偏移之前的曲线与分割数据后的曲线相对应，需要通过 Dispatch 运算器将步骤（24）中的曲线数据进行分流，同时将步骤（30）中的输出数据赋予其 P 输入端，作为曲线分流判定的布尔值。

（39）如图 2–58 所示，用两个 Rebuild　Curve 运算器将两组曲线同时进行重建，其 N 输入端的重建点数可设定为 18。

（40）用两个 Graft　Tree 运算器将两组重建后的曲线同时创建成树形数据，并用 Ruled Surface 运算器将曲线两两对应成面。

（41）用 Offset 运算器将曲面进行偏移，为了保证曲面是向外偏移，可将其距离设定为 –1.4。

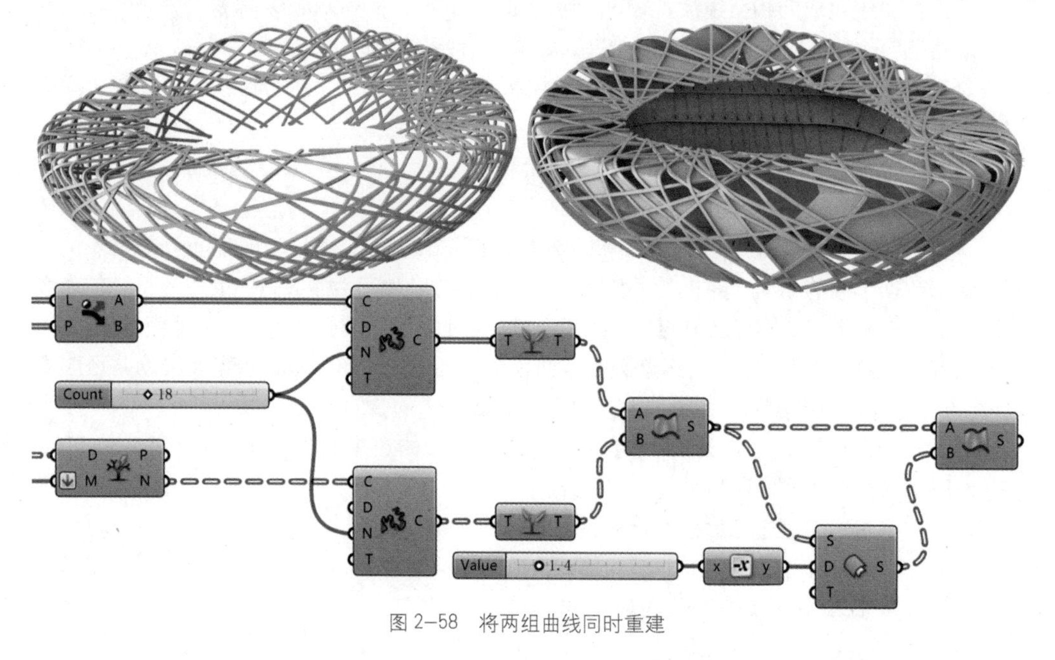

图 2–58　将两组曲线同时重建

（42）将偏移前后的两组曲面赋予 Ruled Surface 运算器的 A、B 两个输入端，该运算器会将曲面数据强制转换为曲面边缘，再依据两组边缘线生成曲面。

（43）钢结构桁架创建完毕之后，可继续创建不规则分布的膜结构。将步骤（2）中放样生成的曲面 Bake 到 Rhino 空间中，同时将步骤（38）中 Dispatch 运算器的 A 输出端曲线 Bake 到 Rhino 空间中，然后用这些曲线分割基底曲面。

（44）将分割后的全部曲面用 Surface 运算器拾取进 GH 中，并用 Random Reduce 运算器随机删除一定数量的曲面。

（45）将随机删除后剩余的曲面 Bake 到 Rhino 空间中，其结果可作为体育场的膜结构。

9. Unflatten Tree 运算器

9.1 Unflatten Tree 运算器介绍

Unflatten Tree 运算器的作用是根据 G 端输入的树形数据结构，将一个线性数据变成与之路径结构相同的树形数据。以下通过一个案例介绍 Unflatten Tree 运算器的用法：

（1）如图 2–59 所示，默认的 Square 运算器 C 输出端有 5 个路径，每个路径下有 5 个数据。

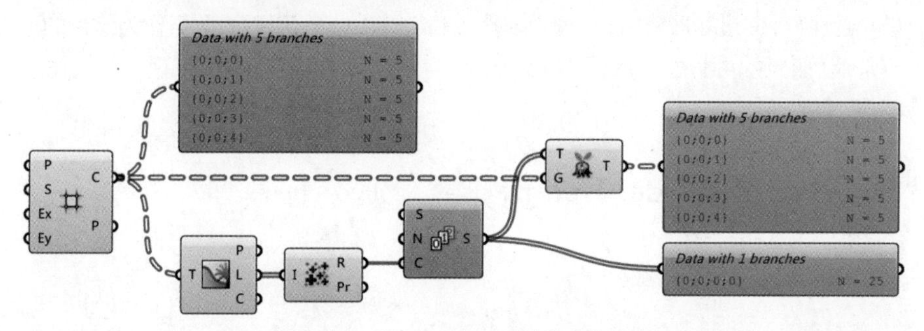

图 2–59　默认的 Square 运算器 C 输出端

（2）通过 Tree Statistics 运算器统计每个路径下包含的数据个数，其输出结果为线性数据。

（3）由 Mass Addition 累加运算器计算出数据的总数，并将其赋予 Series 运算器的 C 输入端，即可创建一组与单元体个数保持一致的数据。

（4）如果希望该等差数列的数据结构与 Square 运算器保持一致，那么可通过 Unflatten Tree 运算器进行路径还原，其还原法则为按照 G 端输入的路径进行转换。

（5）通过 Param Viewer 面板可以对比几组数据路径结构的区别。

9.2 Unflatten Tree 运算器应用案例

（1）如图 2–60 所示，通过 Hexagonal 运算器创建一个六边形矩阵，并用 Tree Statistics 运算器统计该矩阵的路径结构。（用户可通过 Panel 面板查看每个输出端的区别。）

（2）用 List Item 运算器提取一个路径内数据的个数，并将其减去 1 作为等分区间的段数。

（3）用 Range 运算器将 0 至 1 区间进行等分。由于其输出数据将会作为六边形缩放的比例因子，为了保证不超过原六边形范围，可通过 Construct Domain 运算器创建一个 0.2 至 0.8 的区间。

（4）由 Repeat Date 运算器复制等分区间的结果，通过 Mass Addition 运算器将原六边形矩阵中每个路径下数据的个数进行累加，并将其赋予 Repeat Date 运算器的 L 输入端作为复制数据的个数。

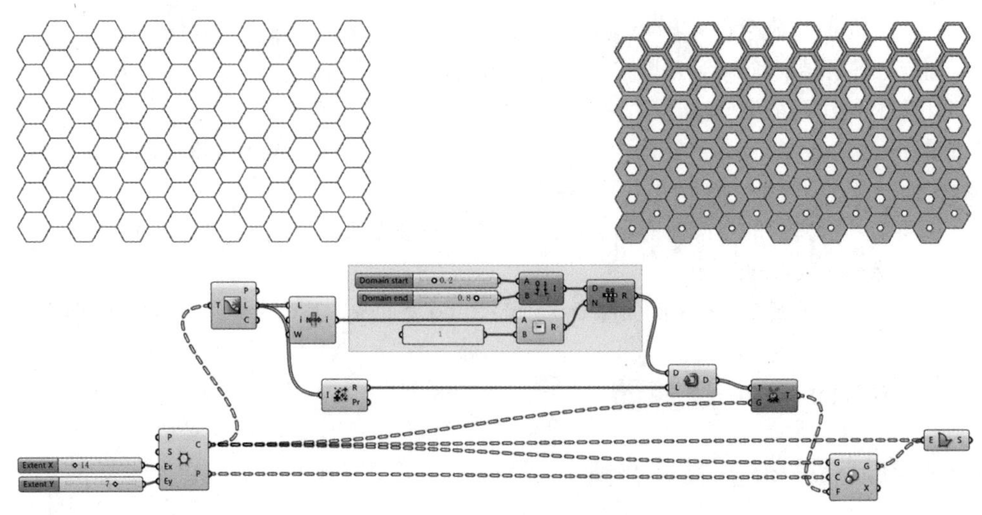

图 2–60　创建六边形矩阵并统计路径结构

（5）为了使生成的数据结构能够与原六边形矩阵的数据结构相同，可通过 Unflatten Tree 运算器进行路径还原。

（6）通过 Scale 运算器将六边形矩阵进行缩放，将路径还原后的数据作为缩放的比例因子。

（7）最后由 Boundary Surfaces 运算器将缩放前后的六边形对应成面，可按住 Shift 键将两个数据赋予同一个输入端。

10．Entwine、Explode Tree 运算器

10.1 Entwine 运算器介绍

Entwine 运算器的作用是合并数据，不过其合并的用法与 Merge 运算器不同。如图 2–61 所示，当把路径相同的几组数据用 Merge 运算器合并时，输出的结果为一个线性数据；当把路径相同的几组数据用 Entwine 运算器合并时，其输出的结果为一组树形数据，并且每组数据分别位于不同的路径下。

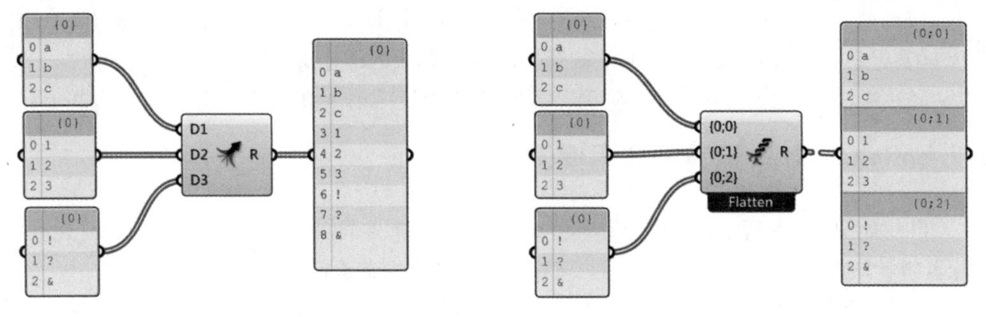

图 2–61　Entwine 运算器与 Merge 运算器的对比

10.2 Explode Tree 运算器介绍

Explode Tree 运算器的作用是分解树形数据。如图 2–62 所示，当把一组树形数据通过 Explode Tree 运算器分解时，其每个输出端分别对应每个路径下的数据。

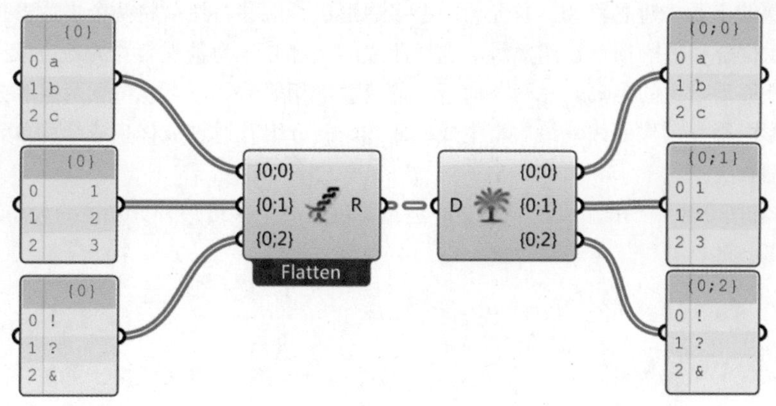

图 2–62　分解树形数据

默认状态下的 Explode　Tree 运算器只有两个输出端，我们可以通过右键单击运算器，选择【Match　outputs】选项，直接在输出端匹配路径的个数。Explode　Tree 运算器适用于编辑路径个数较少的数据，对于路径个数较多的数据，尽量避免用分解路径的方法，而是采用批量处理的思路来编辑。

11．数据结构综合应用案例

11.1 数字景观装置设计

通过对数据结构的综合应用，可创建丰富变化的逻辑形体。如图 2–63 所示，该案例是一个室外景观装置设计。

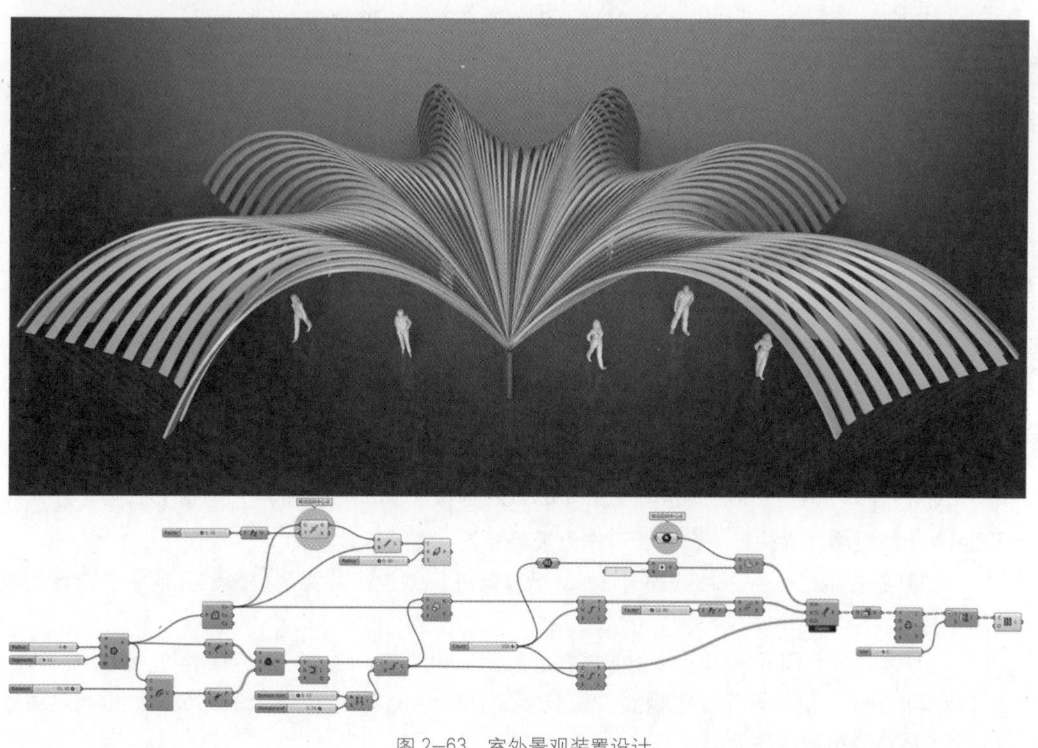

图 2–63　室外景观装置设计

该案例的主要构建思路为：首先将一个多边形进行偏移，然后将两个多边形顶点进行编织组合，并依据合并后的顶点创建曲线；选择曲线的一部分作为景观装置的外边缘线，然后将其缩放并向上移动一定的距离；在两条曲线上创建数量相等的等分点，依据两组等分点和向上移动的多边形中心点创建曲线，最后将生成的曲线两两分组并通过放样生成结构单元。以下为该案例的详细做法。

（1）如图 2-64 所示，通过 Polygon 运算器创建一个多边形，其半径的大小为 8，边数设定为 11。

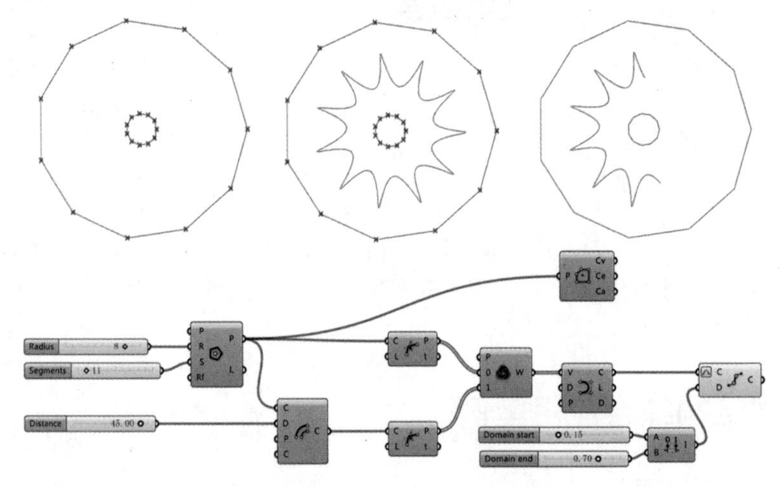

图 2-64　创建多边形并设置相应参数

（2）通过 Offset 运算器将多边形进行偏移，偏移的距离设定为 45。

（3）由 Polygon　Center 运算器计算多边形的几何中心点。

（4）通过两个 Discontinuity 运算器分别提取两个多边形的顶点。

（5）将两组顶点通过 Weave 运算器进行编织组合。

（6）通过 Nurbs　Curve 运算器将合并后的顶点进行连线，为了保证曲线是闭合的，需要将其 P 输入端的布尔值改为 True。

（7）由于该景观装置并非全封闭，因此可通过 Sub　Curve 运算器提取出整个曲线的一部分，同时将其 C 输入端通过 Reparameterize 重新定义到 0 至 1 区间内。

（8）提取曲线的范围可通过 Construct　Domain 运算器进行控制。

（9）如图 2-65 所示，将多边形几何中心点通过 Move 运算器沿着 Z 轴方向移动一定距离。

（10）用 Point 运算器拾取移动后的点，并将两个运算器同时命名为“移动后的中心点”，为了提高程序连线的简洁性，可通过右键单击 Point 运算器，将 Wire　Display 的连线模式改为 Hidden。

（11）通过 Line 运算器将多边形几何中心点和移动之后的点进行连线。

（12）通过 Pipe 运算器将上一步生成的直线创建成圆管，可通过右键单击 E 输入端选择【Flat】为圆管增加平头盖。该圆管可作为景观装置一端的承重结构。

（13）将提取的一部分曲线通过 Scale 运算器进行缩放，并将多边形的几何中心点作为缩放的中心点。

（14）通过两个 Divide　Curve 运算器在缩放前后的两条曲线上分别生成数目一致的等分点。

（15）由于后面的操作过程需要关联 Divide　Curve 运算器 N 输入端的数据，因此可通过 Number 运算器拾取该数值。

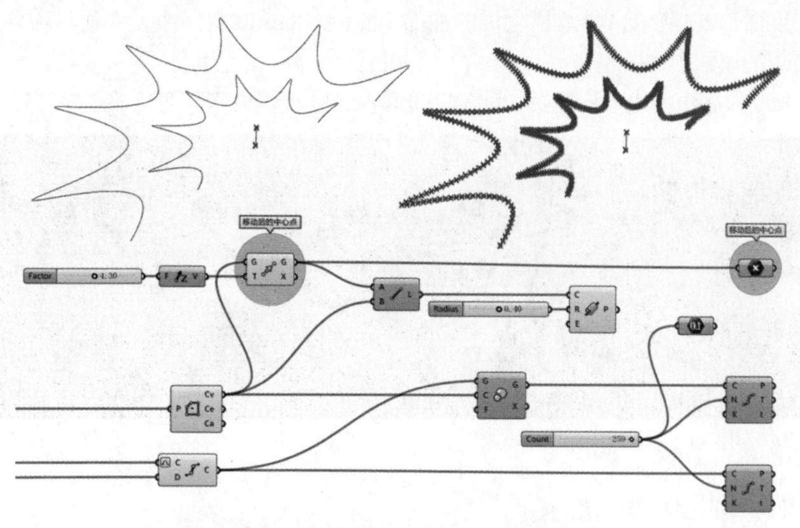

图 2-65　将几何中心点移动一定距离

（16）如图 2-66 所示，为了保证向上移动后的几何中心点个数与等分点的个数一致，可通过 Stack Data 运算器对点进行复制。

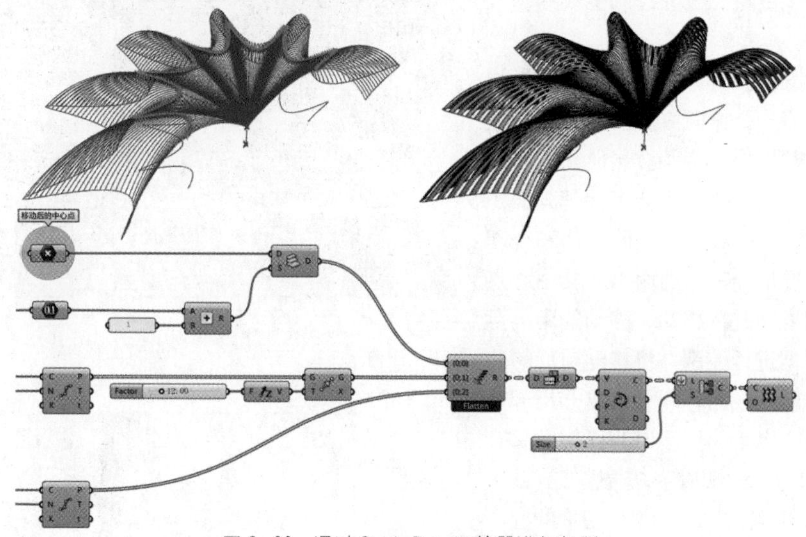

图 2-66　通过 Stack Data 运算器进行复制

（17）通过 Addition 运算器将步骤（15）中的数值加上 1，并将其作为移动后中心点复制的个数。

（18）通过 Move 运算器将缩放后曲线上的等分点沿着 Z 轴方向移动一定的距离。

（19）通过 Entwine 运算器将三组点的数据进行合并，此时的数据结构包含 3 组路径，每组点分别位于一个路径结构内。

（20）通过 Flip Matrix 运算器进行翻转矩阵，可将 3 组对应点重新放置于新的路径结构内。

（21）通过 Interpolate 运算器将每个路径下的点进行连线。

（22）通过 Partition List 运算器将曲线进行两两分组，同时将其 L 输入端通过 Flatten 进行路径拍平。

（23）通过 Loft 运算器将分组后的曲线放样成面。

（24）如图 2–67 所示，将放样生成的曲面 Bake 到 Rhino 空间中，并通过偏移曲面命令生成有厚度的结构体。

（25）改变程序中多边形的边数、移动高度等参数，可生成不同变化的逻辑形体。

图 2–67　将曲面 Bake 到 Rhino 空间中

11.2 参数化随机立面

通过对数据结构的综合应用，可创建随机变化的立面效果。如图 2–68 所示，该案例是一个由随机数据控制生成的参数化塔楼立面。

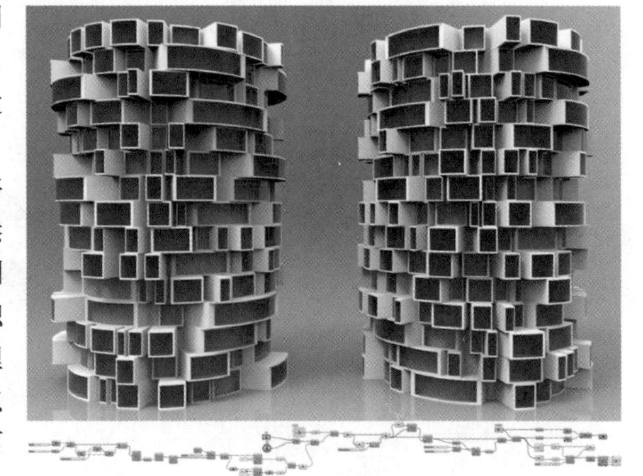

图 2–68　随机数据控制生成的参数化塔楼立面

该案例的主要构建思路为：首先将塔楼曲面沿着一个方向分割形成楼层，然后通过随机数据控制每个楼层曲面的分割区间；由于分割后的曲面会包含部分面积过小的结果，可通过判定提取出面积合理的曲面；将提取出来的曲面沿着其中心点对应的法线方向进行移动，移动的距离可通过随机数据进行控制；将移动前后的曲面边缘进行两两成面，即可生成凸出部分的连接曲面。以下为该案例的详细做法。

（1）如图 2–69 所示，通过 Circle 运算器创建一个半径为 20 个单位长度的圆。

（2）通过 Extrude 运算器将圆沿着 Z 轴方向进行延伸，延伸高度为 80 个单位长度。

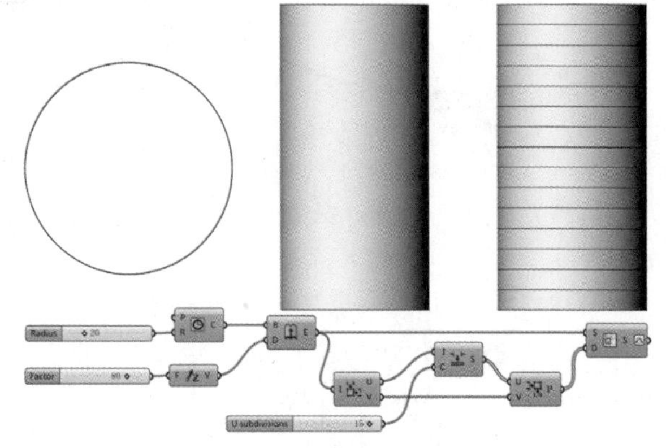

图 2–69　创建圆并沿 Z 区延伸

（3）延伸的曲面在本质上是一个二维区间，通过 Domain^2 Components 运算器将曲面分解为 U、V 两个区间。

（4）该案例中曲面的 U 向对应楼层的划分方向，通过 Divide Domain 运算器将 U 向区间等分 15 份。

（5）通过 Domain^2 运算器并将等分的 U 向区间与原始曲面的 V 向区间重新组合为二维区间。

（6）通过 Isotrim 运算器并依据上一步骤创建的二维区间分割曲面，由于 U 向区间等分的数量为 15，因此该步骤将整个塔楼划分为 15 层。

（7）为了简化区间数据的操作，可通过右键单击 Isotrim 运算器的输出端，选择【Reparameterize】将曲面的区间范围重新定义到 0 至 1。

（8）如图 2-70 所示，由于在后面的操作过程中还会用到 Isotrim 运算器的输出结果，可通过 Surface 运算器拾取该曲面数据，并将其命名为“Surface”。右键单击 Surface 运算器输入端，将 Wire Display 的连线模式改为 Hidden，即可隐藏其与 Isotrim 运算器之间的连线。

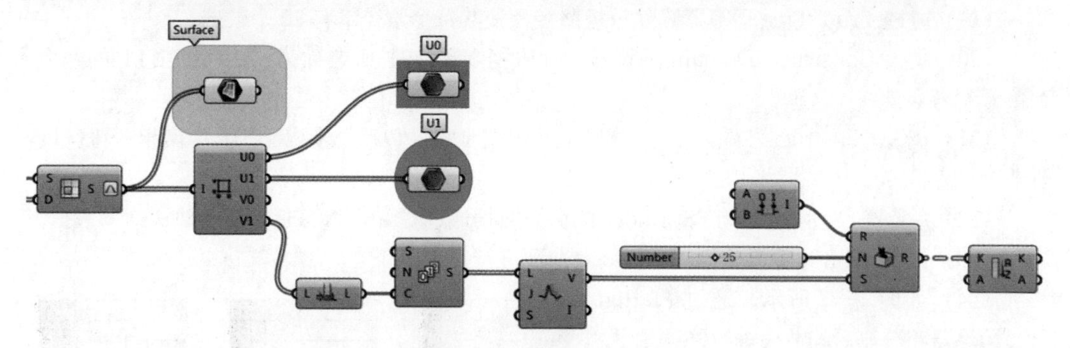

图 2-70　拾取数据并命名

（9）通过 Deconstruct Domain² 运算器将重新定义后的区间进行分解。由于后面操作过程还会用到 U 向区间的数据，因此可用两个 Data 运算器拾取 U0、U1 两个输出端数据，并分别命名为“U0”“U1”。将 Wire Display 的连线模式改为 Hidden，即可隐藏运算器之间的连线。

（10）用 List Length 运算器测量上一步骤中 V1 输出端数据的个数，并将其赋予 Series 运算器的 C 输入端，创建一个等差数列。

（11）由 Jitter 运算器将上一步骤中的等差数列进行随机扰动。

（12）通过 Random 运算器创建一组随机数据，其区间范围可由 Construct Domain 运算器设定为 0 至 1；其 N 输入端随机数据的个数决定了每个楼层曲面划分单元的数量，该案例中将其设定为 25；将上一步骤中随机扰动后的数据赋予 Random 运算器的 S 输入端作为随机种子。

（13）用 Sort List 运算器将每个路径内的随机数据由小到大进行重新排序。

（14）由于分割曲面需要一个完整的 0 至 1 区间，但是 Sort List 运算器的输出结果不包含 0 和 1 两个数据，可通过 Insert Items 运算器将这两个数据插入到数列中。如图 2-71 所示，

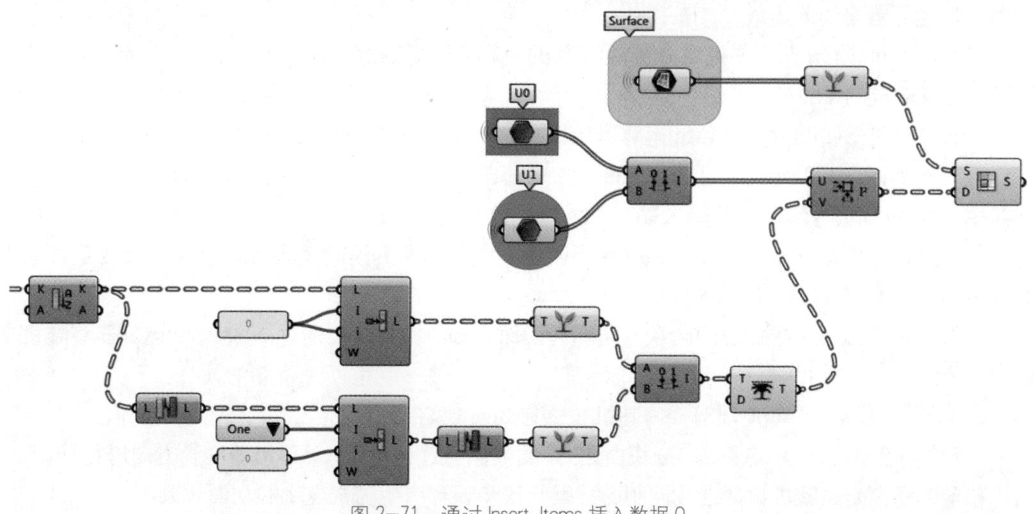

图 2-71　通过 Insert Items 插入数据 0

通过 Insert Items 运算器将数据 0 插入到数列中索引值为 0 的位置。

（15）通过 Reverse List 运算器将每个路径下的数列进行反转，并将数据 1 插入到索引值为 0 的位置。

（16）将上一步骤中的数列通过 Reverse List 运算器进行数列反转。

（17）用两个 Graft Tree 运算器将步骤（14）、步骤（16）的输出结果分别创建成树形数据。

（18）通过 Construct Domain 运算器依据两组树形数据创建区间。

（19）通过 Trim Tree 运算器删除一级路径，使其每个路径下有 26 个数据。

（20）调入 Construct Domain 运算器，并依据步骤（9）中名称为“U0”“U1”的两个 Data 运算器创建一个区间。

（21）调入 Construct Domain^2 运算器，并依据步骤（19）、步骤（20）中两组一维区间创建二维区间。

（22）将步骤（8）中名称为“Surface”的曲面数据通过 Graft Tree 运算器创建成树形数据。

（23）用 Isotrim 运算器依据二维区间对曲面进行分割。

（24）如图 2-72 所示，通过 Flatten Tree 运算器将分割后的曲面进行路径拍平，使全部数据处于一个路径结构内。

（25）上一步骤的结果中包含了部分面积过小的曲面，可通过面积判定提取出面积处于合理范围的曲面。

（26）由 Area 运算器测量全部曲面的面积，并通过 Smaller Than 运算器判定面积值与数值 9 的大小关系。

（27）通过 Dispatch 运算器依据布尔值将曲面进行分流，其 B 输出端数据为面积值大于 9 的曲面。

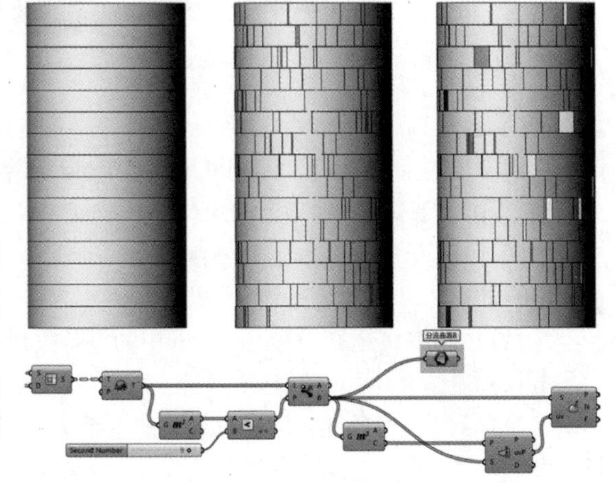

图 2-72　将分割后的曲面进行路径拍平

（28）由于后续操作过程还会用到该部分曲面，因此可通过 Surface 运算器拾取 B 输出端数据，并将其命名为“分流曲面 B”。右键单击 Surface 运算器输入端，将 Wire Display 的连线模式改为 Hidden，即可隐藏其与 Dispatch 运算器之间的连线。

（29）通过 Area 运算器提取分流曲面 B 的中心点，并通过 Surface Closest Point 运算器计算中心点对应的 U、V 坐标。

（30）通过 Evaluate Surface 运算器依据 U、V 坐标确定中心点对应的曲面法线方向。

（31）如图 2-73 所示，用 List Length 运算器测量中心点对应法线方向的向量个数，并将其赋予 Random 运算器的 N 输入端，作为随机数据的个数。

（32）通过 Construct Domain 运算器创建一个 2 至 9 的区间，将其赋予 Random 运算器的 R 输入端，作为随机数据的区间。

（33）由于该案例中创建的向量方向朝向曲面内部，因此需要通过 Negative 运算器将随机数据变为负值。

（34）通过 Amplitude 运算器将随机数据作为向量的大小。

（35）将步骤（28）中名称为“分流曲面 B”的数据通过 Move 运算器沿着向量方向进行移动，由于移动的距离是由随机数据进行控制的，因此该步骤可产生随机变化的立面效果。

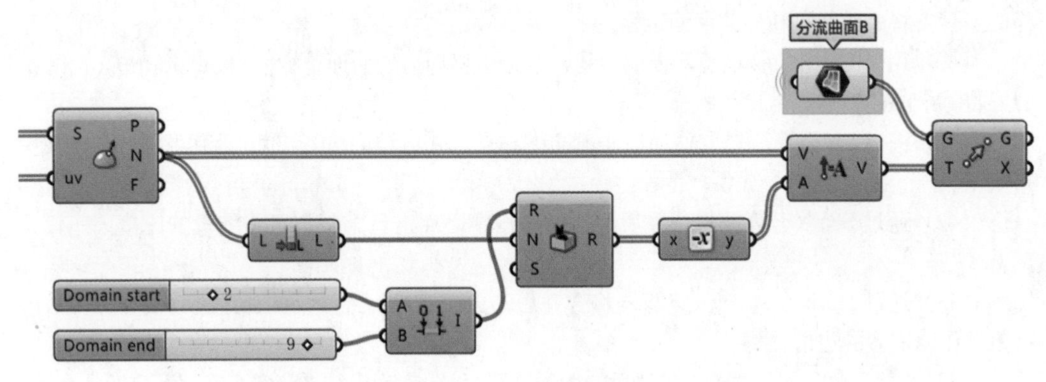

图 2-73　测量中心点对应法线方向的向量个数

（36）如图 2-74 所示，通过两个 Graft Tree 运算器将两组曲面同时创建成树形数据。

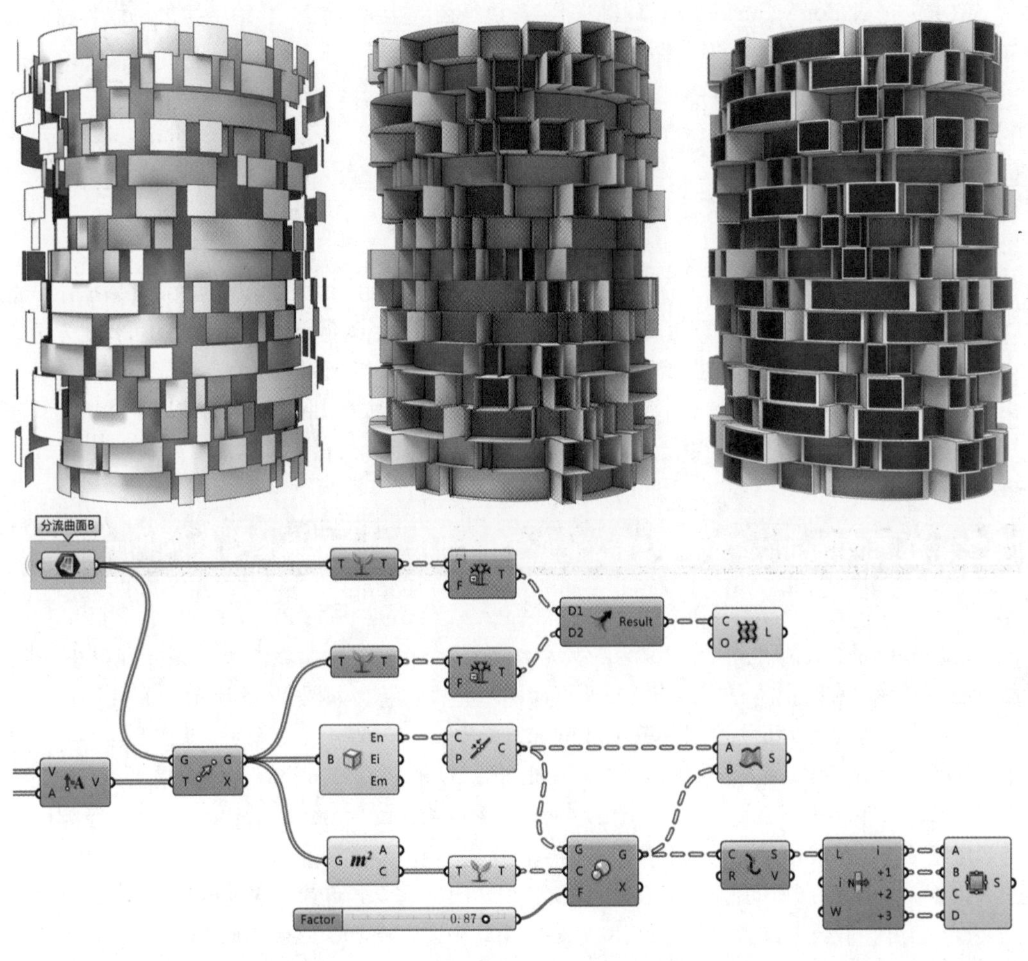

图 2-74　将两组曲面同时创建成树形数据

（37）为了保证两组数据的路径结构一致，需要通过两个 Simplify Tree 运算器对两组数据进行路径简化。

（38）用 Merge 运算器将两组数据进行合并，两个对应曲面即被放在一个路径内。

（39）用 Loft 运算器将合并后的曲面边缘进行放样，该步骤实际上是省略掉了提取曲面边缘的步骤，将曲面强制转换为曲面边缘。

（40）用 Brep Edges 运算器提取步骤（35）中移动后的曲面边缘，并用 Join Curves 运算器将每个路径下的边缘进行组合。

（41）由 Area 运算器提取移动后曲面的中心点，并通过 Graft Tree 运算器将其创建成树形数据。

（42）通过 Scale 运算器将合并后的边缘依据中心点进行缩放，可将缩放的比例因子设定为 0.87。

（43）通过 Ruled Surface 运算器将合并后的曲面边缘与缩放后的曲线进行放样，生成的结果可作为窗体的边框结构。

（44）通过 Explode 运算器将缩放后的曲线进行分解，其输出结果为每个路径下有四条曲线。

（45）通过 List Item 运算器提取每个路径下的四条曲线，通过放大输出端，单击“+”来增加输出端的数量。

（46）通过 Edge Surface 运算器依据四条边缘曲线生成曲面，其输出结果可作为窗体的玻璃曲面。

12．数据可视化

12.1 Ladybug & Honeybee 插件介绍

图表或图形的方式可快速、有效地传递数据信息。GH 中的 Ladybug 和 Honeybee 插件可将气象数据加工为可视化的环境分析图形，并完成对日照、环境、人体舒适度等因素的可视化分析。

Ladybug 主要应用于前期基础性的环境分析。Honeybee 则更偏向于物理性能与热工分析，由于其应用步骤较为烦琐，本书不对其进行介绍，使用者可根据 Ladybug 的使用步骤探索其应用方法。

图 2-75　Ladybug 插件出现在 GH 的标签栏中

Ladybug 插件下载地址为：http://www.food4rhino.com/app/ladybug-tools。插件下载解压完毕后，直接把所有文件拖入 GH 界面即可完成安装。如图 2-75 所示，重启 Rhino 和 GH 后即可看到 Ladybug 插件出现在 GH 的标签栏中。

Ladybug 是一款基于 Python 的开源插件，为了确保其正常运行，需要另外安装 GhPython 插件，其下载地址为：http://www.food4rhino.com/app/ghpython。经测试，为了保证分析结果的准确性，需要将模型的单位设定为米。

由于 Ladybug 所有的操作都是基于气象数据，因此需要先下载后缀名称为 .epw 的气象数据文件。打开下载数据链接的方法如下：在 GH 中首先调入指令集 Ladybug_Ladybug 运算器，然后将 True 布尔值赋予 Ladybug_download EPW Weather File 运算器的输入端，即可打开网站 http://www.ladybug.tools/epwmap/，用户可以在该网站下载不同地区的气象数据文件。

如图 2-76 所示，以城市西安为例，在搜索栏中输入城市名称后，双击蓝色圆圈即可下载该地区的气象数据。下载的气象数据包含三种文件类型，Ladybug 只能识别后缀名称为 .epw 的数据文件。

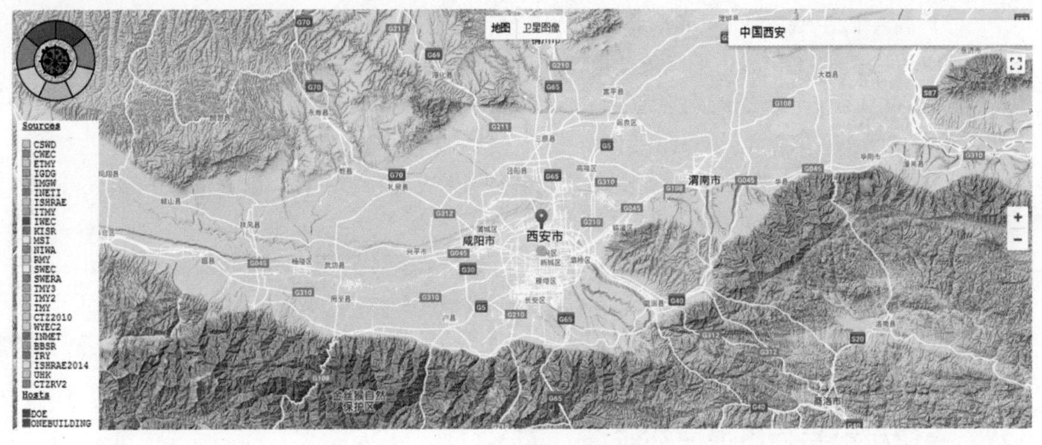

图 2-76　西安气象数据

12.2 干球温度与露点温度分析

干球温度是指不受太阳直射但是暴露于空气中的干球温度计显示的温度；露点温度是指在固定气压下，空气中的气态水达到饱和程度，凝结成液态水所需的温度，如图 2-77 所示。如图 2-78 所示，该案例为通过 Ladybug 对环境的干球温度和露点温度进行可视化分析。

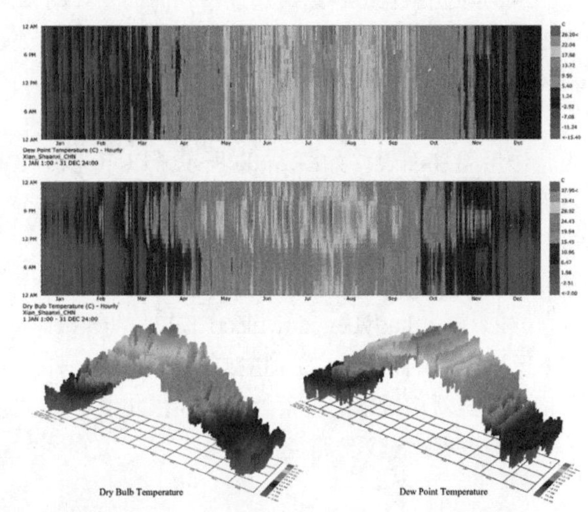

图 2-77　干球温度和露点温度的可视化分析

如图 2-78 所示，以下为该案例的具体做法。

(1) 为了保证 Ladybug 插件的正常运行，首先需要调入指令集 Ladybug_Ladybug 运算器。

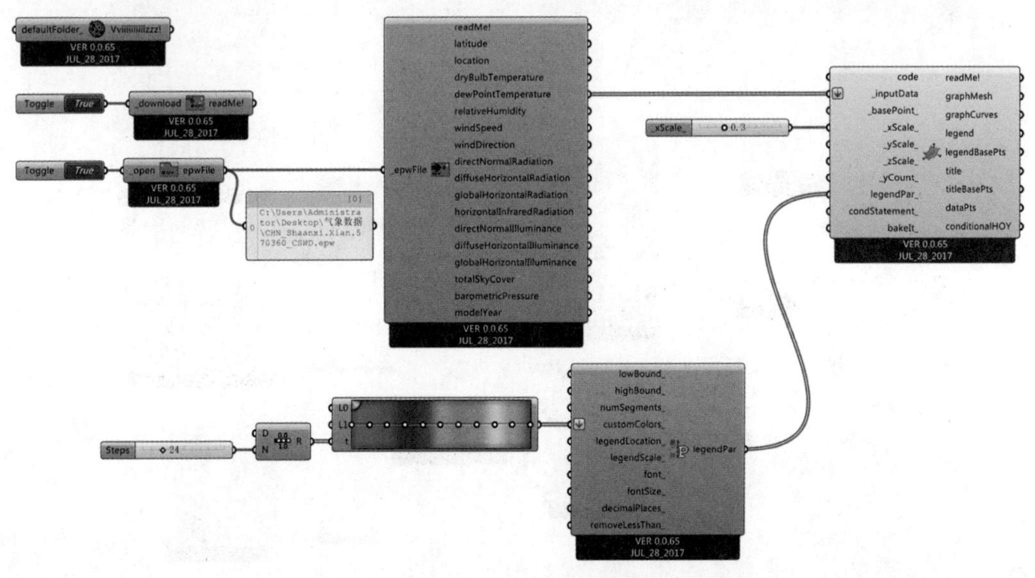

图 2-78　干球温度与露点温度可视化分析的具体做法

(2) 调入 Ladybug_Download EPW Weather File 运算器，并将 True 布尔值赋予其输入端，打开网站下载对应城市的气象数据，并将其保存在一个不会被更改的文件路径下。

(3) 调入 Ladybug_Open EPW Weather File 运算器，并将 True 布尔值赋予其输入端，将保存的气象数据导入到 Ladybug 插件中。

(4) 将读取的气象数据赋予 Ladybug_Import EPW 运算器，其输出端包含了海拔、地点、干球温度、露点温度、风速等数据。

(5) 将 dryBulbTemperature 和 dewPointTemperature 两个输出端数据分别赋予 Ladybug_3D Chart 运算器的 inputData 输入端，可看到全年干球温度和露点温度数据的可视化图形。

(6) 图表的颜色可由 Ladybug_Legend Parameters 运算器进行控制。将 Gradient 运算器赋予其 customColors 输入端，通过更改渐变颜色类型生成不同颜色的 3D 图表。

12.3 光照辐射与作用温度分析

风向与光照是影响建筑选址及朝向的重要的因素。如图 2-79 所示，该案例为通过 Ladybug 对风向、光照辐射和作用温度进行可视化分析。

通过 Ladybug 可创建风玫瑰图、光照辐射图表、作用温度图表，如图 2-80 所示，以下为该案例的具体做法。

(1) 为了保证 Ladybug 插件的正常运行，首先调入指令集 Ladybug_Ladybug 运算器。

(2) 调入 Ladybug_download EPW Weather File 运算器，并将 True 布尔值赋予其输入端，打开网站下载对应城市的气象数据，并将其保存在一个不会被更改的文件路径下。

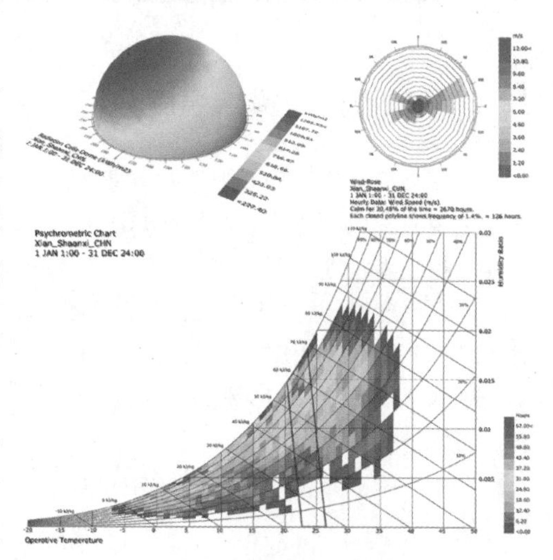

图 2-79 光照辐射、风向及作用温度分析

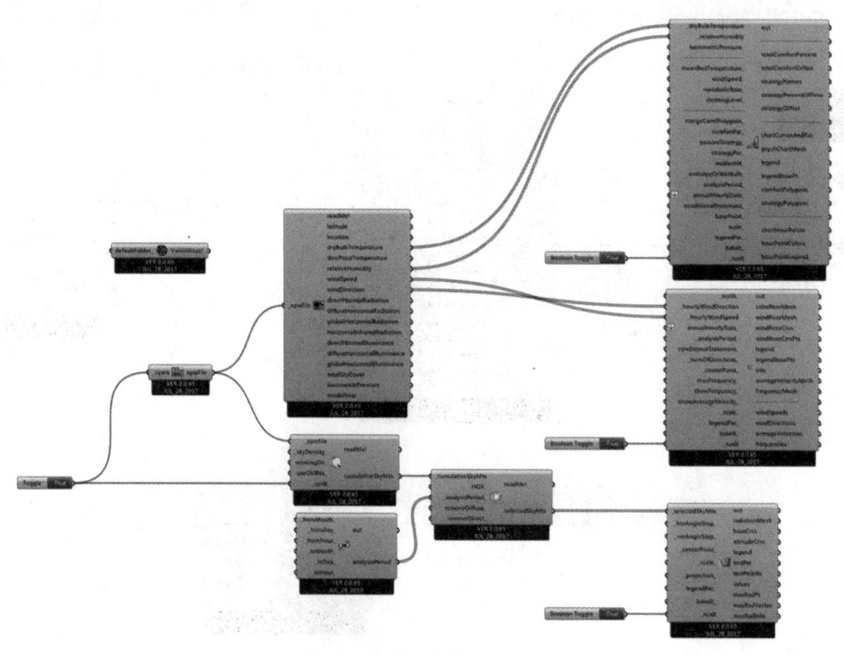

图 2-80 操作步骤

（3）调入Ladybug_Open EPW Weather File 运算器，并用 True 布尔值赋予其输入端，将保存的气象数据导入到 Ladybug 插件中。

（4）将读取的气象数据赋予 Ladybug_Import EPW 运算器。

（5）将上一步骤中 dryBulbTemperature 和 relativeHumidity 两个输出端数据同时赋予 Ladybug_Psychrometric Chart 运算器的两个对应输入端，并用 True 布尔值驱动运算，其结果为作用温度图表。

（6）将步骤（4）中 windSpeed、windDirection 两个输出端数据同时赋予 Ladybug_Wind Rose 运算器的两个对应输入端，并用 True 布尔值驱动运算，其结果为风玫瑰图。

（7）将步骤（3）中的数据赋予 Ladybug_GenCumulativeSkyMtx 运算器，同时用 True 布尔值驱动运算，创建一个 skymatrix 数据，并将其赋予 Ladybug_selectSkyMtx 运算器的对应输入端。

（8）调入 Ladybug_Analysis Period 运算器，将创建的数据赋予 Ladybug_selectSkyMtx 运算器的对应输入端。

（9）将 selectedSkyMtx 输出端数据赋予 Ladybug_Radiation Calla Dome 运算器的对应输入端，并用 True 布尔值驱动运算，其结果为光照辐射 3D 图表。

12.4 日照时间和辐射强度分析

日照时间与辐射强度是影响建筑布局的重要因素。如图 2–81 所示，该案例为通过 Ladybug 对日照时间和辐射强度进行可视化分析。

如图 2–82 所示，以下为该案例的具体做法。

（1）为了保证 Ladybug 插件的正常运行，首先调入指令集 Ladybug_Ladybug 运算器。

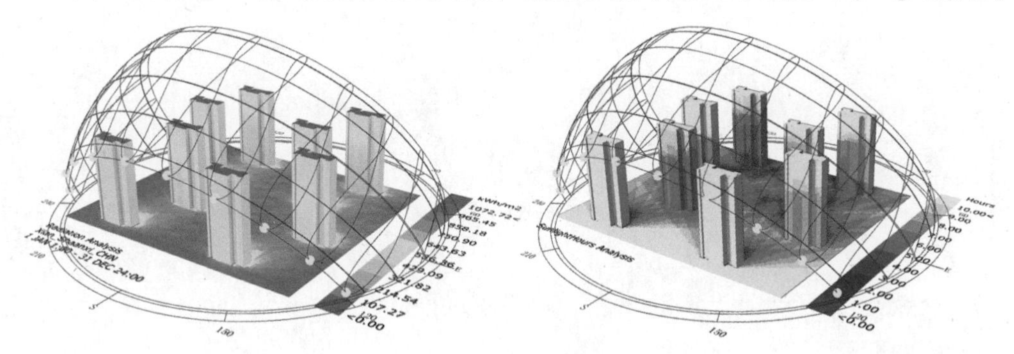

图 2–81 辐射强度与日照时间分析

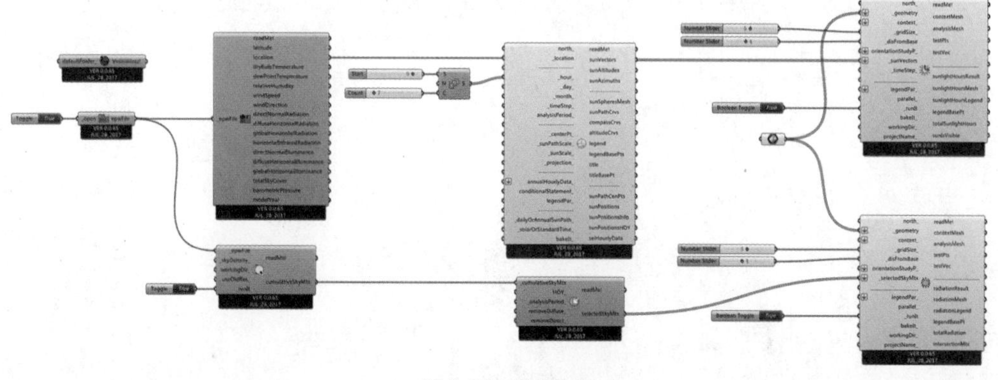

图 2–82 操作步骤

（2）调入 Ladybug_Download EPW Weather File 运算器，并将 True 布尔值赋予其输入端，打开网站下载对应城市的气象数据，并将其保存在一个不会被更改的文件路径下。

（3）调入 Ladybug_Open EPW Weather File 运算器，并将 True 布尔值赋予其输入端，将保存的气象数据导入到 Ladybug 插件中。

（4）将读取的气象数据分别赋予 Ladybug_Import EPW 和 Ladybug_GenCumulativeSkyMtx 两个运算器。

（5）用 True 布尔值驱动运算，即可创建一个 skymatrix 数据，并将其赋予 Ladybug_selectSkyMtx 运算器的对应输入端。

（6）将 Location 数据赋予 Ladybug_SunPath 运算器的对应输入端，同时通过 Series 运算器创建一个起始值为 9、数据个数为 7 的等差数列，将其赋予 hour 输入端，即可满足冬至日 9 点到 15 点的时间设定。

（7）为了保证分析结果的正确性，首先需要以米为单位创建建筑模型，同时地面需要由一个有高度的 Box 代替单一平面，并将全部模型用 Brep 或 Mesh 运算器拾取进 GH 中。

（8）通过 Ladybug_Sunlight Hours Analysis 运算器可生成日照时间分析图，在 gridSize 输入端赋予合理的细分数值，参数调整完毕即可用布尔值 True 驱动运算器的运行。

（9）通过 Ladybug_Radiation Analysis 运算器可生成辐射强度分析图，在 gridSize 输入端赋予合理的细分数值，参数调整完毕即可用布尔值 True 驱动运算器的运行。

第三章　Vector 专题

1．Vector 应用实例

1.1 随机向量构建高层实例

绿色建筑概念逐渐被应用于设计实践中，将植被覆盖于高层建筑上可形成一座“垂直森林”，既能满足人类与自然的和谐共生，又能最大限度地节省城市用地。如图 3–1 所示，该案例通过随机向量控制建筑楼板形态，使各层植被均能满足日照与通风需求。

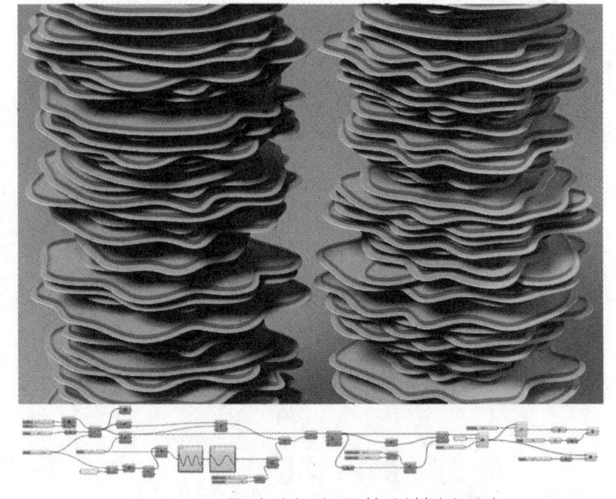
图 3–1　通过随机向量控制楼板形态

该案例的主要逻辑构建思路为：首先沿着 Z 轴方向阵列一定数量的椭圆，然后在椭圆上创建一定数量的等分点；由于每个椭圆的中心点与其等分点都可以对应创建一个两点向量，因此可将椭圆上的点沿着这个向量方向进行移动，为了生成随机效果，可通过函数映射与随机数据共同控制向量的大小。将移动后的点连成曲线，再依据曲线生成楼板层及玻璃幕墙。以下为该案例的具体做法。

（1）如图 3–2 所示，由 Ellipse 运算器创建一个椭圆，并通过 Linear　Array 运算器将该椭圆沿着 Z 轴方向进行阵列，椭圆的大小及阵列的个数可自行设定。

（2）用 Loft 运算器将阵列后的椭圆进行整体放样，即可生成该高层的核心筒结构。

（3）通过 Divide　Curve 运算器在椭圆上生成一定数量的等分点。

（4）由 Area 运算器提取每个楼层线的中心点，为了保证每个楼层线的中心点与其等分点能够一一对应，需要将 Area 运算器通过 Graft 创建成树形数据。

（5）通过 Vector　2Pt 运算器将每层椭圆的中心点与其对应的等分点创建成两点向量，可由 Vector　Display 运算器查看向量。

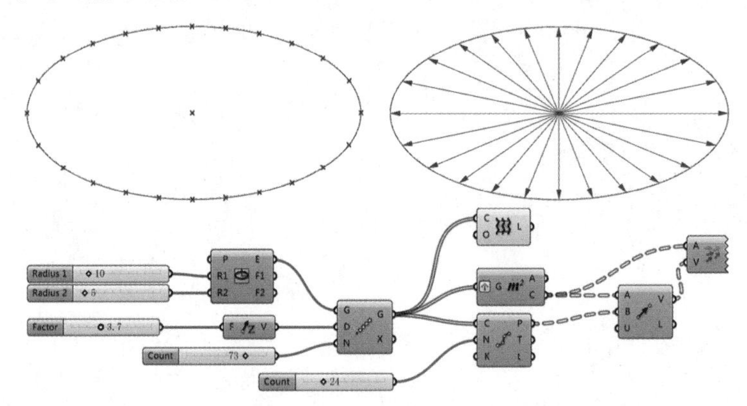

图 3–2　创建椭圆并设置相应参数

（6）如图 3–3 所示，用 Range 运算器创建一个 0 至 1 范围的等差数列，为了保证其数量与楼层数相等，需要将楼层数减去 1 之后的数值赋予 Range 运算器的 N 输入端。

（7）为了生成随机效果，可通过 Jitter 运算器将该组数据打乱排序。

（8）通过 Random 运算器依据打乱排序后的数列生成一组随机数据，为了使数据与每个

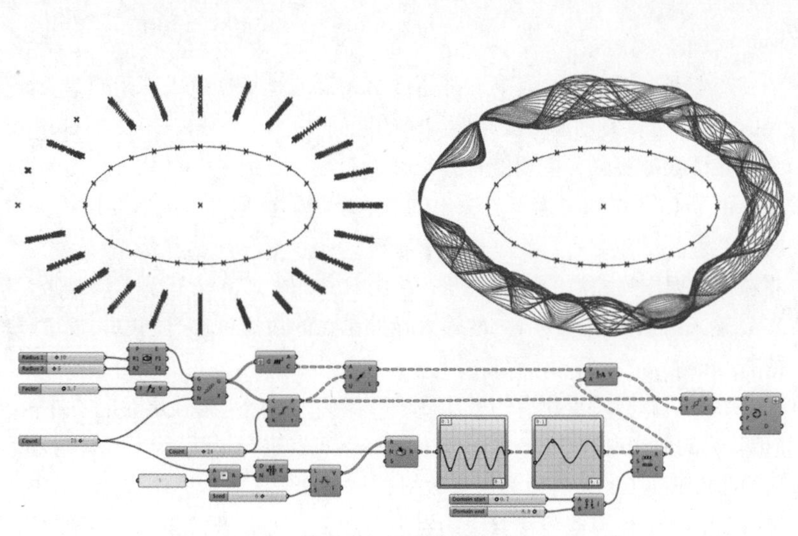

图 3-3　创建等差数列

楼层线对应等分点的数量保持一致，需要将每个楼层线等分点的数量赋予 Random 运算器的 N 输入端。

(9) 通过 Jitter 和 Random 两个运算器创建不同楼层等分点对应的不同随机数据，为了产生更丰富的变化效果，可通过 Graph　Mapper 运算器进行两次函数映射，用户可自行尝试不同函数类型观察产生的不同结果。

(10) 由于默认的 Graph　Mapper 运算器输出的数据在 0 至 1 区间内，为了更好地控制向量大小，可通过 Remap　Numbers 运算器将该组数据映射到一个合适的区间内，目标区间可通过 Construct　Domain 运算器创建。

(11) 由 Amplitude 运算器将映射后的数值作为两点向量的大小，这样每个点都对应一个大小不同的向量。

(12) 将等分点按照 Amplitude 运算器生成的向量进行移动，并用 Interpolate 运算器将每层移动后的点进行连线，为了保证曲线是闭合的，需要将 Interpolate 运算器 P 输入端的布尔值改为 True，同时将其输出端通过 Flatten 进行路径拍平。

(13) 如图 3-4 所示，用 Area 运算器提取每个楼层线的中心点，并用 Scale 运算器将每个楼层线依据其中心点进行缩放。

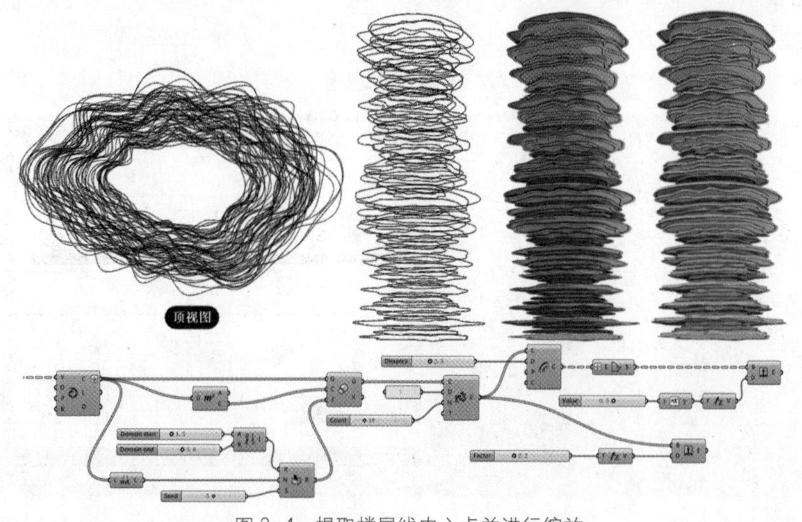

图 3-4　提取楼层线中心点并进行缩放

（14）为了产生大小不一致的效果，可通过 Random 运算器生成不同的缩放比例因子，并由 Construct Domain 运算器创建缩放比例因子的区间。

（15）为了保证数据关联，需要统计楼层线的个数，可通过 List Length 运算器测量楼层线列表的长度，由于 Interpolate 运算器输出的是一个树形数据，因此需要通过 Flatten 将其转换为线性数据。

（16）将随机数据作为缩放的比例因子，并由 Rebuild Curve 运算器将缩放后的楼层线进行重建，将其 D 输入端的阶数改为 3，N 输入端控制点的数量可自行调整，数值越大，与原曲线拟合程度越高。

（17）由 Offset 运算器对重建后的楼层线进行偏移，其结果为楼层对应的外轮廓线。

（18）将偏移后的曲线通过 Boundary Surfaces 运算器进行封面，为了保证封面的操作正确，可先将偏移后的曲线通过 Graft 转换为树形数据。

（19）通过 Extrude 运算器将楼层线的封面沿着 Z 轴方向进行延伸，其结果可作为建筑的楼层板结构。

（20）将重建之后的曲线通过 Extrude 运算器沿着 Z 轴方向延伸一定的高度，其结果可作为该高层建筑的玻璃幕墙结构。

1.2 向量控制表皮实例

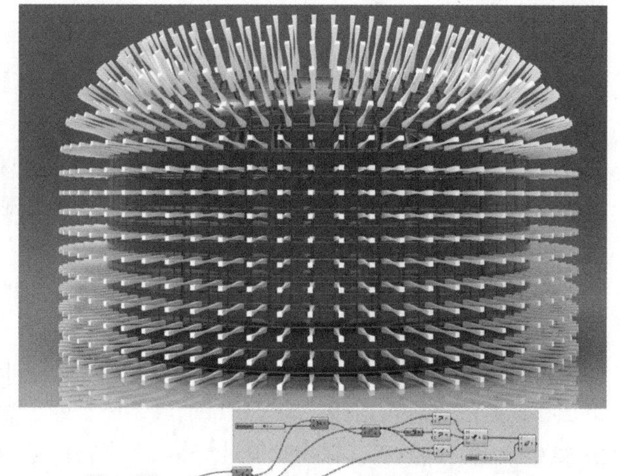

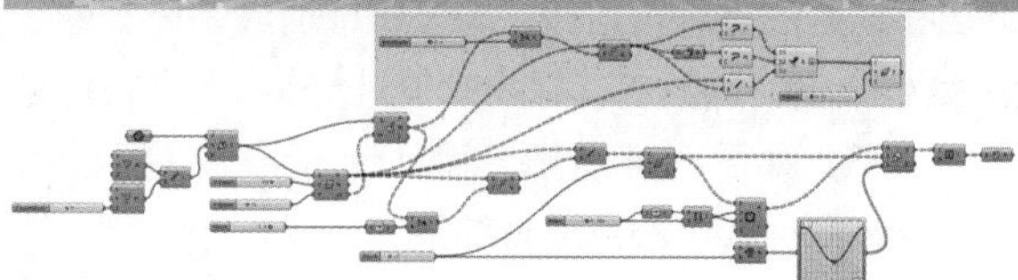

图 3–5 通过向量生成曲面表皮结构

曲面的法线方向是 GH 中常用的向量方向。如图 3–5 所示，该案例为通过向量生成曲面表皮结构的应用实例。

该案例的主要逻辑构建思路为：将点沿着对应曲面的法线方向移动，创建生长状的表皮结构，同时通过数据的操作生成表皮杆件的支撑结构。以下为该案例的具体做法。

（1）如图 3–6 所示，首先在 Rhino 空间的前视图中绘制一条曲线，为了保证将来生成的曲面 UV 结构比较均匀，绘制完曲线后可通过 Rebuild 命令进行重建，然后将这条曲线通过 Curve 运算器拾取进 GH 中。

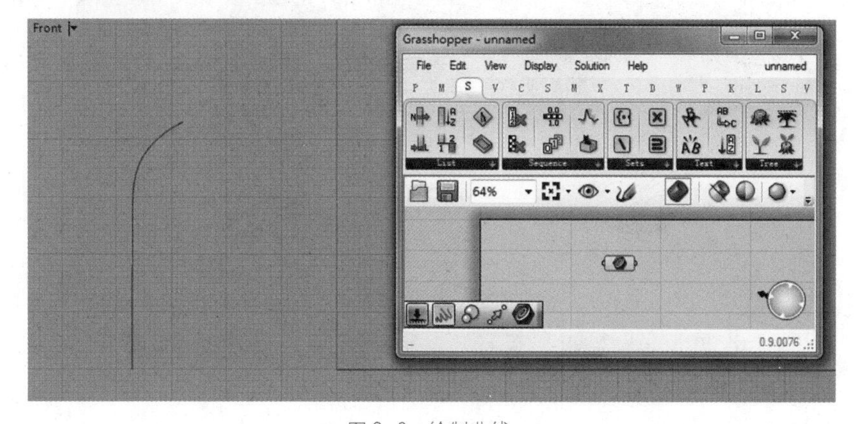

图 3–6 绘制曲线

（2）如图 3-7 所示，用 Revolution 运算器将曲线绕着一根轴线旋转成面，在 Y 轴上绘制一条直线作为轴线。

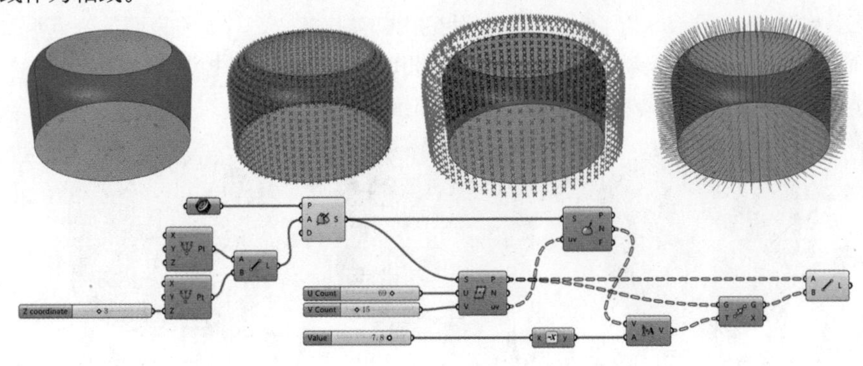

图 3-7　旋转成面

（3）用 Divide　Surface 运算器在曲面上生成等分点，可根据设计需求自行设定 UV 两个方向点的数量。

（4）用 Evaluate　Surface 运算器计算曲面上等分点对应的曲面法线方向，需要注意的是该运算器的 U、V 输入端需要赋予的数据为曲面的 U、V 坐标。

（5）Evaluate　Surface 运算器的 N 输出端只是表示该点的法线方向，为了控制向量的大小，需要通过 Amplitude 运算器为向量赋予数值。

（6）由于曲面有正反面的区别，为了保证点对应的法线方向向外，可通过 Negative 运算器改变向量的方向。

（7）将曲面上的等分点沿着向量的方向进行移动，然后用 Line 运算器将移动前后的点两两对应连线。

（8）如图 3-8 所示，用 Perp　Frames 运算器在直线上创建一定数量的切平面。

（9）用 Rectangle 运算器依据切平面生成矩形，为了保证矩形的中心点正好位于平面的中心，需要将 X、Y 两个输入端赋予由负到正的相同数字。这两步操作也是生成杆件截面的常用方法，用户也可将截面更换为其他图形。

（10）通过 Scale 运算器将截面矩形进行缩放，缩放的比例因子可通过 Graph　mapper 运算器进行控制，为了保证数据关联，可将切平面的数量作为 Range 运算器的等分段数。以半个周期的正弦函数作为缩放比例因子可生成两端大中间小的截面图形。

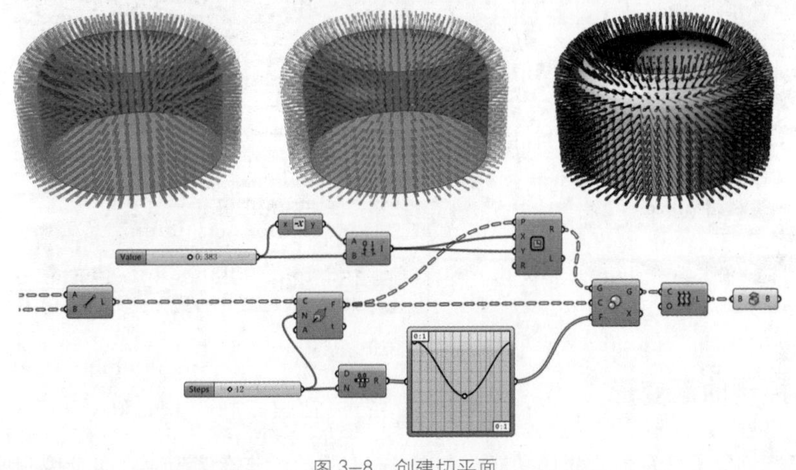

图 3-8　创建切平面

（11）用 Loft 运算器将缩放后每个路径下的矩形进行放样成面，并用 Cap Holes 运算器将放样生成的曲面进行加盖。

（12）如图 3-9 所示，为了生成表面杆件的内部连接部分，首先将表面等分点沿着法线方向往曲面内部移动一定的距离，该距离可由 Amplitude 运算器进行控制，由于之前向外移动的向量大小为负值，此时向内移动的向量大小应为正值。

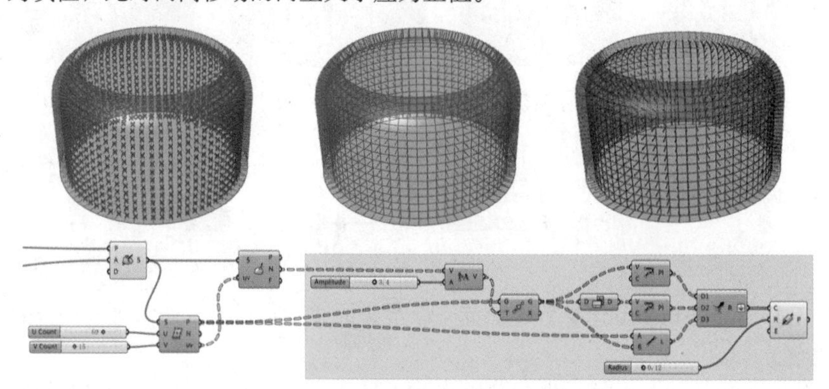

图 3-9　生成表面杆件的内部连接部分

（13）由 Line 运算器将表面上的点与向内移动的点对应连线。

（14）通过 PolyLine 运算器将向内移动后的点连成多段线，由于该数据结构为每层横向的点在一个路径结构内，因此其输出结果为多组横向的多段线。

（15）由 Flip Matrix 运算器将向内移动后的数据进行翻转矩阵，这样数据结构由横向分组变为纵向分组，并通过 PolyLine 运算器将翻转矩阵后的点连成多段线。

（16）将内部所有的连接线通过 Merge 运算器组合在一起，并将该组数据通过 Flatten 转换为线性数据。

（17）最后用 Pipe 运算器将全部的线条生成圆管结构。

（18）如图 3-10 所示为表面结构杆件与内部连接部分的节点放大图，用户可通过更改参数来调整杆件的长度、大小及内部网架的密度。

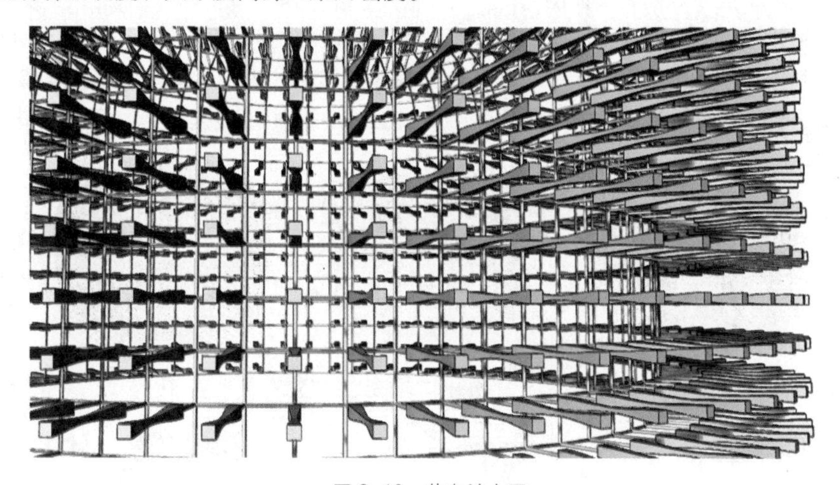

图 3-10　节点放大图

1.3 向量控制曲面变形

GH 模块包含了一系列的变形功能。如图 3-11 所示，该案例为通过向量控制曲面形态，模拟类似溶洞的室内效果。

该案例的主要逻辑构建思路为：通过Spatial Deform运算器控制向量的大小和方向，从而达到影响曲面形态的目的，以下为该案例的具体做法。

（1）如图3–12所示，首先通过Rectangle运算器创建一个矩形，然后用Boundary Surfaces运算器依据矩形生成一个平面。

（2）为了避免在矩形平面边缘生成点，可先通过Scale运算器将矩形平面先进行缩放，然后通过Populate Geometry运算器在缩放后的矩形平面上生成随机点。

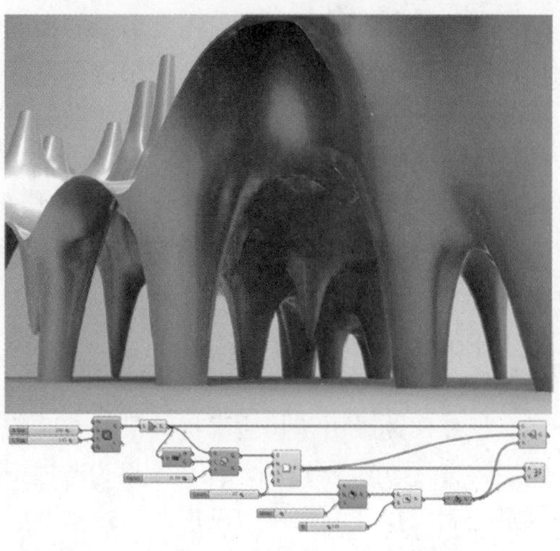

图3–11　类似溶洞的室内效果

（3）如图3–13所示，用Random运算器创建一组随机数据，并使随机数据的个数与随机点的数量保持一致。

（4）为了更好地控制随机数据的大小，可通过Multiplication运算器将随机数据乘以一个倍增值。

（5）将随机数据赋予Z向量，并用Vector Display运算器查看向量的大小与方向。

（6）用Spatial Deform运算器将曲面进行变形，其S输入端为曲面上的随机点，F输入端为每个点对应的向量。

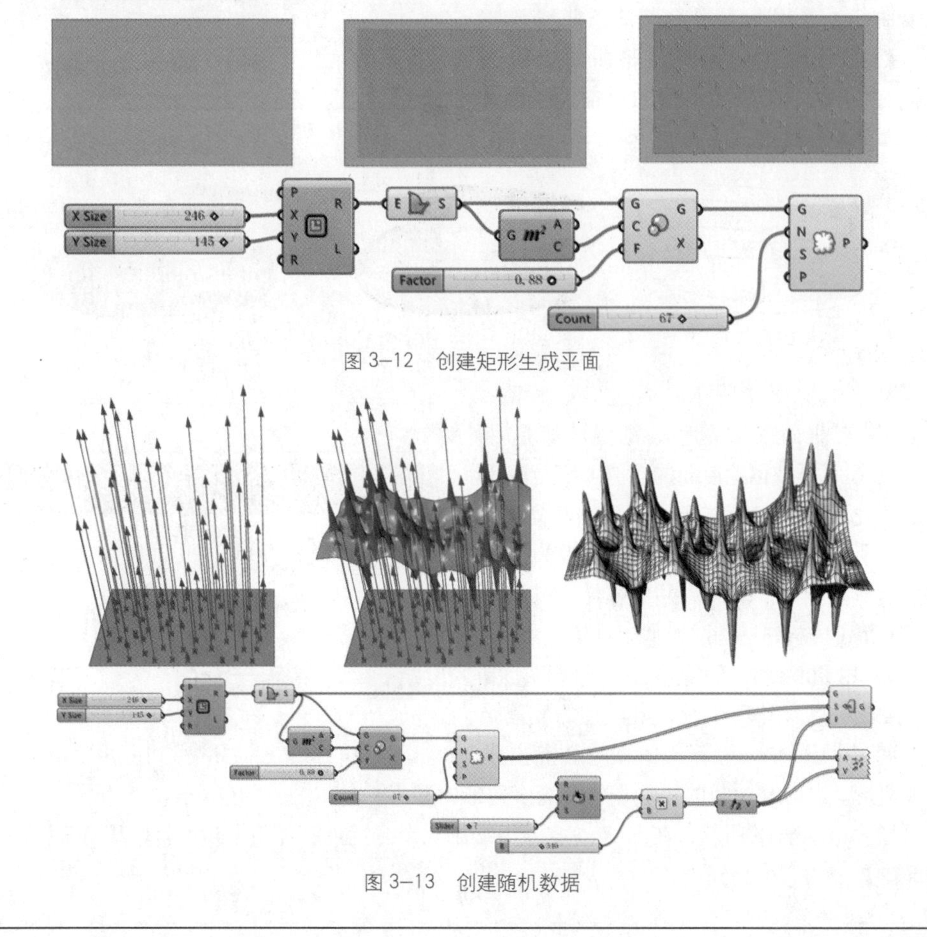

图3–12　创建矩形生成平面

图3–13　创建随机数据

（7）如图 3–14 所示，在变形后的曲面顶部和底部各建立一个平面，并用这两个平面对曲面的凸出部分进行修整，这样做的目的是保证整个形体较为规整。

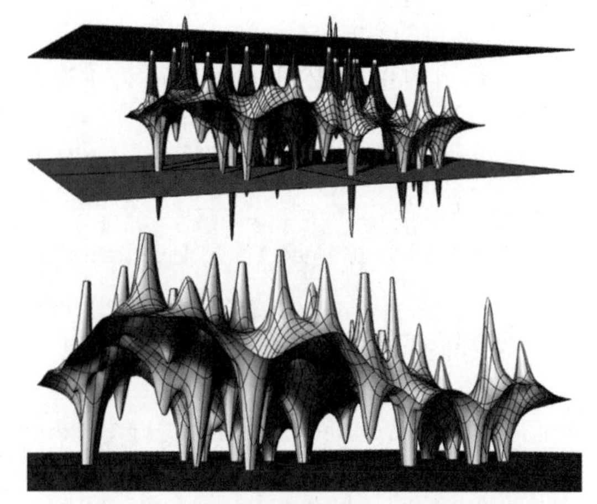
图 3–14　对凸出部分进行修整

2．Attractor 干扰应用实例

2.1 Point Attractor 案例一

把点作为吸引子构建干扰效果是 GH 的常用做法。如图 3–15 所示，该案例为通过干扰点控制表皮开洞大小的应用，另外也介绍了 Copy Trim 运算器的用法。

该案例的主要逻辑构建思路为：将一个单一曲面在 GH 中展平为矩形，并在矩形范围内绘制所需要的表皮结构，最后通过 Copy Trim 运算器将表皮结构复制到原曲面上。以下为该案例的具体做法。

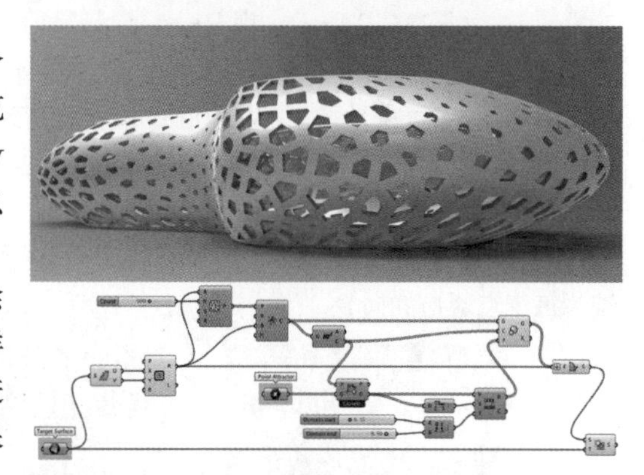
图 3–15　通过干扰点控制表皮开洞大小

（1）如图 3–16 所示，在 Rhino 空间绘制 3 条曲线，并用 Loft 命令将 3 条曲线放样成面，然后用 Surface 运算器将曲面拾取进 GH 中。用户可自行设定曲面的形态，但要保证该曲面为单一曲面。

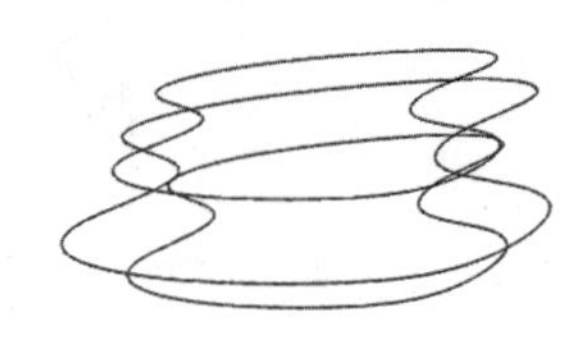
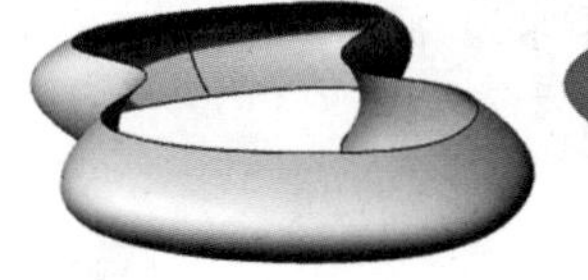
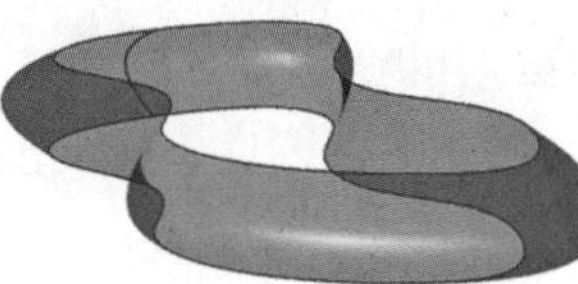
图 3–16　绘制曲线并放样成面

（2）如图 3–17 所示，通过 Dimensions 运算器测量曲面的 UV 近似范围，然后用 Rectangle 运算器依据原曲面的近似 UV 范围生成矩形，此步骤相当于在 Rhino 里的建立 UV 曲线。之所以将曲面展平为矩形，是因为在三维曲面上直接生成一些图形并不容易，但是在二维矩形范围内构建这些图形则相对简单。

（3）用 Populate 2D 运算器依据矩形范围生成二维随机点，用户可自定义随机点的数量。

（4）用 Voronoi 运算器依据随机点生成泰森多边形，并且将生成的矩形作为泰森多边形的边界。

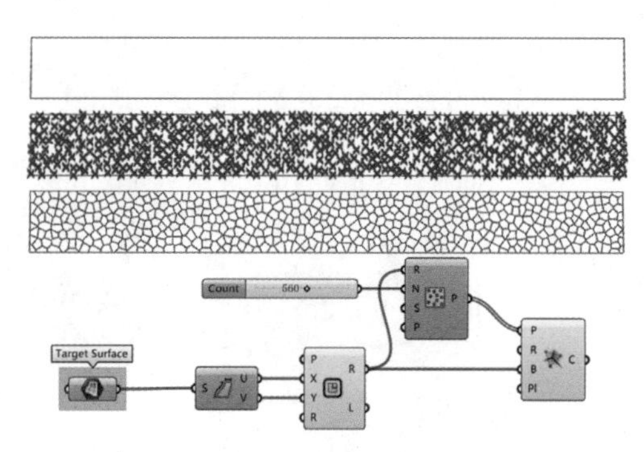

图 3–17　将曲面展平为矩形

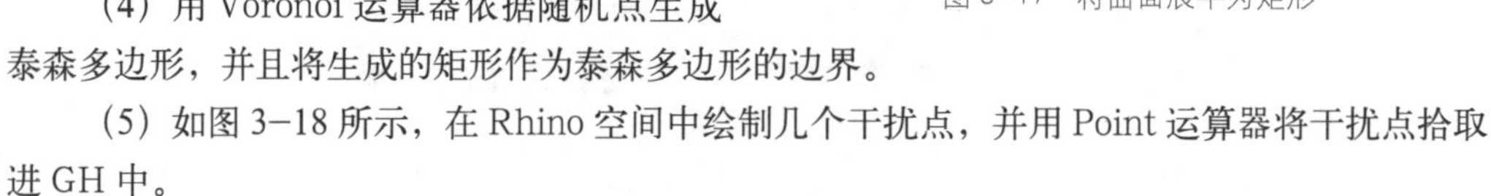

（5）如图 3–18 所示，在 Rhino 空间中绘制几个干扰点，并用 Point 运算器将干扰点拾取进 GH 中。

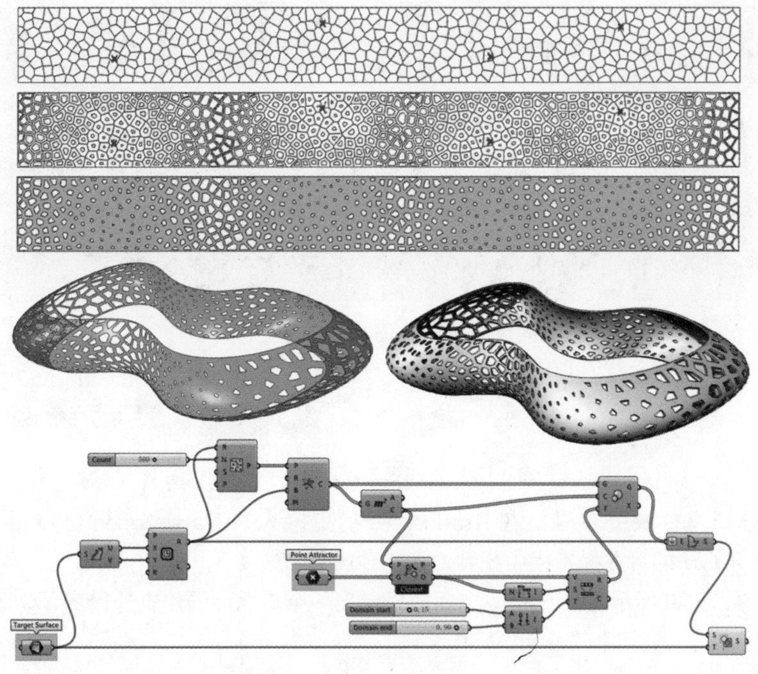

图 3-18　绘制干扰点并拾取进 GH 中

(6) 通过 Area 运算器提取每个泰森多边形单体的中心点，并通过 Pull Point 运算器测量这些中心点到干扰点的距离。

(7) 由 Bounds 运算器统计中心点到干扰点的距离构成的区间，并通过 Remap Numbers 运算器将距离映射到 0 至 1 区间内，这样做的目的是保证将每个泰森多边形缩放以后不会超出其边界。需要注意的是目标区间的最小值不能为 0，因为缩放的比例因子不能设定为 0。

(8) 用 Scale 运算器将每个泰森多边形依据其中心点进行缩放，缩放的比例因子为映射后的数据，这样就会产生点干扰的效果，即距离干扰点越近的泰森多边形缩放的程度越大。

(9) 按住 Shift 键，将矩形外框与缩放后的泰森多边形同时赋予 Boundary Surfaces 运算器的 E 输入端，并且通过 Flatten 将两组数据拍平到同一个路径结构下，这样就生成了一个曲面。

(10) 通过 Copy Trim 运算器将上一步生成的曲面按照其 UV 结构复制到原目标曲面上。目前生成的表皮结构没有厚度，可以将其 Bake 到 Rhino 空间后，用偏移曲面命令对其进行加厚，同时需要勾选实体选项。

2.2 Point Attractor 案例二

在上一个案例中介绍了通过在平面矩形上定位干扰点，将创建的表皮按照 UV 结构复制到原曲面上的方法。如图 3-19 所示，该案例为直接在曲面上创建干扰点，通过干扰点的位置影响表皮的开洞大小，它可应用于满足不同功能分区的采光与通风需求。

该案例的主要逻辑构建思路为：通过 LunchBox 插件在曲面上生成六边形嵌板，然后在曲面上确定干扰点的位置，将每个六边形的中心点到干扰点的距离作为控制六边形缩放比例的依据，最后根据缩放前后的两组六边形边缘线生成 Mesh。以下为该案例的具体做法。

(1) 首先安装 LunchBox 插件，该插件可在 http://www.food4rhino.com/ 网站进行下载。下载完成后可将插件复制到 C:\Users\Administrator\AppData\Roaming\Grasshopper\Libraries 目录下，也可以在 GH 中通过【File-Special Folders-Components

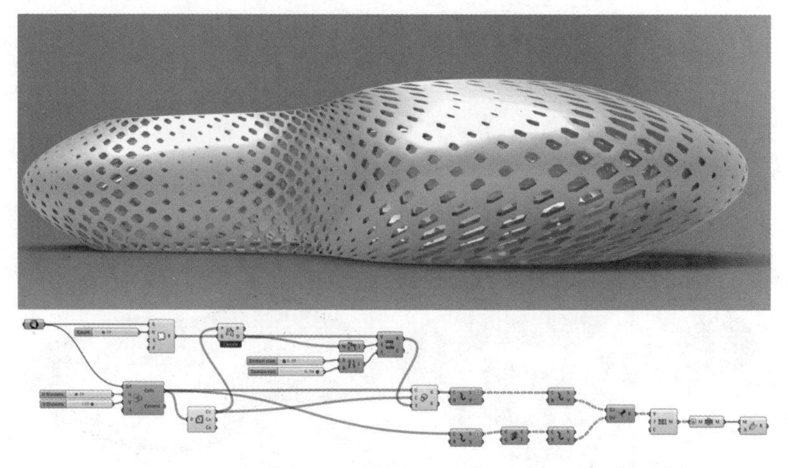

图 3-19　直接在曲面上创建干扰点

Folder】打开该文件夹的目录。在 Rhino 指令栏里输入“GrasshopperUnloadPlugin”关闭 GH，重新打开 GH 即可在标签栏中找到 LunchBox 标签。

（2）如图 3-20 所示，在 Rhino 空间中自定义一个单曲面的建筑外轮廓，为了精简步骤，在此直接调用上一个案例中的曲面。

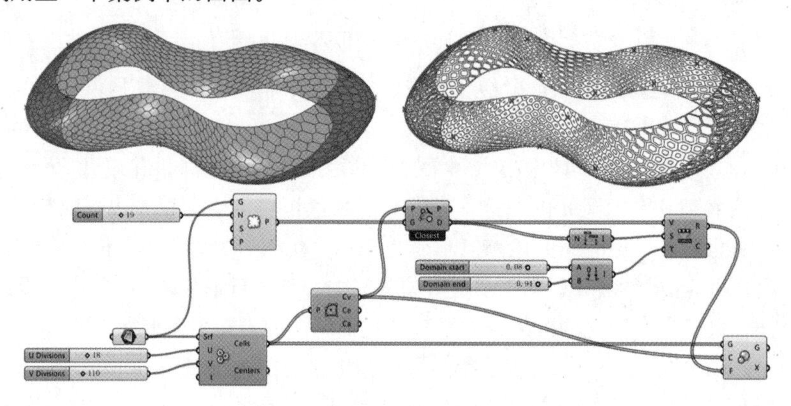

图 3-20　操作步骤

（3）由 LunchBox 插件中的 Hexagon Cells 运算器在曲面上生成六边形嵌板。

（4）通过 Populate Geometry 运算器在曲面上生成一定数量的随机点，这些随机点即可作为干扰点。用户也可根据实际设计需求，在曲面上设定干扰点的位置。

（5）用 Polygon Center 运算器提取每个六边形的中心点，并由 Pull Point 运算器计算中心点到干扰点的距离。

（6）通过 Bounds、Remap Numbers、Construct Domain 3 个运算器将中心点到干扰点的距离映射到一个合适的缩放比例区间内。

（7）用 Scale 运算器将六边形进行缩放，缩放的中心点为每个六边形的中心点，缩放的比例因子为映射后的数值。这样就产生了点干扰的效果，即距离干扰点越近的六边形被缩放的比例越大，反之则缩放比例越小。

（8）如图 3-21 所示，通过 Explode 运算器将缩放前后的两组六边形分段，并将其 S 输出端通过 Graft 创建成树形数据。

（9）将其中一组线段通过 Flip Curve 运算器翻转方向。

（10）用 Explode 运算器提取两组分段线的端点，并用 Merge 运算器将两组点进行合并，

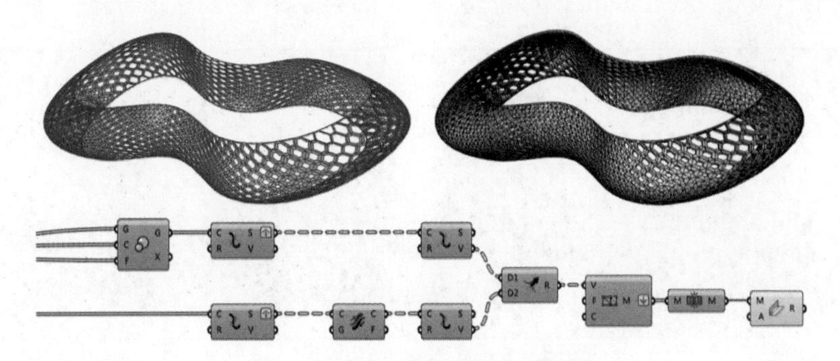

图 3–21　将缩放前后的六边形分段

这样在每个路径下就有 4 个点。上一步骤中将其中一组线段翻转方向也是为了使两组点能够按照正确的方向进行排序。

（11）用 Construct Mesh 运算器根据组合后的点生成 Mesh。之所以用构建 Mesh 的方法来生成表皮结构，是因为如果采用 Nurbs 的方法生成曲面，那么整个程序的运行效率会比较低，特别是在偏移曲面加厚时，可能会因内存不足而出现软件崩溃的现象。Mesh 的应用能够极大的提高整个程序的运行效率，用户在遇到数据量很大的运算时，可以考虑用 Mesh 来替换 Nurbs 的一些操作。

（12）用 Mesh Join 运算器将生成的 Mesh 进行组合，并用 Weld Mesh 运算器将组合后的网格进行顶点焊接。可勾选【Display–Preview Mesh Edges】选项或者通过快捷键 Ctrl+M 在 GH 中显示网格框线。

（13）由于焊接之后的 Mesh 没有厚度，而 GH 中也没有为 Mesh 加厚的自带运算器，这时可通过代码或第三方插件来实现该功能，不过为了简便操作，可将焊接之后的 Mesh Bake 到 Rhino 空间中，并用网格标签栏下的偏移网格命令将其加厚，需要注意的是执行此命令时需要勾选实体选项。

2.3 Curve Attractor 案例一

把曲线作为吸引子构建干扰效果同样也是 GH 的常用做法。如图 3–22 所示，该案例为曲线干扰影响泰森多边形的应用。

该案例的主要逻辑构建思路为：以曲线作为吸引子，计算随机点到吸引子的最近距离，并将该距离数值映射到合理区间范围内，将随机点向对应干扰曲线上的最近点方向移动，并依据移动后的点生成泰森多边形。以下为该案例的具体做法。

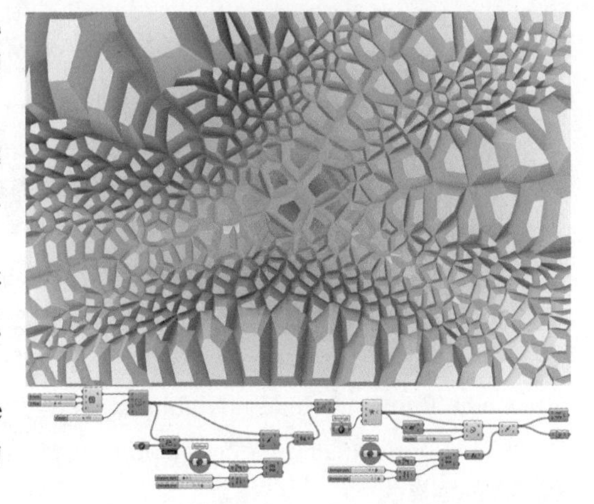

图 3–22　曲线干扰影响泰森多边形的应用

（1）如图 3–23 所示，通过 Rectangle 运算器创建一个矩形，其 X、Y 两个方向的长度分别为 60、40。

（2）由于后面的操作过程会用到该矩形数据，为了保证程序连线清晰，可由 Geometry 标签栏下的 Rectangle 运算器拾取上一步中创建的矩形，并将其命名为“Rectangle”。通过右键单击其输入端将 Wire Display 的连线方式改为 Hidden，即可隐藏运算器之间的连线。

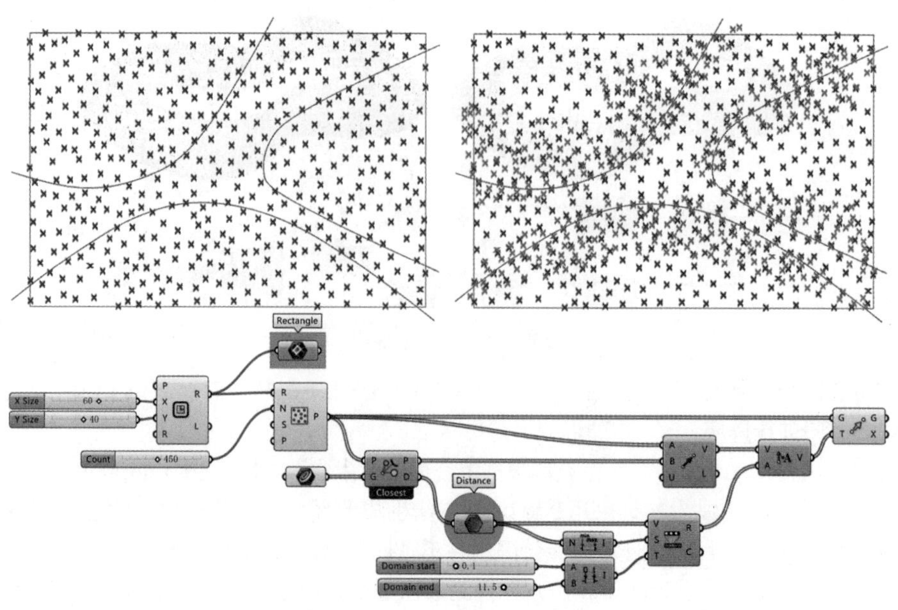

图 3–23　操作步骤

（3）以矩形为边界通过 Populate 2D 运算器创建二维随机点。

（4）在 Rhino 空间绘制 3 条曲线作为吸引子，并用 Curve 运算器将其拾取进 GH 中。

（5）通过 Pull Point 运算器计算随机点到干扰曲线的最近距离，其 P 输出端为随机点对应曲线上的最近点。

（6）由于后面操作过程中会用到该距离数据，可通过 Data 运算器拾取 Pull Point 运算器的 D 输出端数据，并将其命名为“Distance”。通过右键单击其输入端将 Wire Display 的连线方式改为 Hidden，即可隐藏运算器之间的连线。

（7）通过 Vector 2Pt 运算器创建随机点到干扰曲线上对应最近点的两点向量。

（8）通过 Bounds、Construct Domain、Remap Numbers 3 个运算器将最近距离的数值映射到 0.1 至 11.5 区间范围内。

（9）通过 Amplitude 运算器将映射后的数值赋予对应的两点向量。

（10）通过 Move 运算器将随机点沿着上一步创建的向量方向进行移动，其移动的距离为映射后对应的数值。

（11）如图 3–24 所示，通过 Voronoi 运算器依据移动后的点创建泰森多边形，并将步骤（2）创建的矩形赋予其 B 输入端作为边界。

（12）通过 Area 运算器提取每个泰森多边形的中心点，并通过 Scale 运算器将泰森多边形依据其中心点进行缩放，其缩放比例因子为 0.5。

（13）复制步骤（6）中创建的 Data 运算器，并将其连线进行隐藏。通过 Bounds、Construct Domain、Remap Numbers 3 个运算器将最近距离的数值映射到 0.8 至 5.5 区间内。

（14）将缩放后的泰森多边形通过 Move 运算器沿着 Z 轴进行移动，并将映射后的数值作为移动的距离。

（15）通过 Ruled Surface 运算器将原始泰森多边形和移动后的泰森多边形两两对应成面。

（16）通过 Boundary Surface 运算器将移动后的泰森多边形进行封面。

（17）如图 3–25 所示，改变干扰曲线的形态及程序中的部分变量，可创建不同效果的泰森多边形肌理。

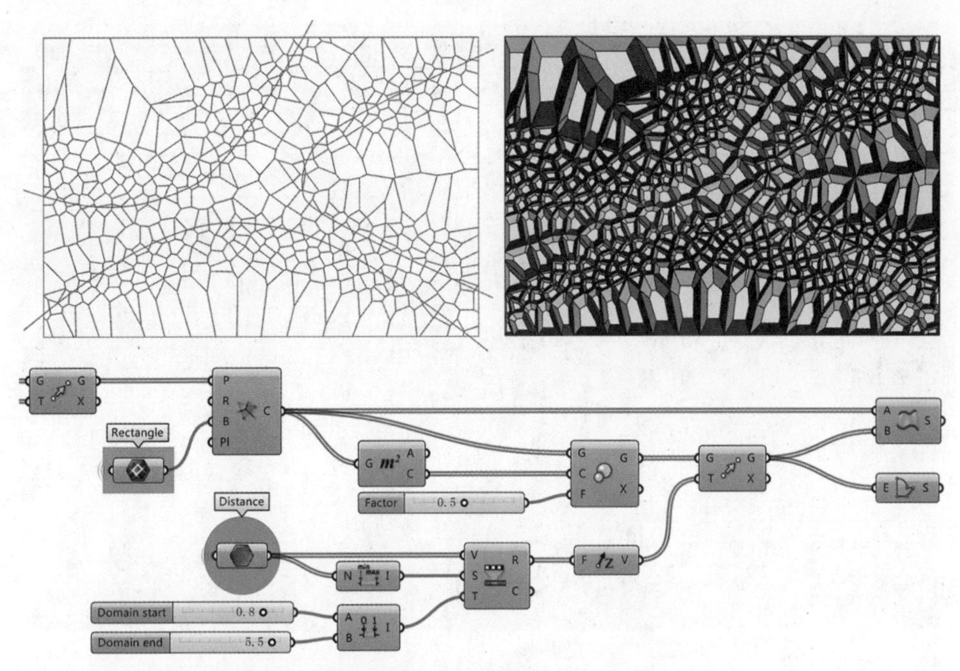

图 3-24　依据移动后的点创建泰森多边形

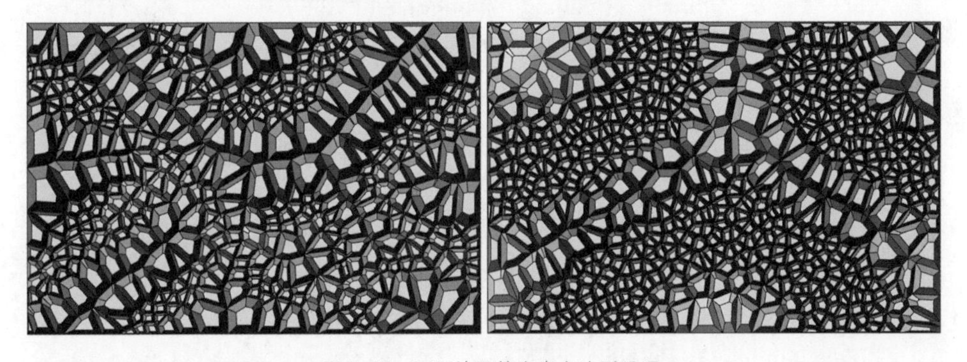

图 3-25　不同效果的泰森多边形肌理

2.4 Curve Attractor 案例二

参数化设计方法可赋予传统元素新的表现形式。如图 3-26 所示，该案例为通过干扰曲线控制砖的旋转角度，创建不同效果的景观墙体。

该案例的主要逻辑构建思路为：首先创建奇偶层错开的二维点阵，然后以点为中心构建砖块单体；将砖块中心点到干扰曲线的最短距离作为控制旋转角度的依据，还可将其作为赋予整体渐变色的依据。以下为该案例的具体做法。

(1) 如图 3-27 所示，在 XZ 平面通过 Rectangular 运算器创建一个二维矩形矩阵，矩形单体的大小与数量可根据实际设计需求自行定义。

(2) 由 Polygon Center 运算器提取每个矩形的中心点。

(3) 由于 Polygon Center 运算器的输出数据为树形数据，并且每列纵向点位在一个路径结构内，通过 Dispatch 运算器将每个路径下的点按照默认的布尔值进行数据分流。

(4) 通过 Flip Matrix 运算器将数据分流之后的两组点进行翻转矩阵，其输出的数据由纵向组合变为横向组合。

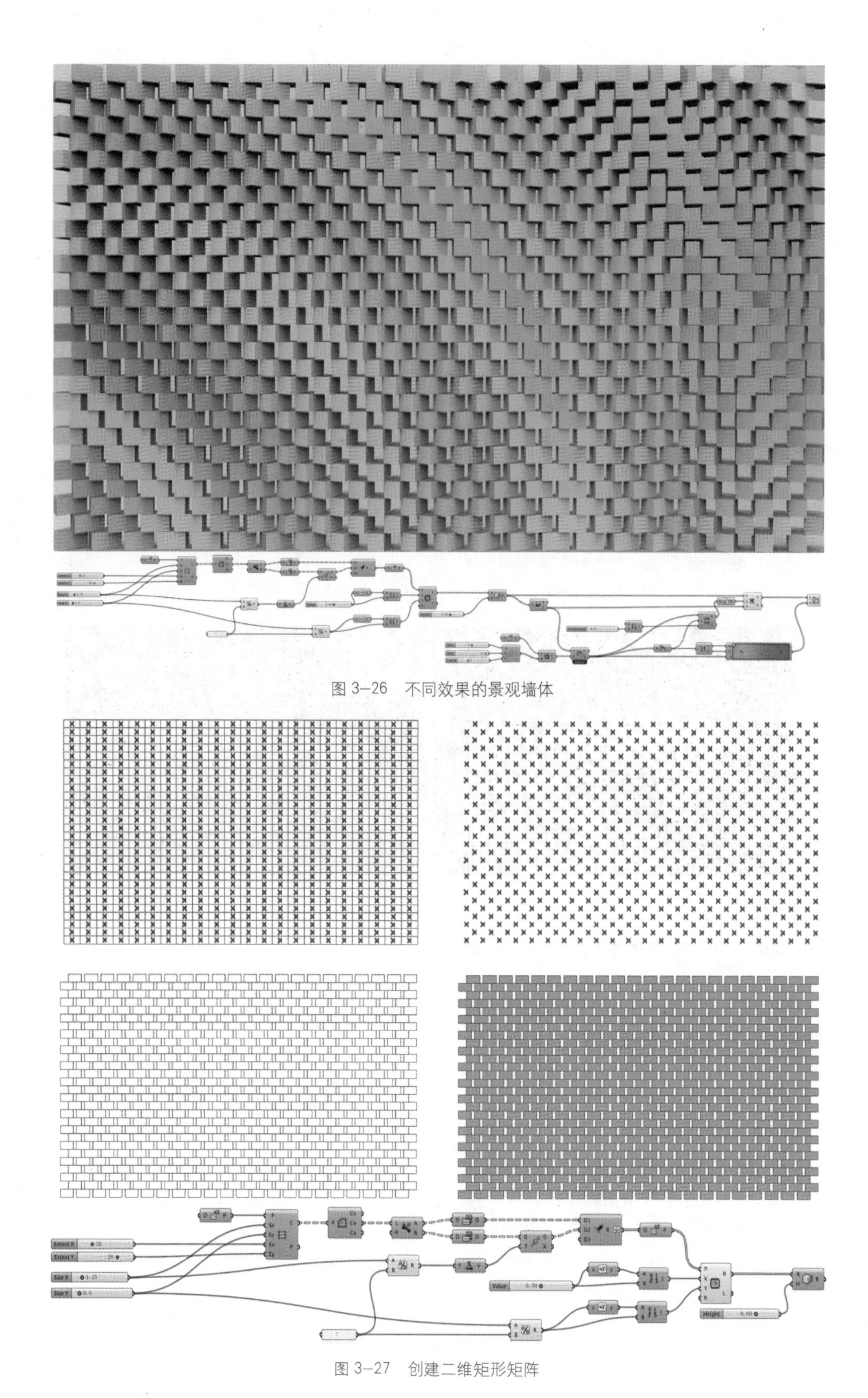

图 3–26　不同效果的景观墙体

图 3–27　创建二维矩形矩阵

（5）用 Move 运算器将偶数排的点沿着 X 轴方向移动，移动的距离为矩形长度的一半。为了保证数据关联，可将原矩形的长度值通过 Division 运算器除以 2 之后赋予向量 X。

（6）通过 Merge 运算器将奇数排的点与移动后偶数排的点进行合并，为了简化路径结构，可通过 Flatten 将全部点拍平到一个路径结构内。

（7）由 Rectangle 运算器依据组合后的点在 XZ 平面生成矩形。为了保证生成的矩形是以这些点为中心，其 X、Y 两个输入端应分别赋予由负到正的区间数值。为了保证矩形在 Y 轴方向彼此相接，可将 Y 方向区间由负到正的值设定为原矩形 Y 方向宽度的一半，其 X 轴方向的长度值可通过 Construct Domain 运算器进行创建，只要保证相邻的两个矩形不相交即可。

（8）用 Box Rectangle 运算器依据矩形生成砖块，其 H 输入端表示砖块的厚度。

（9）如图 3–28 所示，由 Volume 运算器提取每个砖块的几何中心点。

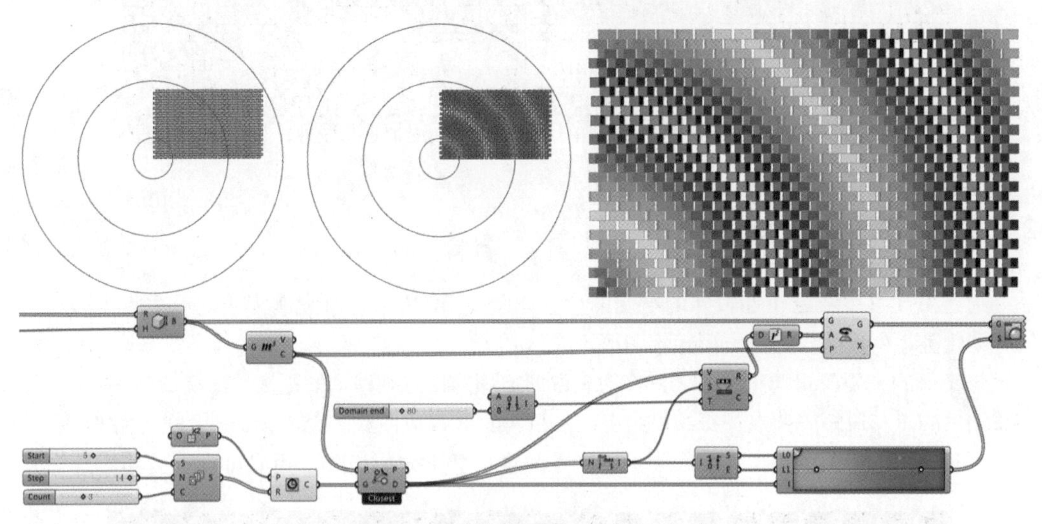

图 3–28　提取每个砖块的几何中心点

（10）通过 Circle 运算器在原点位置依据 XZ 平面创建圆作为干扰曲线，通过等差数列可控制圆的半径及数量。

（11）通过 Pull Point 运算器测量每个砖块的中心点到干扰曲线的最短距离。

（12）由 Bounds 运算器统计中心点到干扰曲线的最短距离组成的区间。

（13）通过 Remap Numbers 运算器对距离的数值进行数据映射，映射的目标区间可通过 Construct Domain 运算器进行创建。映射后的数值即为砖块的旋转角度。

（14）通过 Radians 运算器将映射后的角度值转换为弧度值。

（15）用 Rotate 运算器将砖块进行旋转，旋转的依据即为映射之后的弧度值。

（16）由 Deconstruct Domain 运算器将之前 Bounds 运算器统计的区间进行分解。

（17）通过 Gradient Control 运算器将每个砖块的中心点到干扰曲线的最短距离进行颜色映射。将上一步分解区间的最小值和最大值分别赋予 Gradient Control 运算器的 L0 和 L1 输入端，并将 Pull Point 运算器的 D 输出端数据赋予其 T 输入端。

（18）用 Custom Preview 运算器为砖块赋予渐变色。

（19）每个砖块的旋转角度及颜色的 RGB 数值都可通过 Panel 面板进行统计，如果涉及后期制作，可将这些数值导为图表。

（20）如图 3–29 所示，改变程序中的变量及干扰曲线的形态，可得到不同效果的旋转渐变砖墙。

图 3–29　不同效果的旋转渐变砖墙

2.5 Curve Attractor 案例三

通过 GH 可生成逻辑性较强的渐变图形。如图 3–30 所示，该案例为通过干扰曲线影响点的移动轨迹，生成渐变的正方形矩阵图形。

该案例的主要逻辑构建思路为：移动正方形矩阵的顶点，移动的距离由干扰曲线进行控制，将移动后的点与原矩阵顶点进行编织组合，然后再将其连成曲线。以下为该案例的具体做法。

（1）如图 3-31 所示，用 Square 运算器创建一个正方形矩阵，用户可自定义其数量与大

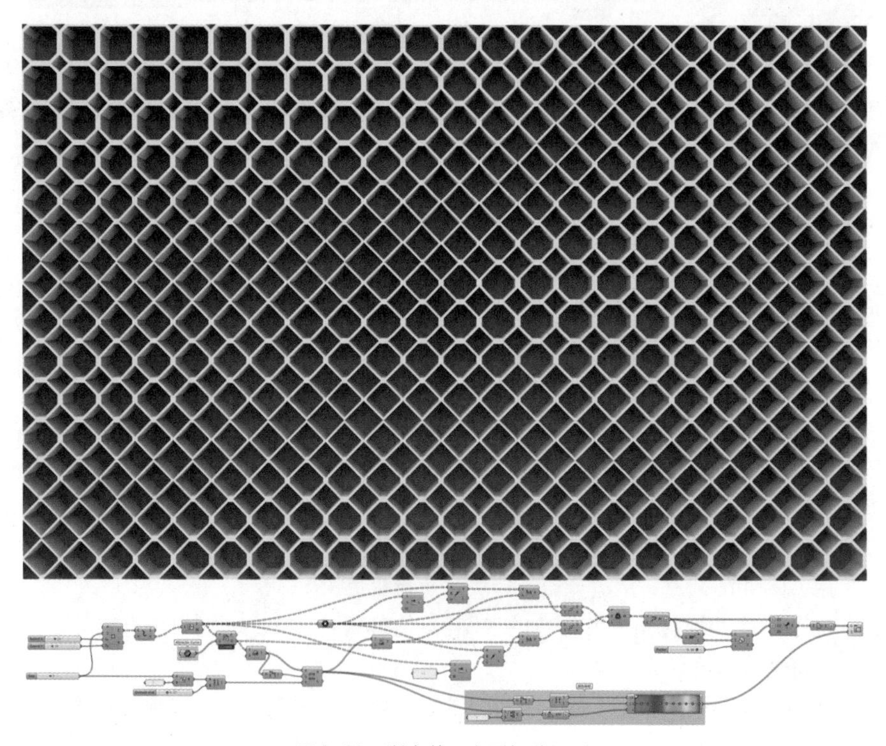

图 3–30　渐变的正方形矩阵图形

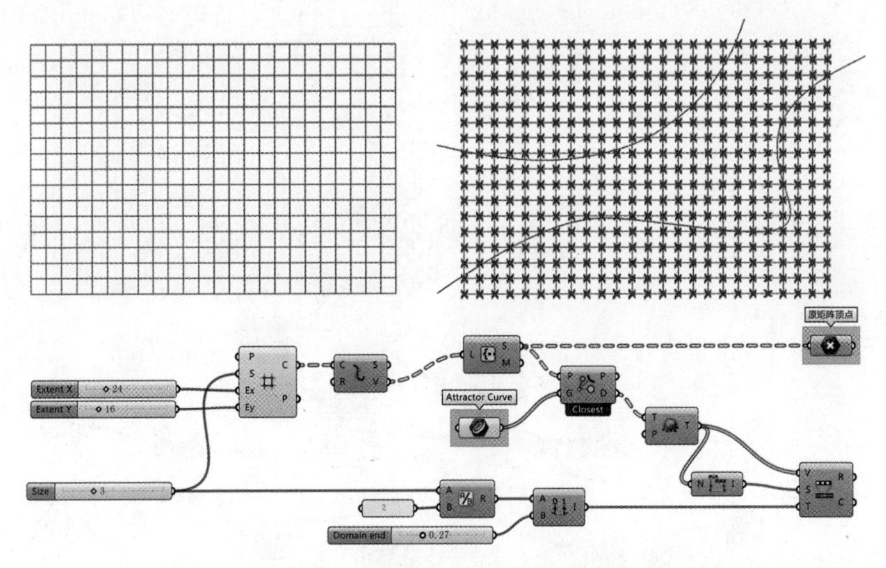

图 3–31　创建正方形矩阵绘制干扰曲线

小。同时在该矩阵范围内绘制几条干扰曲线，用 Curve 运算器将其拾取进 GH 中，并将其命名为“Attractor Curve”。

(2) 用 Explode 运算器将正方形矩阵的每个单元体拆开，其 V 输出端是每个单元体的顶点，其输出值为 5 个点，即有一个重合点，因此需要通过 Create Set 运算器移除重合点。

(3) 为了提高程序的可读性，可通过 Point 运算器提取 Create Set 运算器输出的点，并将其命名为“原矩阵顶点”。

(4) 由 Pull Point 运算器计算正方形 4 个顶点到干扰曲线的最短距离，并通过 Flatten Tree 运算器将距离的输出值转换为线性数据。

(5) 通过 Bounds 运算器计算所有距离组成的区间范围，并由 Remap Numbers 运算器将所有距离的数值映射到一个区间内。

(6) 通过 Construct Domain 运算器创建一个目标区间，由于映射的目标区间即为顶点的移动范围，为了产生菱形的渐变效果，顶点在边上的移动距离不能超过边长的一半，将原矩阵的边长通过 Division 运算器除以 2，将其结果作为目标区间的最大值，同时可自定义一个数值作为目标区间的最小值。

(7) 如图 3–32 所示，用两个 Shift List 运算器将矩阵单元的四个顶点分别偏移 1 和 –1，由于 Shift List 运算器默认 S 输入端为 1，因此只需将其中一个 S 输入端的数值改为 –1 即可。

(8) 用 Vector 2Pt 运算器将原始四个顶点与偏移之后的两组点分别构建两组向量，这样做的目的是为了保证每个顶点可以在其相邻的两条边上移动。

(9) 由于经过数据映射之后的数据为一个线性数据，为了保证该组数据的路径结构与顶点的数据结构保持一致，可通过 Unflatten Tree 运算器将线性数据按照原始的路径结构进行还原。

(10) 通过 Amplitude 运算器为之前创建的两组向量赋予数值，并且将 Unflatten Tree 运算器还原之后的数据赋予两个 Amplitude 运算器的 A 输入端。

(11) 通过 Move 运算器将原矩阵顶点沿着两个向量的方向移动，移动的距离是经过曲线干扰之后的数据，即距离干扰曲线越近的顶点移动的距离越远，反之则移动的距离越近。

(12) 由于最终生成的曲线需要赋予渐变色，因此可将距离的数值进行颜色映射。通过 Bounds 运算器可确定距离组成的区间，由 Deconstruct Domain 运算器可提取该区间范围的最大值和最小值。

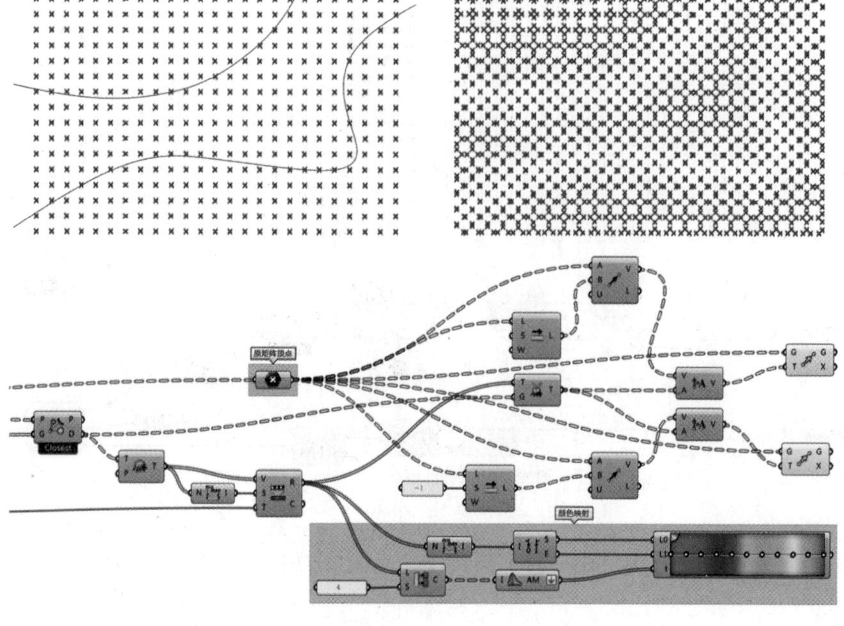

图 3–32　将顶点分别偏移 1 和 –1

（13）由于最终需要赋予渐变色的线段为多段线，但是目前测量出的距离为 4 个顶点到干扰曲线的距离，因此需要通过 Partition List 运算器将 4 个数据放到一个路径下，并且用 Average 运算器计算每个路径下 4 个数值的平均值，这样得到的数据个数即与最终多段线的数量保持一致。

（14）用 Gradient Control 运算器将数值进行颜色映射。

（15）如图 3–33 所示，用 Weave 运算器将移动之后的两组点进行编织组合，由于编织组合之前每个路径下有 4 个点，经过编织组合后的数据为每个路径下有 8 个点。

（16）用 PolyLine 运算器将编织组合后的点连成多段线，为了保证多段线是闭合的，需要将 C 输入端的布尔值改为 True。

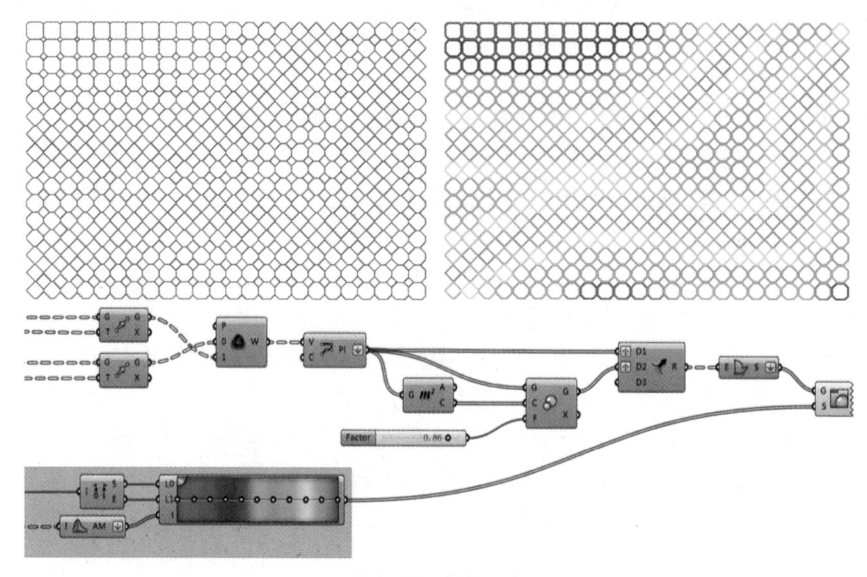

图 3–33　编织组合

（17）由 Area 运算器提取每个多段线的中心点，并通过 Scale 运算器将多段线依据中心点进行缩放。

（18）用 Merge 运算器将缩放前后的两组多段线进行组合，为了保证将对应的两个多段线放在一个路径内，需要将 Merge 运算器的两个输入端通过 Graft 形成树形数据。

（19）通过 Boundary Surfaces 运算器将组合后的多段线进行封面，并通过 Flatten 将其输出端数据转换为线性数据。

（20）最后用 Custom Preview 运算器为生成的曲面赋予渐变色。

2.6 Curve Attractor 案例四

如图 3-34 所示，可以通过干扰曲线控制点的移动轨迹，生成六边形矩阵的渐变图形。

该案例的主要逻辑构建思路为：移动六边形矩阵的中心点，移动的距离由干扰曲线进行控制，将移动后的点与原矩阵顶点进行编织组合，最后将点连成多段线即可产生图形渐变的效果。以下为该案例的具体做法。

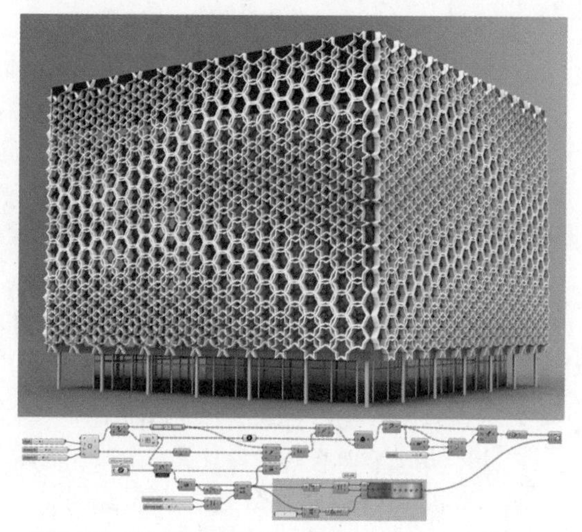

图 3-34　通过干扰曲线控制点的移动轨迹生成渐变图形

（1）如图 3-35 所示，用 Hexagonal 运算器创建一个六边形矩阵，并通过 Graft Tree 运算器将其 P 输出端的中心点转换为树形数据。矩阵单元的数量及大小可根据实际设计需求进行调整。

（2）通过 Explode 运算器将矩六边形矩阵进行分解，并用 Point On Curve 运算器提取六边形每个边的中点。

（3）由于经过分解之后的六边形顶点个数为 7，可通过 Creat Set 运算器删除重合点。为了提高程序的可读性，可将 Creat Set 运算器的输出数据赋予 Point 运算器。

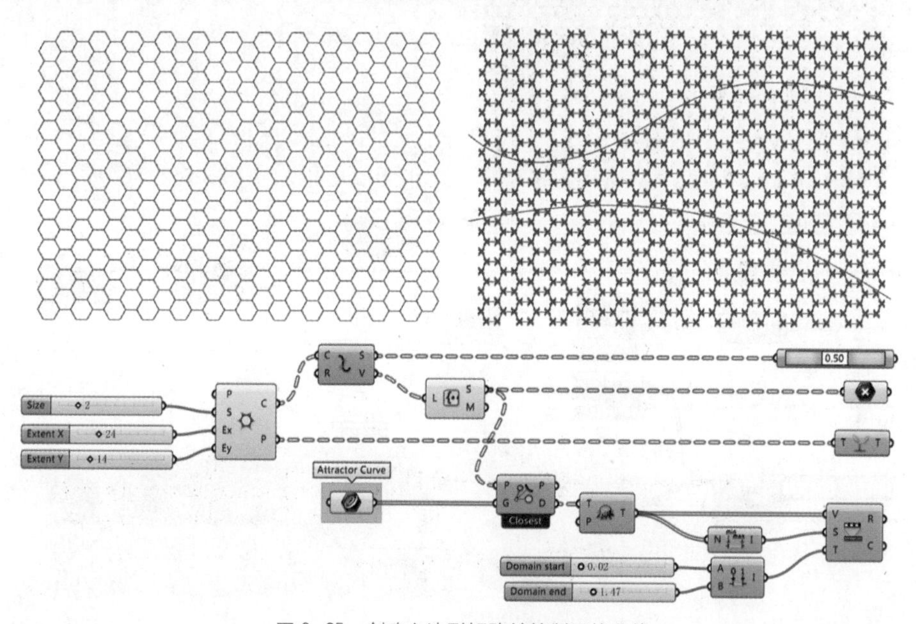

图 3-35　创建六边形矩阵并绘制干扰曲线

（4）在六边形矩阵范围内绘制一定数量的干扰曲线，用户可根据实际的设计需求来确定干扰曲线的形态与数量。

（5）用 Pull Point 运算器计算六边形顶点到干扰曲线的最短距离，并通过 Flatten Tree 运算器将其转换为线性数据。

（6）由 Bounds 运算器统计距离组成的区间，并通过 Remap Numbers 运算器将距离数值进行映射，映射的目标区间可由 Construct Domain 运算器创建。

（7）如图 3–36 所示，用 Vector 2Pt 运算器创建两点向量，向量的起始点为六边形每个边的中点，向量的终点为经过树形数据转换后的六边形的中心点。

（8）用 Unflatten Tree 运算器将映射后的数据进行路径还原，其 G 输入端需要赋予的还原数据为 Pull Point 运算器的 D 输出端数据。

（9）通过 Amplitude 运算器将路径还原之后的数值作为向量的大小。

（10）由 Move 运算器将六边形每边的中点沿着对应向量进行移动。

（11）由 Weave 运算器将原矩阵六边形的每个顶点和移动之后的中点进行编织组合，然后用 PolyLine 运算器将编织组合后的点连成多段线，为了使多段线闭合，其 C 输入端的布尔值需要改为 True。

（12）通过 Bounds 运算器统计经过 Remap Numbers 运算器映射之后的数据区间，并用 Deconstruct Domain 运算器提取该区间的最小值和最大值。

（13）最终的渐变图形是经过点连线组成的，每六个顶点对应一条多段线，可通过 Partition List 运算器将每六个顶点对应的距离数值放在一个路径内，并将其 S 输入端的数值设定为 6。

（14）用 Average 运算器计算每个路径内六个顶点到干扰曲线最短距离的平均值，并且通过 Flatten 将其转换为线性数据。

（15）通过 Gradient Control 运算器将距离的数值进行颜色映射。

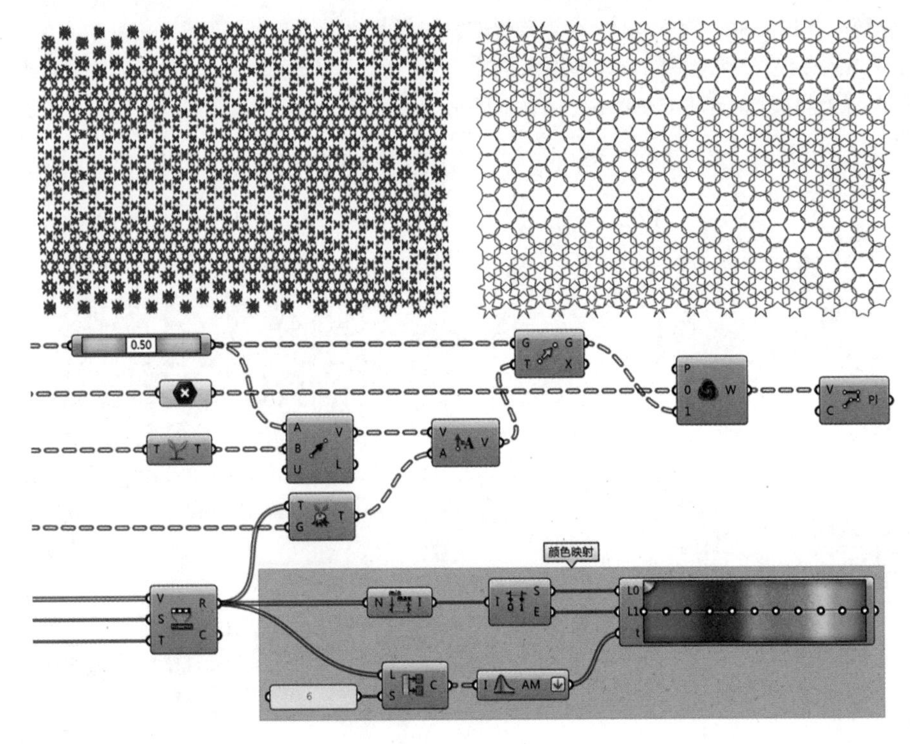

图 3–36　创建两点向量

（16）如图 3–37 所示，通过 Area 运算器提取每个封闭多段线的中点，并用 Scale 运算器将其进行缩放，用户可根据不同设计需求调整缩放的比例因子。

（17）用 Merge 运算器将缩放前后的两组多段线进行组合，并通过 Boundary Surfaces 运算器将其封面。

（18）将 Boundary Surfaces 运算器的输出结果通过 Flatten 进行路径拍平，并通过 Custom Preview 运算器赋予其渐变色。

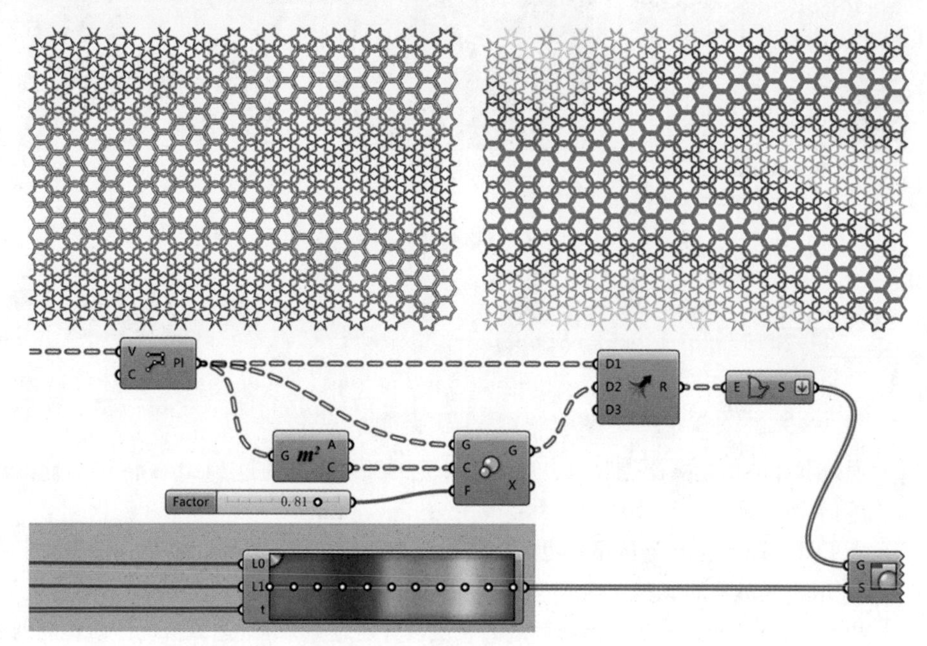

图 3–37　提取中点并进行缩放

3．Field 应用实例

3.1 Field 构建二维磁场线

GH 自带模拟场的相关运算器，这部分运算器主要集中在 Vector 标签栏下的 Field 组里。如图 3–38 所示，通过点和环形磁场的共同组合可以模拟空间磁场分布，以下为该案例的详细做法。

（1）首先通过 Hexagonal 运算器创建一个六边形矩阵，然后用 Bounding Box 运算器计算该六边形矩阵的边界。由于默认的六边形矩阵输出的结果为树形数据，为了生成一个整体的边界，需要将 Bounding Box 运算器的 C 输入端通过 Flatten 进行路径拍平，并右键单击运算器选择 Union Box 选项。

（2）通过 Populate 2D 运算器生成一组二维随机点，并将上一步骤中生成的矩形作为其边界。

（3）由 Point Charge 和 Spin Force 两个运算器创建点场和回旋场，磁场的中心就是二维随机点。可通过调整场的衰减强度来控制场的变化，同时还需要将上一步骤中生成的 Bounding Box 作为两个场的边界。

（4）用 Merge Fields 运算器将上一步骤生成的点场和回旋场进行合并。

（5）用 Direction Display 运算器显示场的方向。GH 提供显示场的运算器还有 Tensor Display 及 Scalar Display，用户可将合并后的场赋予这两个运算器的 F 输入端，并将 Bounding Box 的输出数据作为场的边界赋予其 S 输入端，观察场的变化情况。

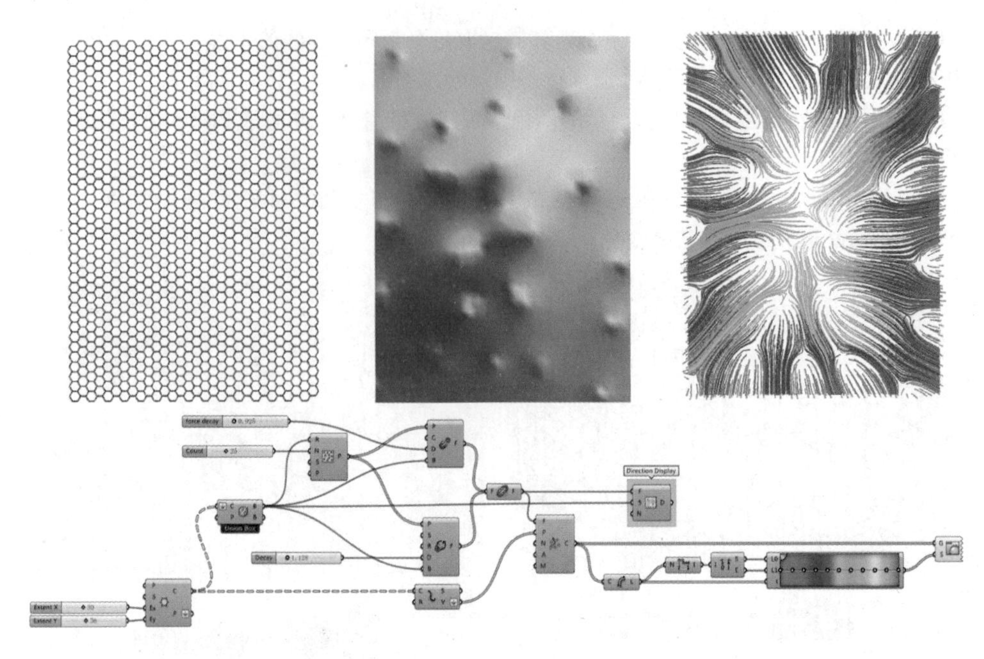

图 3–38　模拟空间磁场分布

（6）通过 Explode 运算器提取六边形矩阵单元的顶点，并通过 Flatten 将其 V 输出端数据进行路径拍平。

（7）由 Field Line 运算器依据六边形矩阵的每个顶点生成磁场线，并将之前组合后的磁场赋予 Field Line 运算器的 F 输入端。

（8）用 Length 运算器测量全部磁场线的长度，并通过 Bounds 运算器统计该长度列表的区间，由 Deconstruct Domain 运算器提取该区间的最小值和最大值。

（9）通过 Gradient Control 运算器可将磁场线的长度进行颜色映射，最后通过 Custom Preview 运算器为磁场线赋予渐变色。

3.2 Field 构建三维磁场线

如图 3–39 所示，Field 除了可以通过场的作用力构建二维图形外，还可通过 Field 磁场线搭建三维空间。以下为该案例逻辑构建的详细过程。

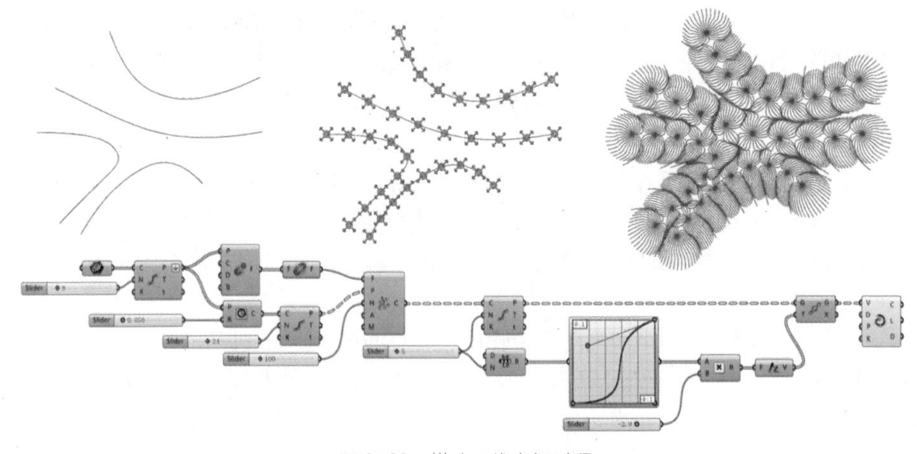

图 3–39　搭建三维空间过程

（1）在 Rhino 空间绘制四条曲线，然后用 Divide Curve 运算器在曲线上生成一定数量的等分点。

（2）以等分点为中心生成圆，并通过 Divide Curve 运算器在圆上生成等分点。

（3）用最初始的等分点通过 Point Charge 运算器生成点场，并依据圆上的等分点由 Field Line 运算器生成二维的磁场线。

（4）通过 Divide Curve 运算器在磁场线上生成一定数量的等分点。

（5）由 Move 运算器将等分点沿着 Z 轴方向进行移动。

（6）为了生成渐变移动的效果，可通过 Graph mapper 运算器进行函数映射。

（7）为了更好地控制移动的变量，可通过 Multiplication 运算器将映射后的数值乘以一个倍增值。

如图 3-40 所示，为磁场曲线所构建的三维空间，最后可通过 Pipe 运算器将曲线变成实体圆管结构。

图 3-40　磁场曲线构建的三维空间

4．FlowL 磁场线插件介绍

FlowL 插件的作用是构建磁场线，该插件可在 http://www.food4rhino.com/ 网站进行下载。插件下载完成后，将其复制到文件目录 C:\Users\Administrator\AppData\Roaming\Grasshopper\Libraries 下。如图 3-41 所示，重启 Rhino 和 GH 即可看到 FlowL 插件出现在 GH 的标签栏中，该插件一共包含 4 个运算器。

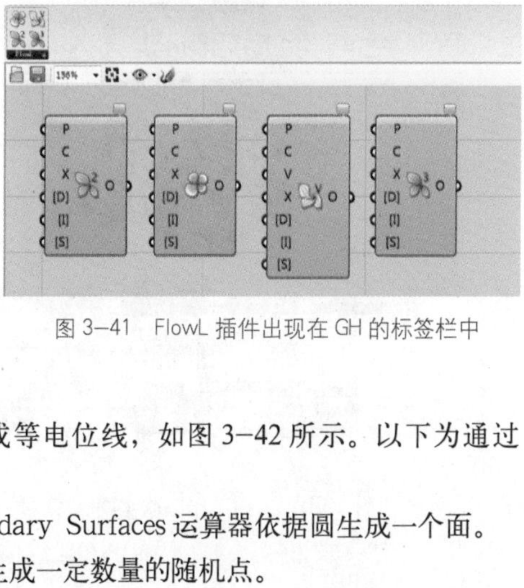

图 3-41　FlowL 插件出现在 GH 的标签栏中

4.1 Equi2D 运算器应用介绍

Equi2D 运算器的作用是根据点的向量场生成等电位线，如图 3-42 所示。以下为通过 Equi2D 运算器生成等电位线的具体做法。

（1）由 Circle 运算器创建一个圆，并由 Boundary Surfaces 运算器依据圆生成一个面。

（2）用 Populate Geometry 运算器在曲面上生成一定数量的随机点。

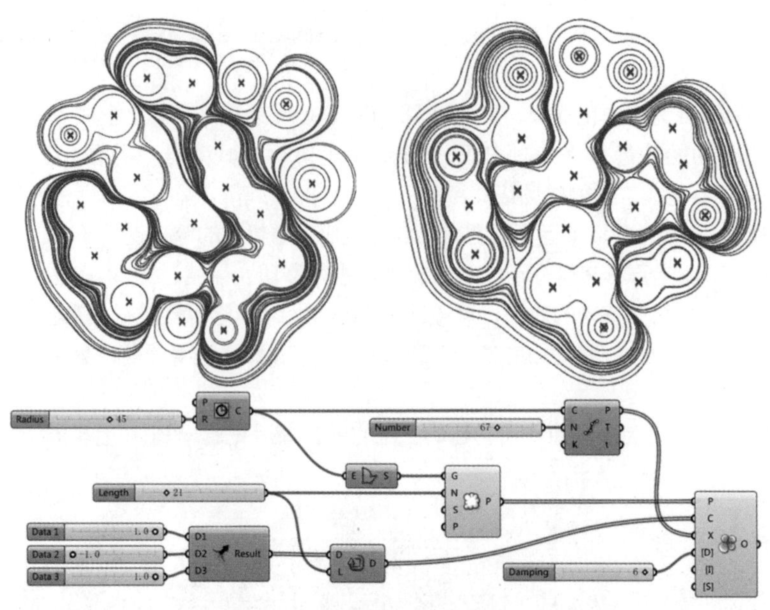

图 3-42　根据点的向量场生成等电位线

(3) 通过 Number　Slider 运算器创建 3 个数值作为点场的强度值，将其组合后用 Repeat Data 运算器进行复制，复制数据的个数需要与随机点的数量保持一致。

(4) 用 Equi2D 运算器依据点场生成等电位线，将复制后的数据作为点场对应的强度值。用户可通过更改 X 输入端起始点的位置以及数量来更改等电位线的形态。

4.2 StreamLines2D 运算器应用介绍

StreamLines2D 运算器的作用是根据点的向量场生成流线，如图 3-43 所示。以下为该运算器用法的案例介绍。

(1) 用 Circle 运算器创建一个圆，并用 Boundary　Surfaces 运算器依据圆生成一个面。

(2) 通过 Populate　Geometry 运算器在曲面上生成一定数量的随机点。

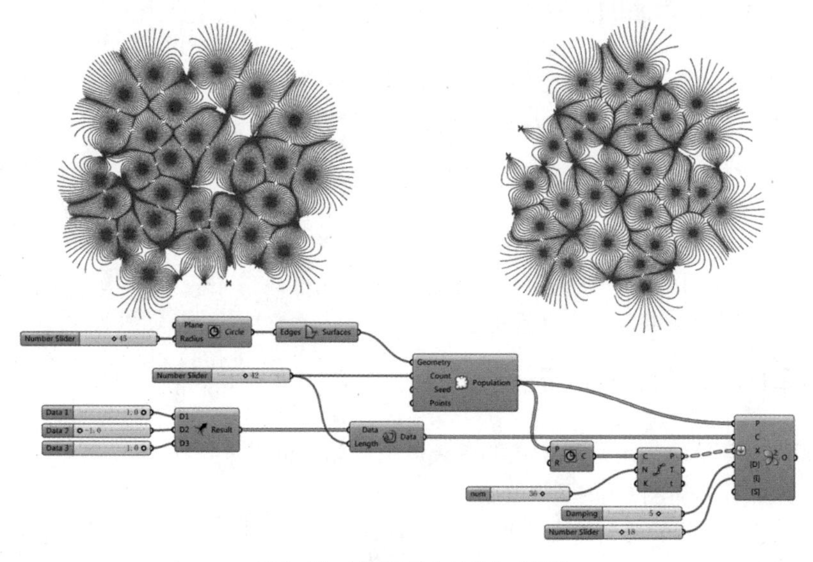

图 3-43　根据电的向量场生成流线

（3）通过 Number　Slider 运算器创建 3 个数值作为点场的强度值，将其组合后用 Repeat Data 运算器进行复制，复制数据的个数需要与随机点的数量保持一致。

（4）以随机点为中心建立一系列的圆，并通过 Divide　Curve 运算器在圆上生成一定数量的等分点。

（5）用 StreamLines2D 运算器依据随机点的向量场生成流线，其 C 输入端表示每个点场对应的强度值；X 输入端表示流线的起始位置，因此等分点的数量越多，生成的流线密度越大；D 输入端表示阻尼值的大小；I 输入端为流线的长度控制值。

4.3 StreamLines2DVortex 运算器应用介绍

StreamLines2DVortex 运算器是根据点的向量场生成涡流状流线，如图 3–44 所示。以下为该运算器用法的案例介绍。

（1）用 Circle 运算器创建一个圆，并用 Boundary　Surfaces 运算器依据圆生成一个面。

（2）用 Populate　Geometry 运算器在曲面上生成一定数量的随机点。

（3）通过 Number　Slider 运算器创建 3 个数值作为点场的强度值，将其组合后用 Repeat Data 运算器进行复制，复制数据的个数需要与随机点的数量保持一致。

（4）通过 Number　Slider 运算器创建 4 个数值作为涡流力的基本强度值，将这 4 个数值用 Merge 运算器进行组合，并用 Pi 运算器将这 4 个数值转换为弧度值。

（5）用 Repeat　Data 运算器将 4 个弧度值进行复制，复制数据的个数需要与随机点数量保持一致。

（6）以随机点为中心创建一定数量的圆，并通过 Divide　Curve 运算器在圆上生成一定数量的等分点。

（7）用 StreamLines2DVortex 运算器依据随机点的向量场生成涡流状流线，其 C 输入端表示每个点场对应的强度值；V 输入端表示涡流力旋转的弧度值；【D】输入端表示阻尼值的大小；【I】输入端为流线的长度控制值。

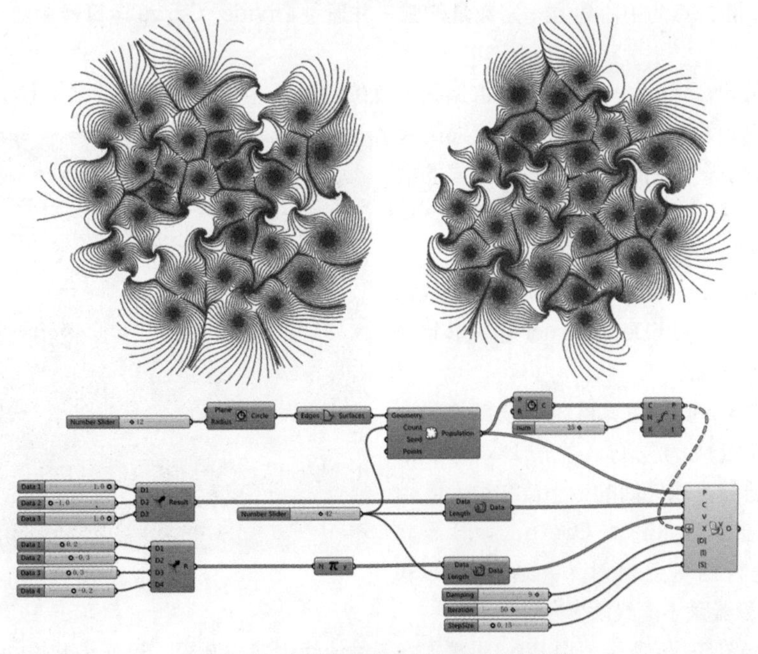

图 3–44　根据点的向量场生成涡流状流线

4.4 StreamLines3D 运算器应用介绍

StreamLines3D 运算器的作用是依据空间点的向量场生成三维流线，如图 3-45 所示。该运算器通常用来模拟三维空间点场的分布，以下为该案例的具体做法。

（1）用 Center Box 运算器创建一个方盒子，并用 Populate 3D 运算器在方盒子内部生成一定数量的随机点。

（2）通过 Number Slider 运算器创建 3 个数值作为点场的强度值，将其组合后用 Repeat Data 运算器进行复制，复制数据的个数需要与随机点的数量保持一致。

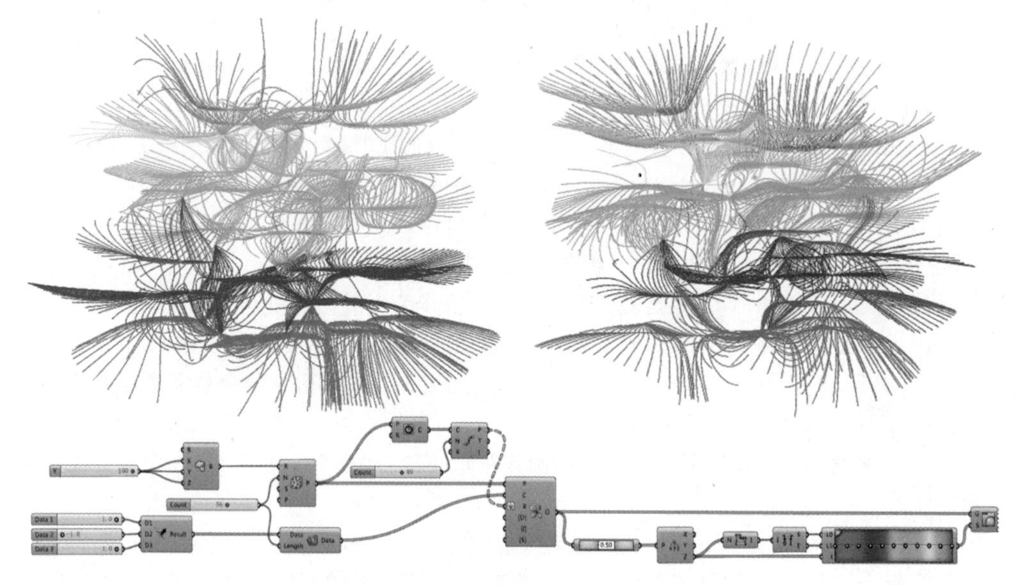

图 3-45 依据空间点的向量场生成三维流线

（3）以随机点为中心建立一定数量的圆，并通过 Divide Curve 运算器在圆上生成一定数量的等分点。

（4）用 StreamLines3D 运算器依据随机点的向量场生成三维流线，其 C 输入端表示每个点场对应的强度值；X 输入端表示流线的起始位置，因此等分点的数量越多，生成的流线密度越大；【D】输入端表示阻尼值的大小；【I】输入端为流线的长度控制值。

（5）用 Point On Curve 运算器提取每条流线的中点，并用 Deconstruct 运算器将中点分解为三维坐标。

（6）由 Bounds 运算器统计全部流线中点 Z 坐标值组成的区间，并用 Deconstruct Domain 运算器提取区间的最小值和最大值。

（7）通过 Gradient Control 运算器将 Z 坐标值进行渐变色映射，并通过 Custom Preview 运算器赋予流线渐变色。

图 3-46 将三维流线创建成圆管

（8）如图 3-46 所示，用 Pipe 运算器将三维流线创建成圆管，可作为装饰性的构造物。

5. 最短路径

5.1 Shortest Walk 插件介绍

Shortest Walk 插件只包含一个运算器，其作用是构建两点之间的最短路径。该插件可在 http://www.food4rhino.com/ 网站进行下载，插件下载完成后，可将其复制到文件目录 C:\Users\Administrator\AppData\Roaming\Grasshopper\Libraries 下，如图 3-47 所示，重启 GH 即可在【Curve-Util】标签栏下找到该插件。

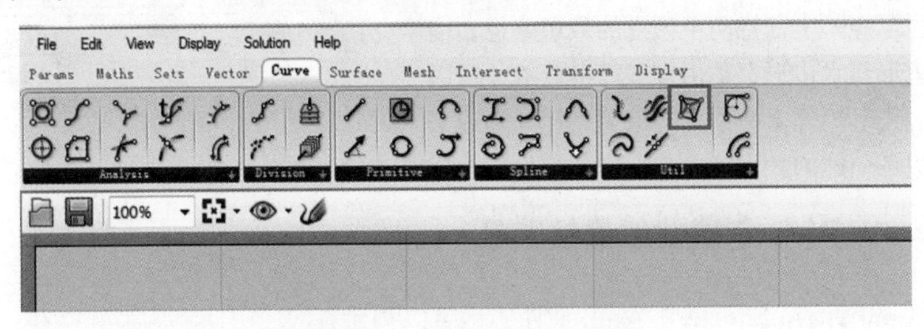

图 3-47 【Curve-Util】标签栏

5.2 Shortest Walk 创建直线段最短路径

如图 3-48 所示，该案例为通过 Shortest Walk 插件创建六边形矩阵上两点的最短路径。以下为该案例的具体做法。

（1）用 Hexagonal 运算器创建一个六边形矩阵，然后在 Rhino 空间创建一条路径的起始点与终点，需要确保两个点位于六边形的顶点位置。用 Point 运算器将两个点拾取进 GH 中，并将其分别命名为“Start Point”和“End Point”。

（2）用 Explode 运算器将矩阵的六边形拆开，由于其输出结果为树形数据，可通过 Flatten 将其转换为线性数据。

（3）用 Line 运算器将路径的起始点和终点连成直线。

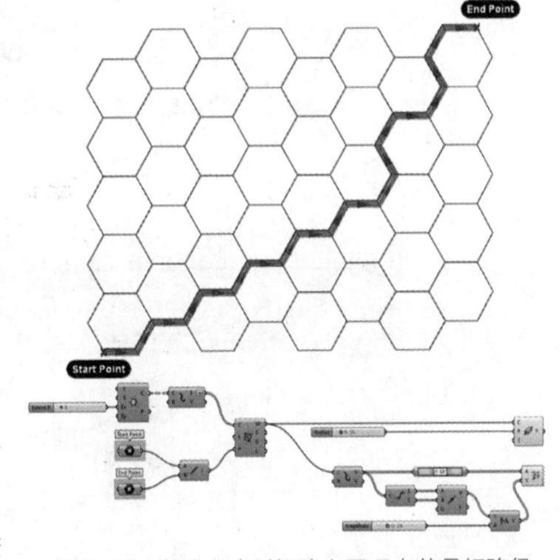

图 3-48 创建六边形矩阵上两顶点的最短路径

（4）将拆开后的六边形线段赋予 Shortest Walk 运算器的 C 输入端，将起始点和终点的连线赋予 Shortest Walk 运算器的 P 输入端。

（5）Shortest Walk 运算器的 C 输入端需要赋予线段；L 输入端需要赋予线段的长度，如果不设置数值则默认为线段的长度；P 输入端表示起始点和终点的连线；W 输出端的数据为最短路径的曲线；S 输出端的数据为最短路径曲线对应原始数据的索引值；D 输出端表示每段路径起始端的布尔值；L 输出端表示最短路径的总长度。

（6）用 Pipe 运算器将最短路径的多段线生成圆管，这样可以更明显的显示出结果。

（7）通过 Explode 运算器将最短路径的多段线拆开，并用 Point On Curve 运算器提取每一段的中点。

（8）用 End Points 运算器提取每一段线段的两个端点，并用 Vector 2Pt 运算器创建起始点到终点的两点向量。

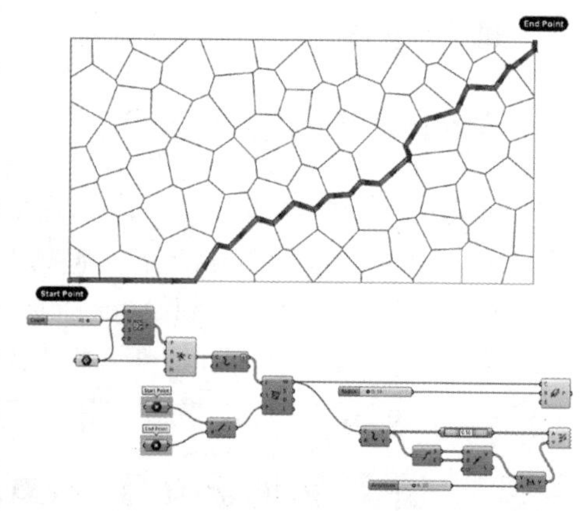

图 3–49　创建泰森多边形矩阵上两顶点的最短路径

(9) 用 Amplitude 运算器为两点向量赋予一个数值，该数值的大小要小于六边形边长的一半。

(10) 通过 Vector Display 运算器显示向量。向量的起始点为每段线段的中点，向量的大小与方向由 Amplitude 运算器控制。

如图 3–49 所示，用 Voronoi 运算器创建一个二维泰森多边形，通过 Shortest Walk 插件可计算泰森多边形矩阵上任意两个顶点的最短路径。由于泰森多边形与六边形都是由直线段组成的，所以计算泰森多边形矩阵上两顶点的最短路径与六边形矩阵的方法是一样的。

5.3 Shortest Walk 创建曲线最短路径

如图 3–50 所示，Shortest Walk 插件不但可以创建直线段上两点的最短路径，还可创建曲线上两点的最短路径。

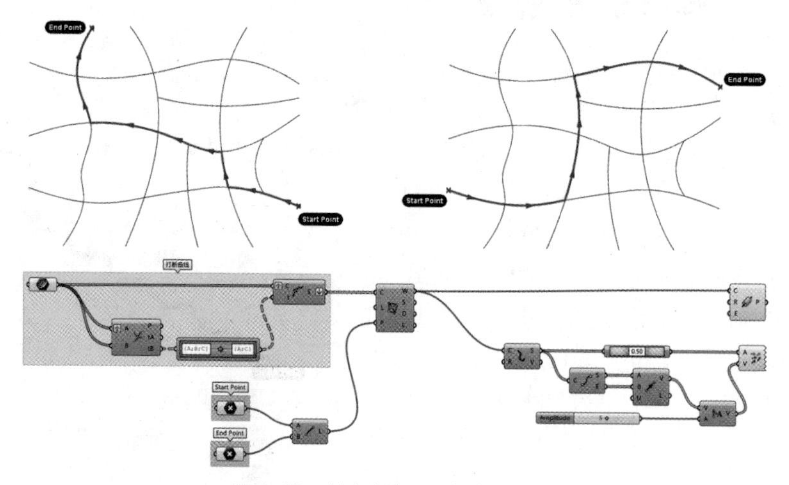

图 3–50　创建曲线上两点的最短路径

该案例的主要逻辑构建思路为：首先将 Rhino 空间绘制的曲线在交点处进行打断，然后依据所有的分段曲线计算两点的最短路径，以下为该案例的具体做法。

(1) 如图 3–51 所示，首先在 Rhino 空间绘制几条曲线，并用 Curve 运算器将其拾取进 GH 中。在曲线的端点或交点处确定一个路径的起始点和终点，用 Point 运算器将其拾取进 GH 中，并分别命名为“Start Point”和“End Point”。

(2) 用 Line 运算器将起始点和终点连成直线。

(3) 用 Curve | Curve 运算器计算绘制曲线的全部交点，并且需要将 A 输入端通过 Graft 创建成树形数据。

(4) 用 Path Mapper 运算器将 Curve | Curve 运算器的 tB 输出端数据进行路径转换。由于 tB 输出端数据的路径结构为三级路径，为了保证 t 值对应各自的曲线，需要将第一级路径和第三级路径名称相同的数据进行合并。具体的操作过程为：双击 Path Mapper 运算器进入编辑面板，在 Source 标签栏下输入“{A;B;C}”，在 Target 标签栏下输入“{A;C}”。

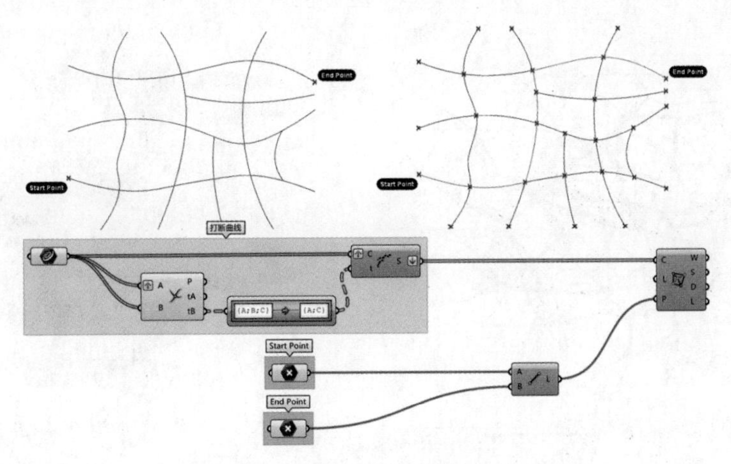

图 3-51　绘制曲线确定起始点和终点

（5）通过 Shatter 运算器将原始曲线在各自的 t 值处打断，为了保证路径对应，需要将 C 输入端通过 Graft 创建成树形数据。

（6）通过 Shortest　Walk 运算器创建起始点和终点的最短路径，其 C 输入端的数据为分段曲线，P 输入端的数据为起始点和终点的连线。

（7）如图 3-52 所示，创建圆管和显示向量方向的方法与之前案例中的方法是一致的，此处不作赘述。

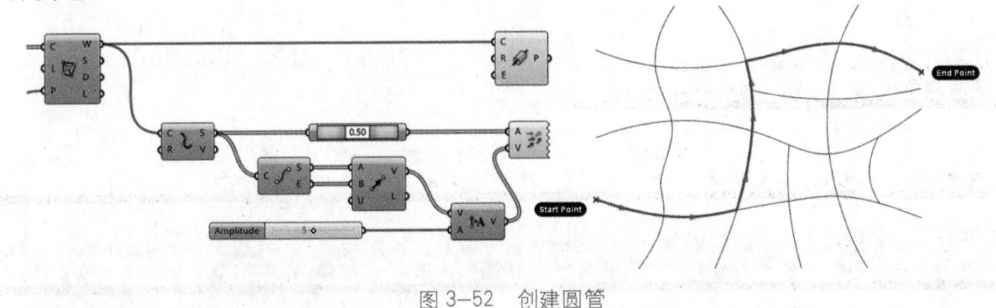

图 3-52　创建圆管

5.4 最短路径创建形体

通过参数化设计方法可创建交通流线应用效率较高的空间形体。如图 3-53 所示，该案例为通过 Shortest　Walk 运算器创建两点之间的最短路径，并依据最短路径生成建筑空间。

该案例的主要逻辑构建思路为：计算空间中几个点与一系列点之间的最短路径，然后借助 Millipede 插件将最短路径的曲线拟合为空间有机形体。

该案例会用到另外三个插件，分别是 Kangaroo、Weaverbird 和 Millipede。前两个插件的下载地址为：http://www.food4rhino.com/；Millipede 插件的下载地址为：http://www.sawapan.eu/。3 个插件的安装方法略有不同，Millipede 插件的安装文件可直接复制到文件夹目录 C:\Users\Administrator\AppData\Roaming\Grasshopper\Libraries 下；Weaverbird 插件的安装需要通过双击安装程序；Kangaroo 插件的安装方法为直接将全部安装文件拖入到 GH 界面中。如图 3-54 所示，重启 Rhino 和 GH 后即可看到 3 个插件出现在 GH 的标签栏中。

由于后面的章节中有关于这 3 个插件的应用实例，因此本案例中将不对这 3 个插件的用法做详细介绍。以下为该案例的具体做法。

（1）通过 Box　Rectangle 运算器创建一个立方体边界，其长和宽可通过 Rectangle 运算器进行控制，高度由输入端 H 进行控制。

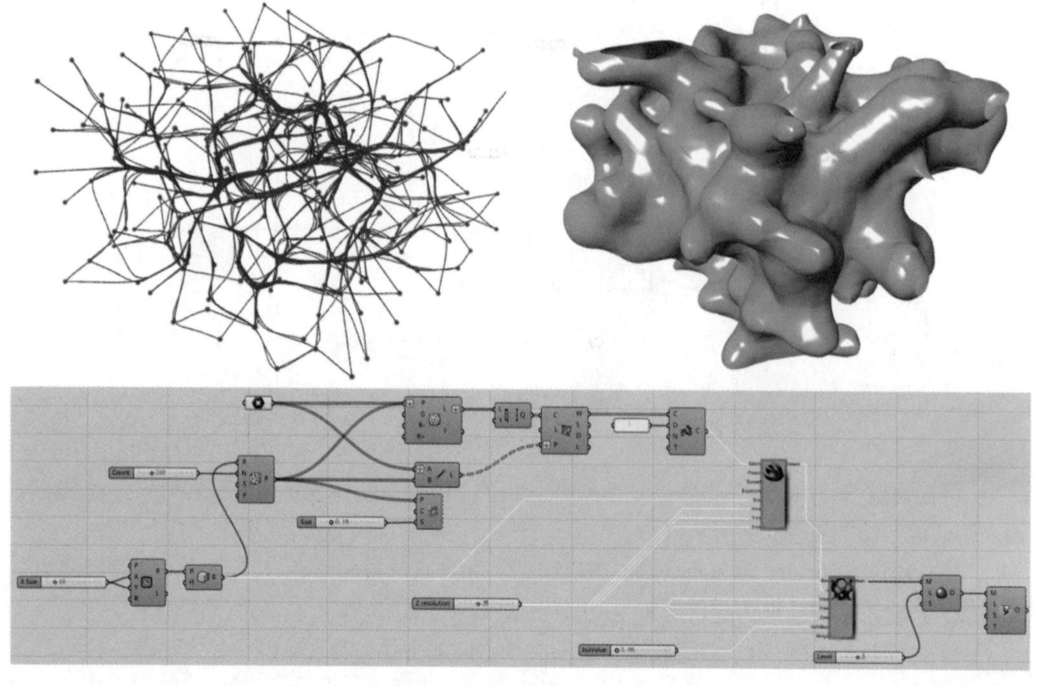

图 3-53 创建最短路径并生成建筑空间

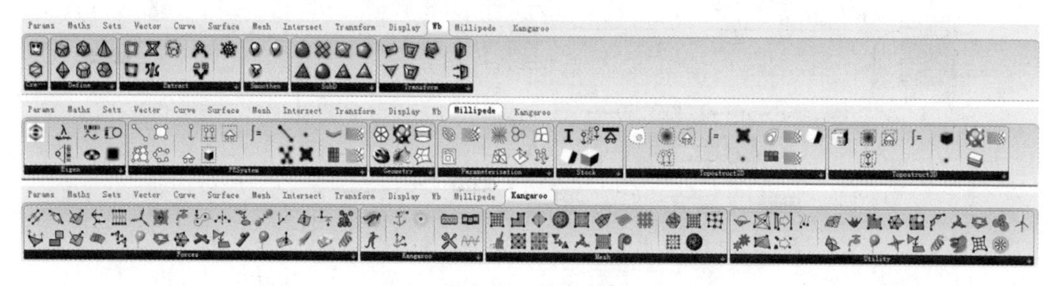

图 3-54 GH 标签栏

（2）如图 3-55 所示，由 Populate 3D 运算器创建一组三维随机点，并将上一步创建的立方体作为三维随机点的边界。通过 Cloud Display 运算器能够以模糊的点云形式显示三维随机点。

（3）在 Rhino 空间中绘制两个点作为最短路径的起始点，两个点的位置需要在立方体范围内，并用 Point 运算器将两个点拾取进 GH 中。

（4）用 Line 运算器将两个起始点和三维随机点进行连线，为了保证两个点与所有随机点产生连线，需要将 Line 运算器 A 输入端的数据通过 Graft 转换成树形数据。

（5）将两个起始点和三维随机点同时赋予 Proximity 3D 运算器的 P 输入端，并且通过 Flatten 将所有的点数据拍平到一个路径结构内。

通过 Proximity 3D 运算器可找到每个点对应的距离最近的 5 个点，并将该点与这 5 个点分别连线。最近点的个数是由 G 输入端决定的，由于其默认值为 5，所以该算法默认找到每个点对应的 5 个最近点，用户可自行更改其最近点的个数。由于该运算器输出的为树形数据，因此可在 L 输出端通过 Flatten 将其转换为线性数据。

（6）如图 3-56 所示，由于 Proximity 3D 运算器的输出结果包含重复的线段，需要通过 Kangaroo 插件中的 removeDuplicateLines 运算器来删除重复线。

（7）通过 Shortest Walk 运算器创建两个顶点对应每个随机点的最短路径，同时需要在

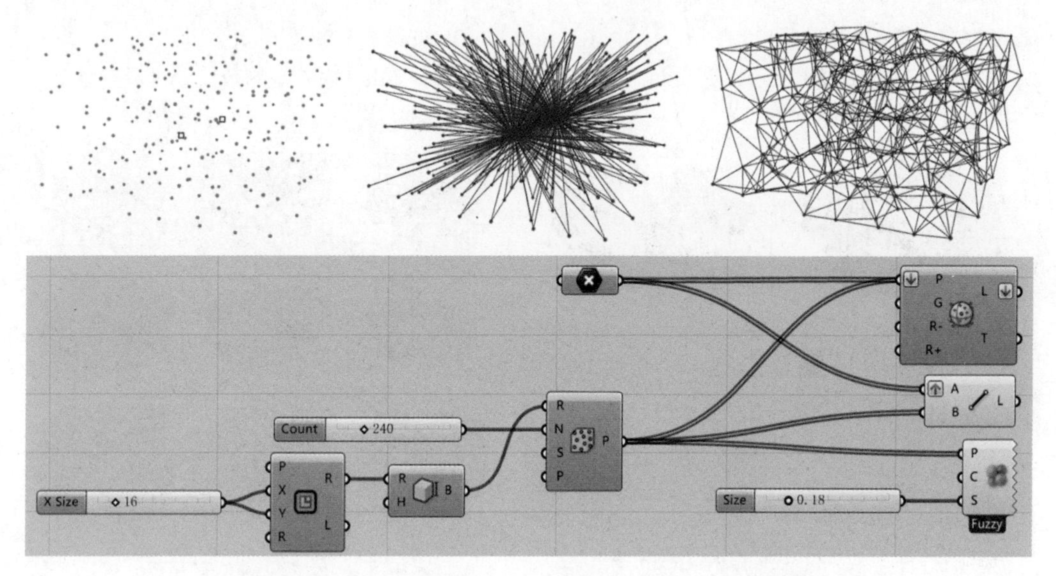

图 3–55　创建过程

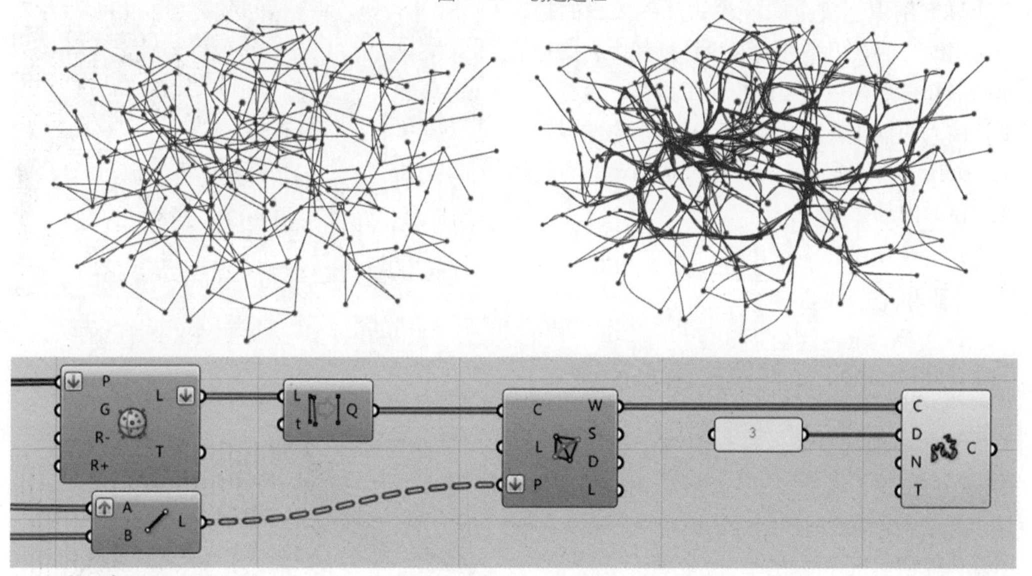

图 3–56　删除重复线

其 P 输入端通过 Flatten 将数据转换为线性数据。

（8）为了更清楚的显示最短路径产生的空间流线，可通过 Rebuild　Curve 运算器将多段线重建为三阶曲线。

（9）如图 3–57 所示，将重建后的曲线赋予 Millipede 插件中的 Geometry　Wrapper 运算器的 Geom 输入端，同时将第一步创建的立方体边界赋予 Box 输入端，并为 X、Y、Z 输入端赋予一定的精度值。

（10）将 Geometry　Wrapper 运算器的数据赋予 Iso　surface 运算器的 V 输入端，并将第一步创建的立方体边界赋予 Box 输入端，把上一步中的 X、Y、Z 值赋予 Geometry　Wrapper 运算器的 X、Y、Z 输入端，同时需要为 IsoValue 输入端赋值。

（11）经过 Geometry　Wrapper 运算器生成的网格如果不够圆滑，可通过 Weaverbird 插件中的 Loop　Subdivision 运算器对网格进行三角面细分，同时搭配 Laplacian　Smoothing 运算器可生成光滑的网格。

(12) 如图 3-58 所示，更改 Iso surface 运算器的 IsoValue 输入端的数值，可看到整个形体的生成过程。

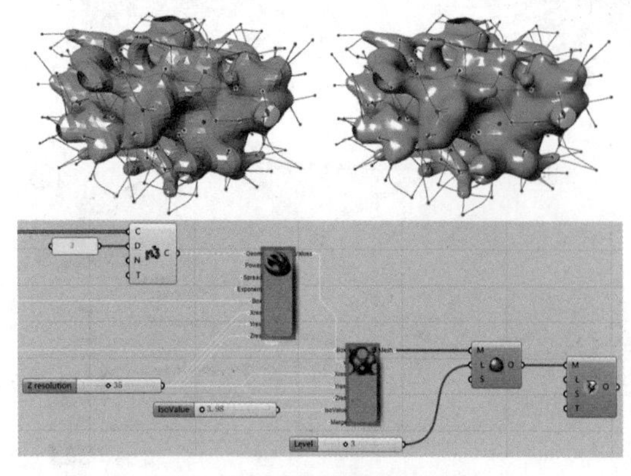

图 3-57　对重建后的曲线赋值

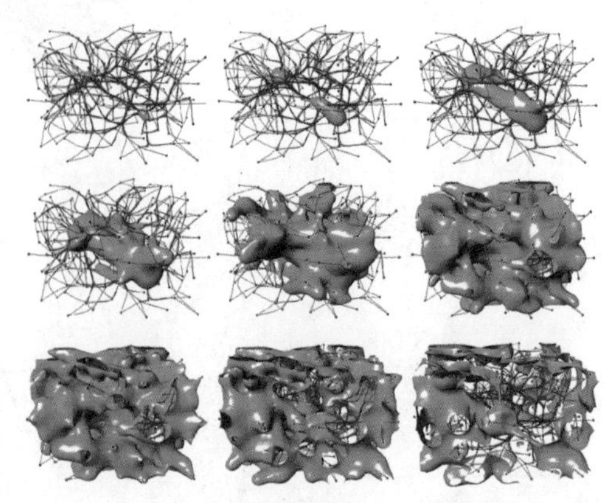

图 3-58　形体的生成过程

该案例中生成空间流线的过程采用的是较为通用的方法，但是在实际设计过程中，路径的起始点和终点往往需要进行手工调整，这样就可创建由人的操作轨迹影响建筑空间形态的设计方案。如图 3-59 所示，为此种方法构建的有机建筑形体的内部空间。

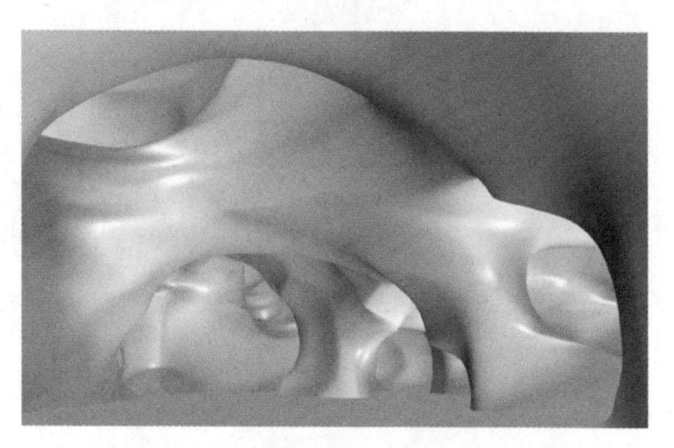

图 3-59　有机建筑形体的内部空间

6. 雨水径流

6.1 Nudibranch 插件模拟雨水径流

一些山地项目的选址需要考虑到该区域的雨水径流情况，通过 GH 可以模拟山地的雨水径流，进而确定项目与道路的选址布局。如图 3-60 所示为模拟雨水径流的顶视图效果。

图 3-60　模拟雨水径流的顶视图效果

为了快速在 GH 中模拟山地雨水径流，可通过插件来实现。首先介绍通过 Nudibranch 插件中的 DownHill 运算器来实现雨水径流的模拟。Nudibranch 插件下载地址为：http://www.food4rhino.com/，插件下载完成后，可将安装文件复制到文件夹目录 C:\Users\Administrator\AppData\Roaming\Grasshopper\Libraries 下。如图 3-61 所示，重启 Rhino 和 GH 后即可看到这个插件出现在 GH 的标签栏中。

Nudibranch 插件可实现不同的运动，以及吸引子的效果，模拟雨水径流是用其中的 DownHill 运算器，以下为通过该运算器构建雨水径流的具体做法。

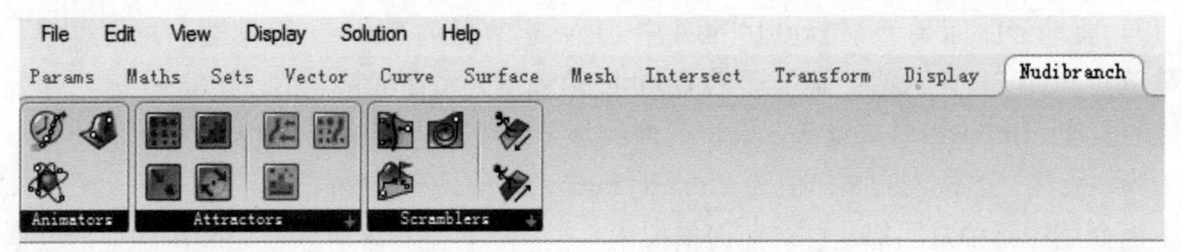

图 3–61　Nudibranch 出现在 GH 的标签栏中

(1) 如图 3-62 所示，首先在 Rhino 空间构建一个地形曲面，然后用 Surface 运算器将其拾取进 GH 中。

(2) 用 Divide　Surface 运算器在曲面上生成等分点，其 U、V 两个方向点的数量决定着最终模拟雨水径流曲线的密度。

(3) 将地形曲面赋予 Nudibranch 插件中 DownHill 运算器的 S 输入端，并将曲面上的等分点赋予其 P 输入端。运算器的 F 输入端表示每个点所受重力的大小，其 It 输入端表示迭代的次数。

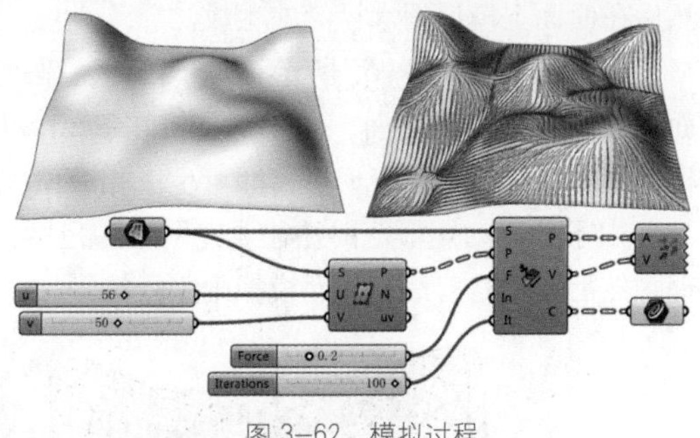

图 3–62　模拟过程

(4) 由于重力的作用，原始地形曲面上的点会沿着曲面向下移动，DownHill 运算器的 P 输出端为原始曲面上的点由于重力作用移动后的终点，通过 Vector　Display 运算器可显示每个点运动的向量方向。DownHill 运算器 C 输出端的曲线为地形上的雨水路径。

6.2 Mosquito 插件模拟雨水径流

除了 Nudibranch 插件中的 DownHill 运算器可以模拟雨水径流以外，Mosquito 插件中的 Flow 运算器同样可以模拟雨水径流。Mosquito 插件的下载地址为：http://www.food4rhino.com/，插件下载完成后，可将安装文件复制到文件夹目录 C:\Users\Administrator\AppData\Roaming\Grasshopper\Libraries 下。如图 3-63 所示，重启 Rhino 和 GH 后即可看到这个插件出现在 GH 的标签栏中。

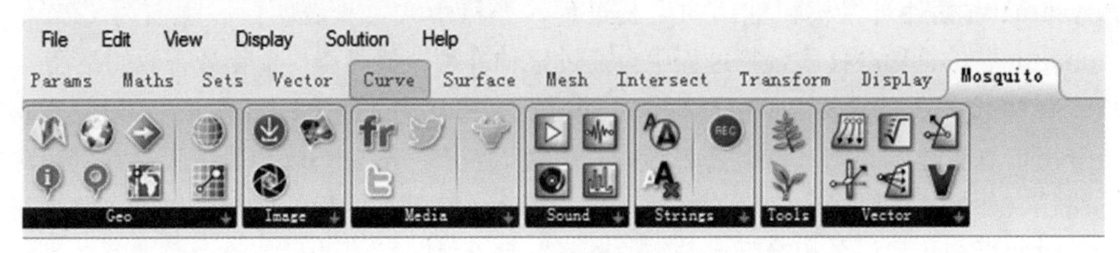

图 3–63　GH 的标签栏

Mosquito 插件可以提取建筑、道路、地图数据、图片、声音、媒体等信息，而模拟雨水径流只需用到其中的 Flow 运算器即可。以下为该运算器模拟雨水径流的具体方法：

(1) 如图 3-64 所示，首先在 Rhino 空间构建一个地形曲面，然后用 Surface 运算器将其拾取进 GH 中。

(2) 用 Divide　Surface 运算器在曲面上生成等分点，其 U、V 两个方向点的数量决定着最终模拟雨水径流曲线的密度。

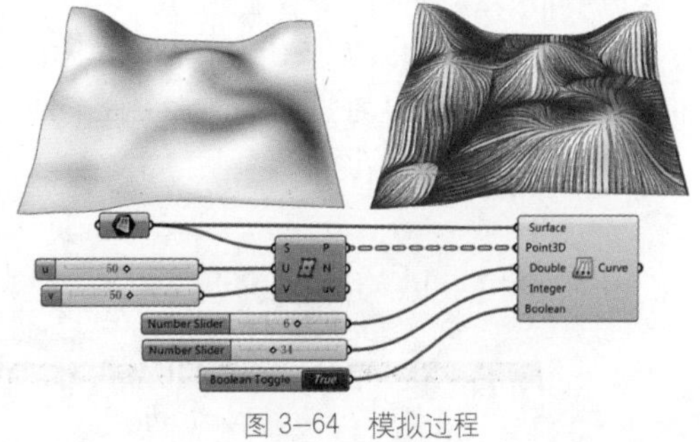

图 3–64　模拟过程

（3）将地形曲面赋予 Mosquito 插件中 Flow 运算器的 Surface 输入端，并将曲面上的等分点赋予其 Point3D 输入端。运算器的 Double 输入端表示曲线精度值，Integer 输入端表示径流曲线的长度，Boolean 输入端表示输出的曲线是多段线还是曲线，当输入的布尔值为 True 时，其结果为多段线，当输入的布尔值为 False 时，其输出结果为曲线。

上面介绍的两种做法都是针对曲面模拟雨水径流，可是很多时候我们的基础地形数据可能是个网格，对于网格是没有办法直接用这两个运算器直接模拟的，我们可以将网格转换为曲面，然后在曲面上模拟雨水径流的生成。

具体方法如图 3–65 所示，对于网格基础地形文件，可通过 Rhino 中的物体上产生布帘曲面命令将其转换为曲面。用户可直接在 Rhino 指令栏是输入“Drape”，然后在顶视图中的网格地形区域绘制一个矩形框，即可生成相应曲面。

由于绘制的矩形范围往往要比网格的范围大，因此生成的曲面需要经过一定程度的修剪整理，然后通过修剪后的曲面模拟雨水径流。

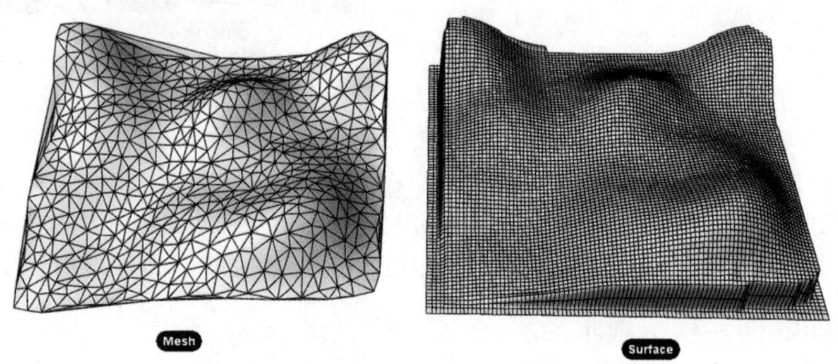

图 3–65　将网格基础地形文件转化为曲面

7. Physarealm 插件模拟生长路径

7.1 Physarealm 插件介绍

Physarealm 插件可以模拟细菌的生长过程，经科学家实验表明：一种名为“Physarum polycephalum”的细菌在搜索食物过程中会通过延伸卷须，找寻获得食物最有效的路径。

Physarealm 插件的算法类似蚁群算法，蚂蚁在寻找食物过程中，如果一只蚂蚁发现食物，会通过分泌信息素通知同伴，吸引更多的蚂蚁前来，而有一部分蚂蚁会另辟蹊径找到距离食物更近的路径，如果这条路径比之前的路径更短，那么越来越多的蚂蚁将会沿着这条路径行动，经过一段时间后会找到一条相对距离最短的路径，那么越来越多的蚂蚁将会沿着这条最短的路径移动。

Physarealm 插件的下载地址为：http://www.food4rhino.com/，插件下载完成后，可将其复制到文件夹目录 C:\Users\Administrator\AppData\Roaming\Grasshopper\Libraries 下。如图 3–66 所示，重启 Rhino 和 GH 后即可看到这个插件出现在 GH 的标签栏中。

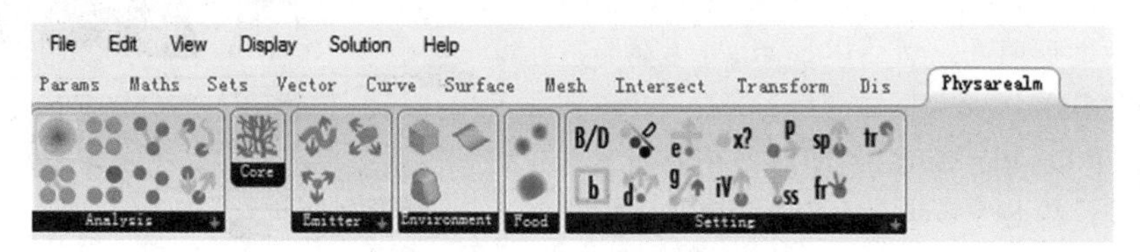

图 3–66　Physarealm 插件出现在 GH 的标签栏中

7.2 模拟生长路径案例一

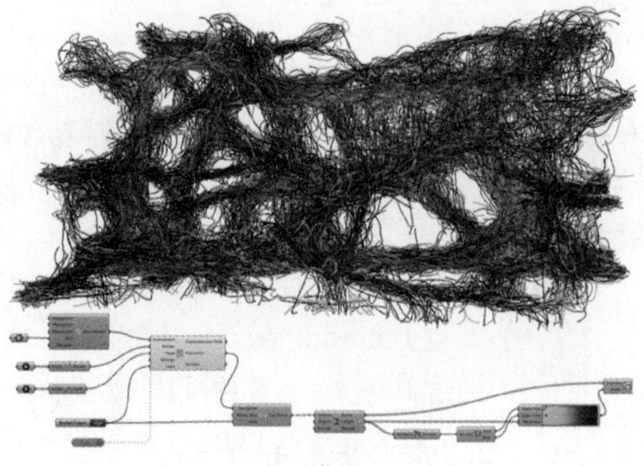

图 3-67　模拟生长路径

如图 3-67 所示，该案例为通过 Physarealm 插件模拟生长路径，再由生长路径曲线拟合出实体空间。

该案例的逻辑构建思路为：首先在空间指定几个点作为粒子发射器，然后指定几个点作为粒子寻找的“食物终点”，再通过该插件的主模拟器生成粒子，并将粒子的运动轨迹连成曲线，最后把曲线的长度作为赋予曲线渐变颜色的依据。以下为该案例的具体做法。

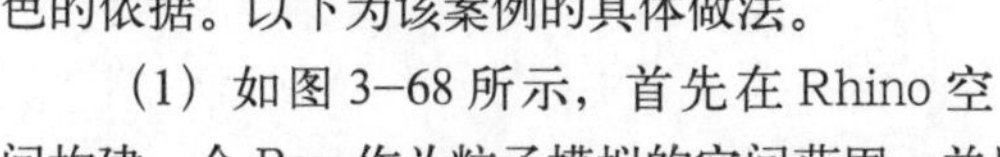

（1）如图 3-68 所示，首先在 Rhino 空间构建一个 Box 作为粒子模拟的空间范围，并用 Box 运算器将其拾取进 GH 中。在 Box 范围内确定 3 个点作为粒子发射器，用 Point 运算器将这几个点拾取进 GH 中，并将其命名为“Emitter。”

（2）如图 3-69 所示，在 Box 范围内另外确定 4 个点作为“食物终点”，并用 Point 运算器将这四个点拾取进 GH 中，同时将其命名为“Food”。

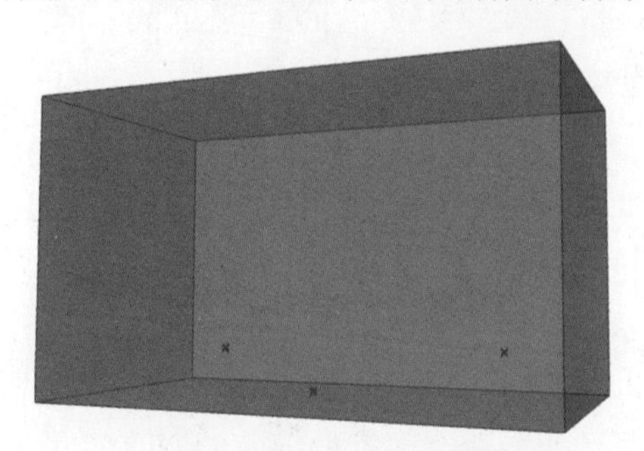

图 3-68　构建 Box 确定粒子发射器

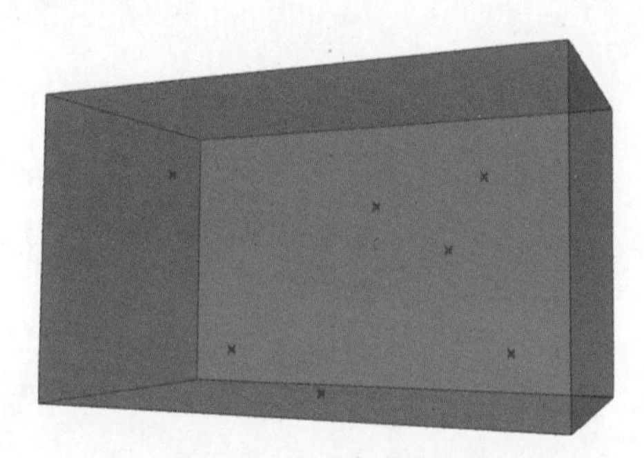

图 3-69　确定“食物终点”

（3）如图 3-70 所示，将长方体赋予 Physarealm 插件中的 Box　Environment 运算器的 Box 输入端，并将 environment 输出端的数据作为模拟的环境赋予到主模拟器 Physarealm 的 Environment 输入端。

（4）将名称为“Emitter”的点赋予 Physarealm 插件中的 Point　Emitter 运算器，同时将其 Emitter 输出端作为粒子发射器赋予主模拟器 Physarealm 的 Emitte 输入端。

（5）将名称为“Food”的点赋予 Physarealm 插件中的 Points　Food 运算器，同时将其

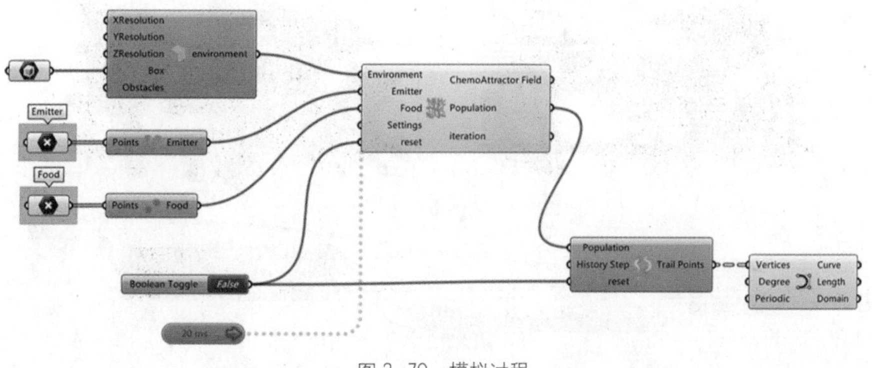

图 3-70　模拟过程

Food 输出端作为粒子寻找的“食物终点”赋予主模拟器 Physarealm 的 Food 输入端。

（6）将 Boolean Toggle 运算器赋予主模拟器 Physarealm 的 Reset 输入端，通过布尔值控制整个程序的运行与否。

（7）将 Timer 运算器连接到主模拟器 Physarealm，其作用为驱动整个程序的运行。通过右键单击 Timer 运算器，在【Interval】选项中更改模拟运动的刷新频率。

（8）将主模拟器 Physarealm 的 Population 输出端的数据赋予 Population Trail 运算器的 Population 输入端，同时将 Boolean Toggle 运算器赋予 Population Trail 运算器的 Reset 输入端。

（9）用 Nurbs Curve 运算器将生长轨迹上的每个点连成曲线。

（10）改变 Boolean Toggle 运算器的布尔值，即可开始模拟生长过程。

（11）通过 Bounds 运算器统计曲线长度组成的区间，由于每个路径点生成的曲线都各自在一个路径下，因此需要通过 Flatten 将 Nurbs Curve 运算器的 C、L 两个输出端转换为线性数据。

（12）用 Deconstruct Domain 运算器提取区间的最小值和最大值。

（13）为了方便对比每个路径的长短变化，可将曲线的长度值通过 Gradient Control 运算器进行渐变色映射。

（14）如图 3-71 所示，通过双击 Timer 运算器使程序停止运行，即可查看某一时间点的模拟情况。

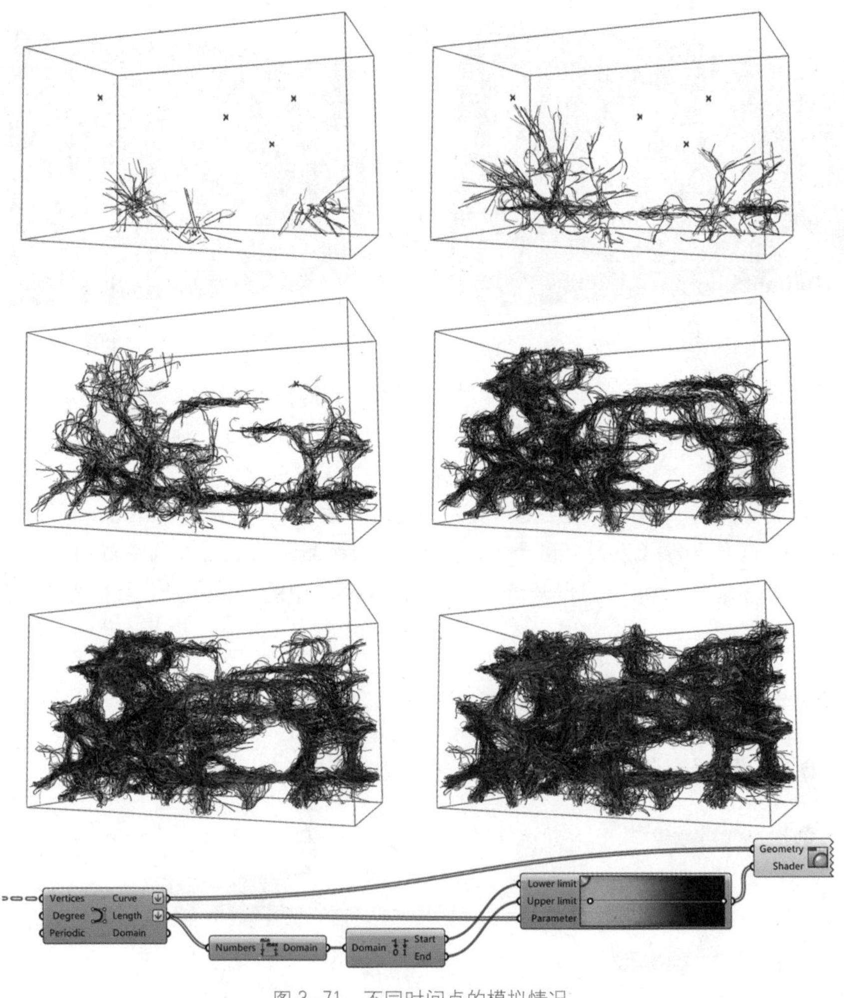

图 3-71　不同时间点的模拟情况

（15） 如图 3-72 所示，Population Locations 运算器可以记录点运动的轨迹，依据这些轨迹点创建 Box，可以更明显地看到整个生长路径组成的空间形体。

（16）为了产生 Box 叠加的效果，可通过 List Length 运算器测量 Box 的个数，并由 Random 运算器在一个区间内生成与 Box 数量一致的随机数据。

（17）以运动轨迹点作为 Center Box 的中心点，以随机数据作为其边长生成正方体。

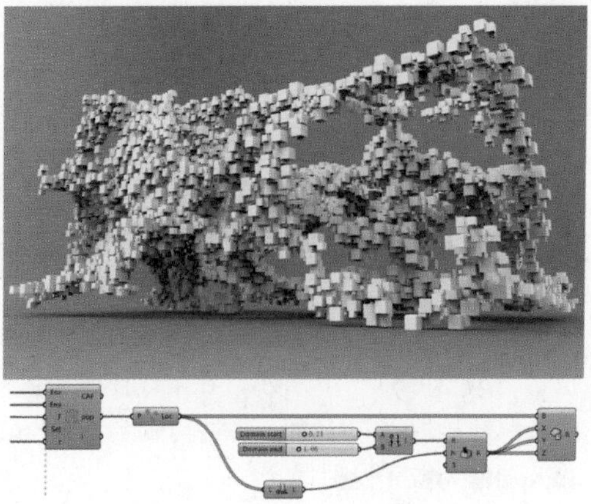

图 3-72 根据轨迹点创建 Box

7.3 模拟生长路径案例二

如图 3-73 所示，Physarealm 插件不但可以模拟规则 Box 空间内粒子的生长路径，还可模拟不规则封闭实体内粒子的生长路径。通过设置障碍物，可使粒子的生长路径避开障碍物区域。

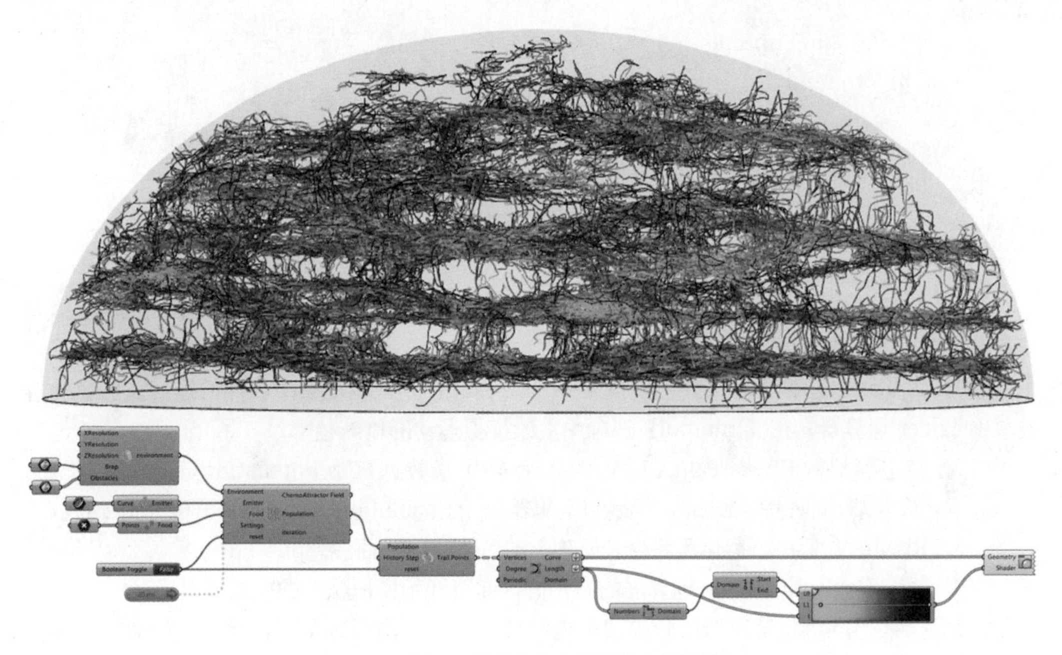

图 3-73 不规则实体内粒子的生长路径

该案例的逻辑构建思路为：首先在多重曲面内指定几条曲线作为粒子发射器，然后再指定几个点作为粒子寻找的“食物终点”。为了更加真实模拟现实空间中粒子的生长路径，可以在不希望粒子通过的区域设置障碍物。

通过主模拟器生成粒子，并将粒子的运动轨迹连成曲线，粒子的生长路径沿着障碍物的边缘进行延伸。为了清楚地观察粒子的运行轨迹，可将曲线的长度作为赋予其渐变颜色的依据。以下为该案例的具体做法。

（1）如图 3-74 所示，首先在 Rhino 空间构建一个封闭的半球体作为模拟粒子生长的空间范围，用 Brep 运算器将其拾取进 GH 中，并将其赋予 Brep Environment 运算器的 Brep 输入端。

（2）如图 3-75 所示，在半球体范围内构建几个多重曲面作为障碍物，用 Brep 运算器将

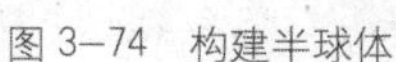

图 3–74　构建半球体

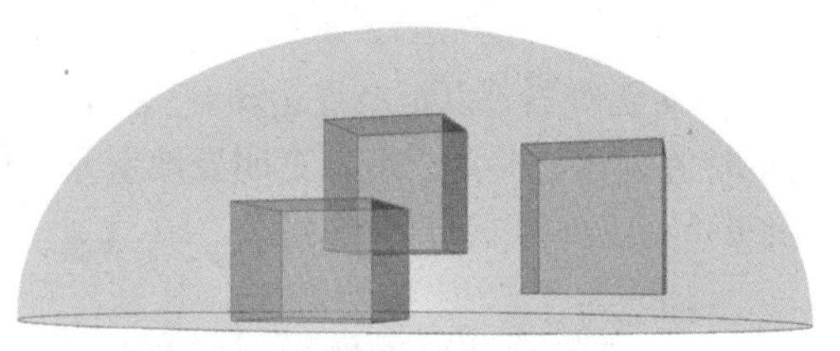

图 3–75　构建障碍物

其拾取进 GH 中，并将其赋予 Brep Environment 运算器的 Obstacles 输入端。

（3）如图 3–76 所示，在半球体范围内确定两条曲线作为粒子发射器，用 Curve 运算器将两条曲线拾取进 GH 中，并将其命名为“Emitter”。将曲线数据赋予 Curve Emitter 运算器的输入端作为粒子发射器。

（4）如图 3–77 所示，在半球体范围内确定几个点作为“食物终点”，并用 Point 运算器将这 4 个点拾取进 GH 中，同时将其命名为“Food”。将点数据赋予 Points Food 运算器的输入端作为粒子寻找的“食物终点”。

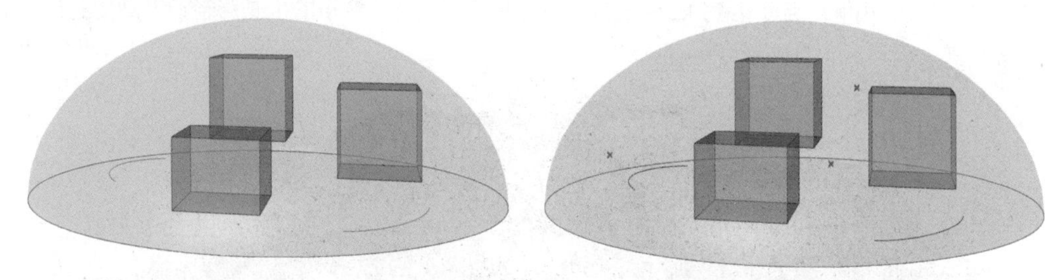

图 3–76　确定粒子发射器　　图 3–77　确定“食物终点”

（5）如图 3–78 所示，将 Boolean Toggle 运算器赋予主模拟器 Physarealm 的 Reset 输入端，通过布尔值控制整体程序的运行与否。

（6）将 Timer 运算器连接到主模拟器 Physarealm，用来驱动整个程序的运行。可通过右键单击 Timer 运算器，在【Interval】选项中更改模拟运动的刷新频率。

（7）将主模拟器 Physarealm 的 Population 输出端数据赋予 Population Trail 运算器的 Population 输入端，同时将 Boolean Toggle 运算器赋予 Population Trail 运算器的 reset 输入端。

（8）用 Nurbs Curve 运算器将生长轨迹上的每个点连成曲线。

（9）改变 Boolean Toggle 运算器的布尔值，即可开始模拟粒子的生长过程。

（10）通过 Bounds 运算器统计曲线长度组成的区间，由于每个路径点生成的曲线都各自位于一个路径内，因此需要通过 Flatten 将 Nurbs Curve 运算器的 Curve、Length 两个输出端转换为线性数据。

（11）用 Deconstruct Domain 运算器提取区间的最小值和最大值。

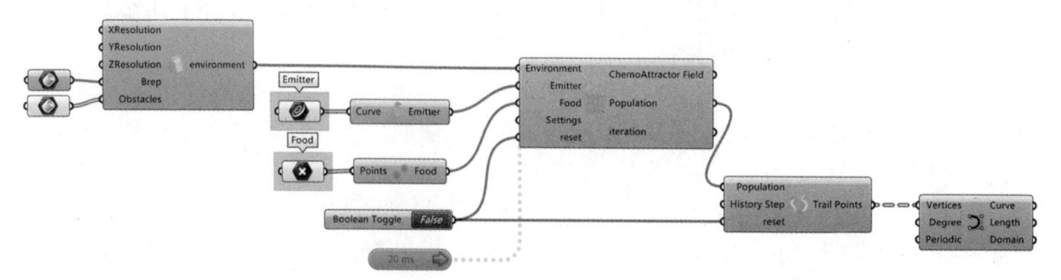

图 3–78　将 Boolean Toggle 运算器赋予 Physarealm 的 Reset 输入端

（12）为了方便对比每个路径的长短变化，可将曲线的长度值通过 Gradient Control 运算器进行渐变色映射。

（13）如图 3-79 所示，通过双击 Timer 运算器使程序停止运行，即可查看某一时间点的模拟情况。

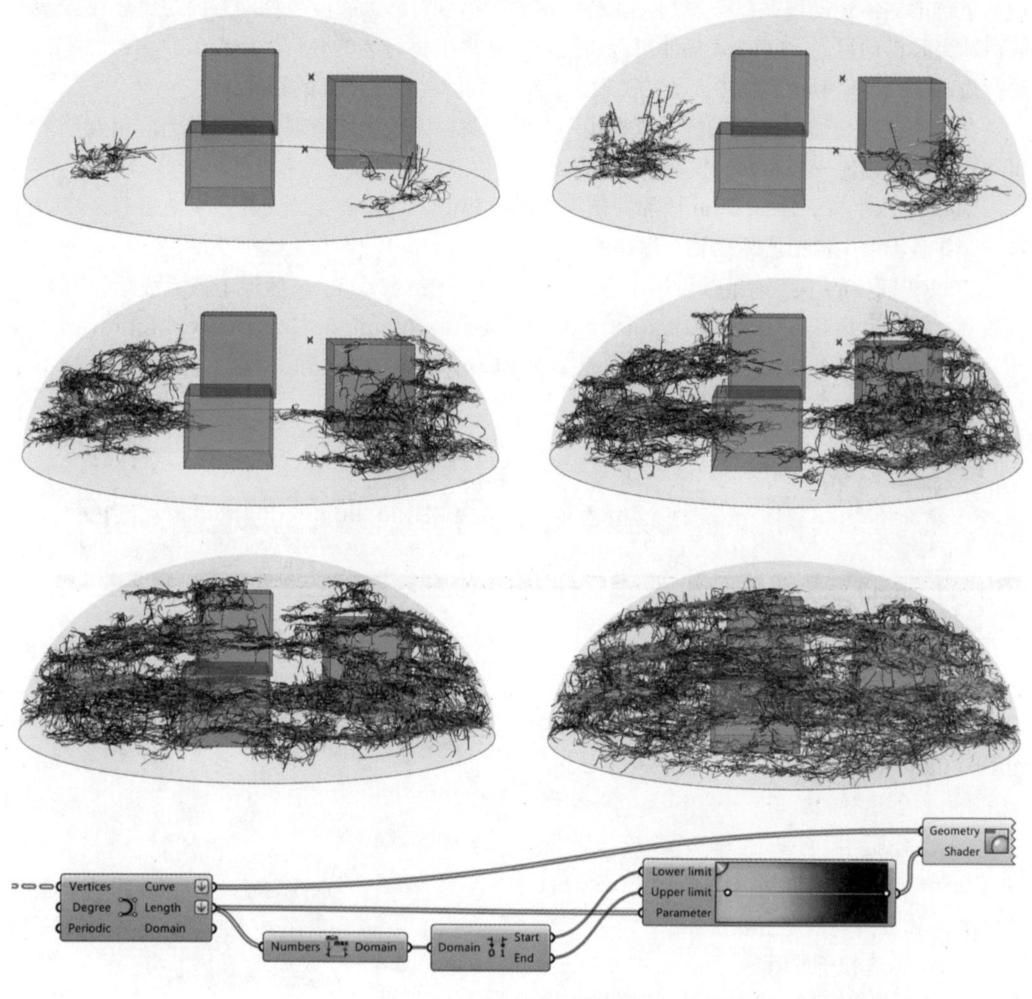

图 3-79　某时间点的模拟情况

（14）如图 3-80 所示，Population Locations 运算器可以记录点运动的轨迹，依据这些轨迹点创建 Box，可以更明显地看到整个生长路径组成的空间形体。

（15）为了产生 Box 叠加的效果，可通过 List Length 运算器测量 Box 的个数，并用 Random 运算器在一个区间内生成与 Box 数量一致的随机数据。

（16）以运动轨迹点作为 Center Box 的中心点，并以随机数据作为其边长生成正方体。

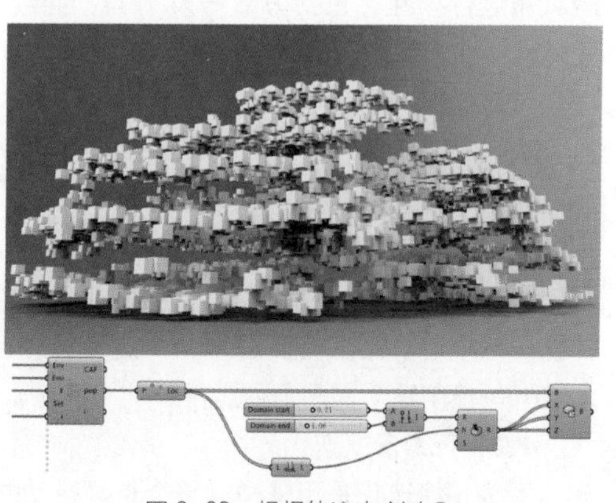

图 3-80　根据轨迹点创建 Box

8. Quelea 插件模拟集群运动行为

8.1 Quelea 插件介绍

鱼群的整体运动遵循以下规则：保持一定的距离平行移动、改变移动方向避免互相碰撞、间距过大时自动靠近。Quelea 插件可以通过对自然界生物行为的分析，模拟鱼群、鸟群等的运动行为，进一步模拟建筑物中人流的疏散，从而达到优化建筑空间的目的。

在未来道路交通设计上同样可以构建一个汽车集群系统，将鱼群的运动行为应用到汽车的自动驾驶上，创建一个高效、安全的交通体系。

Quelea 插件与 Physarealm 插件的使用方法很相似，都需要先确定粒子发射器以及模拟的环境，并且都由主模拟器驱动整个程序的运行。

Quelea 插件的下载地址为：http://www.food4rhino.com/，插件下载完成后，可将其复制到文件夹目录 C:\Users\Administrator\AppData\Roaming\Grasshopper\Libraries 下。用户需要下载的插件版本为 bate 0.1，如图 3-81 所示，重启 Rhino 和 GH 后即可看到这个插件出现在 GH 的标签栏中。

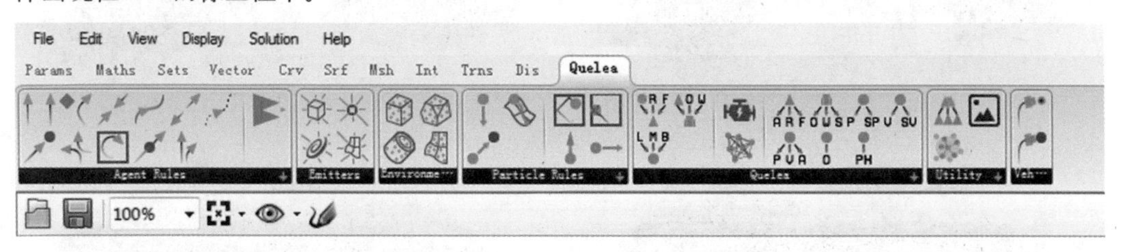

图 3-81 Quelea 插件出现在 GH 的标签栏中

如图 3-82 所示，Quelea 插件的核心构建程序包含以下步骤。

（1）创建智能粒子

通过普通粒子来创建智能粒子，即由 Construct Particle 运算器和 Construct Agent 运算器共同创建智能粒子。

（2）创建粒子发射器

粒子发射器可通过 Emitters 标签栏下的运算器进行构建，包括方盒子发射器、曲线发射器、点发射器、曲面发射器。

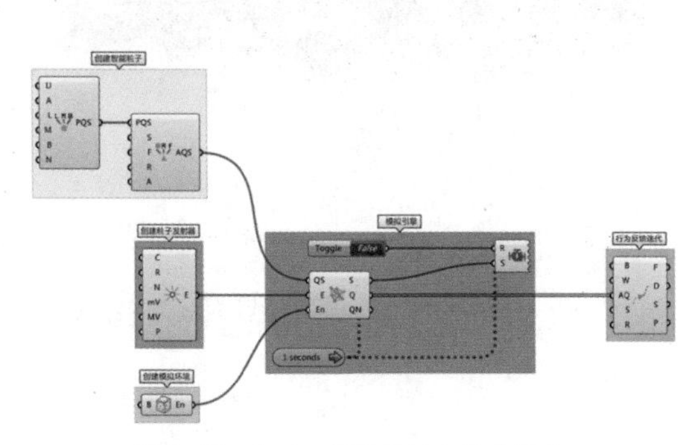

图 3-82 Quelea 插件的核心构建程序

（3）创建模拟环境

模拟的环境可通过 Environment 标签栏下的运算器进行构建，包括方盒子模拟环境、多重曲面模拟环境、多边形曲面模拟环境、单一曲面模拟环境。

（4）模拟引擎

模拟引擎作为 Quelea 插件的核心驱动组件，由 System 运算器和 Engine 运算器共同组成，并且这两个运算器都需要用 Timer 运算器进行驱动，其中 Engine 运算器的 R 输入端需要用布尔值开关控制整个程序是否运行。

（5）行为反馈迭代

行为反馈迭代是用来控制整个集群运动的规律，整个程序的运行其实是一个循环迭代的过程，将行为反馈给初始的智能粒子，让其不断按照该行为方式进行循环迭代运算，即可使整个集群按照该行为方式不断地运动下去。

控制智能粒子行为规则的运算器集中在 Agent Rules 标签栏下，包括平行运动作用力、点吸引作用力、障碍物排斥作用力、避免碰撞作用力、吸引力、智能粒子与环境边界碰撞作用力、沿曲线运动作用力、互相排斥作用力、无规则运动作用力。

8.2 Quelea 插件模拟鱼群运动

如图 3-83 所示，该案例为通过 Quelea 插件模拟鱼群的运动过程，该方法可制作类似群体游动的主题雕塑或装饰物。

该案例的主要逻辑构建思路为：首先在空间指定一个点作为粒子发射器，再指定一个 Box 作为模拟环境，提取 Box 上两个对角点作为引导鱼群运动的目标点，同时对整个鱼群施加多个力影响其运动规律。

该程序模拟的是点物件，可在 Rhino 空间中创建一条鱼的模型，并通过 Orient 运算器将其移植到目标点上，这样最终呈现的就是鱼群的整体运动效果，以下为该案例的具体做法。

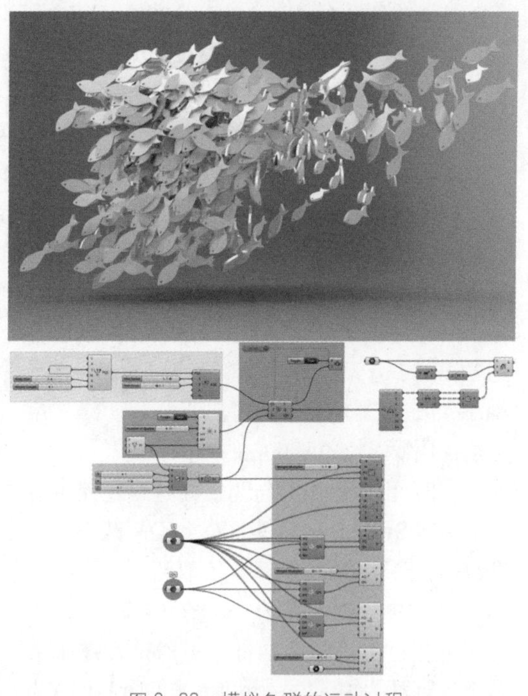

图 3-83　模拟鱼群的运动过程

（1）如图 3-84 所示，用 Construct Point 运算器创建一个点，将该点赋予 Point Emitter 运算器的 P 输入端，作为粒子发射器。将 Point Emitter 运算器的 C 输入端的布尔值改为 False，使所有的粒子同时产生（布尔值为 True 时表示每间隔一定时间生成一个粒子）；在 N 输入端赋予一定的数值，表示产生粒子的数量，初始测试阶段该数值可适当小一些。

（2）把上一步中创建的点作为 Box 的中心点，用 Center Box 运算器创建一个适当大小的方盒子，并将该方盒子赋予 Axis Aligned Box Environment 运算器的输入端，表示该 Box

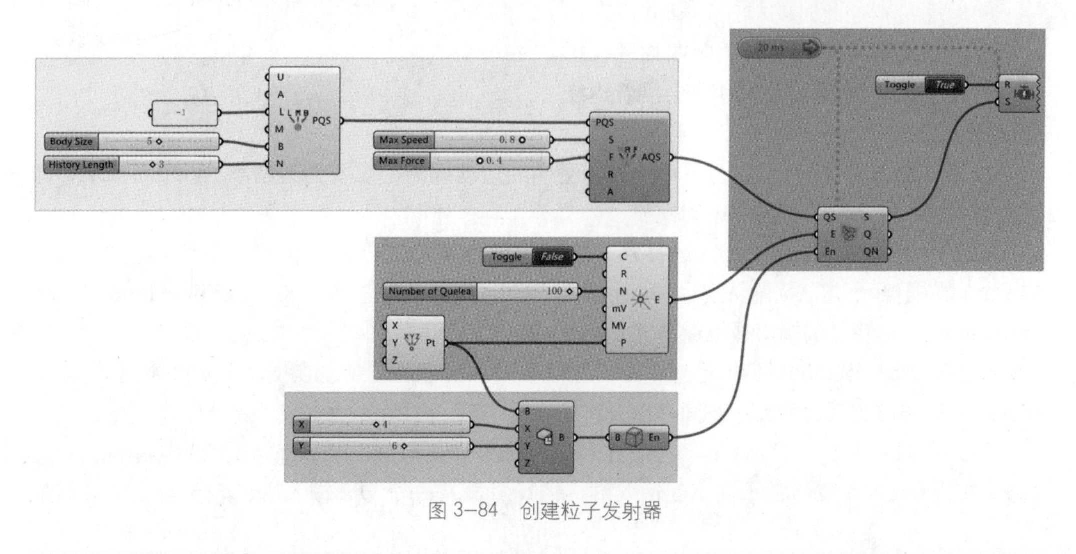

图 3-84　创建粒子发射器

作为整个程序的模拟环境。

（3）通过 Construct Particle 运算器创建普通粒子，将其 L 输入端赋予一个负值，让粒子的生命周期不受时间限制，即创建的粒子不会消失；将其 B 输入端赋予一个表示单个粒子体积的数值；其 N 输入端表示历史记录点的个数，由于后期需要通过 3 个点创建一个平面，因此需要将 N 输入端赋予数值 3。

（4）将 Construct Particle 运算器的输出数据赋予 Construct Agent 运算器的 PQS 输入端，这样就将普通粒子转换为可由 Agent Rules 控制的智能粒子，将其 S 和 F 输入端分别赋予一个数值，表示粒子运动的最大速度和所受力的最大值，这样做的目的是适当加快粒子的运动。

（5）调入 System 运算器，并将 Construct Agent 运算器的输出数据赋予其 QS 输入端作为系统的设置；将 Point Emitter 运算器的输出数据赋予其 E 输入端作为系统的粒子发射源；将 Axis Aligned Box Environment 运算器的输出数据赋予其 En 输入端作为粒子运动的模拟环境。

（6）调入 Engine 运算器，并将 System 运算器的输出数据赋予其 S 输入端，将 Boolean Toggle 运算器赋予其 R 输入端。将 Timer 运算器同时连接到 System 运算器和 Engine 运算器，用来驱动整个程序的运行。

（7）如图 3-85 所示，为了清楚地看见粒子的运动轨迹，需要用 Deconstruct Partical 运算器将智能粒子进行分解，其 P 输出端就是智能粒子所代表的点的位置。

（8）由于后面的行为反馈迭代过程中会大量使用 System 运算器的 Q 和 QN 两个输出端数据，可用 Data 运算器拾取两个输出端数据，并将其分别命名为“Q”和“QN”。为了保证程序界面的简洁性，可通过右键单击两个运算器的输入端，将 Wire Display 改为 Hidden，即可隐藏两个 Data 运算器的连线。

（9）到目前为止，已经做好了初步的准备工作，用户可通过更改 Engine 运算器 R 输入端的布尔值开启程序的运行，观察空间中粒子的运动，不过此时的粒子运动并没有什么特征，只是由中间的发射源向四周进行扩散，当粒子碰撞到 Box 边缘时将会沿着边缘进行移动。

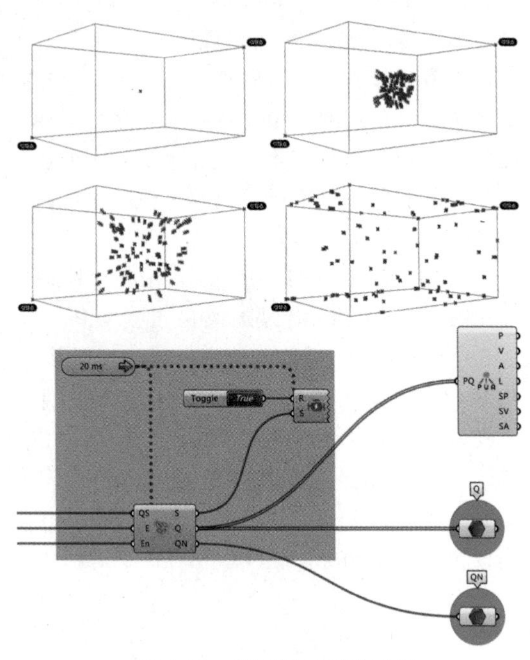

图 3-85　将智能粒子进行分解

（10）如图 3-86 所示，为了赋予粒子更多的运动规则，需要为其增添 Agent Rules，即通过多个力来影响粒子整体的运动规律。

（11）调入 Contain Force 运算器，给粒子添加环境边界的碰撞弹力。将名称为“Q”的 Data 数据赋予其 AQ 输入端；同时需要为其指定环境边界，即将 Axis Aligned Box Environment 运算器的输出数据赋予其 En 输入端。

（12）调入 Wander Force 运算器，给粒子添加离散力，增加其无序运动的幅度。其 W 输入端可调整该离散力的大小；同样需要将名称为“Q”的 Data 数据赋予其 AQ 输入端。

（13）调入 Align Force 运算器，给粒子添加平行运动力，增加整体运动的协调性。将名称为“Q”的 Data 数据赋予其 AQ 输入端；该运算器有一个 QN 输入端，表示粒子彼此间的连接网络。用户需要注意的是不能直接将名称为“QN”的 Data 数据赋予该处 QN 输入端，而是需要借助 Get Neighbors in Radius 运算器来输出 QN 的数据，将命名为“Q”和“QN”的 Data 数据分别赋予 Get Neighbors in Radius 运算器的 AQ 和 QN 输入端，然后将其 QN 输出端的数据赋予 Align Force 运算器的 QN 输入端。

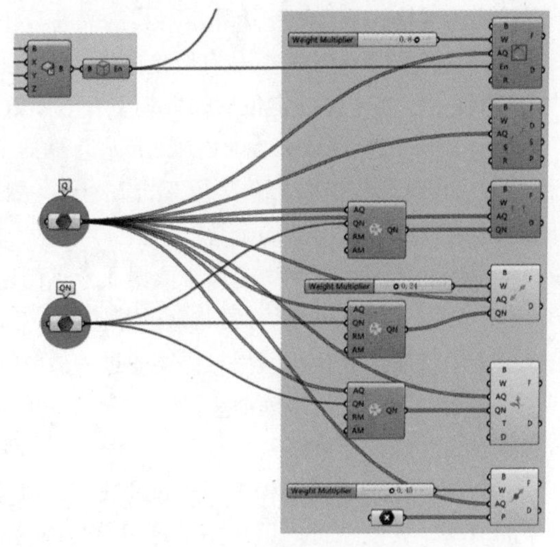

图 3–86 增添 Agent Rules

（14）调入 Separate Force 运算器，给粒子添加分离力，保持粒子间的适当距离。将名称为“Q”的 Data 数据赋予其 AQ 输入端；其 QN 输入端的数据与上一步中借助 Get Neighbors in Radius 运算器获取 QN 数据的方法一致。

（15）调入 Avoid Unaligned Collision Force 运算器，给粒子添加避免碰撞作用力。将名称为“Q”的 Data 数据赋予其 AQ 输入端；其 QN 输入端的数据与上一步中借助 Get Neighbors in Radius 运算器获取 QN 数据的方法一致。

（16）调入 Seek Force 运算器，给粒子添加引导至目标点的作用力，使粒子的运动更有目的性。将名称为“Q”的 Data 数据赋予其 AQ 输入端；其 P 输入端需要指定引导粒子运动的目标点，本案例中的引导点选用 Box 的两个对角点。

（17）为粒子赋予运动规则后，可再次通过更改 Engine 运算器 R 输入端的布尔值开启程序，为了使视觉效果初步符合动物的运动轨迹，可将 Deconstruct Particle 运算器的 P 输出端数据赋予 Interpolate 运算器的 V 输入端，由于每个粒子有 3 个历史记录点，并且每个粒子对应的 3 个记录点分别在一个路径结构内，因此每个粒子可对应创建一条曲线。如图 3–87 所示，为整个程序运行过程中的部分静帧图像。

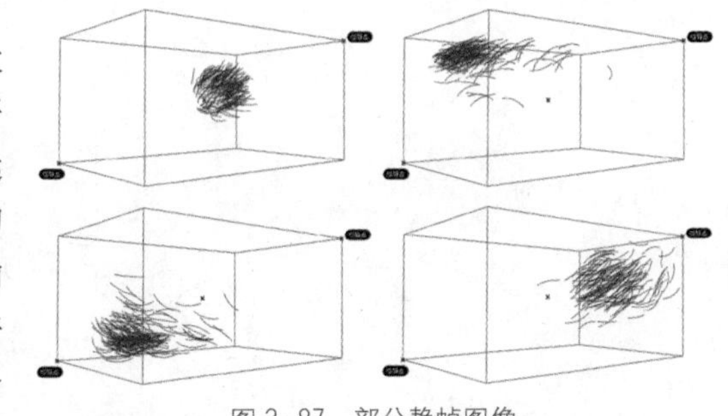

图 3–87 部分静帧图像

（18）如图 3–88 所示，为了更真实地模拟鱼群的运动效果，可用鱼的模型替换曲线的显示效果。首先在 Rhino 空间的 YZ 平面绘制一个鱼的模型，为了减小数据运算量，可将鱼的模

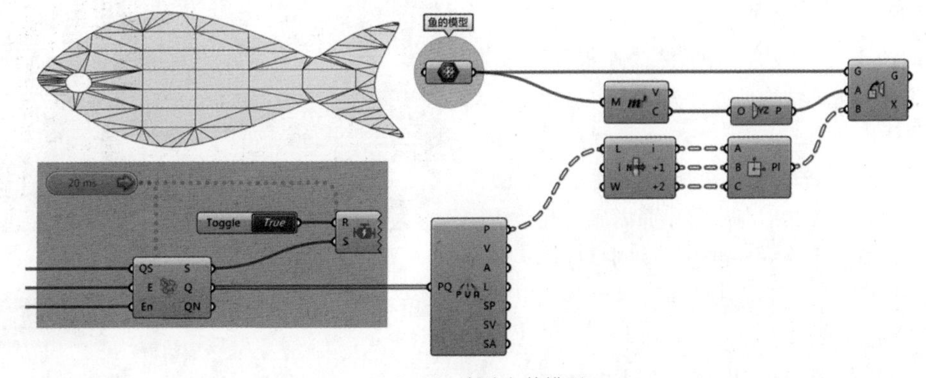

图 3–88 创建鱼的模型

型转换为网格，用 Mesh 运算器将其拾取进 GH 中，并将其命名为“鱼的模型”。

（19）由于鱼的模型是有厚度的，为了定位其中心点，可用 Mesh Volume 运算器计算其几何中心点，为了保证定位后的鱼模型有立体效果，需要用 YZ Plane 运算器将鱼模型进行定位。

（20）由于 Deconstruct Particle 运算器的输出数据为每 3 个点在一个路径结构内，用 List Item 运算器提取每个路径下的 3 个点，默认的 List Item 运算器只有一个输出端，可通过放大运算器添加输出端的个数。

（21）用 Plane 3Pt 运算器依据 3 个点创建一个平面。

（22）用 Orient 运算器将鱼的模型定位到目标平面上，由于 Orient 运算器对于定位后的模型会保持原尺寸，所以用户需要通过缩放鱼的模型，使其达到合适的比例。

（23）为了更好地模拟鱼群运动效果，可将初始的粒子数量调整为 500，即将 Point Emitter 运算器的 N 输入端数值更改为 500。如图 3-89 所示，为整个程序重新运行过程中的部分静帧图像。

（24）模拟运动过程中可通过双击 Timer 运算器使程序停止运行，即可获取某一静帧状态下的模型，该模型可应用于主题雕塑等装饰用品。用户可尝试用不同的模型来替换鱼的模型，得到不同群体运动的效果。

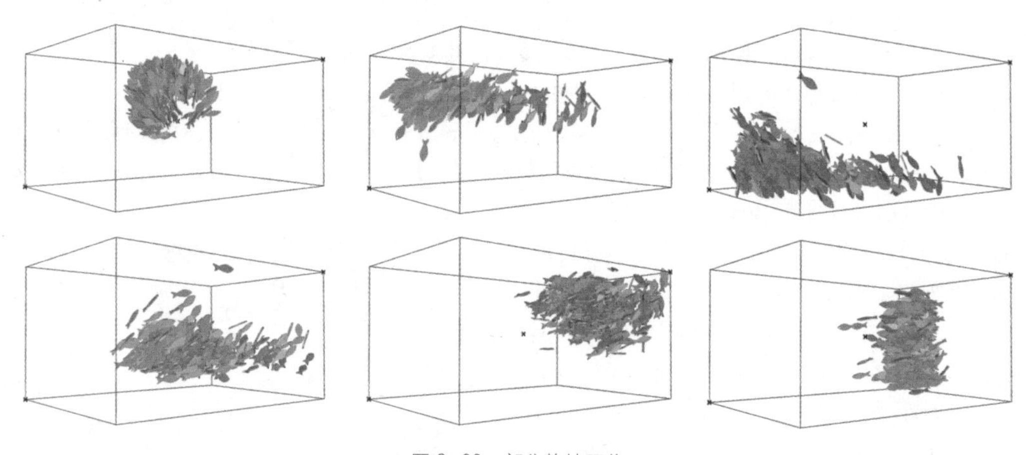

图 3-89　部分静帧图像

人流疏散的过程与鱼群的运动有很多相似之处，通过为疏散人流设定一系列的行为规则，并为其指定出口目标点（也可指定引导人流疏散的路线），同样可通过 Quelea 插件模拟人流疏散的过程。

8.3 Quelea 插件创建仿生结构

如图 3-90 所示，该案例为通过 Quelea 插件创建仿生建筑结构，这种方法也可应用于产品结构优化设计中。

该案例的逻辑构建思路为：将屋顶平面作为粒子发射器，然后在底层平面内确定几个结构支撑点，将其作为引导粒子运动的目标点，最后将粒子运动的轨迹路线拟合为支撑结构，以下为该案例的具体做法。

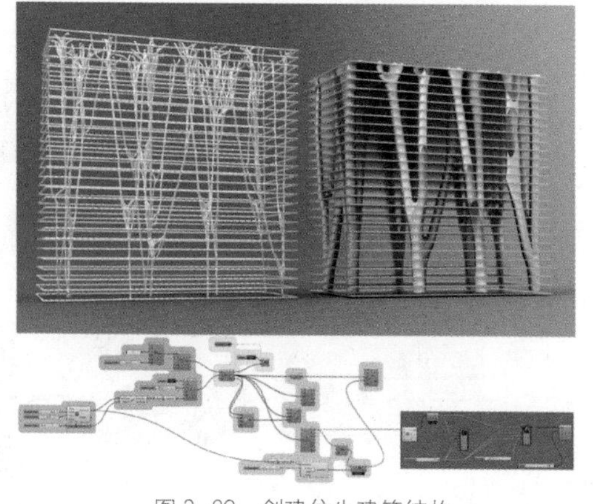

图 3-90　创建仿生建筑结构

（1）如图 3-91 所示，用 Rectangle 运算

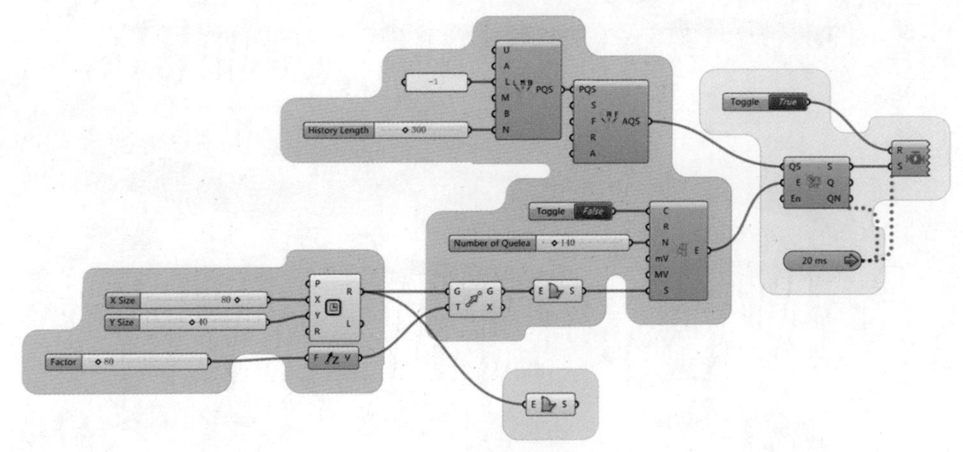

图 3–91　创建矩形并生成平面

器创建一个 80*40 单位长度的矩形，并用 Boundary Surfaces 运算器依据矩形生成一个平面，该平面将作为生成底部支撑点的范围。

（2）通过 Move 运算器将矩形沿着 Z 轴方向移动 80 个单位长度，并用 Boundary Surfaces 运算器依据矩形生成一个平面。

（3）调入 Surface Emitter 运算器，将上一步生成的平面赋予其 S 输入端作为粒子发射器；将布尔值 False 赋予其 C 输入端，表示粒子在初始阶段同时产生；将其 N 输入端赋予数值 140，表示产生 140 个粒子。

（4）调入 Construct Particle 运算器创建普通粒子，将其 L 输入端赋予一个负值，表示粒子的生命周期不受时间限制；将其 N 输入端赋予数值 300，保证粒子的历史运动轨迹足够长。

（5）将 Construct Particle 运算器的输出数据赋予 Construct Agent 运算器的 PQS 输入端，这样就将普通粒子转换为可由 Agent Rules 控制的智能粒子。

（6）调入 System 运算器，并将 Construct Agent 运算器的输出数据赋予其 QS 输入端作为系统的设置；将 Surface Emitter 运算器的输出数据赋予其 E 输入端作为系统的粒子发射源。

（7）调入 Engine 运算器，并将 System 运算器的输出数据赋予其 S 输入端，将 Boolean Toggle 运算器赋予其 R 输入端。将 Timer 运算器同时赋予 System 和 Engine 两个运算器，用来驱动整个程序的运行。

（8）如图 3–92 所示，用 Populate Geometry 运算器在底层平面范围内产生一定数量的随机点，这些随机点将作为整个建筑的结构支撑点。

（9）将 System 运算器的 Q 输出端数据赋予 Deconstruct Particle 运算器，其 P 输出端即可显示粒子运动过程中对应点的位置。由于 P 输出端每个路径下有 300 个数据，因此可通过 List Item 运算器提取每个路径下的第一个数据。

（10）用 Pull Point 运算器找到每个粒子对应底层结构支撑点中的最近一个点，这样做的目的是让每个粒子向其对应的最近点移动。为了保证每个粒子对应一个最近点，需要将 Pull Point 运算器的 P 输出端通过 Graft 创建成树形数据。

（11）为了使每个粒子向其最近点移动，需要为粒子增添一个移动至目标点的作用力。将 Pull Point 运算器的 P 输出端数据赋予 Arrive Force 运算器的 P 输入端，为了保证数据对应，需要将 System 运算器的 Q 输出端通过 Graft Tree 运算器创建成树形数据，然后将其赋予 Arrive Force 运算器的 AQ 输入端。

（12）由于底部的每个结构支撑点都会对应多个粒子，为了使每个结构支撑点对应的

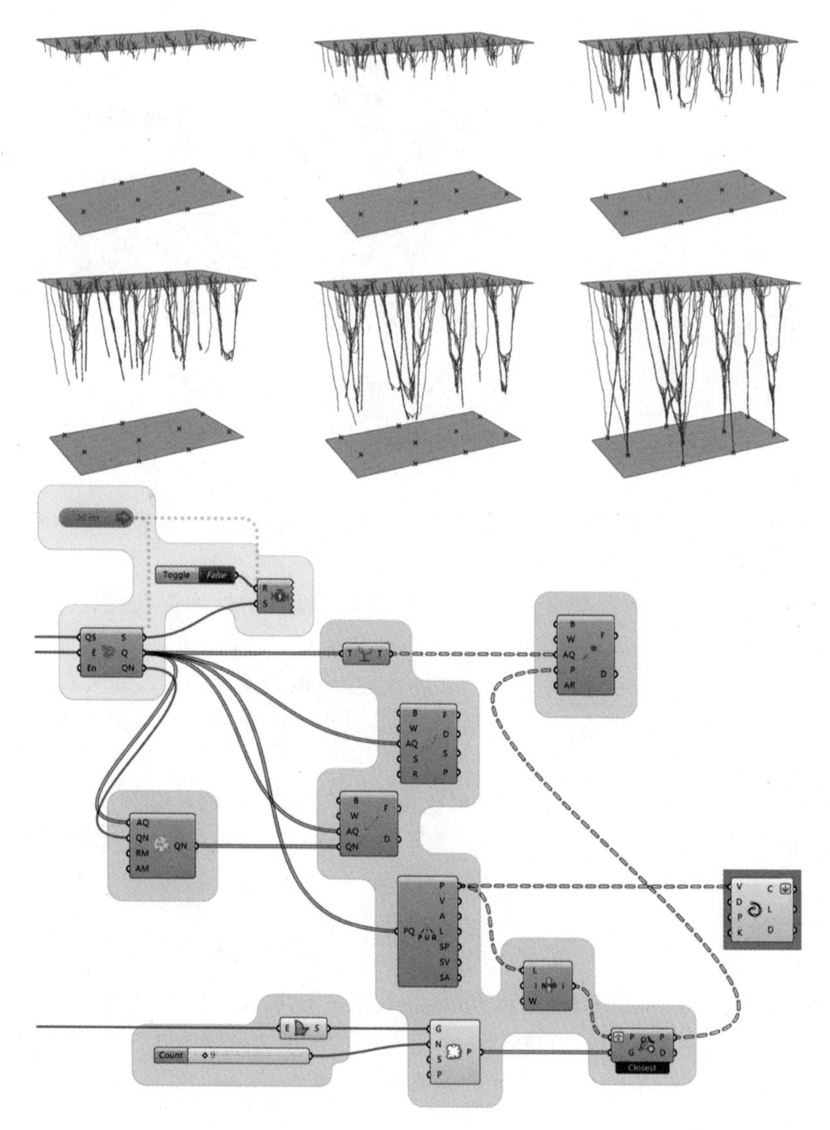

图 3-92　在底层平面内产生一定数量的随机点

粒子能够逐渐聚集在一起，需要增添一个聚合力。将 System 运算器的 Q 输出端数据赋予 Cohese Force 运算器的 AQ 输入端，然后将 System 运算器的 Q、QN 输出端数据分别赋予 Get Neighbors in Radius 运算器 AQ、QN 输入端，最后将 Get Neighbors in Radius 运算器的输出端数据赋予 Cohese Force 运算器的 QN 输入端。

（13）用 Wander Force 运算器为粒子增添一个随机运动的作用力，将 System 运算器的 Q 输出端数据赋予其 AQ 输入端。

（14）为了查看粒子运动产生的结果，可将 Deconstruct Particle 运算器的 P 输出端数据赋予 Interpolate 运算器的 V 输入端，即可产生粒子运动的轨迹线。

（15）为粒子赋予运动规则后，可通过更改 Engine 运算器 R 输入端的布尔值开启程序，通过截取过程中的几个静帧来演示运动效果。

（16）当程序运行至预期效果时，双击 Timer 运算器使程序停止运算。

（17）如图 3-93 所示，用 Bounding Box 运算器将生成的粒子运动轨迹曲线用方盒子进

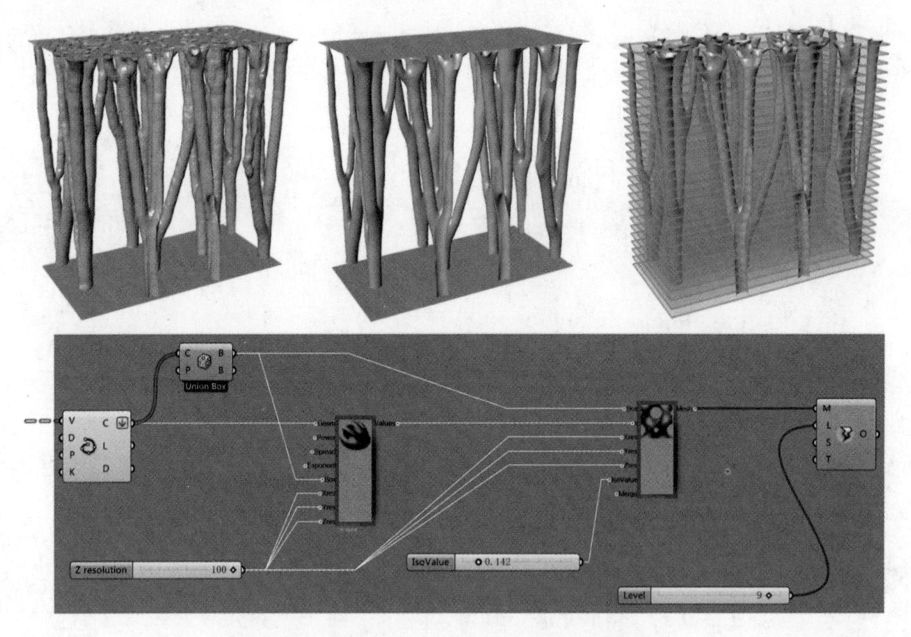

图 3-93　将粒子运动轨迹曲线用方盒子进行包裹

行包裹，需要将 Interpolate 运算器的输出端通过 Flatten 进行路径拍平，同时需要右键单击 Bounding Box 运算器勾选【Union Box】选项，使全部曲线包裹的方盒子合并为一个方盒子。

（18）借助 Millipede 插件将曲线拟合为结构体。首先将曲线赋予 Geometry Wrapper 运算器的 Geom 输入端；同时将 Bounding Box 运算器的结果赋予其 Box 输入端；将 Xres、Yres、Zres 输入端赋予一定的数值，该值越大生成的结果越精确，相应计算时间越长。

（19）将 Geometry Wrapper 运算器的 Values 输出端数据赋予 Iso surface 运算器的 V 输入端；同时将 Bounding Box 运算器的结果赋予其 Box 输入端；将同样的数值赋予 Xres、Yres、Zres 输入端；将一个较小的数值赋予 IsoValue 输入端，通过调整该数值，可控制结构体生成的范围。

（20）由于 Iso surface 运算器生成的网格是不平滑的，因此需要用 Laplacian Smoothing 运算器对网格进行圆滑。

（21）将底层平面沿着 Z 轴方向进行阵列复制，生成楼板结构。

如图 3-94 所示，Quelea 插件也可应用于产品结构优化设计中，将曲面作为粒子发射器（需要注意的是作为粒子发射器的曲面应是未修剪曲面），在底面确定几个支点，让粒子自动找寻与其最近的支点，然后用曲线对粒子的运动轨迹进行记录。

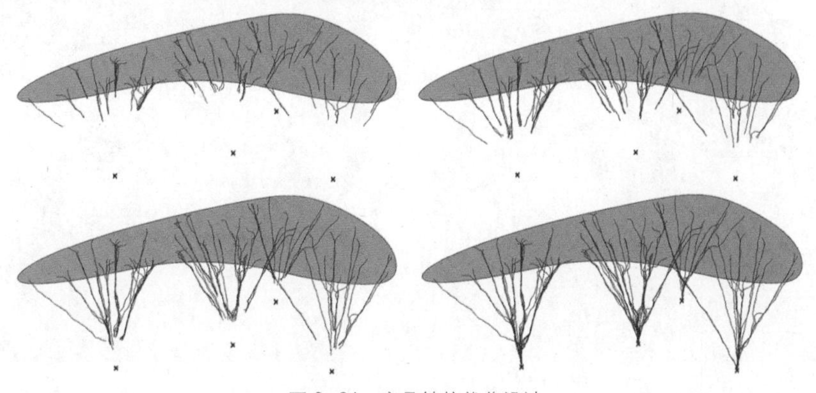

图 3-94　产品结构优化设计

如图 3–95 所示，通过 Millipede 插件将运动轨迹曲线拟合为结构体，这样的形体既可起到支撑的作用，还能体现结构的逻辑性美学。

图 3–95　结构体效果

第四章　Mesh 应用实例

1. 网格细分

1.1 网格细分生成渐变表皮

由于 GH 自带的网格功能较少，因此需要用 Mesh 相关的插件拓展其功能。如图 4-1 所示，该案例为通过网格细分生成渐变表皮的应用，同时在本案例中还需要用到 Weaverbird 和 Meshedit 两个插件。

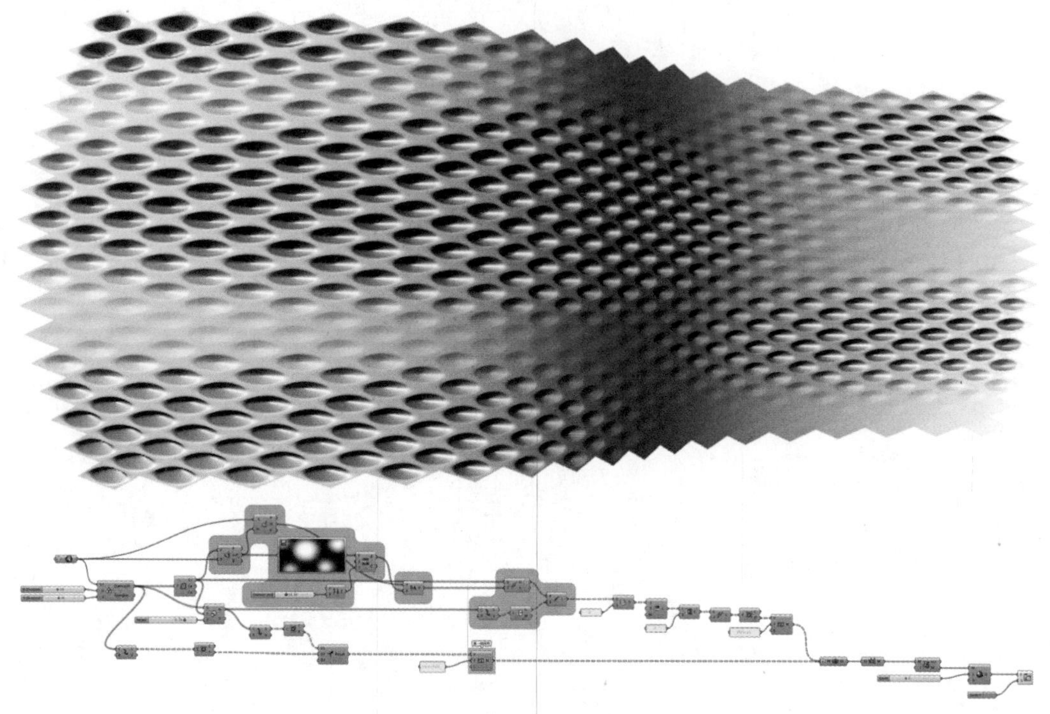

图 4-1　通过网格细分生成渐变表皮

两个插件的下载地址为：http://www.food4rhino.com/，Meshedit 插件的安装文件可直接复制到文件夹目录 C:\Users\Administrator\AppData\Roaming\Grasshopper\Libraries 下；Weaverbird 插件需要通过双击安装程序进行安装。

Meshedit 插件安装完毕后，在 GH 标签栏中并不会有单独的标签，其运算器被放置于 Mesh 标签栏下，与 GH 自带的运算器混编在一起。Meshedit 插件包含的运算器有：Mesh Flip、Mesh FromPoints、Mesh UnifyNormals、Mesh WeldVertices、Mesh Area、Mesh Volume、Mesh Explode、Mesh NakedEdge。

该案例的主要逻辑构建思路为：首先对曲面进行菱形细分，然后将每个菱形曲面进行缩放，并依据缩放前后的两组菱形边缘生成网格，将其命名为“第一组网格”；通过图片灰度值影响菱形曲面中心点的移动距离，图片越亮位置的点移动的距离越大，反之则移动的距离越小；依据移动后的中心点与对应缩放后菱形的 4 个顶点构成 4 个三边网格，将生成的结果与“第一组网格”进行合并焊接，最后通过网格细分生成圆滑的结构体，以下为该案例的具体做法。

（1）如图 4-2 所示，首先在 Rhino 空间绘制一个单曲面，用 Surface 运算器将其拾取进 GH 中。由于后面的操作过程需要将曲面上的点与图片进行对应，为了保证区间范围一致，需要将 Surface 运算器通过 Reparameterize 将曲面定义域重新映射到 0 至 1。

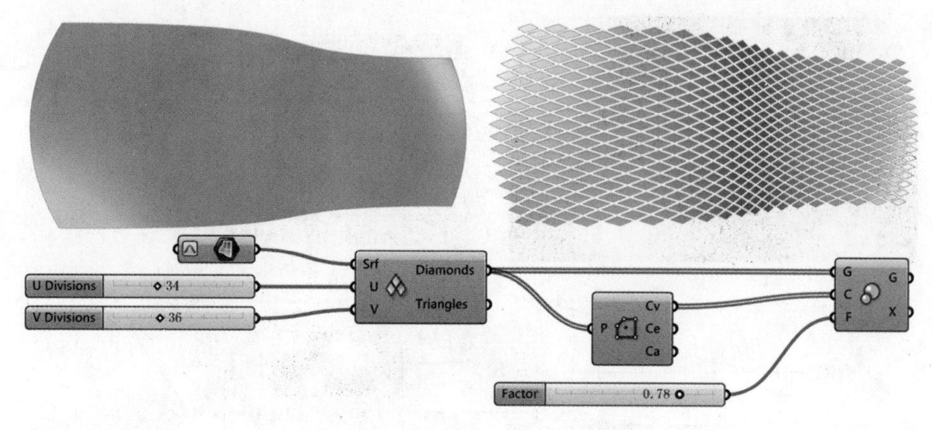

图 4-2　绘制单曲面并进行菱形细分

(2) 用 Diamond　Panels 运算器将曲面进行菱形细分，其 UV 划分数量可根据实际设计需求进行调整。

(3) 通过 Polygon　Center 运算器提取每个菱形的中心点，并用 Scale 运算器将菱形进行缩放。

(4) 如图 4-3 所示，由 Explode 运算器提取两组菱形的边缘线。

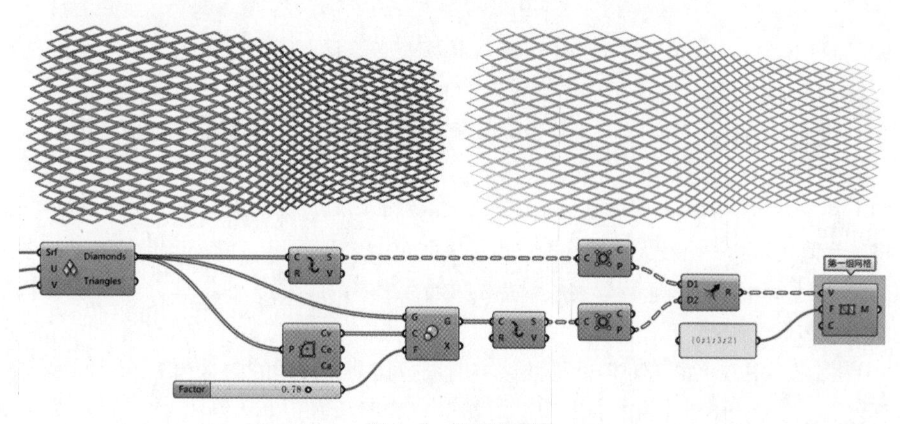

图 4-3　提取边缘线

(5) 通过 Control　Polygon 运算器提取每个菱形边缘的两个顶点，其 P 输出端的数据结构为每两个点在一个路径结构内。

(6) 用 Merge 运算器将两组顶点进行合并，其输出数据为对应两条线的 4 个顶点被组合在一个路径结构内。

(7) 用 Construct　Mesh 运算器依据每个路径下的 4 个顶点生成网格，为了保证生成正确的结果，需要在 F 输入端为其重新指定顶点序号。读者可通过 Point　List 运算器查看每个路径下 4 个点的排列序号。

在 F 输入端通过 Panel 面板赋予“{0；1；3；2}”的顶点排序，即可生成正确的网格结构，用户同样可以输入其他的顶点序号，只要保证四个顶点按照顺时针或逆时针重新排序即可。由于后面操作过程中还需用到该步骤的输出结果，可将其命名为“第一组网格”。

(8) 如图 4-4 所示，通过 Photoshop 绘制一个干扰图片，为了产生更好的渐变效果，可将图案通过滤镜中的高斯模糊进行处理，这样白色与黑色之间会生成一个渐变效果。将该图片作为 Image Sampler 运算器的图片映射源，并将其 Channel 设定为 Colour　brightness。

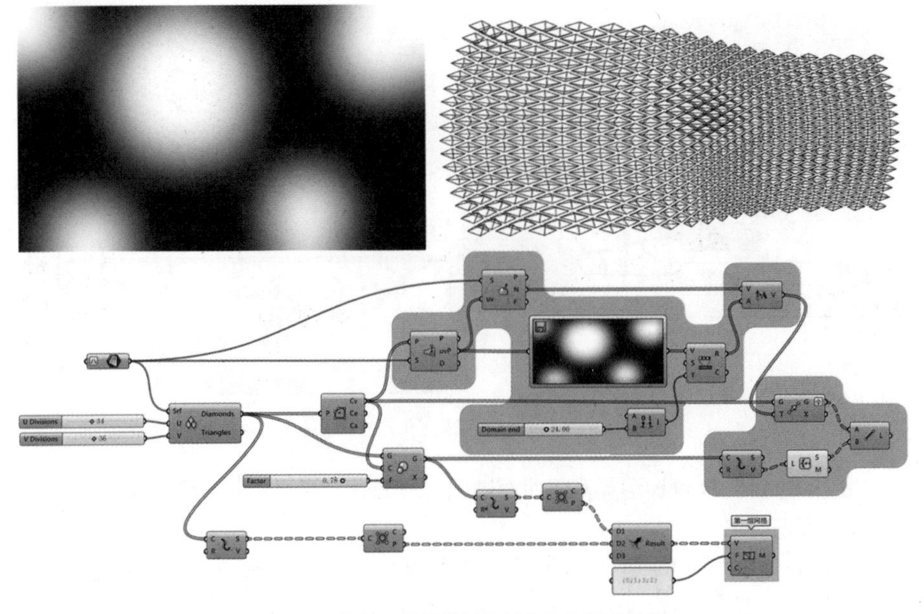

图 4–4　绘制干扰图片并将其作为图片映射源

（9）通过 Surface　Closest　Point 运算器计算菱形中心点所对应的 U、V 坐标值，并通过 Evaluate　Surface 运算器计算菱形中心点对应的曲面法线方向。

（10）将菱形中心点对应的 U、V 坐标赋予 Image　sampler 运算器，这样每个中心点将对应一个灰度值。

（11）由于灰度值的输出区间是 0 至 1，为了更好地控制数据范围，可通过 Remap　Numbers 运算器将灰度值映射到一个较大的区间内，目标区间可由 Construct　Domain 运算器进行创建。

（12）通过 Amplitude 运算器将映射后的灰度值作为向量的大小，其方向为菱形中心点对应的曲面法线方向。

（13）将菱形中心点沿着对应曲面法线方向进行移动，移动的向量为 Amplitude 运算器的输出数据。

（14）通过 Explode 运算器将缩放后的菱形拆开，由于其 V 输出端每个路径下有 5 个顶点，需要通过 Creat　Set 运算器删除重复点。

（15）用 Line 运算器将移动后的中心点与菱形的 4 个顶点进行连线，为了保证每个点对应菱形的 4 个顶点，需要将 Move 运算器的 G 输出端通过 Graft 创建成树形数据。

（16）如图 4–5 所示，用 Stack　Data 运算器将上一步中生成的直线进行复制，其 S 输入端需要赋予的数据为 2，这样每个直线将被复制 1 次。

（17）通过 Shift　List 运算器对复制后的结果进行数据偏移，其 S 输入端的偏移数据保持默认的 1 即可。

（18）用 Partition　List 运算器将偏移后的数据进行两两分组，其 S 输入端需要赋予的数据为 2。

（19）通过 Join　Curves 运算器将每个路径下的两条线组合为一条多段线，并用 Control　Polygon 运算器提取多段线的 3 个顶点。

（20）通过 Construct　Mesh 运算器依据每个路径下的 3 个顶点生成网格，由于该网格结构只有 3 个顶点，因此其 F 输入端的顶点序号需要赋予“{0；1；2}”。

（21）用 Mesh　Join 运算器将上一步中生成的结果与名称为“第一组网格”的数据进行组合，

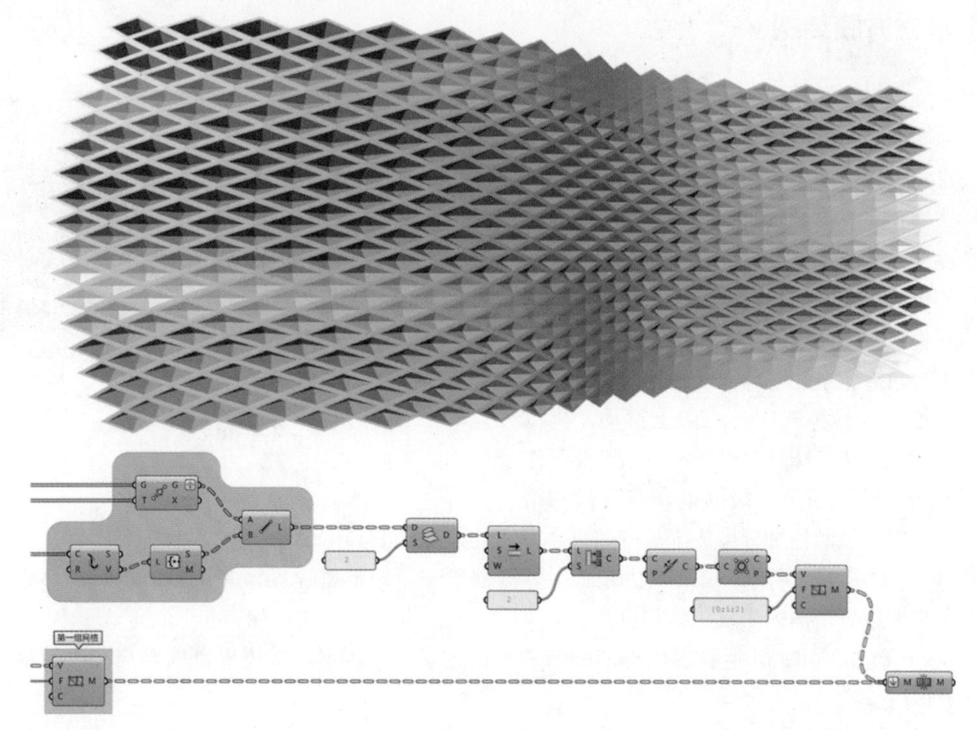

图 4–5　复制直线

由于两组数据都是树形数据，因此需要将Mesh Join运算器的输入端通过Flatten进行路径拍平。

（22）如图 4–6 所示，通过 Mesh UnifyNormals 运算器将所有网格顶点统一法线方向。

（23）由 Mesh WeldVertices 运算器将统一法线后的网格进行顶点焊接。

（24）通过 Loop Subdivision 运算器对焊接后的网格进行细分，最后由 Custom Preview 运算器为圆滑后的网格赋予颜色。

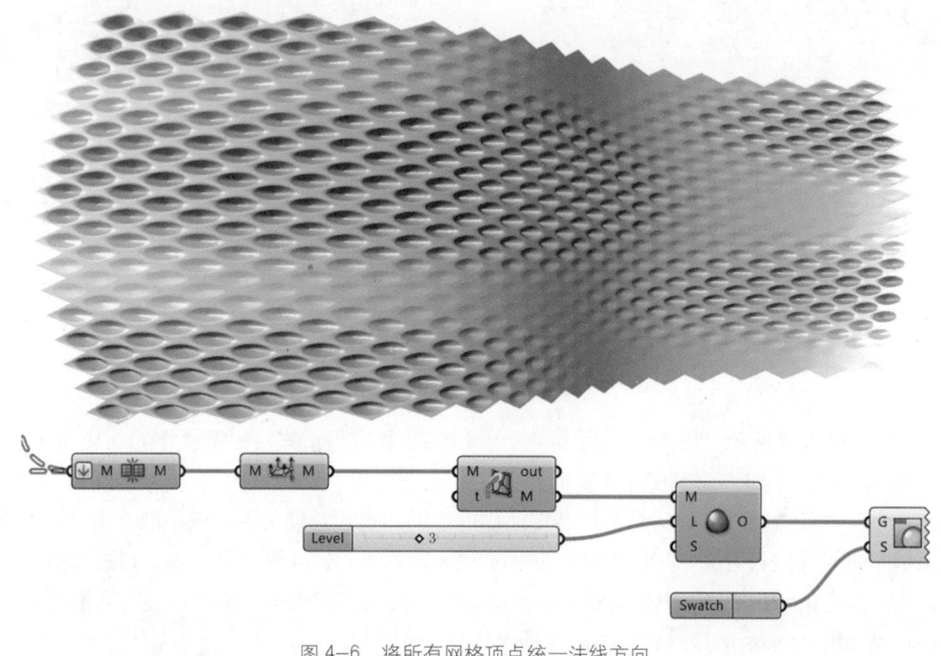

图 4–6　将所有网格顶点统一法线方向

1.2 水立方膜结构

国家游泳中心水立方采用了 ETFE 膜结构，如图 4–7 所示，本案例将介绍通过网格细分的方法构建凸起的膜结构。

该案例的主要逻辑构建思路为：通过缩放泰森多边形单元，生成内框边界，再将缩放后的内框线向内缩放并向上移动，将移动后的线框和内框边界放样后转换成网格，并将生成的网格命名为“第一级网格”。

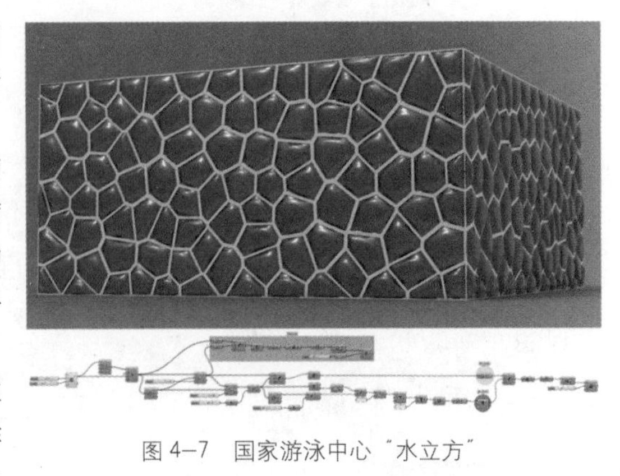

图 4–7　国家游泳中心“水立方”

将移动后线框的中心点向上移动，再依据移动后的点与线框生成网格，其结果可作为第二级网格。将第一级网格和第二级网格组合后，再通过网格细分生成圆滑的效果。以下为该案例的具体做法。

（1）如图 4–8 所示，用 Rectangle 运算器创建一个矩形框边界，并用 Populate 2D 运算器在矩形框边界范围内生成二维随机点。

（2）通过 Voronoi 运算器依据二维随机点创建泰森多边形，其边界范围要与二维随机点的边界保持一致。

（3）通过 Polygon Center 运算器提取每个泰森多边形单元的中心点，其 Cv 输出端为依据多边形顶点计算的平均点，Ce 输出端为依据多边形边缘计算的平均点，Ca 输出端为依据形状计算的中心点。

（4）通过 Scale 运算器将每个泰森多边形单元进行缩放。

（5）通过 Graft Tree 运算器将缩放前后的泰森多边形分别创建成树形数据，再用 Merge 运算器将两组数据进行合并。

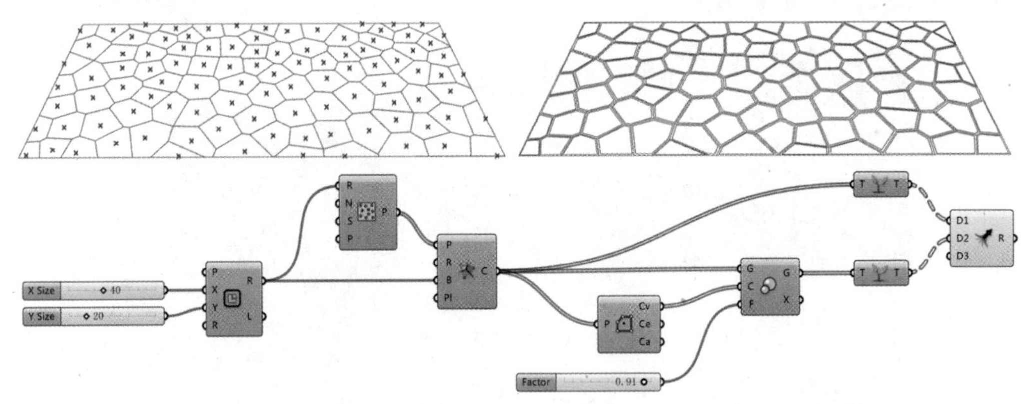

图 4–8　数据合并过程

（6）如图 4–9 所示，用 Loft 运算器将合并后的曲线进行放样，由于放样的曲线为多边形，因此其结果是由多个四边面组成的多重曲面。

（7）通过 Simple Mesh 运算器将多重曲面内部的四边面转换为四边网格面，由 Mesh Join 运算器将全部网格进行合并，并且需要将 Mesh Join 运算器的输入端通过 Flatten 进行路径拍平。

（8）通过 Mesh UnifyNormals 运算器将合并后的网格顶点执行统一法线方向的修改，并由 Mesh WeldVertices 运算器对网格进行顶点焊接操作。

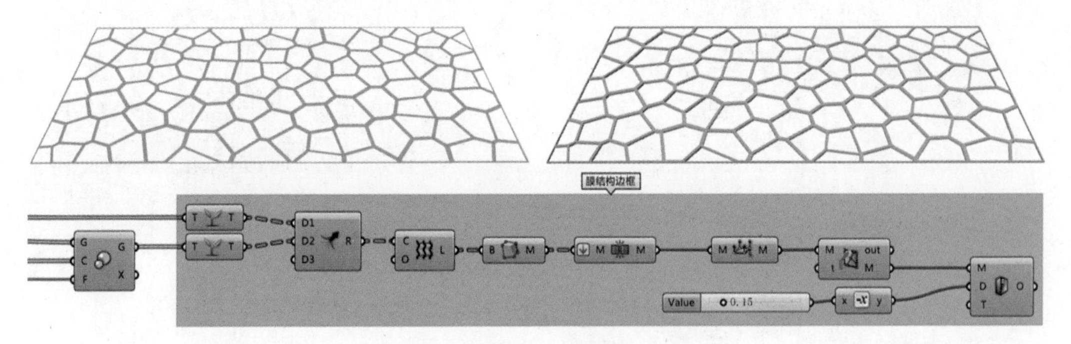

图 4-9　将合并后的曲线进行放样

（9）用 Mesh　Thicken 运算器对焊接后的网格进行加厚，即可生成膜结构的边框。为了提高程序的可读性，可将生成边框的这部分电池组进行 Group，并命名为“膜结构边框”。

（10）接下来制作膜结构部分。如图 4-10 所示，将第一次缩放后的内部边框线再通过 Scale 运算器进行缩放。

（11）将第二次缩放后的多边形通过 Move 运算器，沿着 Z 轴方向移动一定的距离。

（12）用 Merge 运算器将内部边框线和移动后的多边形进行组合，为了保证对应的数据能够合并在一个路径结构内，需要将 Merge 运算器的两个输入端通过 Graft 创建成树形数据。

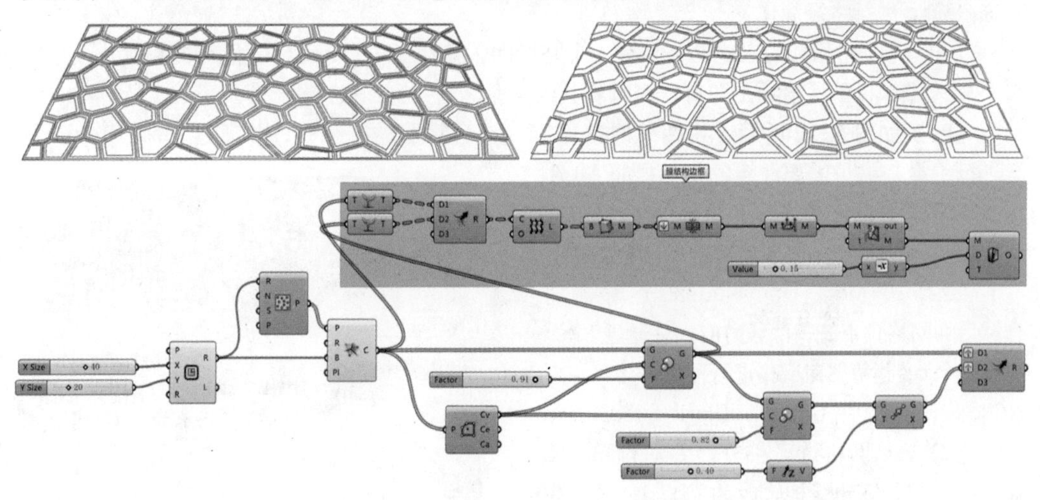

图 4-10　将内部边框线通过 Scale 运算器进行缩放

（13）如图 4-11 所示，用 Loft 运算器将合并后的多边形进行放样，并用 Simple　Mesh 运算器将曲面转换为网格。为了简化路径结构，需要在其输出端通过 Simplify 进行路径简化，并将其命名为“第一级网格”。

（14）通过 Control　Polygon 运算器，提取移动后多边形的顶点，由于生成的顶点有重合点，因此需要通过 Create　Set 运算器删除重合点。

（15）用 Polygon　Center 运算器提取移动后多边形的中心点，并用 Move 运算器将其沿着 Z 轴方向进行移动。为了保证每个多边形移动后的中心点与其顶点能够对应，需要将 Move 运算器的输出端通过 Graft 转成树形数据。

（16）用 Line 运算器将每个多边形移动后的中心点与其对应的顶点进行连线。

（17）通过 Stack　Data 运算器将直线进行复制，其 S 输入端赋予的数值为 2，将复制后的数据再通过 Shift　List 运算器进行数据偏移。

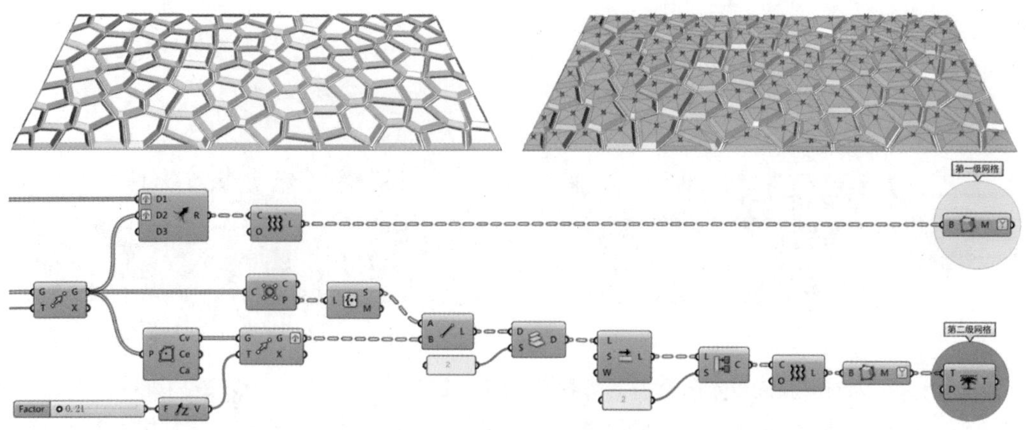

图 4-11　将合并后的多边形进行放样

（18）通过 Partition List 运算器将偏移后的数据进行两两分组，其 S 输入端需要赋予的数值为 2。

（19）通过 Loft 运算器将分组后的数据放样成面，并用 Simple Mesh 运算器直接依据曲面的顶点，将其转换为四边网格。为了简化路径结构，需要在 Simple Mesh 运算器的输出端通过 Simplify 进行路径简化。

（20）为了将相邻的三边网格放在一个路径内，需要通过 Trim Tree 运算器删除一级路径，其 D 输入端保持默认值为 1 即可，同时将其结果命名为“第二级网格”。

（21）如图 4-12 所示，将两组网格由 Merge 运算器进行合并，并通过 Mesh Join 运算器进行组合。这里需要注意的是不要将 Mesh Join 运算器的输入端进行 Flatten，因为合并的数据是每个泰森多边形单元内的网格数据。

（22）用 Mesh UnifyNormals 运算器将合并后的网格顶点统一法线方向，并通过 Mesh WeldVertices 运算器对网格进行顶点焊接。

（23）最后用 Catmull-Clark Subdivision 运算器对网格进行细分，并右键单击 S 输入端，将外露边缘模式改为 Fixed，即可生成圆滑的凸起膜结构。

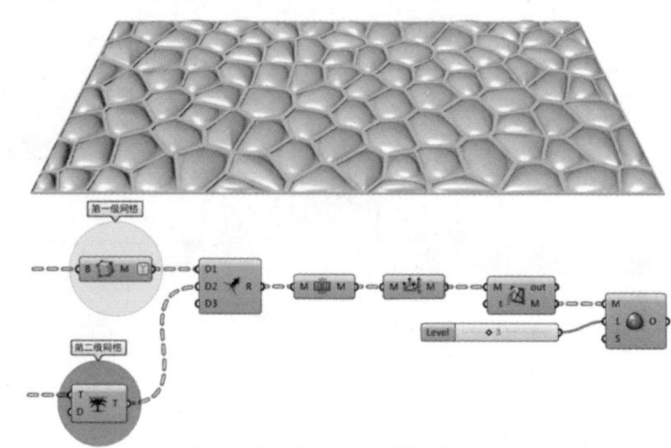

图 4-12　将两组网格进行合并

（24）如图 4-13 所示，通过改变程序中的参数变量及初始随机点的分布位置，可生成不同的结果。

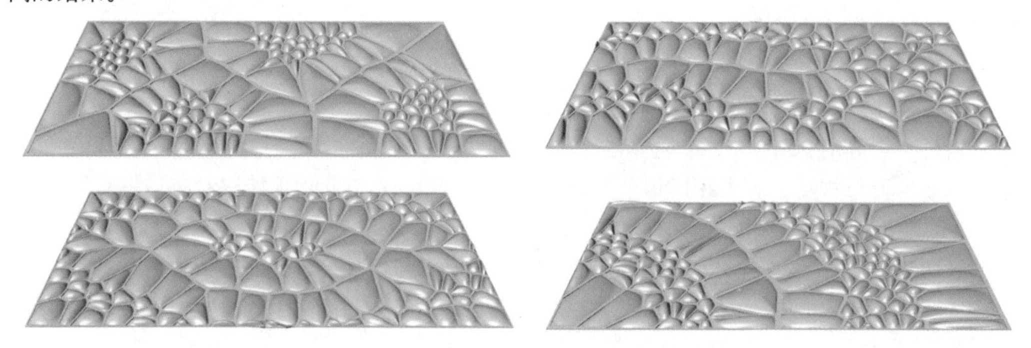
图 4-13　改变参数变量及初始随机点的分布位置

1.3 不规则泰森多边形结构体

GH 自带的 Voronoi 3D 算法只能在一个 Box 范围内构建规则的泰森多边形结构体。如图 4-14 所示，本案例将介绍不规则泰森多边形细分的构建方法。

本案例的主要逻辑构建思路为：在一个 Box 范围内创建一定数量的泰森多边形结构单元及一系列的干扰因子（干扰因子可以是点、曲线、实体），本案例所选定的干扰因子为曲线；判定泰森多边形结构单元中心点到干扰因子的距离，并将距离大于一定数值的结构单元删除掉，同时将剩余的结构单元转换成网格，最后通过 Weaverbird 插件中的网格开洞和细分生成最终结果。以下为该案例的具体做法。

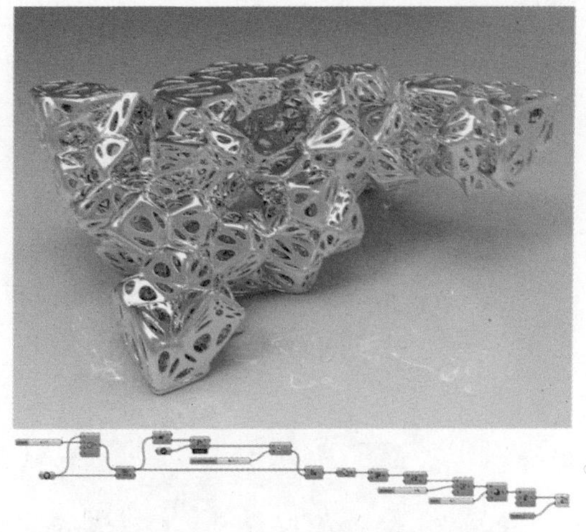

图 4-14　不规则泰森多边形细分的构建方法

（1）如图 4-15 所示，首先创建一个长方体，并用 Box 运算器将其拾取进 GH 中。在 Box 范围内绘制两条曲线，可通过调整曲线控制点来改变其形态，并用 Curve 运算器将曲线拾取进 GH 中。

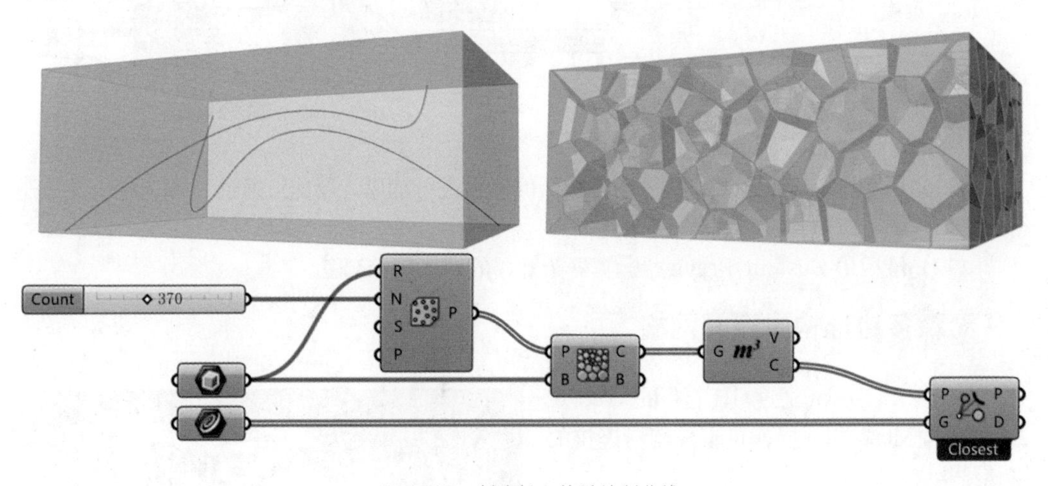

图 4-15　创建长方体并绘制曲线

（2）用 Populate 3D 运算器在 Box 范围内生成一定数量的三维随机点。

（3）通过 Voronoi 3D 运算器依据三维随机点生成泰森多边形，需要注意的是泰森多边形和三维随机点的边界 Box 要保持一致。

（4）由 Volume 运算器提取每个泰森多边形结构单元的中心点，并用 Pull Point 运算器测量全部中心点到干扰曲线的最近距离。

（5）如图 4-16 所示，通过 Smaller Than 运算器判定最近距离与一个数值的大小关系，当最近距离小于该数值时，则输出的布尔值为 True，反之输出的布尔值则为 False。

（6）由 Cull Pattern 运算器依据布尔值删除数据，那么最近距离大于该数值的结构单元将被删除掉。

（7）为了使整体的结构连接在一起，并且将彼此连接的面删掉，可通过 Solid Union 运算器将全部结构单元进行合并。

（8）如图 4-17 所示，用 Mesh Brep 运算器将合并后的多重曲面转换为网格，并用 Mesh WeldVertices 运算器将转换后的网格进行顶点焊接。

（9）用 Picture Frame 运算器将网格进行开洞处理，其开洞大小可通过 D 输入端进行调控。

（10）通过 Catmull-Clark Subdivision 运算器对开洞后的网格进行细分圆滑处理，其 L 输入端表示细分的次数，该数值不要大于 3。

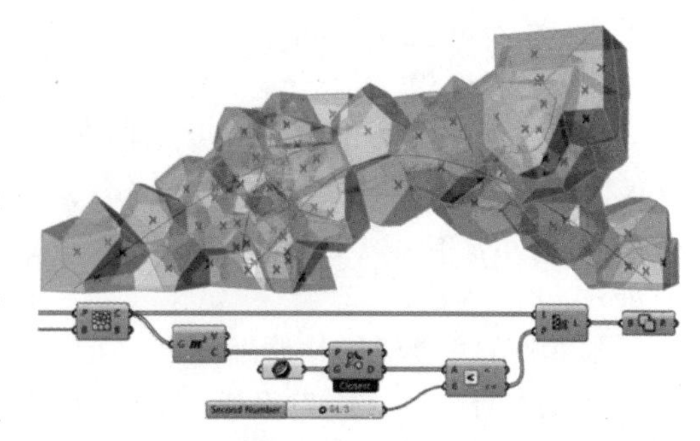

图 4-16　判定最近距离与一个数值的大小关系

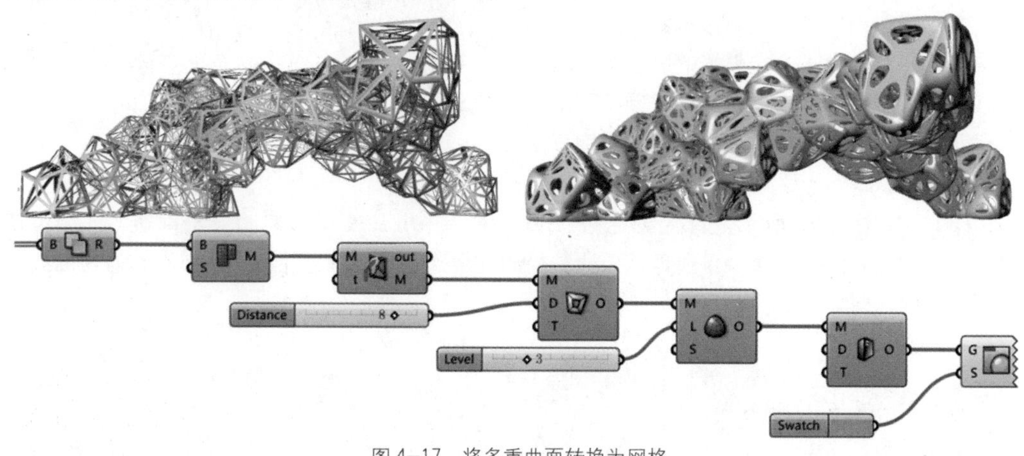

图 4-17　将多重曲面转换为网格

（11）用 Mesh Thicken 运算器将细分后的网格进行加厚，厚度可通过 D 输入端的数值进行调整。

（12）最后用 Custom Preview 运算器为加厚的网格赋予颜色。

1.4 泰森多边形构建空间网格

如图 4-18 所示，通过 GH 自带的 Voronoi 3D 算法与 Mesh 相关操作可生成圆滑连接的网格结构。

该案例的主要逻辑构建思路为：首先缩放泰森多边形单元体，然后依据对应两个面的边缘线生成曲面，再将曲面转换为最简网格形式，最后通过网格细分将整体结构进行圆滑处理。以下为该案例的具体做法。

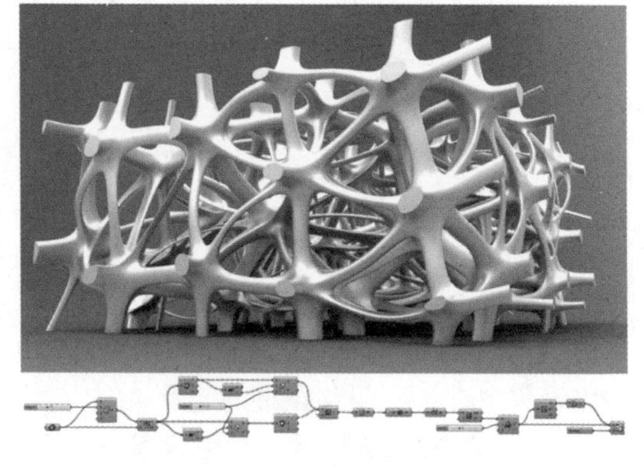

图 4-18　圆滑连接的网格结构

（1）如图 4-19 所示，首先创建一个长方体的边界范围，并用 Box 运算器将其拾取进 GH 中。通过 Populate 3D 运算器在长方体范围内创建一组三维随机点。

（2）由 Voronoi 3D 运算器依据随机点生成多组泰森多边形结构单元，并将三维随机点的边界长方体赋予 Voronoi 3D 运算器的 B 输入端。

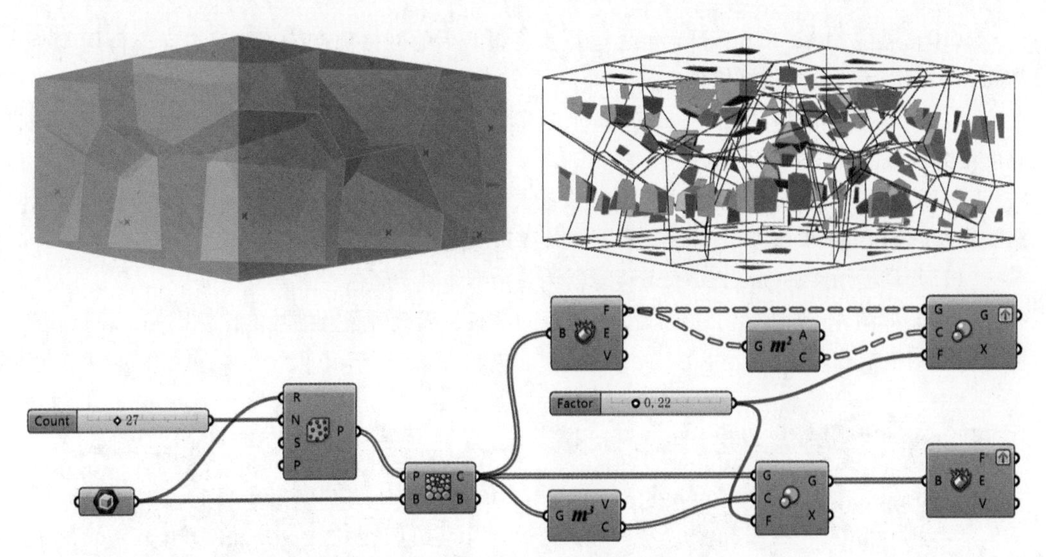

图 4-19　创建边界范围生成多边形结构单元

（3）通过 Volume 运算器提取每个结构单元的中心，并通过 Scale 运算器将每个结构单元根据其中心点进行缩放。

（4）将缩放后的结构单元由 Deconstruct　Brep 运算器进行分解，并将其 F 输出端通过 Graft 转成树形数据。

（5）由 Deconstruct　Brep 运算器将缩放前的结构单元进行分解，并用 Area 运算器提取分解后每个面的中心点。

（6）用 Scale 运算器将分解后的面依据其中心点进行缩放，为了保证数据结构对应，需要将 Scale 运算器的 G 输出端通过 Graft 转成树形数据。

（7）如图 4-20 所示，用 Loft 运算器将内外对应的两个面的边缘进行放样，此处将曲面赋予 Loft 运算器，本质上是提取曲面边缘后再进行放样。

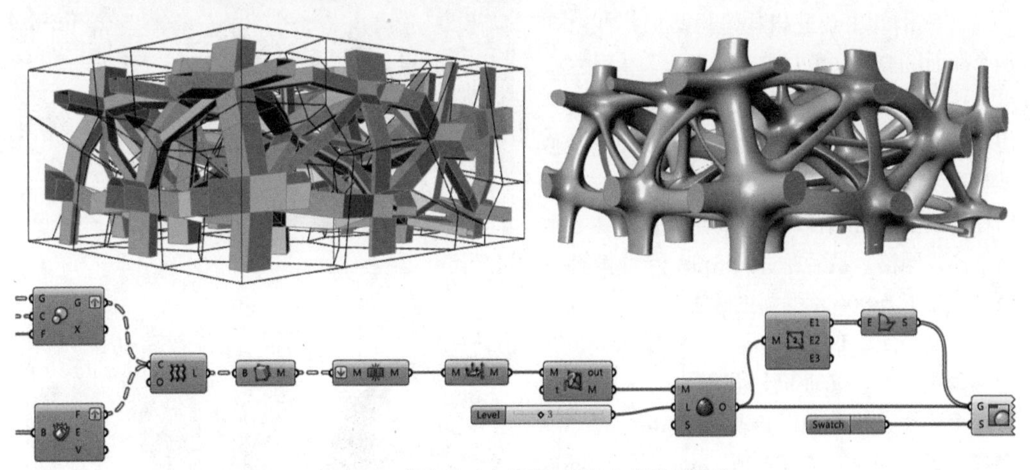

图 4-20　将内外对应的两个面的边缘进行放样

（8）由于经过放样后的曲面都是由四边面组成的，因此可直接由 Simple　Mesh 运算器将其转换为最简形式的四边网格。

（9）将转换后的网格通过 Mesh　Join 运算器进行合并，并通过 Flatten 将所有网格放在一个路径结构内。

（10）通过 Mesh UnifyNormals 运算器将组合后的网格顶点统一法线方向，再用 Mesh WeldVertices 运算器焊接网格顶点。

（11）由 Catmull-Clark Subdivision 运算器对焊接后的网格进行细分圆滑处理，可将网格的细分次数改为 3。

（12）由于目前生成的形体并不是闭合的，因此可通过 Mesh Edges 运算器提取网格的外露边缘，并用 Boundary Surfaces 运算器将外露边缘处进行封面。

（13）最后用 Custom Preview 运算器为整个形体赋予颜色。

（14）如图 4–21 所示，通过改变随机点的数量、随机种子及缩放的比例因子，可创建不同形态的网格结构。

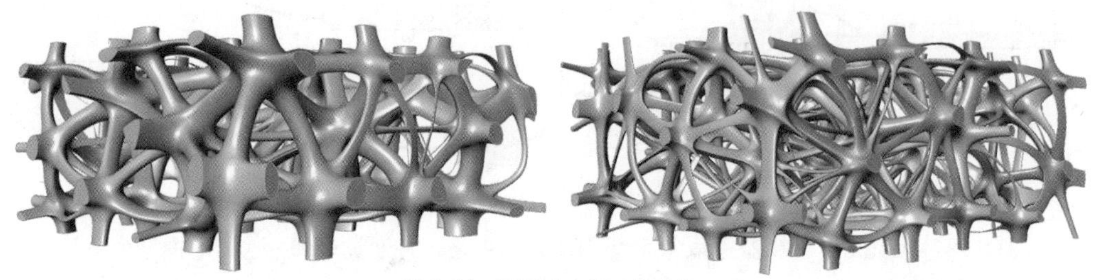

图 4–21 不同形态的网格结构

2. 网格桥接

2.1 网格细分桥接

T–Splines 插件中有个 Bridge 命令可以将两个曲面的对应子曲面进行桥接，在 GH 中同样可以通过网格细分的方法构建桥接效果，如图 4–22 所示为本案例的最终结果。

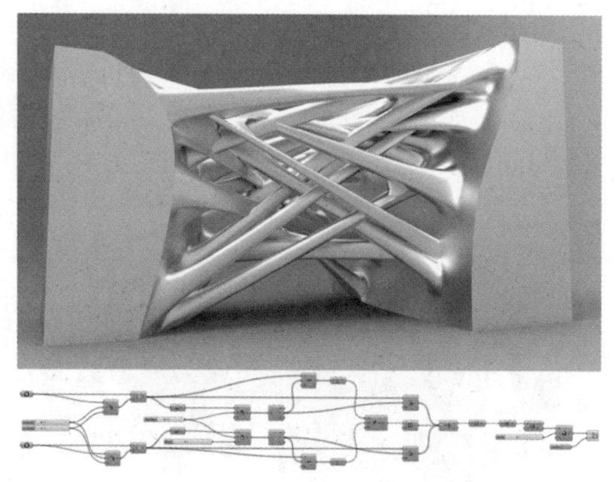

图 4–22 网格细分构建的桥接效果

该案例的主要逻辑构建思路为：首先将两个曲面细分相同数目的子曲面，为了产生随机相连的效果，可通过随机数据提取两组索引值不同的子曲面。将两两对应的子曲面边框通过放样生成连接结构，并将剩余子曲面与连接结构的曲面进行组合，然后将组合后的多重曲面转换成网格，最后通过网格细分生成圆滑的效果。以下为该案例的详细做法。

（1）如图 4–23 所示，首先在 Rhino 空间中绘制两个多重曲面，并用 Suface 运算器将两个需要连接的曲面拾取进 GH 中。

（2）如图 4–24 所示，用 Divide Domain^2 运算器将两个曲面等分二维区间，要保证两个曲面等分二维区间的 U 向和 V 向数量保持一致。

（3）用 Isotrim 运算器依据等分的二维区间对两个曲面进行分割。

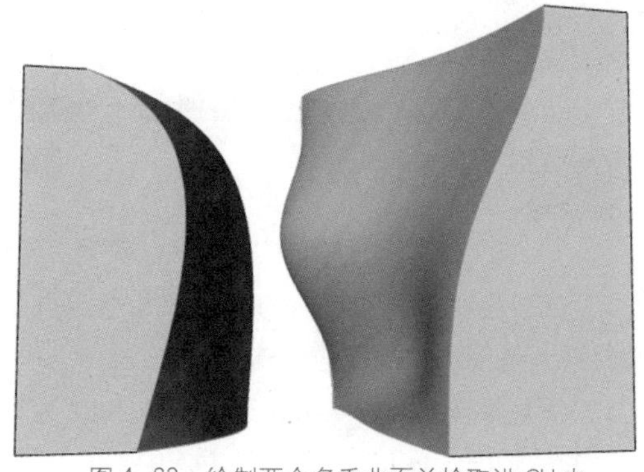

图 4–23 绘制两个多重曲面并拾取进 GH 中

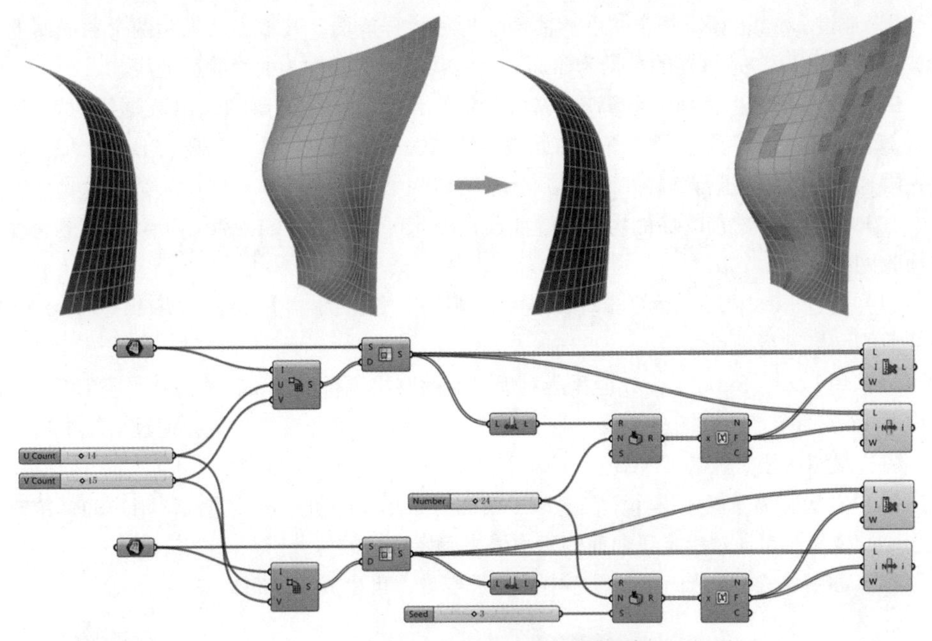

图 4-24　将两个曲面等分二维区间

（4）通过 List　Length 运算器统计细分子曲面的数量，并将该值赋予 Random 运算器的 R 输入端，同时将两个 Random 运算器的 N 输入端赋予相同的数值，为了产生两组不同的随机数据，可改变其中一组随机数据的种子。

（5）由于 Random 运算器生成的数值为小数，可通过 Round 运算器提取其整数部分。

（6）用 List　Item 运算器提取出随机数据对应的索引值子曲面，并用 Cull　Index 运算器将其删除。

（7）如图 4-25 所示，通过 Graft　Tree 运算器将子曲面转成树形数据，并用 Merge 运算器将两组数据进行组合，其输出结果为每个路径下有两个对应子曲面的数据结构。

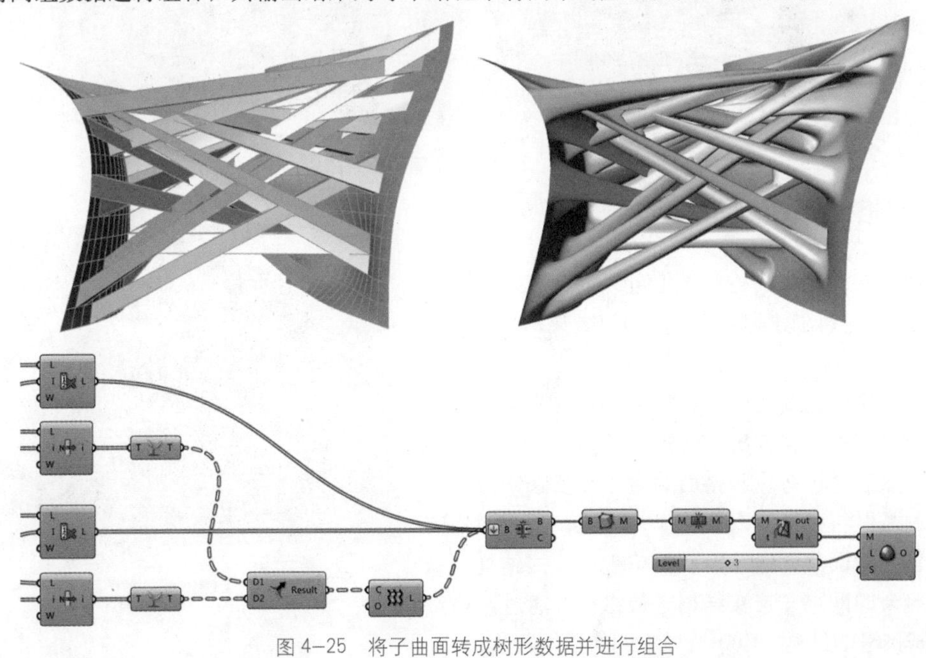

图 4-25　将子曲面转成树形数据并进行组合

（8）通过 Loft 运算器将合并后的曲面边框线放样成面，其输出结果为两个曲面间的连接结构。虽然赋予 Loft 运算器的数据为曲面，但是其放样的物体为曲面的边框线。

（9）将两组 Cull Index 运算器的输出数据，与 Loft 运算器的输出数据同时赋予 Brep Join 运算器的输入端，为了保证所有曲面被放置在一个路径结构内，需要将 Brep Join 运算器的输入端通过 Flatten 进行路径拍平。

（10）由于组合之前的曲面均为四边曲面，因此可直接通过 Simple Mesh 运算器将多重曲面转换为网格结构。

（11）通过 Mesh Join 运算器对转换后的网格进行合并，并用 Mesh WeldVertices 运算器将合并后的网格进行顶点焊接。

（12）用 Loop Subdivision 运算器对焊接后的网格进行细分，其输出结果类似 T-Splines 插件中 Bridge 命令产生的圆滑效果。为了保证网格外露边缘不变形，需要通过右键单击其 S 输入端，将边缘圆滑模式改为 Fixed。

（13）本案例为了简化操作，在选取子曲面时采用了随机选取的方法。用户如果希望精确匹配连接的位置，可通过指定子曲面的索引值来确定连接的位置。

（14）如图 4-26 所示，改变程序中的参数变量，可生成不同的结果。

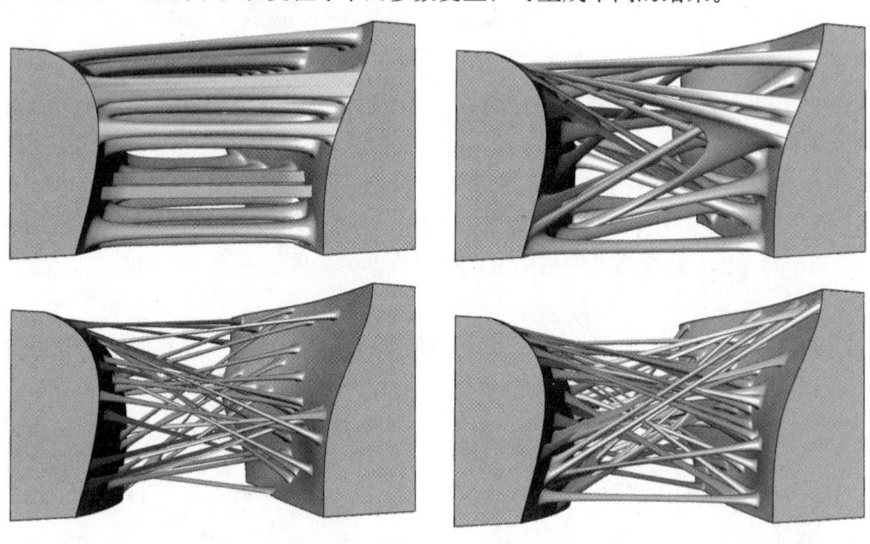

图 4-26　改变参数变量的不同结果

2.2 网格混接相连

通过网格细分的方法不但可以创建直接相连的桥接效果，还可创建类似混接的桥接效果，如图 4-27 所示。

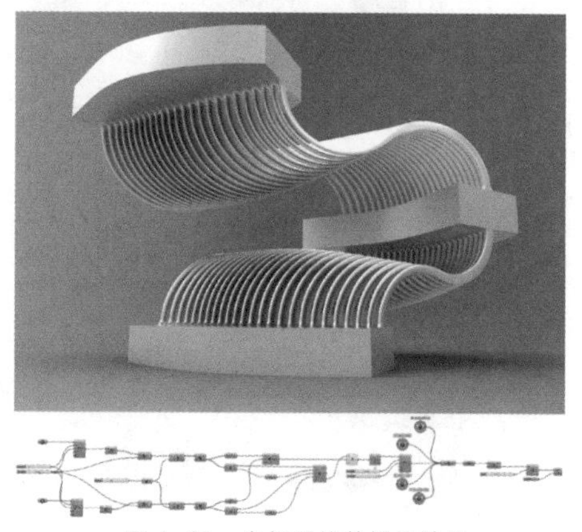

图 4-27　类似混接的桥接效果

本案例的主要逻辑构建思路为：首先将基底曲面转换成网格，将其拆开后提取需要对应连接的网格面，然后通过对应网格面的中心点及法线方向生成双圆弧；将生成的双圆弧作为轨道，两个网格的边缘作为截面线，通过单轨扫略生成连接结构；最后将剩余的网格与连接结构进行组合，通过网格细分生成圆滑的结构。以下为该案例的具体做法。

（1）如图 4-28 所示，首先在 Rhino 空间中创建两个多重曲面，并用 Suface 运算器将两个需要连接的曲面拾取进 GH 中。

（2）用 Mesh Surface 运算器将两个曲面转换为网格，并通过 UV 值控制两个方向网格面的数量。

（3）为了能够提取网格面，需要用 Mesh Explode 运算器将两个网格拆开。

（4）由于拆开后的网格全部在一个路径内，为了使其按照一个方向进行分组，可通过 Partition List 运算器将网格面进行分组。

为了保证数据关联，分组的数据应与前面转换网格的 U 向数量或 V 向数量保持一致，用户需要依据创建曲面的 UV 方向，来判定分组数据是由 U 向还是 V 向细分数量决定的。

（5）如图 4-29 所示，为了简化路径结构，需要将 Partition List 运算器的输出端通过 Simplify 进行路径简化。

（6）为了产生连接的效果，需要选取出对应连接的网格面。通过 Split Tree 运算器可提取树形数据中指定的路径。

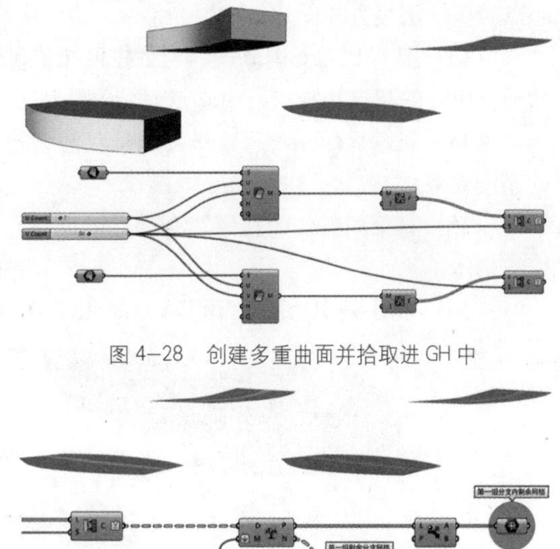

图 4-28 创建多重曲面并拾取进 GH 中

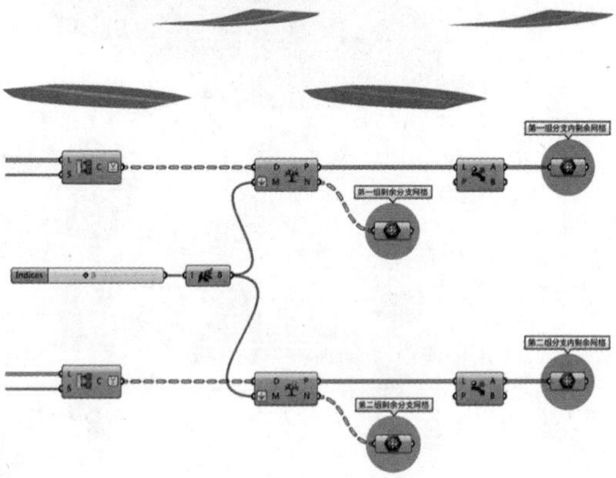

图 4-29 路径简化

（7）通过 Construct Path 运算器可将整数转换为路径数据，由于树形数据已经简化为只有一级的路径结构，因此只要一个整数即可创建路径。

（8）将两个 Split Tree 运算器的 N 输出端数据赋予 Mesh 运算器中，并分别命名为“第一组剩余分支网格”和 “第二组剩余分支网格”。

（9）由 Dispatch 运算器对 Split Tree 运算器的 P 输出端数据进行分流。

（10）将两个 Dispatch 运算器的其中一个输出端数据赋予 Mesh 运算器，并分别命名为“第一组分支内剩余网格”和“第二组分支内剩余网格”。

（11）如图 4-30 所示，用 Face Boundaries 运算器提取网格的边缘线，并用 Merge 运算器将两组网格边缘线进行组合，作为单轨扫略的断面线。

（12）用 Face Normals 运算器提取网格的中心点，同时该运算器的 N 输出端可以确定中

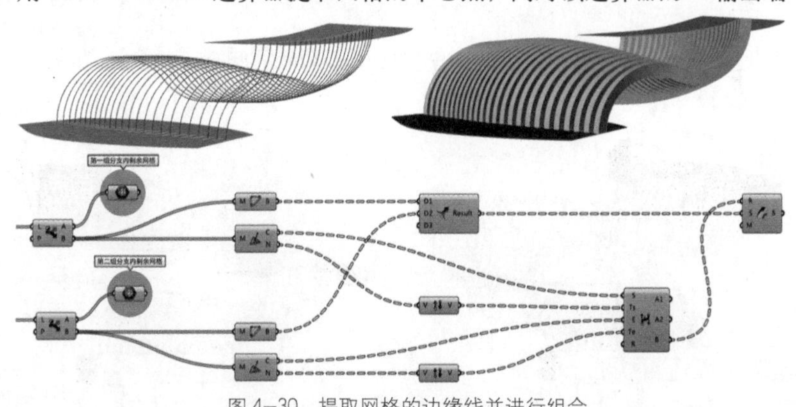

图 4-30 提取网格的边缘线并进行组合

心点对应的法线方向。

（13）调入 BiArc 运算器，可依据两个点和对应的切线方向构建双圆弧线，网格中心点可作为双圆弧的起点和终点，中心点对应的法线方向可作为双圆弧的切线方向。

（14）通过 Reverse 运算器可调整双圆弧起点和终点的切线方向，这样可以确保生成正确的连接效果。

（15）将双圆弧作为轨道，合并后的网格边缘线作为断面线，通过 Sweep1 运算器生成连接结构体。

（16）如图 4-31 所示，用 Deconstruct Brep 运算器将单轨扫略生成的多重曲面进行分解。

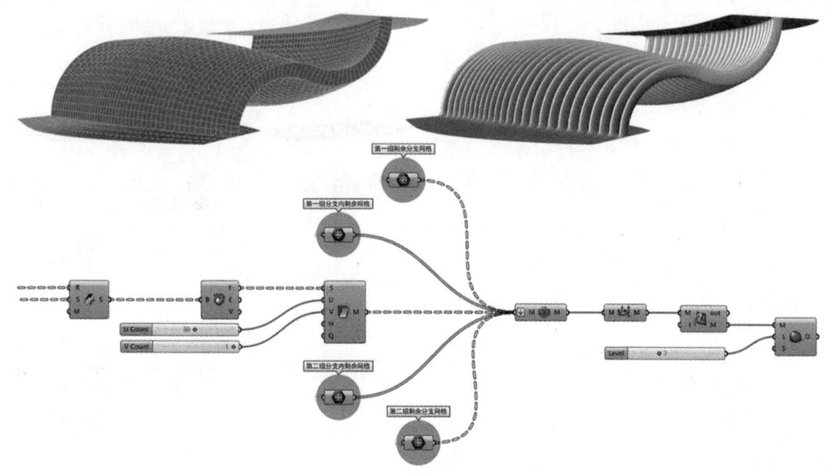

图 4-31　将多重曲面进行分解

（17）将分解后的曲面通过 Mesh Surface 运算器转换为网格，为了保证转换后的网格边缘能够与基底网格边缘重合，需要保证其一个方向的网格细分数量为 1。

（18）为了提高程序的可读性，将四个被群组命名的 Mesh 运算器连线，进行隐藏，其方法为右键单击 Mesh 运算器，将 Wire Display 的连线模式改为 Hidden。

（19）将四个被群组的网格与转换后的网格同时赋予 Mesh Join 运算器，并将其输入端通过 Flatten 进行路径拍平。

（20）通过 Mesh UnifyNormals 运算器将合并后的网格顶点统一法线方向，并用 Mesh WeldVertices 运算器对网格进行顶点焊接。

（21）由 Catmull-Clark Subdivision 运算器对顶点焊接后的网格进行细分，从而生成圆滑的效果。为了保证网格外露边缘不变形，需要通过右键单击其 S 输入端，将边缘圆滑模式改为 Fixed。

（22）如图 4-32 所示，用不同曲面替换 GH 中最初始的两个 Surface，即可生成不同体块间的连接效果。

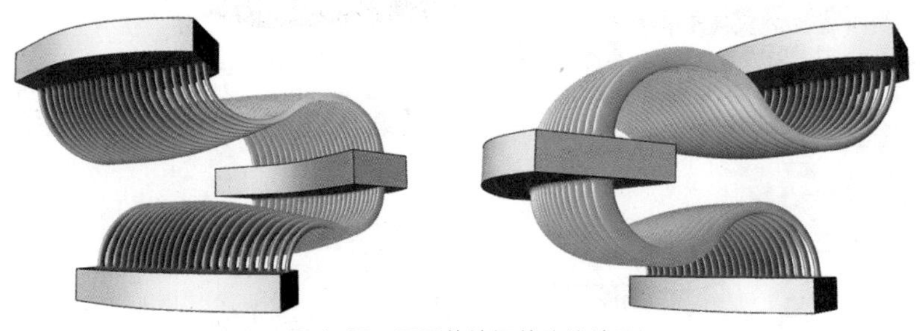

图 4-32　不同体块间的连接效果

3. 网格结构体

3.1 网格构建多重曲面结构杆件

在第二章的“鸟巢”钢结构案例中介绍了单一曲面的结构杆件制作方法，即通过Offset on Srf运算器生成结构杆件的另一个边缘，但是对于多重曲面或者Mesh模型来说这种方法就不适用了，因为Offset on Srf运算器只适用于单一曲面。如图4-33所示，可以通过编辑网格的方法创建多重曲面或者Mesh模型的结构杆件。

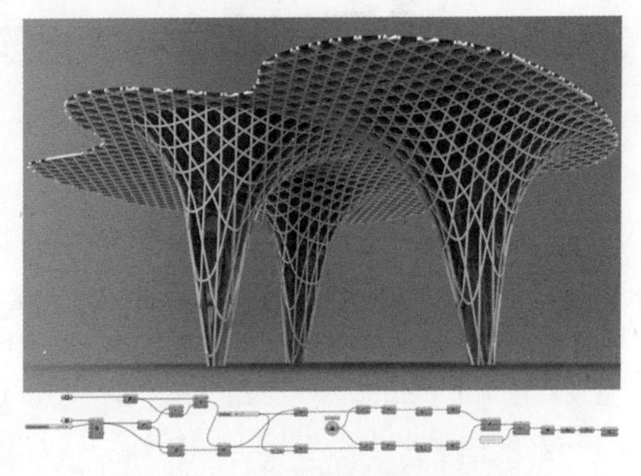

图4-33　通过编辑网格创建多重曲面

该案例的主要逻辑构建思路为：首先在Rhino空间创建一个多重曲面，然后将曲线投影到多重曲面上；在GH中将投影到多重曲面上的曲线转换为多段线，然后提取多段线的控制点。

接下来要计算两个方向的向量：第一个为控制点对应多段线上的切线方向；第二个为控制点对应网格的法线方向。通过计算两个向量的向量积，将控制点沿着向量积的正负方向分别移动，最后由移动后的点生成网格。以下为该案例的具体做法。

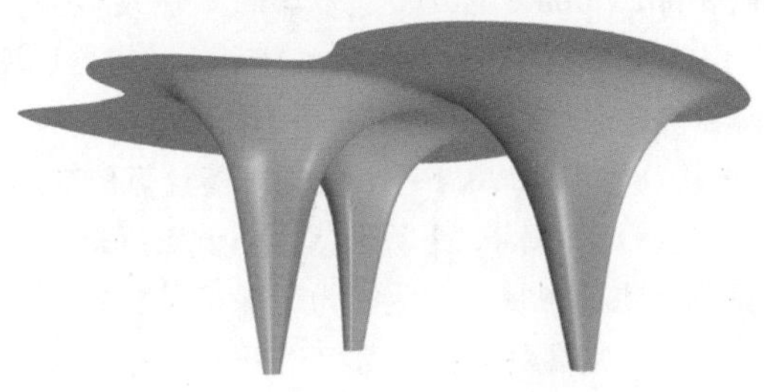

图4-34　创建多重曲面

（1）如图4-34所示，首先在Rhino空间中创建一个多重曲面，该形体既可通过Rhino的混接曲面命令进行创建，也可通过T-Splines插件延伸出部分子曲面进行创建。

（2）如图4-35所示，在顶视图中绘制需要投影到多重曲面上的直线阵列组合，其组合形式可自行设定，只要保证其在顶视图范围内，并且能够完全覆盖多重曲面即可。

本案例中直线阵列组合的制作方法为：首先在XY平面通过阵列的方式创建一定数量的直线，然后将全部的直线群组后再复制两组，将复制后的两组直线分别旋转60°和-60°，即可生成三个方向的阵列线组合。

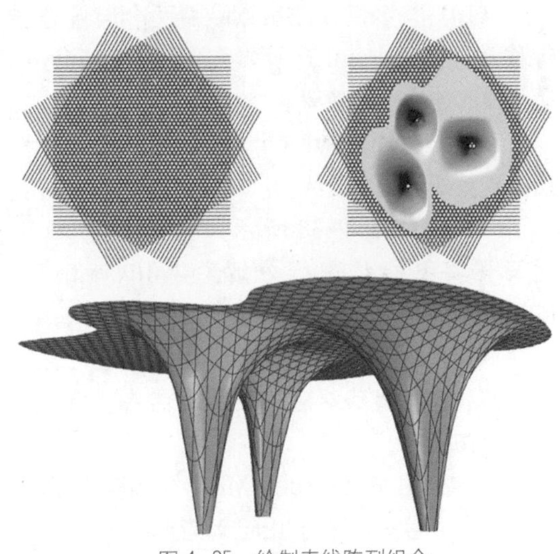

图4-35　绘制直线阵列组合

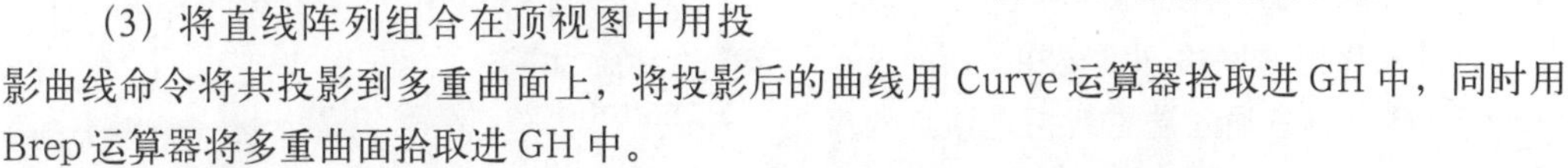

（3）将直线阵列组合在顶视图中用投影曲线命令将其投影到多重曲面上，将投影后的曲线用Curve运算器拾取进GH中，同时用Brep运算器将多重曲面拾取进GH中。

（4）如图4-36所示，用Mesh Brep运算器将多重曲面转换为网格。

（5）通过Curve To Polyline运算器将投影到多重曲面上的曲线转换为多段线，并用

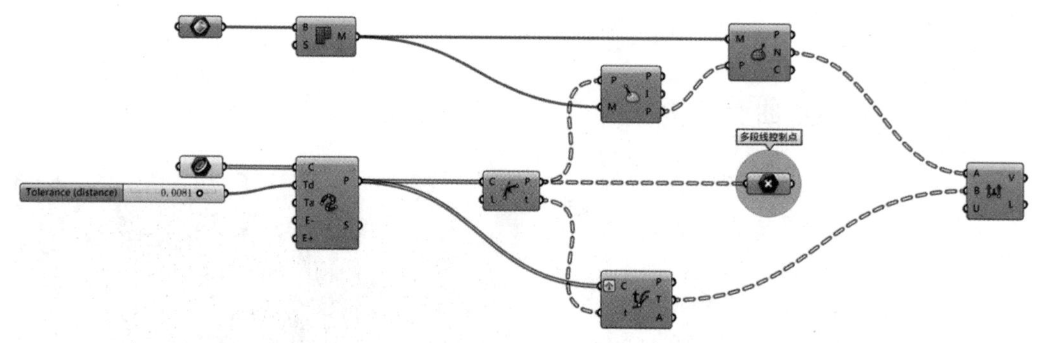

图 4–36　用 Mesh Brep 运算器将多重曲面转换为网格

Discontinuity 运算器提取多段线上的控制点。由于在后面的操作过程中也需要用到这些控制点，为了避免整个程序连线的混乱，可将这些点赋予 Point 运算器，并将其命名为“多段线控制点”。通过右键单击 Point 运算器的输入端，将 Wire Display 的连线模式改为 Hidden，即可隐藏其与 Curve To Polyline 运算器的连线。

(6)通过Evaluate Curve运算器计算控制点对应曲线的切线方向，为了保证数据结构对应，需要将 Evaluate Curve 运算器的 C 输入端通过 Graft 形成树形数据。

(7) 通过 Mesh Closest Point 运算器计算控制点对应网格的最近点，并用 Mesh Eval 运算器确定这些最近点对应网格的法线方向。

(8) 用 Cross Product 运算器计算控制点对应的切线向量与法线向量的向量积。

(9) 如图 4–37 所示，由 Amplitude 运算器为向量积赋予数值，为了保证结构杆件的均匀，需要将同一个数字的正负两个数值分别赋予其 A 输入端。

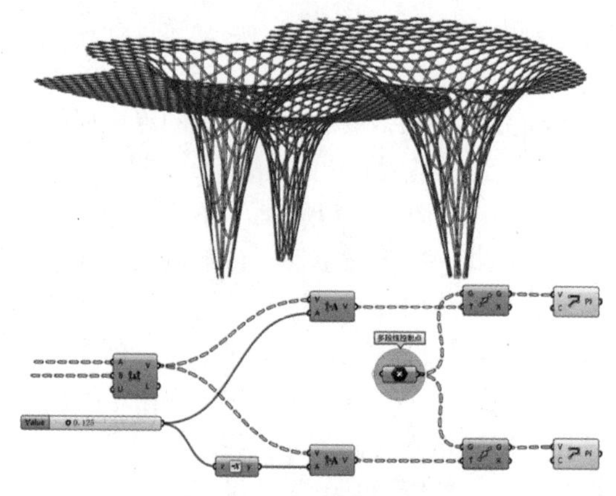

图 4–37　为向量积赋予数值

(10) 将多段线控制点沿着两个向量进行移动，此处 Point 运算器与 Discontinuity 运算器的连线已被隐藏。

(11) 通过 PolyLine 运算器将两组移动后的点重新连成多段线。

(12) 如图 4–38 所示，通过 Explode 运算器将多段线进行分解，并由 Control Polygon 运算器提取分解后直线的两个端点。

(13) 用 Merge 运算器将两组点进行合并，这样两组直线对应的四个端点将被合并在一个路径内。

(14) 由 Construct Mesh 运算器依据合并后的点生成网格，由于对应两条直线的方向是一致的，为了保证合并后的端点能按照正确的顺序组成网格，需要在 Construct Mesh 运算器的 F 输入端重新指定顶点的序号。

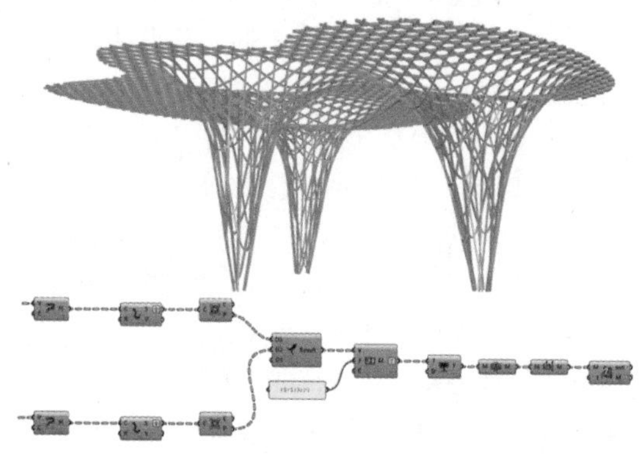

图 4–38　将多段线进行分解并提取两个端点

可在 Panel 面板中输入“{0; 1; 3; 2}”，

并将其赋予 Construct Mesh 运算器的 F 输入端，同时在其输出端通过 Simplify 简化路径结构。

（15）通过 Trim Tree 运算器删除一级路径，可将同一组杆件上的网格放置在一个路径内。

（16）用 Mesh Join 运算器将同一路径下的网格进行组合，为了保证所有网格的顶点法线方向保持一致，需要通过 Mesh UnifyNormals 运算器统一法线方向。

（17）由 Mesh WeldVertices 运算器将网格进行顶点焊接，由于生成的网格没有厚度，因此可通过 Mesh Thicken 运算器对网格进行加厚，也可以将焊接顶点后的网格 Bake 到 Rhino 空间中，用偏移网格命令进行加厚，同时需要勾选实体。

3.2 网格“蚀筑”

现代化的快节奏生活中，风和光多靠机械调节，这样脱离自然导致“都市职业病”越来越严重，因此我们需要把风和光这些自然要素引入建筑，效仿自然，将光和风作为影响建筑形态的要素，这样创造的侵蚀感造型才能够更好的融入自然。

用户可通过分析软件来获取光照、风辐射等信息，然后将其转换为 GH 可识别的数据进而影响建筑形态。为了简化操作，该案例中影响建筑形态的自然要素由几何体来替代，如图 4-39 所示为本案例的最终成果。

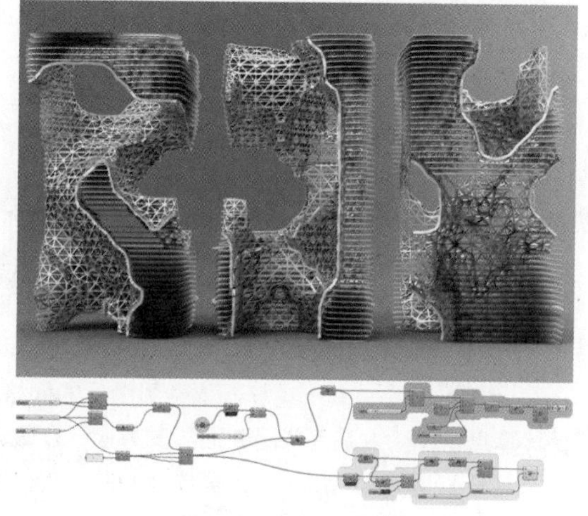

图 4-39 侵蚀感的造型

本案例会用到 Starling 插件，其下载地址为：http://www.food4rhino.com/。安装文件可直接复制到文件夹目录 C:\Users\Administrator\AppData\Roaming\Grasshopper\Libraries 下。如图 4-40 所示，重启 GH 即可看到 Starling 插件出现在标签栏中。

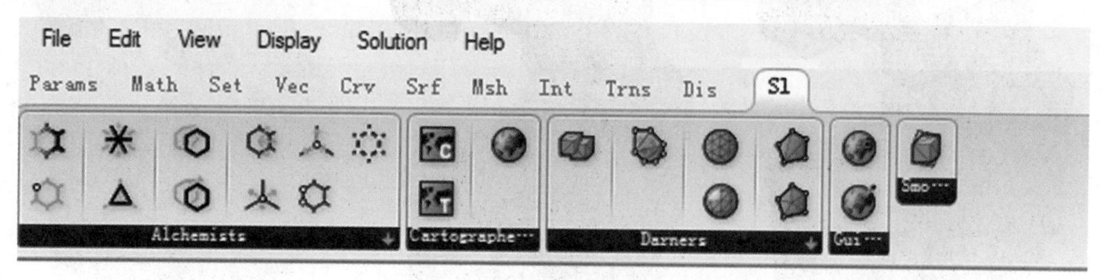

图 4-40 Starling 插件出现在标签栏中

该案例的主要逻辑构建思路为：首先创建一个三维 Box 矩阵，然后在整个矩阵范围内创建几条干扰曲线，并计算每个 Box 中心点到干扰曲线的最短距离。

筛选出最短距离大于某一数值的对应 Box，并将其通过 slFastMesh 运算器合并为一个只有外边框的网格，通过这个网格可生成楼板平面。将网格拆开后，删掉所有边缘的网格面，然后将其合并并进行顶点焊接，通过网格圆滑即可生成最终成果。以下为该案例的具体做法。

（1）如图 4-41 所示，用 Square 运算器创建一个二维点阵，然后将其 P 输出端通过 Flatten 进行路径拍平。

（2）将二维点阵用 Move 运算器沿着 Z 轴方向进行阵列，需要将 Z 轴阵列的公差值与 Square 运算器 S 输入端的数值保持一致。为了保证路径结构对应，需要将 Unit Z 运算器的输出端通过 Graft 创建成树形数据。

（3）依据阵列后的点作为中心点，用 Center Box 运算器创建正方体，为了保证正方体的边长与点阵的间距一致，需要将三维点阵的间距除以 2，并将结果赋予 Center Box 运算器 X、Y、Z 输入端。

（4）在正方体矩阵范围内创建几条曲线，用 Curve 运算器将其拾取至 GH 中，并将其命名为"干扰曲线"。

（5）用 Pull Point 运算器计算正方体中心点到干扰曲线的最短距离。

（6）通过 Smaller Than 运算器判定正方体中心点到干扰曲线的距离是否小于某一数值，当距离小于该数值时，则对应输出的结果为 True，反之结果则为 False。

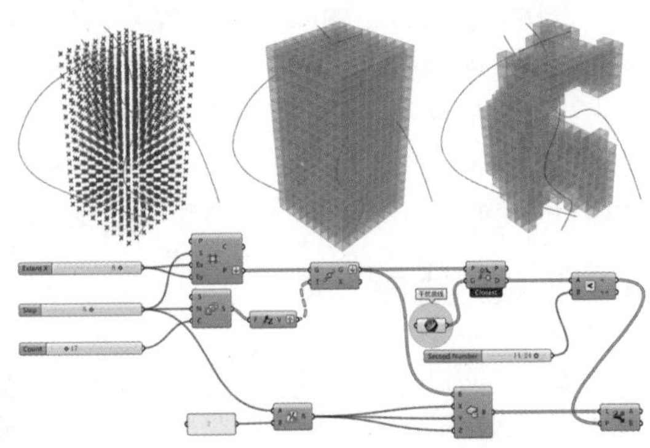

图 4-41　创建二维点阵并进行路径拍平

（7）用 Dispatch 运算器依据布尔值将正方体进行分组，并提取布尔值为 False 的正方体。

（8）为了生成"侵蚀"的圆滑效果，需要用到网格细分的方法。如图 4-42 所示，用 Starling 插件中的 slFastMesh 运算器将全部正方体进行组合，其输出的结果为只包含外轮廓的网格。

（9）通过 Laplacian Smoothing 运算器将网格进行圆滑处理。

（10）用 Contour 运算器依据圆滑后的网格生成等距断面线，其 P 输入端为等距断面线起始计算点，N 输入端为等距断面线的方向，D 输入端为两组相邻断面的间距。

（11）用 Join Curves 运算器将相同高度的断面线进行组合。

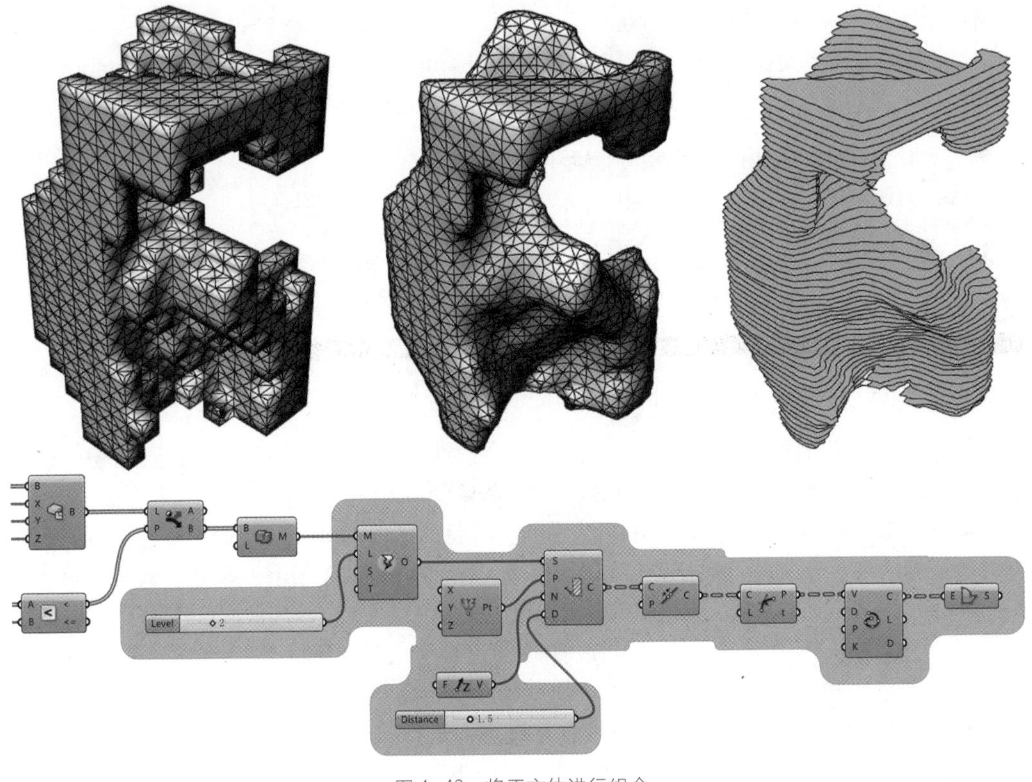

图 4-42　将正方体进行组合

（12）为避免出现断面线不闭合的情况，可通过 Discontinuity 运算器提取出曲线上的所有不连续点。由 Interpolate 运算器将每个路径下的点连成曲线，为了保证曲线是闭合的，需要将 P 输入端的布尔值改为 True。

（13）用 Boundary Surfaces 运算器依据闭合曲线生成楼层平面。

（14）如图 4-43 所示，用 Bounding Box 运算器计算所有正方体的包裹边界，为了生成一个整体的边界，需要右键单击 Bounding Box 运算器勾选【Union Box】。

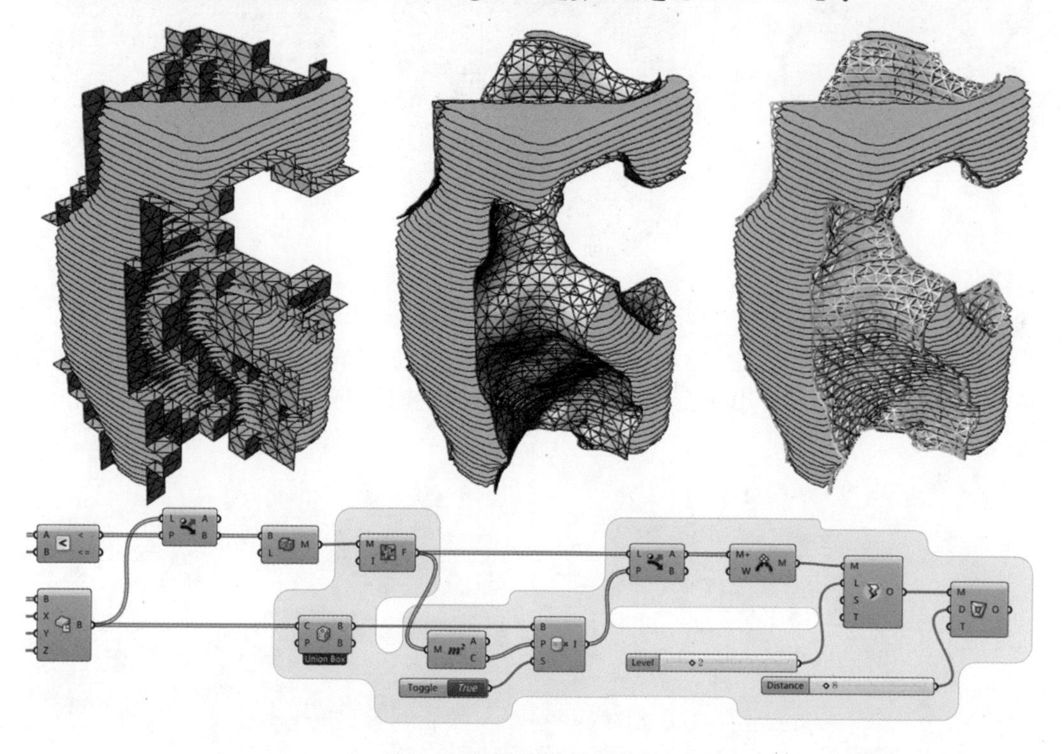

图 4-43　计算所有正方体的包裹边界

（15）通过 Mesh Explode 运算器对网格进行分解，并用 Mesh Area 运算器提取每个网格面的中心点。

（16）用 Point In Brep 运算器筛选出位于 Bounding Box 范围内的网格中心点，将其 S 输入端的布尔值改为 True，可删除位于 Bounding Box 边界上的点。

（17）通过 Dispatch 运算器筛选出边界内的网格面，并用 Join Meshes and Weld 运算器对这部分网格进行合并与顶点焊接。

（18）用 Laplacian Smoothing 运算器将合并后的网格进行圆滑处理。

（19）由 Picture Frame 运算器将圆滑后的网格进行开洞处理。

（20）由于开洞之后的网格没有厚度，可通过 Mesh Thicken 运算器对网格进行加厚操作，也可将网格 Bake 到 Rhino 空间，借助偏移网格命令对网格进行加厚操作，并且需要勾选实体选项。

（21）该案例之所以选择曲线作为干扰因素，是因为曲线的方向可模拟光照或风的方向，曲线的长度可模拟光照或风的强度。如图 4-44 所示，改变干扰曲线的形态，可得到不同的结果。

借助 BEE 插件中的 BEE_SubD_BoundaryBox_InCrv 运算器，可以更方便地依据曲线位置来获取细分网格，并且其细分特点为距离曲线越近的位置，细分的次数越多。BEE 插件的下载地址为：http://www.food4rhino.com/，通过双击安装程序的方法来完成安装。

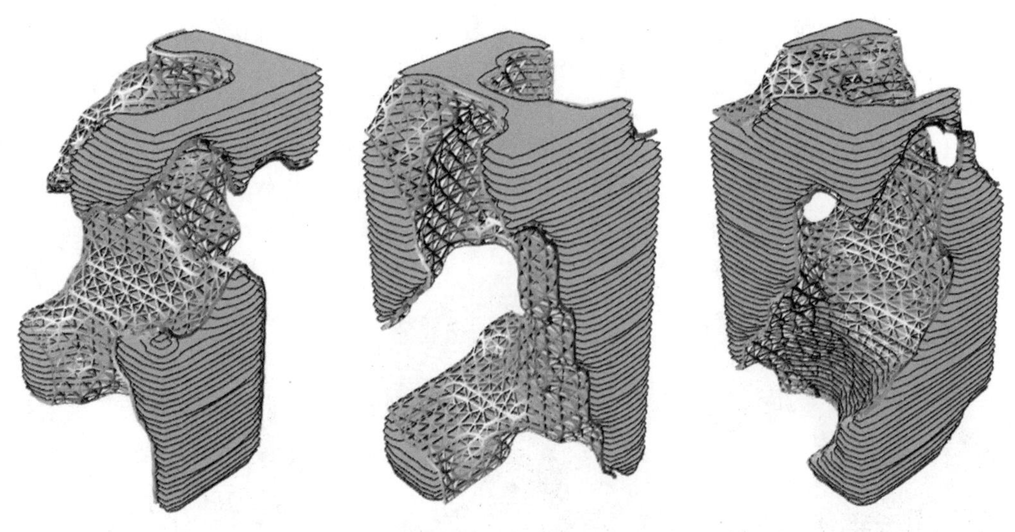

图 4-44　改变曲线形态得到的不同结果

如图 4-45 所示，首先创建一个 Box，并且在 Box 范围内绘制一条曲线，通过 BEE 插件中的 BEE_SubD_BoundaryBox_InCrv 运算器依据曲线位置对 Box 进行细分。

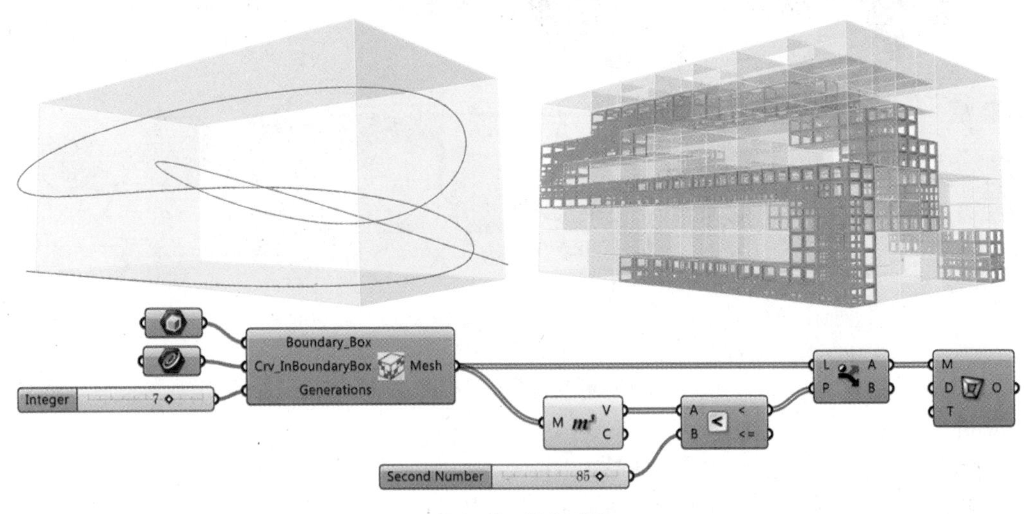

图 4-45　操作过程

用 Mesh Volume 运算器计算细分后网格的体积，由于距离曲线位置越近的网格，其体积越小，因此可以通过 Smaller Than 和 Dispatch 两个运算器，将体积小于某一数值的对应网格提取出来，最后用 Picture Frame 运算器对提取出来的网格进行开洞。

如图 4-46 所示，通过曲线指定区域内的建筑空间，并将剩余空间作为与自然环境的衔接体，使其形成一个与环境有机结合的生态建筑。

图 4-46　与环境有机结合的生态建筑

3.3 网格噪波

PerlinNoise 和 SimplexNoise 都是由 Ken Perlin 创造的噪波生成算法，两种算法均可产生连续变化的图形，用于模拟地形、云朵、火焰等复杂纹理，被广泛的应用于计算机图形学。

GH 中 Graph Mapper 运算器的函数选项中包含了 Perlin Noise，不过其只能生成二维噪波图形，借助 4D Noise 插件可实现复杂噪波形体的创建。该插件的下载地址为：http://www.food4rhino.com/。下载完成后，其安装文件可直接复制到文件夹目录 C:\Users\Administrator\AppData\Roaming\Grasshopper\Libraries 下。如图 4-47 所示，重启 GH 即可看到 4D Noise 插件出现在 Math 标签栏中。

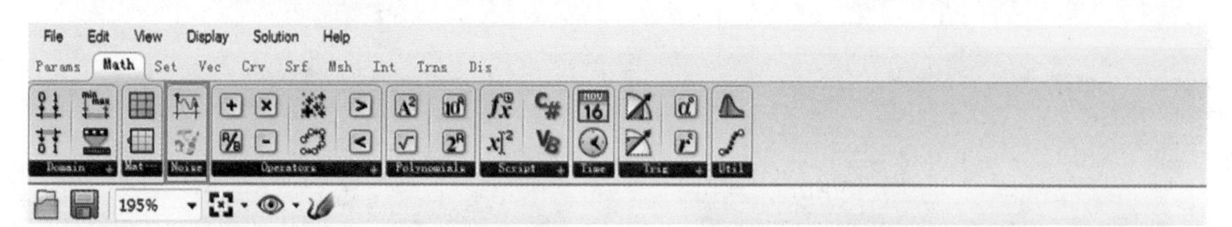

图 4-47 Math 标签栏

4D Noise 插件只包含 PerlinNoise、SimplexNoise 两个运算器，从算法角度来看，SimplexNoise 是在 PerlinNoise 的基础上改进而来的，它不但提高了程序运行效率，而且使效果也得到了加强。如图 4-48 所示，本案例为借助 PerlinNoise 运算器创建网格噪波形体。以下为该案例的具体做法。

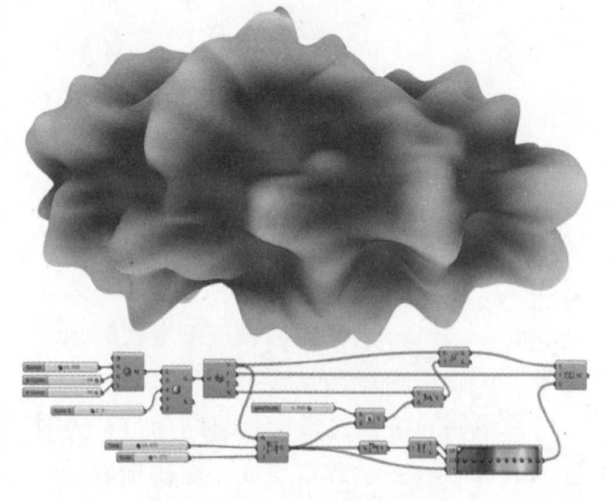

图 4-48 创建网格噪波形体

（1）用 Mesh Sphere 运算器创建一个网格球体。

（2）为了便于调整形体，可通过 Scale UN 运算器对网格球体进行缩放。

（3）用 Deconstruct Mesh 运算器分解缩放后的网格体。

（4）将分解后的网格顶点赋予 PerlinNoise 运算器的 Pt 输入端，同时将 t 和 S 两个输入端分别赋予适当的数值。

（5）通过 Multiplication 运算器将 PerlinNoise 运算器的输出数值乘以一个倍增值。

（6）由 Amplitude 运算器创建新的向量，其方向为原网格顶点的法线方向，大小为 PerlinNoise 的噪波干扰数值。

（7）用 Move 运算器将原始网格的顶点进行移动，其移动的方向和大小由上一步构建的向量控制。

（8）通过 Construct Mesh 运算器依据移动后的网格顶点重新构建网格，其 F 输入端的顶点排序需要与前面分解网格后的顶点排序保持一致。

（9）通过 Bounds 运算器，统计 PerlinNoise 运算器输出数据组成的区间。

（10）由 Deconstruct Domain 运算器提取区间的最小值和最大值。

（11）通过 Gradient Control 运算器将 PerlinNoise 运算器的输出数据进行渐变色映射，并将其赋予 Construct Mesh 运算器的 C 输入端，即可为网格顶点进行着色。

（12）可通过 Catmull-Clark Subdivision 运算器对网格进行细分圆滑。

（13）如图 4-49 所示，改变 PerlinNoise 运算器 S 输入端的数值，可看到 PerlinNoise 细节逐渐增多的过程。

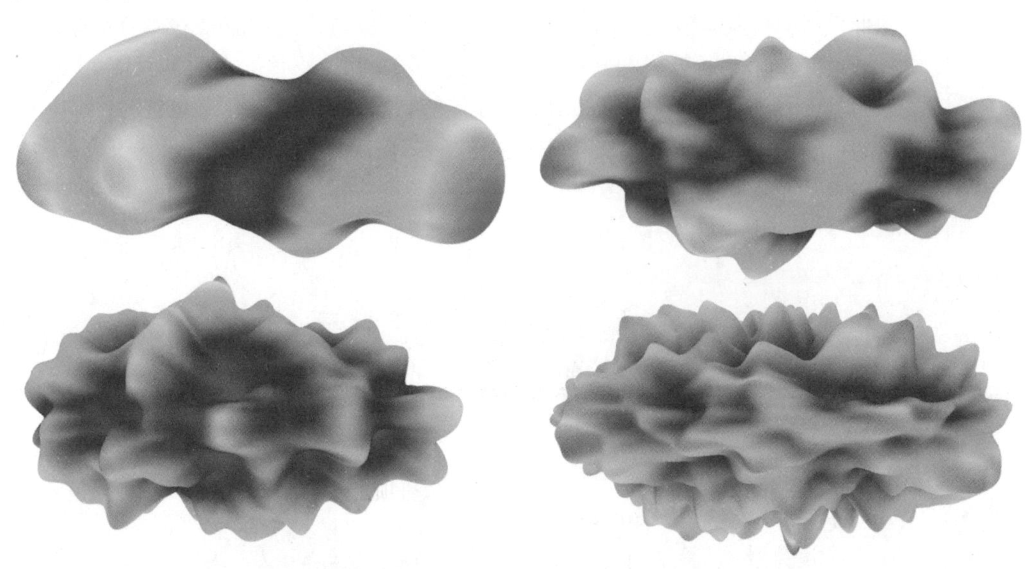

图 4-49 PerlinNoise 细节逐渐增多的过程

用过渲染软件的用户应该对噪波贴图不陌生，在制作水或山地的材质过程中，往往需要增加一个噪波贴图，这样创建的材质才更具有真实感。如图 4-50 所示，该案例为通过 SimplexNoise 运算器创建连续变化的噪波纹理，模拟山地地形的最终效果。

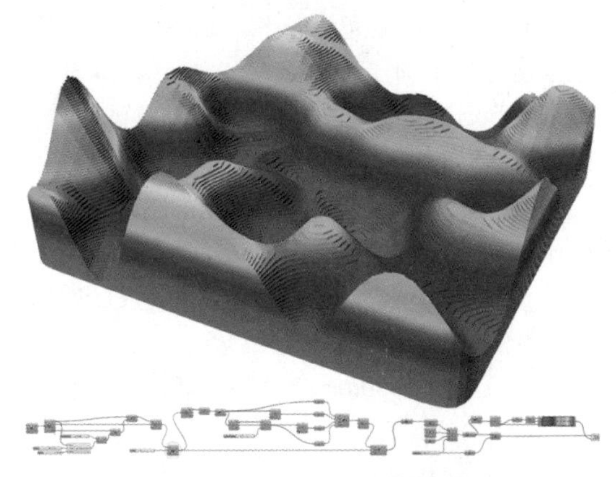

图 4-50 模拟山地地形的最终效果

该案例的主要逻辑构建思路为：首先通过 SimplexNoise 运算器生成一个山地网格，为了创建地形的封闭等高线，需要为其增加一个边框网格；将两部分网格进行合并，生成等距断面线，依据封闭的等距断面线即可创建梯田状的地形结构。以下为该案例的具体做法。

（1）如图 4-51 所示，通过 SimplexNoise 运算器将一个平面网格变为有起伏变化的形态，由于该步骤与前面创造噪波形体的方法类似，只是将 Mesh Sphere 运算器替换为 Mesh Plane 运算器，PerlinNoise 运算器替换为 SimplexNoise 运算器，因此用户可参考前面的制作过程。

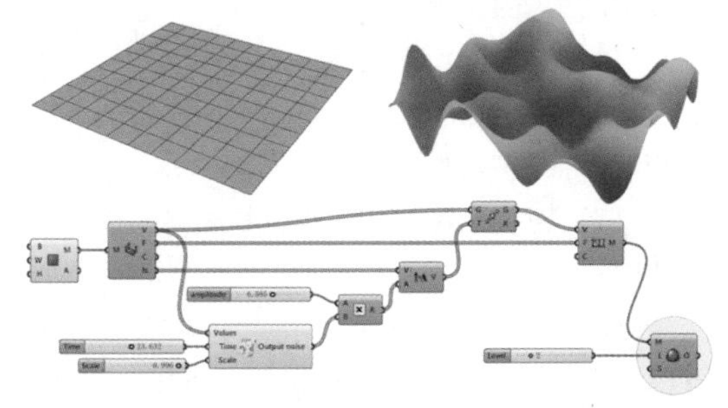

图 4-51 将平面网格变为有起伏变化的形态

（2）如果直接依据上一步骤生成的网格来构建等高线，其结果并不是闭合的，无法生成曲面。为了使生成的等高线是闭合的，需要构建一个网格边框，并且需要保证网格边框的底部低于起伏网格的最低点。如图 4-52 所示，用 Mesh Edges 运算器提取网格的外边框线，并用

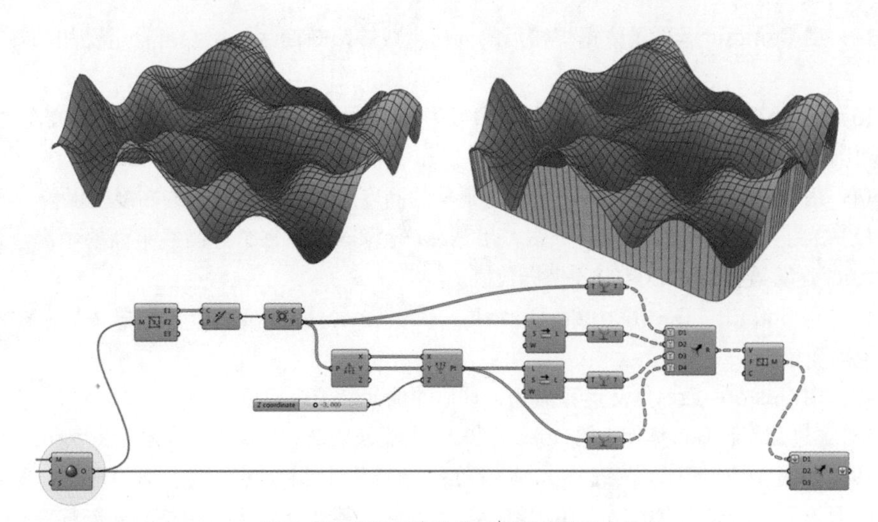

图 4-52　提取网格的外边框线并进行合并

Join Curves 运算器将外边框线进行合并。

（3）通过 Control Polygon 运算器提取边框线的所有顶点。

（4）通过 Deconstruct 运算器提取所有顶点的 X、Y、Z 坐标值。

（5）用 Construct Point 运算器将顶点的 Z 标高设为相同的数值，其 X、Y 坐标保持不变，这里需要注意的是重新设定的 Z 轴标高位置要低于地形网格的最低点。

（6）用 Shift List 运算器对两组点分别进行数据偏移。

（7）将 Discontinuity 运算器、Construct Point 运算器、两个 Shift List 运算器分别赋予 Graft Tree 运算器，这样做的目的是保证每个点分别在一个路径结构内。

（8）用 Merge 运算器将四组点进行合并，为了保证每个路径下有四个点，需要在 Merge 运算器的输入端通过 Simplify 进行路径简化。

（9）用 Construct Mesh 运算器依据合并后的点生成边框网格。

（10）用 Merge 运算器将地形网格和边框网格进行合并，为了保证所有网格在一个路径结构内，可将其输出端通过 Flatten 进行路径拍平。

（11）如图 4-53 所示，用 Mesh Join 运算器将所有网格合并为一个网格，并用 Mesh WeldVertices 运算器焊接网格的顶点。

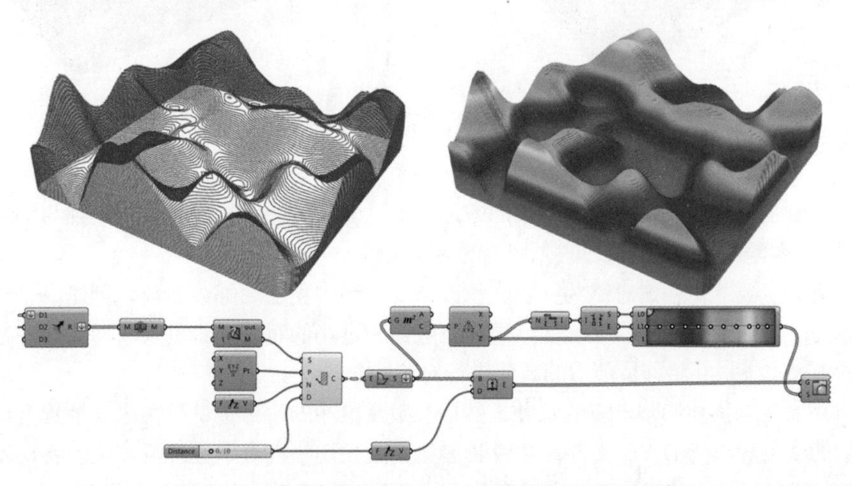

图 4-53　将所有网格合并为一个网格并焊接网格的顶点

（12）用 Contour 运算器依据焊接后的网格生成等距断面线，用户可自定义相邻等高线的高度差。

（13）由于生成的等高线都是闭合的多段线，可直接用 Boundary Surfaces 运算器生成曲面，并将其输出端通过 Flatten 进行路径拍平。

（14）用 Extrude 运算器将平面延伸，延伸的高度应与等距断面线的高度差保持一致。

（15）为了生成地形的高差分析图，用 Area 运算器提取每个等高线平面的中心点，并用 Deconstruct 运算器提取中心点的 Z 坐标数值。

（16）用 Bounds、Deconstruct Domain、Gradient Control 三个运算器依据 Z 坐标数值创建一组渐变色。

（17）由 Custom Preview 运算器为延伸后的曲面赋予渐变色。

（18）通过 Lunch Box 插件中的 Object Bake 运算器可将赋有渐变色的物体 Bake 到 Rhino 空间。

（19）如图 4–54 所示，改变 SimplexNoise 运算器 T 和 S 两个输入端的数值，即可创建不同的地形效果。需要注意的是，在调整变量的同时，还要保证边框网格的底部标高低于地形网格的最低点。

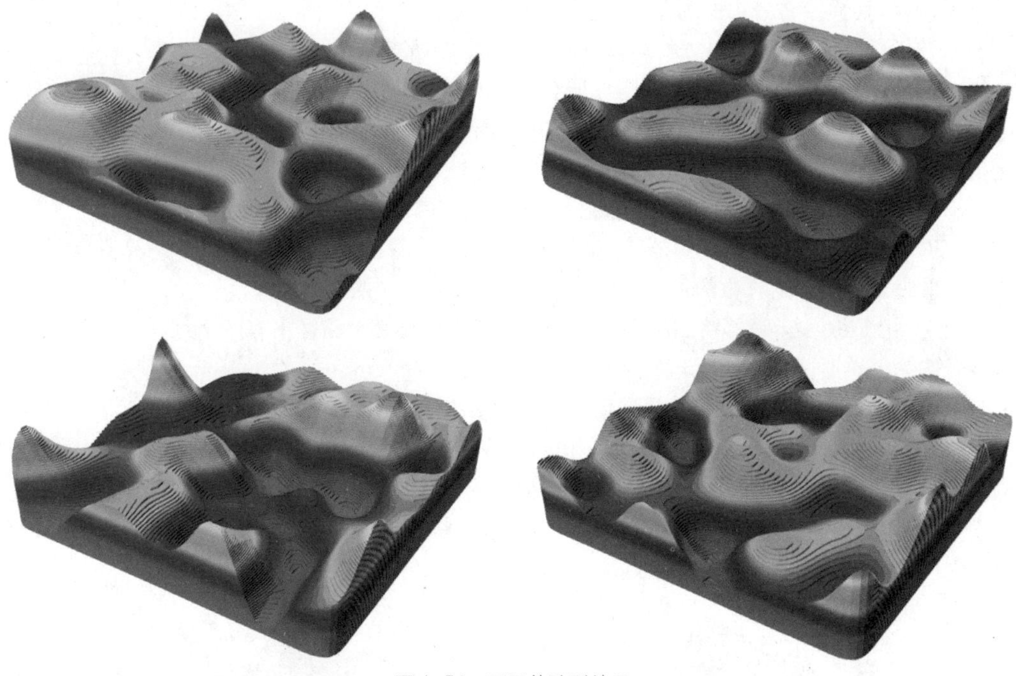

图 4–54　不同的地形效果

3.4 参数化辅助激光切割

激光切割是创建实体模型较为常用的方法，通过 GH 可将板材进行批量平铺与编号，如图 4–55 所示，该案例为参数化辅助激光切割的应用实例。

该案例的主要逻辑构建思路为：首先修改 3.3 章节中程序的部分参数，创建一个较为平缓的地形，为了保证激光切割的准确性，需要删除面积过小的断面；将剩余断面按顺序移植到矩阵网格的中心点上，并将移植前后的断面进行对应编号。

接下来需要确认被切割木板的尺寸，然后在数量最少的木板边框范围内，放置全部断面。将放置后的结果导出为 DWG 文件，并将其连接到激光切割机对木板进行切割。将切割后的板材按照编号进行拼接，即可创建一个地形的实体模型。以下为该案例的具体做法。

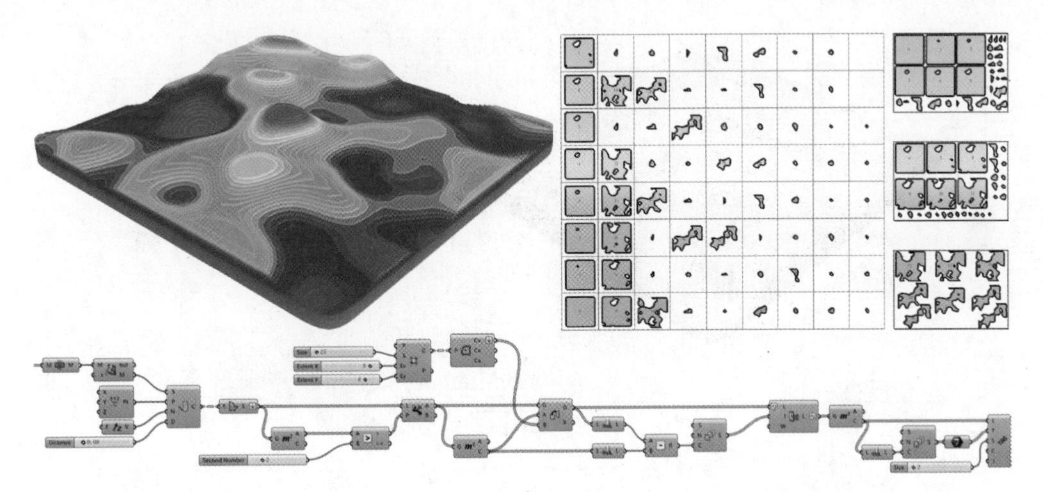

图 4–55　参数化辅助激光切割

（1）如图 4–56 所示，将 3.3 章节中 SimplexNoise 运算器的 Time 和 Scale 两个输入端数据分别更改为 5 和 0.65，同时将 Multiplication 运算器的 A 输入端数据更改为 2.2。

（2）将 3.3 章节中步骤（5）的 Construct Point 运算器的 Z 输入端数据更改为 –1.4。

（3）将 3.3 章节中步骤（12）的 Contour 运算器 D 输入端数据更改为 0.08。

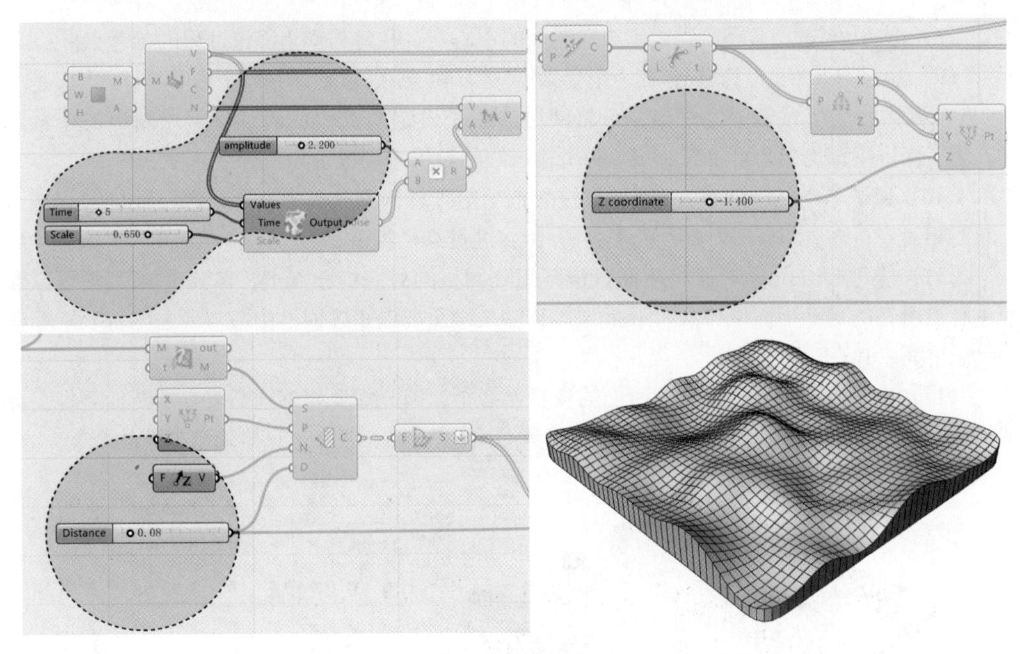

图 4–56　更改数据

（4）如图 4–57 所示，用 Boundary Surfaces 运算器将生成的等高线进行封面，同时需要将其输出端通过 Flatten 进行路径拍平。由于在激光切割案例中不需要有厚度的实体，因此可省去 3.3 章节中延伸曲面的步骤。

（5）由于上一步操作中会生成一些面积过小的断面，为了保证切割结果的准确性，可通过面积判定来删除掉面积过小的断面。

（6）由 Area 运算器计算每个断面的面积，并通过 Large Than 运算器判定面积数值与 2 的大小关系。面积大于 2 的对应输出结果为 True，反之则为 False。

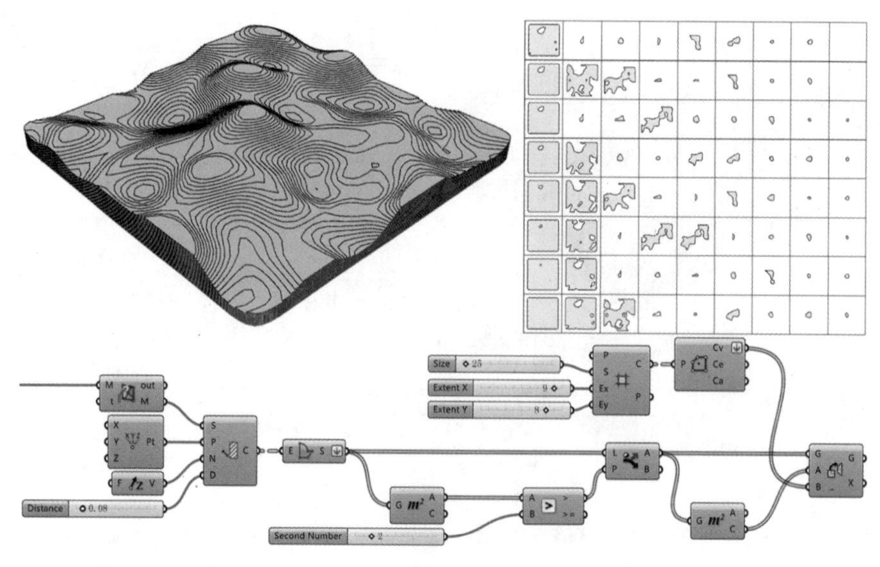

图 4-57　将等高线进行封面

（7）通过 Dispatch 运算器依据布尔值筛选数据，其 A 输出端对应的结果就是面积大于 2 的断面。

（8）由 Area 运算器提取经过筛选后断面的中心点，并将其作为移植过程的参考点。

（9）通过 Square 运算器建立一个矩阵网格，由于在该案例中每个断面的尺寸都是在 20*20 范围内，为了预留一定距离，可将网格的边长设定为 25。同时该案例中断面的个数为 70，为了保证平铺均匀，可将 Ex、Ey 两个输入端的数据分别设定为 9、8。

（10）通过 Polygon　Center 运算器提取每个矩阵格网的几何中心点，为了保证数据结构与断面相对应，需要将其 Cv 输出端通过 Flatten 进行路径拍平。

（11）通过 Orient 运算器将断面移植到矩阵网格的对应中心点上，其 A 输入端需要以断面中心点所在的 XY 平面作为参考平面，其 B 输入端需要以矩阵网格中心点所在的 XY 平面作为目标平面。

（12）由于矩阵网格的数量比断面的数量多 2 个，因此需要将平铺后重复的断面删掉。如图 4-58 所示，用 List　Length 运算器分别测量 Orient、Area 两个运算器输出数据的个数。

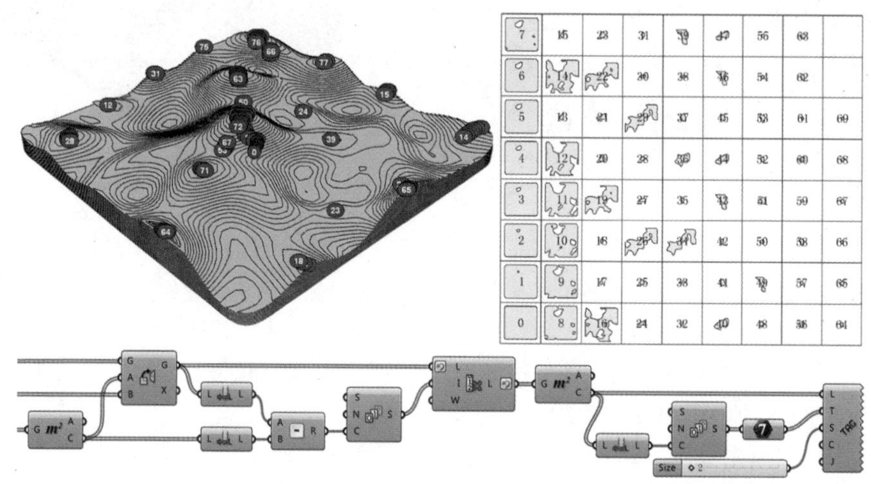

图 4-58　分别测量 Orient、Area 两个运算器输出数据的个数

（13）通过 Subtraction 运算器将移植后断面的总数减去移植前断面的总数，得到的结果即为重复断面的个数。

（14）通过Series运算器创建一个等差数列，该数列的个数需要与重复断面的个数保持一致。

（15）通过 Cull Index 运算器依据索引值删除重复的断面，由于重复断面对应的索引值位于整个数据列表的尾部，因此需要将 L 输入端通过 Reverse 进行数据反转。

（16）为了确保移植前后断面编号保持对应，需要将 Cull Index 运算器的输出端通过 Reverse 进行数据反转。

（17）通过 Area 运算器提取移植后断面的中心点。

（18）由 List Length 运算器测量移植后断面的总数，并通过 Series 运算器创建一个与断面数量保持一致的等差数列。

（19）由于等差数列的输出结果是带有小数点的整数，为了方便编号，需要通过 Integer 运算器将等差数列转换为不带小数点的整数。

（20）通过 Text Tag 3D 运算器，对矩阵网格内的断面进行编号标注，其标注的位置为每个断面的中心点，标注的文字为每个断面对应等差数列的数字，标注文字的大小设定为 2。为了保证标注文字的中心点恰好位于断面的中心点位置，需要通过右键单击其 J 输入端，将位置更改为 Middle Center。

（21）通过 Brep Edges 运算器提取矩阵网格内的断面边缘，并将其 Bake 到 Rhino 空间中，同时将矩阵网格和编号标注也 Bake 到 Rhino 空间中。

（22）选中 Rhino 空间中的三组物体，然后点选【文件—导出选取的物体】，将文件保存类型更改为 DWG 格式。

（23）用 CAD 打开导出的 DWG 格式文件，由于之前在 Rhino 空间中设定的单位为毫米，因此 CAD 空间中设定的单位也应为毫米。

（24）由于每个断面的尺寸都是在 20*20 范围内，在 CAD 中将全部的断面边框放大 20 倍后，将来实体模型的范围将在 400*400 范围内。

（25）该案例中被切割的木板尺寸为 1200*800，将放大后的边框放置于 1200*800 范围内，如图 4–59 所示，需要三块木板才可放置全部的断面边框（关于材料的排布优化，用户可使用 RhinoNest 插件，其对于耗材较多的模型会降低不少成本。由于该案例中的板材无论怎样优化都不可能放置于两块木板内，因此并不需要 RhinoNest 插件进行排列优化）。

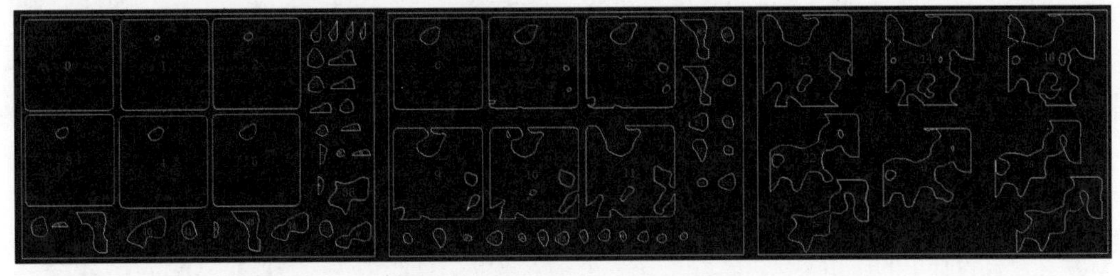

图 4–59　放置全部的断面边框

（26）如图 4–60 所示，将需要切割的文件以 DXF 格式导入到 LaserCA 软件中，使其与激光切割机进行连接。

（27）在 LaserCA 软件中将文件定位在黑色切割区的适当位置，并调整切割尺寸与起始切割位置，全部参数设置完毕以后，即可开始切割面板。

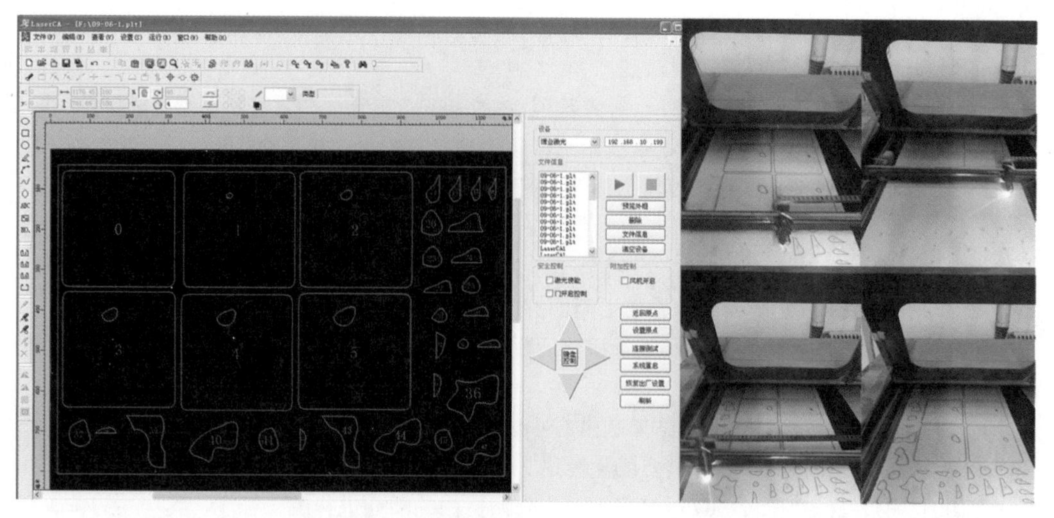

图 4-60　将需要切割的文件导入到 LaserCA 软件中

（28）如图 4-61 所示，按照编号将切割后的木板进行拼装，即可创建地形文件对应的实体模型。

图 4-61　地形文件对应的实体模型

3.5 MetaBall 算法应用

MetaBall 算法可创建类似水滴等液体融合的效果，该算法是以点为中心建立能量场，由于其互相叠加作用，能量场大小相等的点就会组成等势线或等势面。GH 中自带的 MetaBall 算法只能创建 2D 等势线，如果需要创建 3D 等势面，则需要依靠插件或代码来实现。如图 4-62 所示，该案例为 MetaBall 算法在建筑设计中的应用实例。

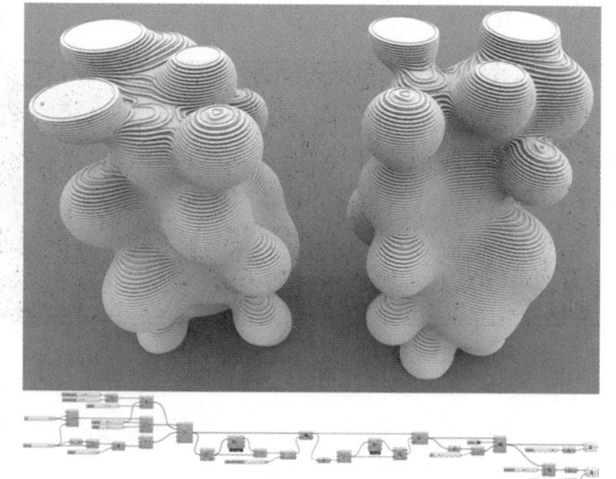

图 4-62　MetaBall 算法在建筑设计中的应用

该案例的主要逻辑构建思路为：首先通过 MetaBall 运算器依据三维随机点创建等势线，由于生成的结果中会包含很多重复的线条，因此需要通过判定删除重复线；将剩余等势线延伸出一定高度作为玻璃幕墙，再将等势线向外偏移一定距离作为楼板的边界，最后将偏移后的曲线通过封面生成楼板结构。以下为该案例的具体做法。

（1）如图 4–63 所示，通过 Center Box 运算器创建一个长方体，其 X、Y、Z 三个输入端的数值分别设定为 100、100、200。

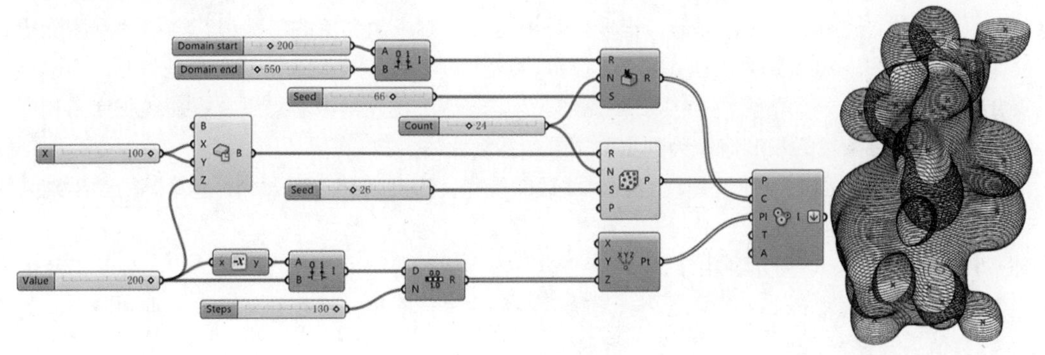

图 4–63　操作过程

（2）通过 Populate 3D 运算器在长方体范围内创建三维随机点，其 N 输入端随机点的数量设定为 24，其 S 输入端随机种子的数值设定为 26。

（3）通过 Random 运算器创建一组随机数据，其 R 输入端的区间设定为 200 至 550，其 N 输入端随机数据的个数需要与随机点的数量保持一致，其 S 输入端随机种子的数值设定为 66。

（4）由于长方体的高度为 400，且其最低点和最高点的 Z 轴坐标分别为 –200 和 200，因此通过 Construct Domain 运算器创建一个 –200 至 200 的区间，等势断面即生成于该高度区间内。

（5）通过 Range 运算器将上一步骤创建的区间等分 130 段，那么将会生成 131 层断面。

（6）将等分后的结果赋予 Construct Point 运算器的 Z 输入端，即可在 –200 至 200 高度范围内生成一组等分点。

（7）将随机点数据赋予 MetaBall 运算器的 P 输入端，作为产生能量场的中心；将随机数据赋予 MetaBall 运算器的 C 输入端，作为对应中心点产生能量场的强度值；将点赋予 MetaBall 运算器的 Pl 输入端，作为产生等势线的高度。

（8）由于 MetaBall 运算器的输出结果为树形数据，为了方便后续数据的筛选判定，需要将其输出端通过 Flatten 进行路径拍平。

（9）如图 4–64 所示，通过 Polygon Center 运算器提取每个等势线的几何中心点。

（10）通过 Cull Duplicates 运算器在一定阈值内删除重复点，其 T 输入端的阈值保持默认的 0.1 即可，同时将其 P 输出端通过 Graft 形成树形数据。

（11）通过 Distance 运算器测量原始等势线的几何中心点到剩余点的距离。

（12）由 Smaller Than 运算器判定距离与 0.1 的大小关系。

（13）通过 Dispatch 运算器，依据布尔值，将几何中心点重合的等势线放在一个路径结构内。

（14）用 Length 运算器测量全部线的长度，并将长度值赋予 Construct Point 运算器的 Z 输入端，这样就把曲线长度转换成了标高不同的点。

（15）通过 Cull Duplicates 运算器在一定域值内删除重复点。

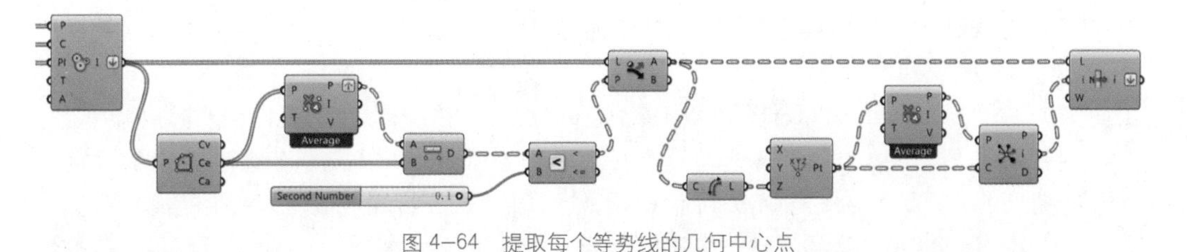

图 4–64　提取每个等势线的几何中心点

（16）由 Closest Point 运算器计算每组点到上一步骤输出数据所对应的最近点，并提取其对应的索引值。

（17）通过 List Item 运算器，提取出每个路径下对应索引值的等势线，即可达到删除重复等势线的目的。（从步骤（9）到步骤（17）共使用了两次判定筛选，第一次是将几何中心点重合的等势线放在一个路径结构内；第二次是为了避免出现几何中心点重合、曲线长度不相同的情况，即以每条线的长度值作为判定依据删除重复曲线。）

（18）由于后面的操作过程没有针对路径的操作，因此可将 List Item 运算器的输出端通过 Flatten 进行路径拍平。

（19）如图 4–65 所示，由于 MetaBall 运算器生成的等势线控制点非常多，不便于后续的操作，因此需要通过 Rebuild Curve 运算器对等势线进行重建，将其 D 输入端的曲线阶数改为 3，该数值可通过 Value List 运算器进行创建。

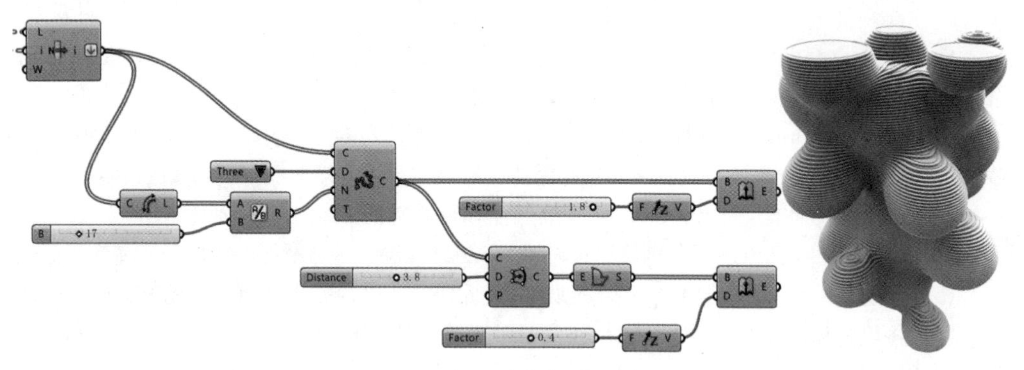

图 4–65　对等势线进行重建

（20）由于提取出的曲线长度差别很大，如果将全部重建曲线的控制点数量设为相同数值，那么有些长度较小的曲线会产生过多的控制点。由 Length 运算器测量全部曲线的长度，并通过 Division 运算器将其除以一个适当的数值，将其输出结果赋予 Rebuild Curve 运算器的 N 输入端，作为每条曲线对应的重建控制点数量。

（21）将重建后的曲线通过 Extrude 运算器沿着 Z 轴方向延伸 1.8 个单位长度，其结果可作为玻璃幕墙结构。

（22）通过 Offset Loose 运算器，将重建后的曲线向外偏移 3.8 个单位长度，偏移后的曲线可作为楼层边缘线。

（23）由 Boundary Surfaces 运算器将楼层线进行封面，并通过 Extrude 运算器将曲面沿着 Z 轴方向延伸 0.4 个单位长度作为楼板结构。

由于 GH 自带的 MetaBall 运算器只能产生等势线，要想创建等势面则需要依靠插件或代码。如图 4–66 所示，BEE 插件中的 Bee_ISOMesh_FromPts 运算器可创建 3D 变形球。以下为该案例的具体做法。

（1）通过 Sphere 运算器创建一个半径为 1300 单位长度的球体。

（2）用 Brep | Plane 运算器计算 XY 平面与球体的相交线，并通过 Split Brep 运算器用相交线对球体进行分割。

（3）通过 List Item 运算器提取索引值为 0 的数据，其结果为对应的上半部分球体。

（4）通过 Populate Geometry 运算器在上半部分球体上产生随机点，将其数量设定为 100。把随机点数据赋予 Bee_ISOMesh_FromPts 运算器 Loc_Pts 输入端作为产生能量场的点。

（5）由 Random 运算器创建一组随机数据，并通过 Construct Domain 运算器将随机数

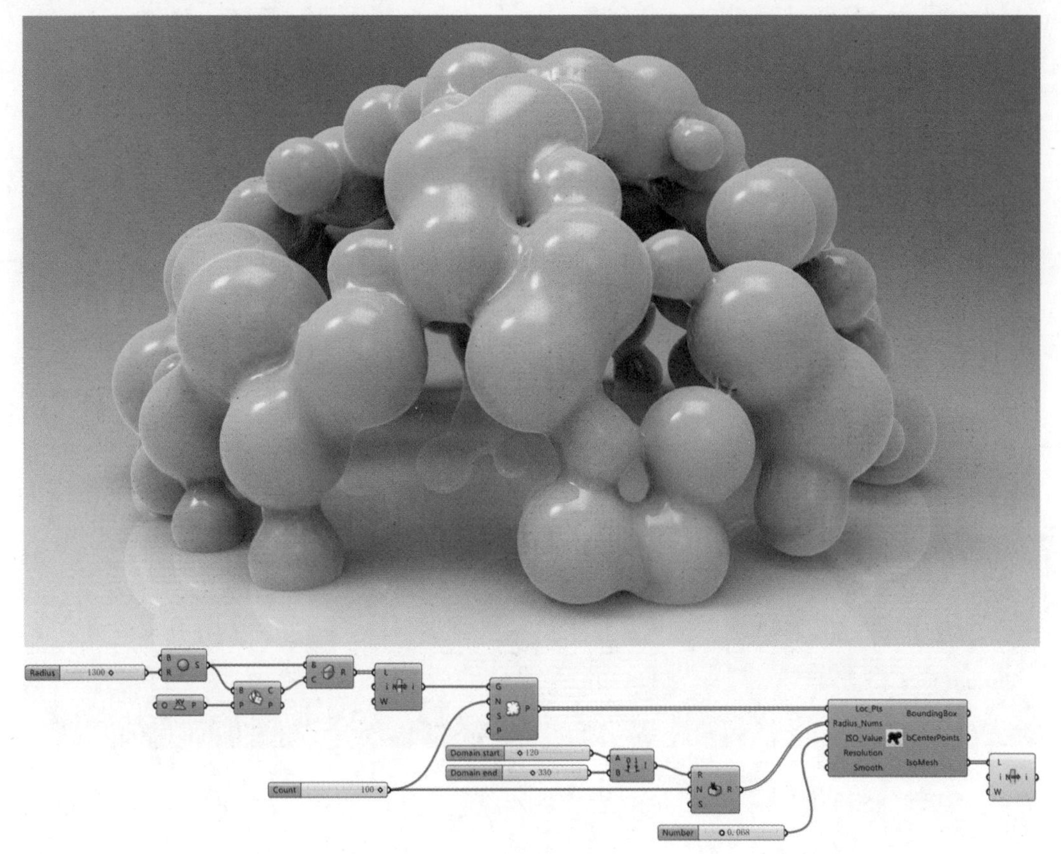

图 4–66　3D 变形球

据的区间限定在 120 至 330，随机数据的个数需要与随机点数量保持一致。将随机数据赋予 Bee_ISOMesh_FromPts 运算器的 Radius_Nums 输入端，作为随机点对应能量场的强度值。

（6）将 Bee_ISOMesh_FromPts 运算器的 ISO_Value 输入端的数值设定为 0.068。

（7）生成的结果中包含部分未能与其他球体相交的单体，通过 List Item 运算器可将全部交接在一起的变形球提取出来。

3.6 网格图片映射

在前面的案例中介绍了如何通过噪波算法影响网格的纹理变化，如图 4–67 所示，本案例为通过图片灰度值影响网格的形体，这种方法能够更精确地控制纹理变化的位置和强度。

该案例的主要逻辑构建思路为：首先将图片以网格形式导入到 GH 中，网格的每个顶点都对应一个灰度值，将其作为一个曲面上点移动距离的依据；通过移动之后的点重新生成网格，最后依据网格生成楼板层。以下为该案例的具体做法。

（1）如图 4–68 所示，首先在 PS 中绘制一个黑白纹理图片，用户也可以在网上搜索黑白纹理图片来获取素材。

（2）用 Import Image 运算器将图片以着色网格的形式导入 GH 中，通过右键单击其 F 输入端，选择 Set One File Path 指定图片路径，其 X、Y 两个输入端表示着色网格顶点的数量。

（3）通过 Deconstruct Mesh 运算器将着色网格进行分解。

（4）用 Ellipse 运算器创建一个椭圆平面线，并通过 Extrude 运算器将其延伸形成一个面。

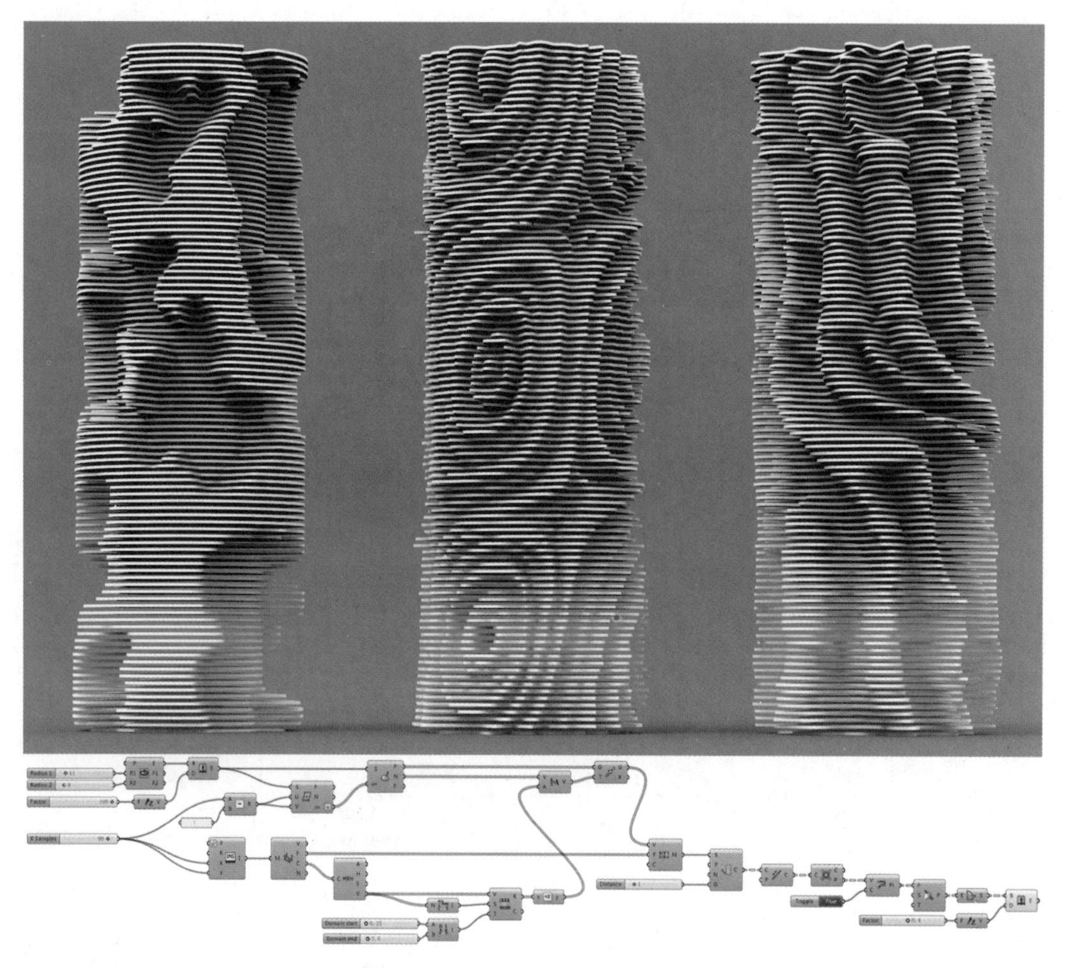

图 4–67　通过图片灰度值影响网格形体

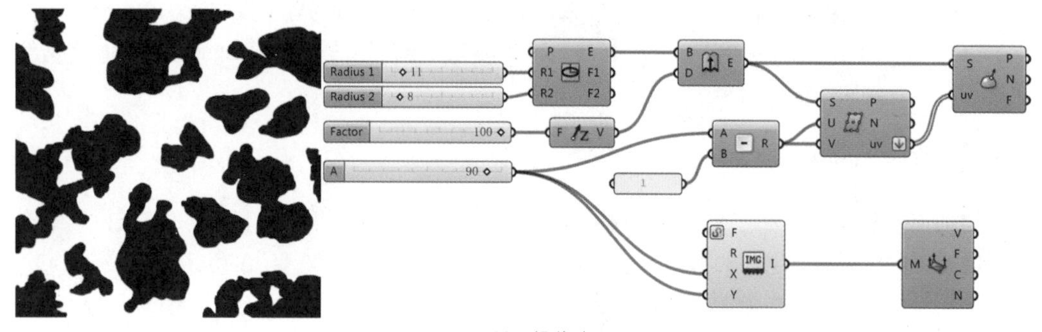

图 4–68　操作步骤

（5）用 Divide Surface 运算器在曲面上生成等分点。为了保证等分点数量与网格顶点数量一致，需要将网格的 X、Y 两个方向顶点数量减去 1，然后将结果分别赋予 Divide Surface 运算器的 U、V 两个输入端。

（6）用 Evaluate Surface 运算器计算等分点对应的曲面法线方向，为了简化路径结构，可将 Divide Surface 运算器的 U、V 输出端通过 Flatten 进行路径拍平。

（7）如图 4–69 所示，用 Split AHSV 运算器将网格每个顶点对应的颜色分解为 alpha 值、色相、饱和度、色调。

（8）将色调的数值由 Remap Numbers 运算器映射到一个适当的区间内。

（9）通过 Amplitude 运算器为曲面上等分点的法线方向赋予数值。

（10）由 Move 运算器将曲面上的等分点沿着向量进行移动，图片颜色越亮位置的点移动的距离越大，反之则越小。

（11）用 Construct Mesh 运算器依据移动之后的点生成网格，并且将着色网格的顶点序号与颜色赋予该运算器的 F 和 C 输入端。

（12）如图 4-70 所示，用 Contour 运算器在网格表面生成等距断面线。

（13）用 Join Curves 运算器将生成的曲线进行合并，并通过 Control Polygon 运算器提取多段线顶点。

（14）由于生成的网格在原曲面接缝处是不闭合的（如果用户想构建一个闭合的网格，则需要保证原始图片左右两侧交接处的亮度值保持一致），因此需要通过 PolyLine 运算器将顶点重新连成线，为了使生成的多段线是闭合的，可将其 C 输入端的布尔值改为 True。

（15）用 Smooth Polyline 运算器对多段线进行适当的圆滑处理。

（16）通过 Boundary Surfaces 运算器依据曲线生成平面，并用 Extrude 运算器将其延伸出一定的厚度。

（17）如图 4-71 所示，不同的黑白纹理图片对应不同的形体效果。如果用户想精确控制形体的纹理位置，则需要调整黑白颜色的分布位置，并且通过多次调试，得到满意的结果。

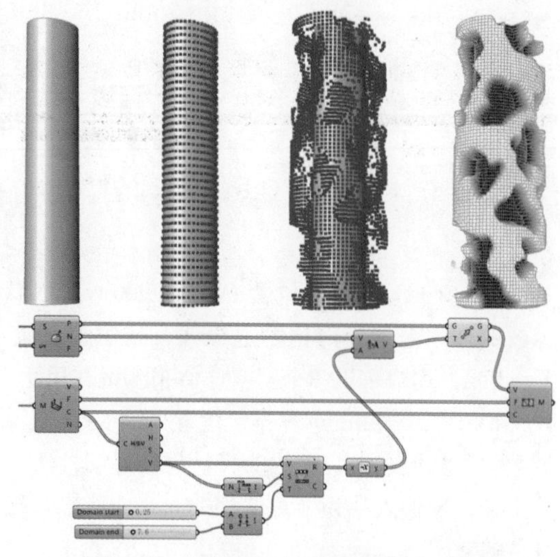

图 4-69　将网格每个顶点对应的颜色分解

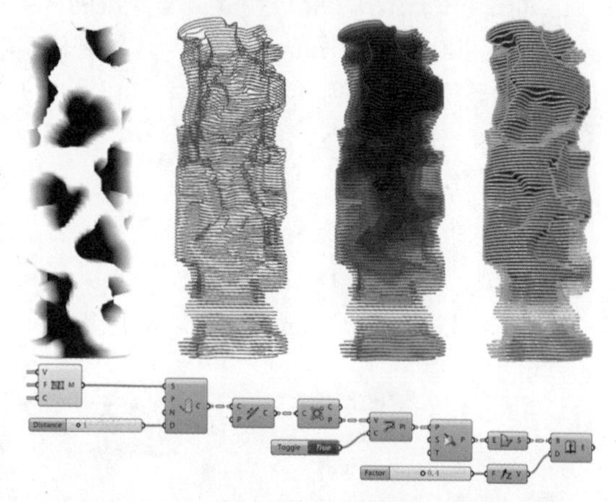

图 4-70　在网格表面生成等距断面线

图 4-71　不同黑白纹理图片对应的不同形体效果

4．Exoskeleton 插件应用

4.1 Exoskeleton 插件简介

由于 GH 自带的 Pipe 运算器对于杆件交接部位并没有任何处理，因此需要引入外部插件来增强 GH 构建节点的能力，Exoskeleton 插件常用于处理杆件的交汇节点。该插件的下载地址为：http://www.grasshopper3d.com/group/exoskeleton 。插件的安装文件可直接复制到文件夹目录 C:\Users\Administrator\AppData\Roaming\Grasshopper\Libraries 下。如图 4-72 所示，插件安装完毕后，重启 GH 即可在 Mesh 组件下看到 Exoskeleton 插件包含的两个运算器。

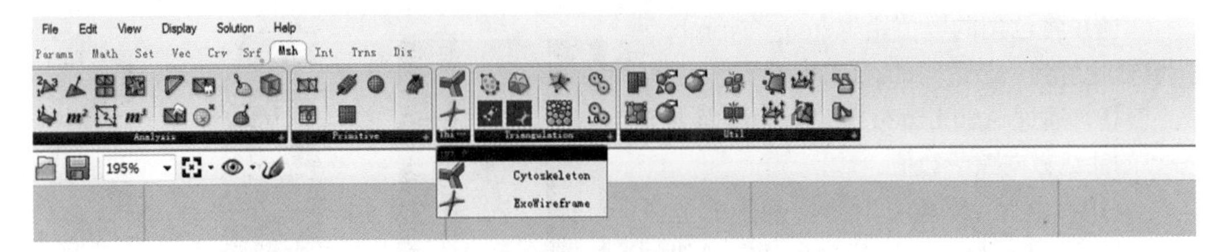

图 4—72 Mesh 组件

Exoskeleton 插件包含 Cytoskeleton、ExoWireframe 两个运算器，其中 Cytoskeleton 运算器的作用是加厚网格的边缘线，其用法类似 Weaverbird 插件中的 Picture Frame 和 Mesh Thicken，用户可用一个网格球体来测试其用法。

ExoWireframe 运算器包含七个输入端：L 输入端为需要产生杆件的线段；S 输入端为网格的数量，数值越大，生成的杆件越接近圆柱体；Rs 和 Re 两个输入端分别为杆件起始点和终点的半径；N 输入端为节点偏移的大小；D 输入端为杆件的纵向网格等分的数量；O 输入端控制杆件的封闭。

如图 4—73 所示，用 Pipe 运算器生成的杆件在中心交汇处并无任何处理，杆件彼此间并无连接，而用 ExoWireframe 运算器生成的杆件，则通过交汇处的节点将所有杆件合并为一体，同时其输出的结果为网格结构。

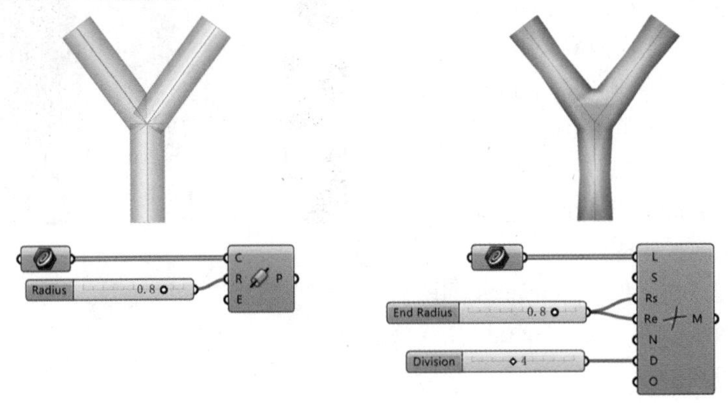

图 4—73 Pipe 运算器和 Exo Wireframe 运算器生成的杆件效果对比

4.2 Exoskeleton 插件应用案例一

Exoskeleton 插件为我们提供了由线段直接构建网格体的方法，它可以创建粗细不均匀的结构体。如图 4—74 所示，该案例为通过 ExoWireframe 运算器构建连接杆件的应用实例。

该案例的主要逻辑构建思路为：首先创建一组三维随机点，并将每个点与其对应距离最近的四个点分别连线；连线的输出结果中包含了部分重复线，需要将其删除；提取剩余直线的端点，并判定其到边界长方体顶面中心点的距离，将该距离数值作为生成杆件起点和终点半径的依据，最后用 ExoWireframe 运算器将全部的线段生成有节点的杆件。以下为该案例的具体做法。

（1）如图 4—75 所示，通过 Center Box 运算器创建一个边界长方体，并用 Populate 3D 运算器在其范围内创建一组随机点。

（2）用 Voronoi 3D 运算器依据随机点生成三维泰森多边形单元体，并通过 Random Reduce 运算器将其随机删除一部分。

（3）由 Brep Edges 运算器提取单元体的轮廓线，并通过 Kangaroo 插件中的 removeDuplicateLines 运算器删除重合线。

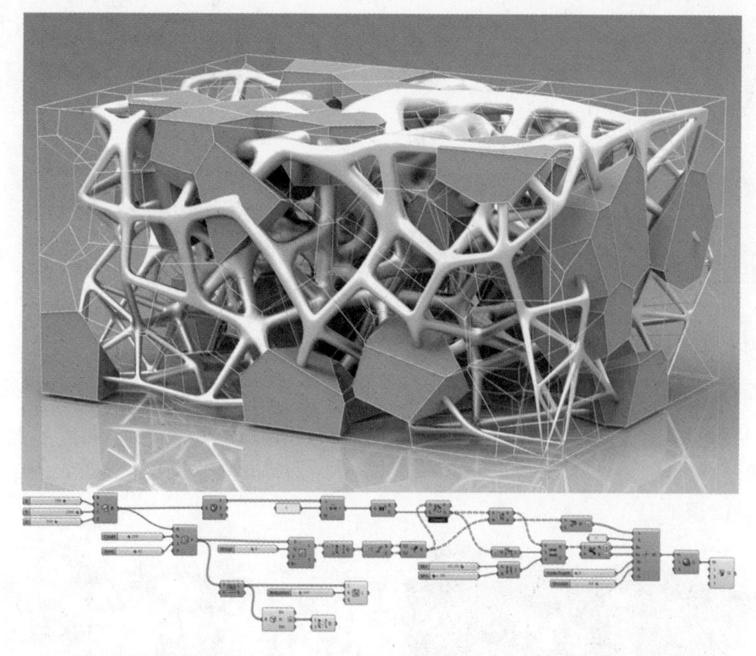

图 4-74　用 Exo Wireframe 运算器构建连接杆件的应用实例

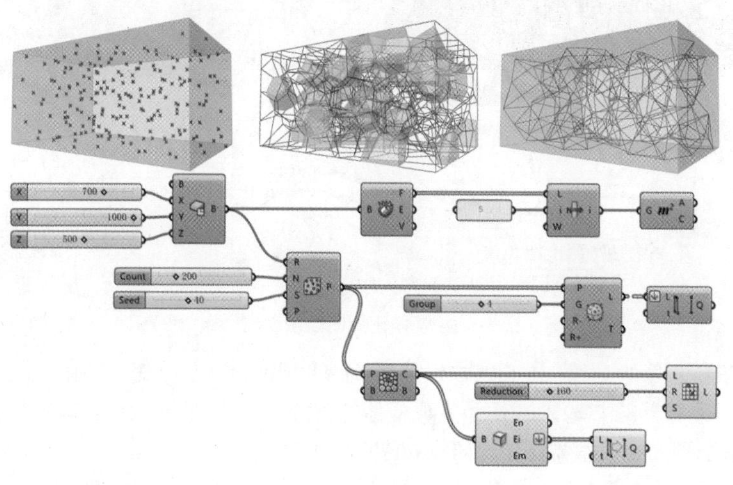

图 4-75　操作步骤

（4）通过 Proximity 3D 运算器将每个点与其距离最近的 4 个点进行连线，并通过 removeDuplicateLines 运算器删除重合线。

（5）通过 Deconstruct Brep 运算器分解边界 Box，由 List Item 运算器提取索引值为 5 的顶面，并用 Area 运算器提取顶面的中心点。

（6）如图 4-76 所示，用 End Points 运算器提取直线的起点和终点，同时需要将其输入端通过 Graft 创建成树形数据。

（7）用 Merge 运算器将同一条直线的两个端点组合在一个路径结构内。

（8）由 Pull Point 运算器计算直线的两个端点到顶面中心点的距离。

（9）通过 Sort List 运算器将端点到顶面中心点的距离由小到大重新排序，并依据该排序法则将合并后的顶点也进行重新排序。这样重新排序的目的是保证在生成杆件时，相邻直线端点处的半径大小保持一致。

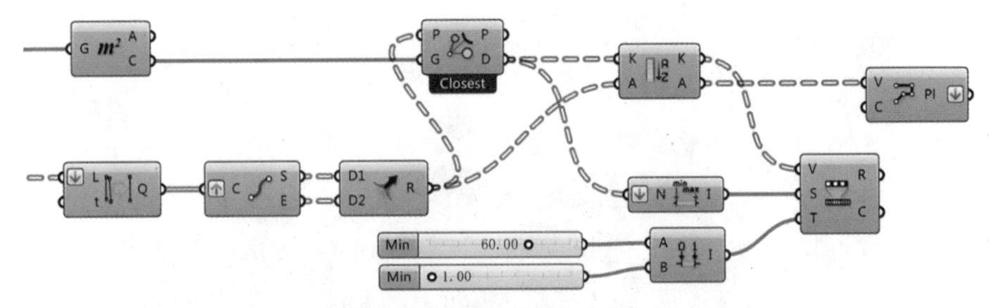

图 4–76　提取直线的起点和终点

（10）用 PolyLine 运算器将重新排序后的顶点连成直线。

（11）通过 Bounds、Construct Domain、Remap Numbers 3 个运算器将距离的数值映射到一定区间内。

（12）如图 4–77 所示，用 Dispatch 运算器将映射后的数值进行分流，并将输出端通过 Flatten 进行路径拍平。

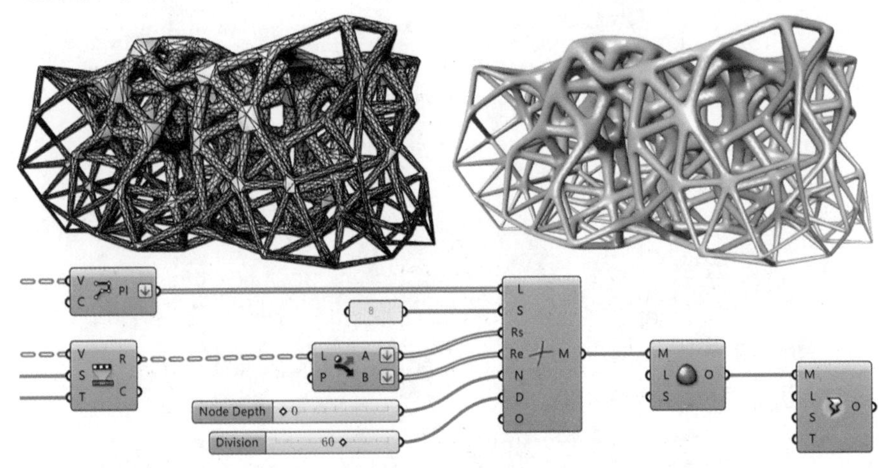

图 4–77　将映射后的数值进行分流

（13）将 PolyLine 运算器的输出数据通过 Flatten 进行路径拍平，并将其赋予 ExoWireframe 运算器的 L 输入端作为生成杆件的直线；再将 Dispatch 运算器的输出数据赋予其 Rs 和 Re 两个输入端，作为杆件起始点和终点的半径。

（14）用 Loop Subdivision 运算器对生成的网格杆件进行细分，并用 Laplacian Smoothing 运算器将细分之后的网格进行圆滑。

（15）如图 4–78 所示，显示泰森多边形边缘线和剩余单元体，并更改程序的参数，可生成不同的结果。

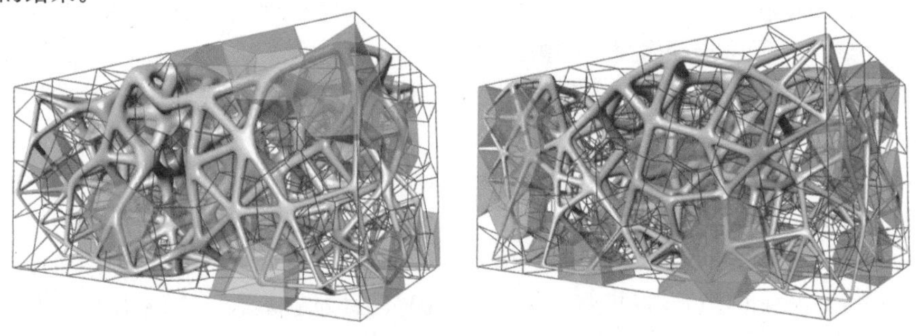

图 4–78　更改程序参数生成的不同结果

通过 ExoWireframe 运算器创建带有节点的杆件，要求直线在节点相交的位置是断开的。如图 4–79 所示，将中间面上的点与顶部和底部的对应点连成线段，然后用 ExoWireframe 运算器生成中间有节点的支撑杆件。

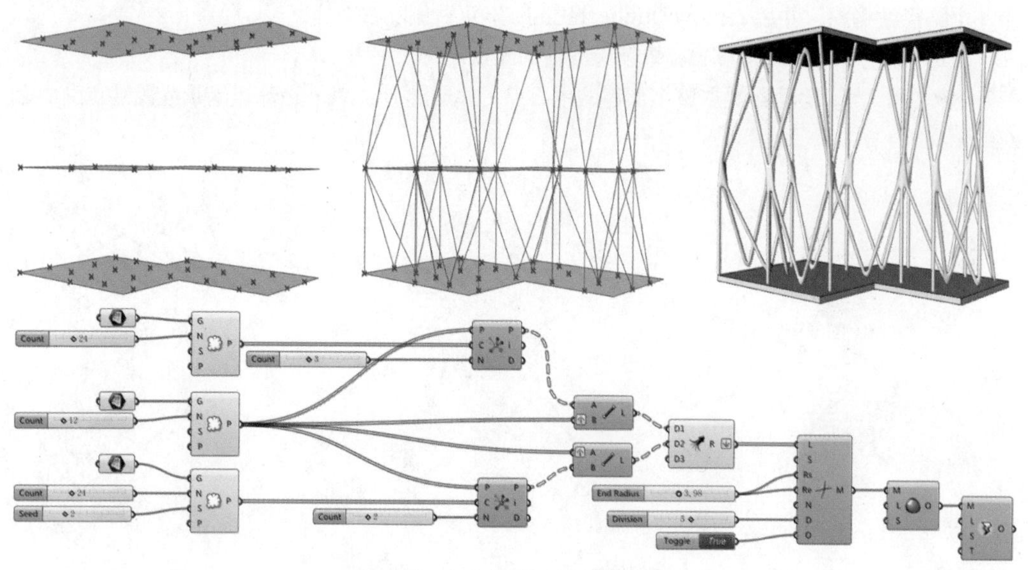

图 4–79　生成中间有节点的支撑杆件

4.3 Exoskeleton 插件应用案例二

Exoskeleton 插件不但可以创建结构类杆件，还可构建网格细分类型的表皮结构。如图 4–80 所示，该案例为通过 ExoWireframe 运算器构建表皮结构的应用实例。

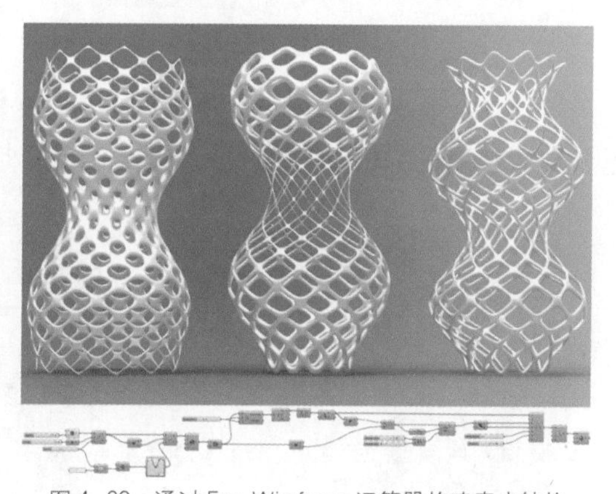

图 4–80　通过 Exo Wireframe 运算器构建表皮结构

该案例的主要逻辑构建思路为：首先创建一个由函数控制形体的曲面，然后对其进行菱形细分；依据菱形子曲面的边缘线生成整体框架，再通过网格细分生成圆滑结构。以下为该案例的具体做法。

（1）如图 4–81 所示，由 Circle 运算器创建一个半径为 180 个单位长度的圆，并通过 Linear Array 运算器将其沿着 Z 轴方向进行阵列。

（2）将阵列后的圆通过 Scale 运算器进行缩放，为了方便调整形体，可由 Graph mapper 运算器控制缩放比例因子。

（3）为了保证数据对应，需要将阵列数减去 1 的结果作为 Range 运算器等分区间的段数。

（4）如果将阵列后的圆直接放样成面，那么生成的结果不是标准曲面，因此要将缩放后的曲线通过 Rebuild Curve 运算器重建为三阶曲线。

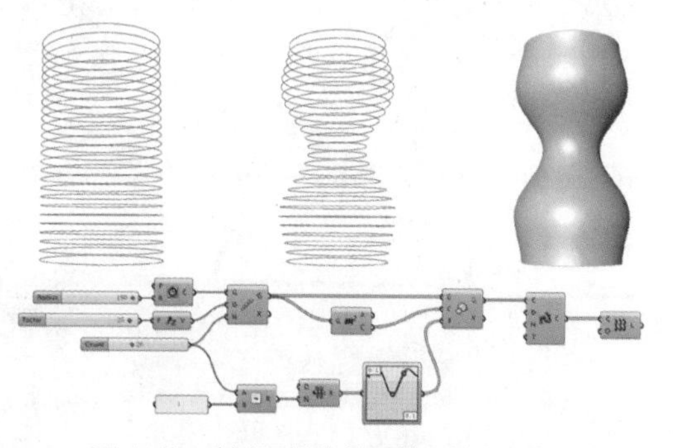

图 4–81　创建圆并将其沿着 Z 轴方向阵列

（5）通过 Loft 运算器将重建后的曲线放样成面。

（6）如图 4-82 所示，通过 LunchBox 插件中的 Diamond Panels 运算器对曲面进行菱形细分。

（7）由 Brep Edges 运算器提取所有子曲面的边缘线，需要通过 Flatten 将所有边缘线放到一个路径结构内，并用 removeDuplicateLines 运算器删除重合线。

（8）通过 Explode 运算器提取所有线段的端点。

（9）用 Area 运算器提取整个形体的中心点，并通过 Distance 运算器测量线段端点到中心点的距离。

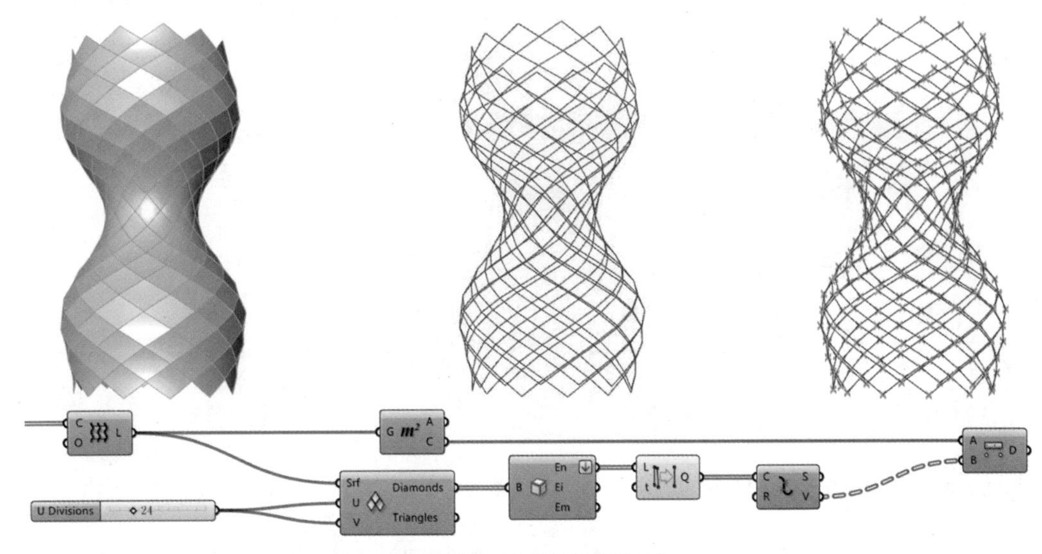

图 4-82 对曲面进行菱形细分

（10）如图 4-83 所示，将距离的数值映射到一定区间范围内，并将映射后的数值通过 Dispatch 运算器进行数据分流，由于该部分与上一个案例中的做法一致，此处不做赘述。

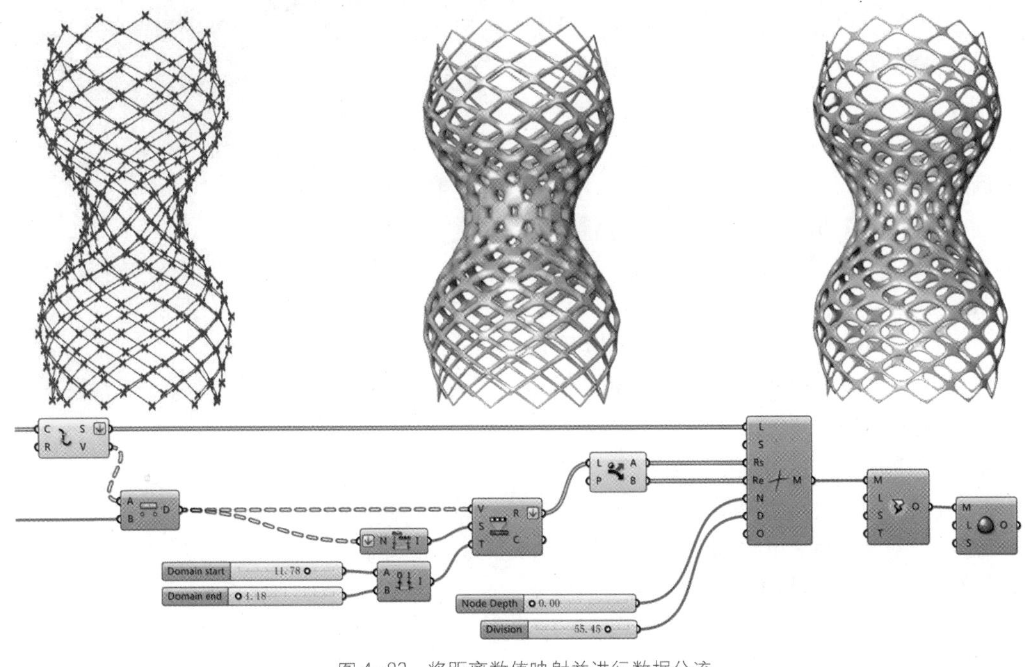

图 4-83 将距离数值映射并进行数据分流

（11）用 ExoWireframe 运算器将所有线段生成整体的框架结构。

（12）为了生成圆滑的网格细分效果，可通过 Laplacian Smoothing 运算器和 Loop Subdivision 运算器对网格进行圆滑和细分。

（13）如图 4-84 所示，改变程序中的函数曲线、ExoWireframe 运算器起始点和终点半径的大小，即可得到不同的结果。

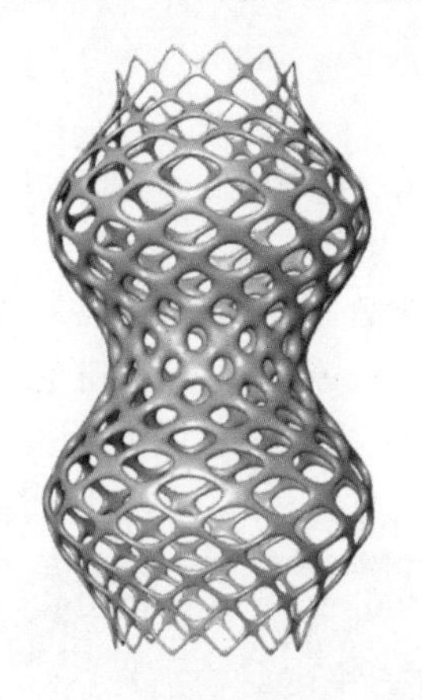

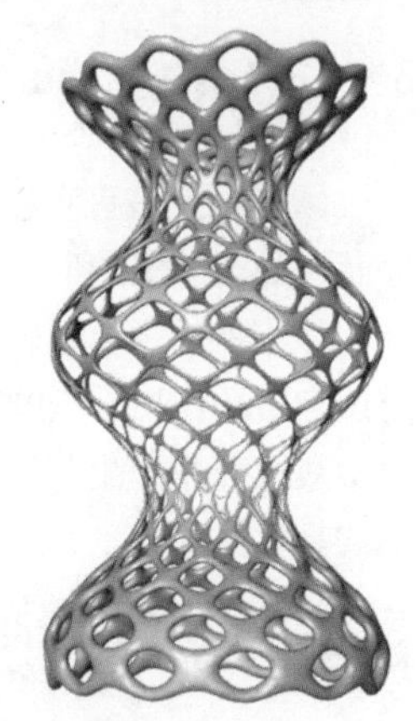

图 4-84　改变参数得到的不同结果

5．Millipede 插件应用

5.1 Millipede 插件简介

Millipede 插件的主要功能是结构分析与优化，可对框架结构与壳结构进行快速的线性与弹性分析。该插件还可以通过拓扑优化的方法来优化结构，并以可视化的形式呈现优化结果。

Millipede 插件的下载地址为：http://www.sawapan.eu/，其安装文件可直接复制到文件夹目录 C:\Users\Administrator\AppData\Roaming\Grasshopper\Libraries 下。如图 4-85 所示，安装完毕后，重启 GH 即可看到该插件出现在标签栏中。

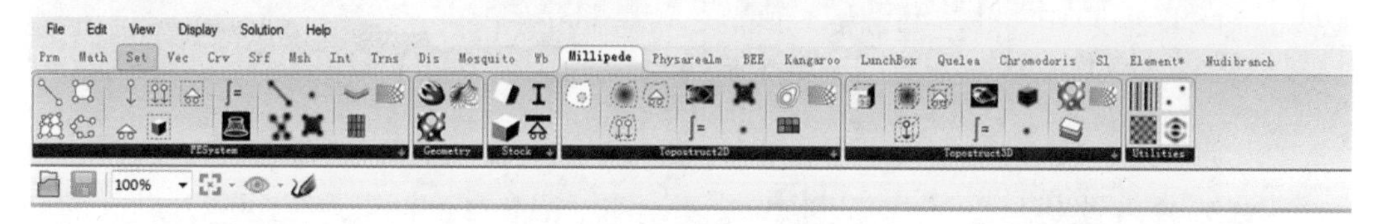

图 4-85　插件出现在标签栏中

Millipede 插件最常用的功能就是用来构建 Iso Surface，即通过矢量场或函数来构建等值面。通过 Geometry Wrapper 和 Iso surface 两个运算器构建等值面是比较便捷的方法。如图 4-86 所示，在 Rhino 空间中确定区域内人的主要流线，通过 Iso Surface 算法生成行人交通流线效率最高的建筑形态，用户需要右键单击 Bounding Box 运算器，勾选【Union Box】选项生成一个整体的边界长方体。

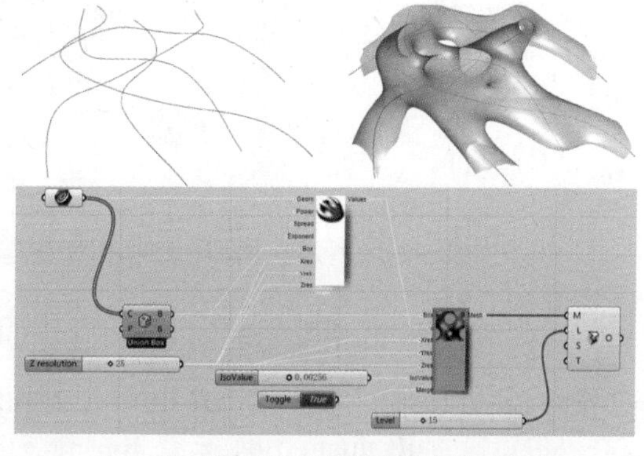

图 4-86　行人交通流线效率最高的建筑形态

Geometry Wrapper 运算器需要与 Iso surface

运算器搭配使用，它提供构建等值面所需要的体数据。两个运算器对应的Box、Xres、Yres、Zres输入端需要赋予相同的数据。

Iso Surface运算器采用Marching Cubes算法实现等值面的提取，其V输入端所需要的体数据，既可以由Geometry Wrapper运算器提供，也可直接由场的强度值来提供，还可由函数直接提供。IsoValue输入端所需要的数据可参考V输入端的平均值。

5.2 点场构建 Iso Surface

场的强度值可直接作为Iso Surface运算器V输入端的体数据，用以提取空间中磁场的等势面。如图4-87所示，该案例为通过点磁场构建Iso Surface的最终效果。

该案例的主要逻辑构建思路为：首先在一个Box范围内，创建一定数量的三维等分点，并通过点磁场作用于三维等分点，由Iso Surface运算器提取出磁场范围内的等势面。为了避免改变参数过程中产生与主体结构不相连的网格，可通过网格面积来筛选出主体结构。以下为该案例的具体做法。

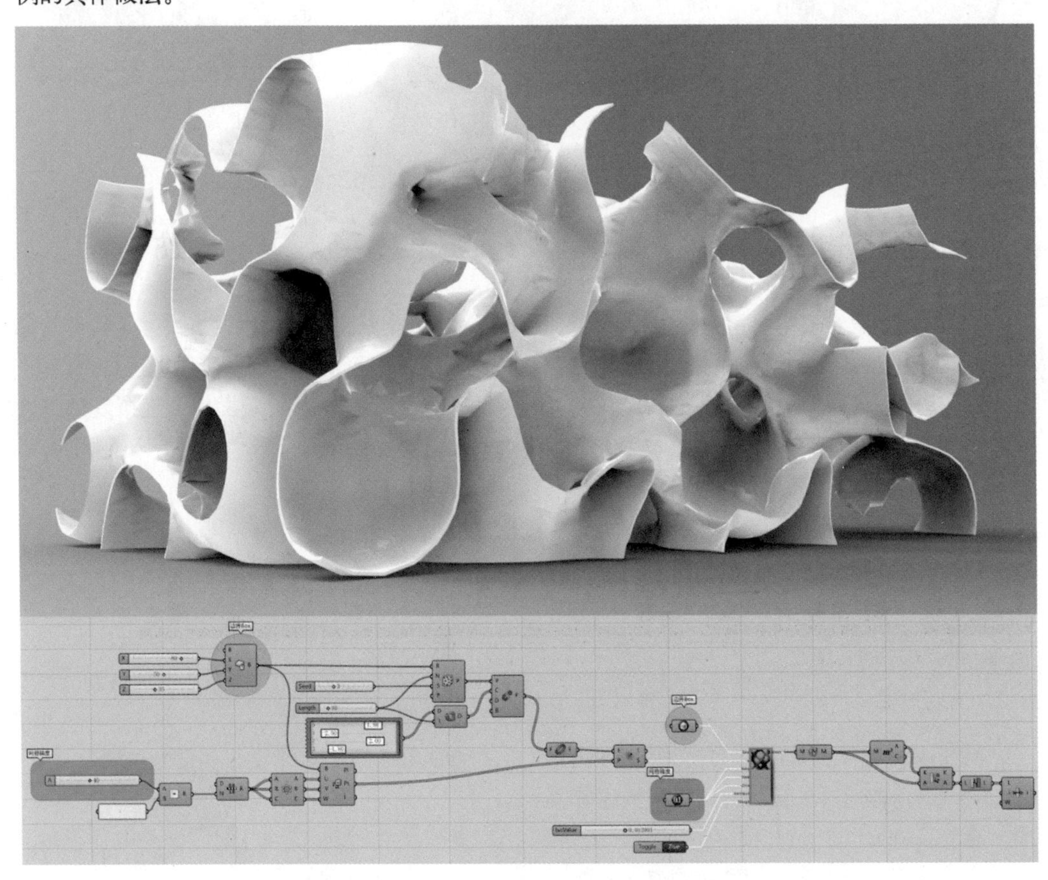

图4-87 通过点磁场构建Iso Surface的最终效果

（1）如图4-88所示，用Center Box运算器创建一个边界，其X、Y、Z输入端分别赋予数值80、50、35。

（2）为了保证程序界面的简洁性，将Center Box运算器的输出数据赋予Box运算器，并将两个运算器同时命名为“边界Box”。后面的操作过程中可将这两个运算器的连线隐藏掉。

（3）通过Evaluate Box运算器创建三维等分点，由于Iso Surface运算器是采用

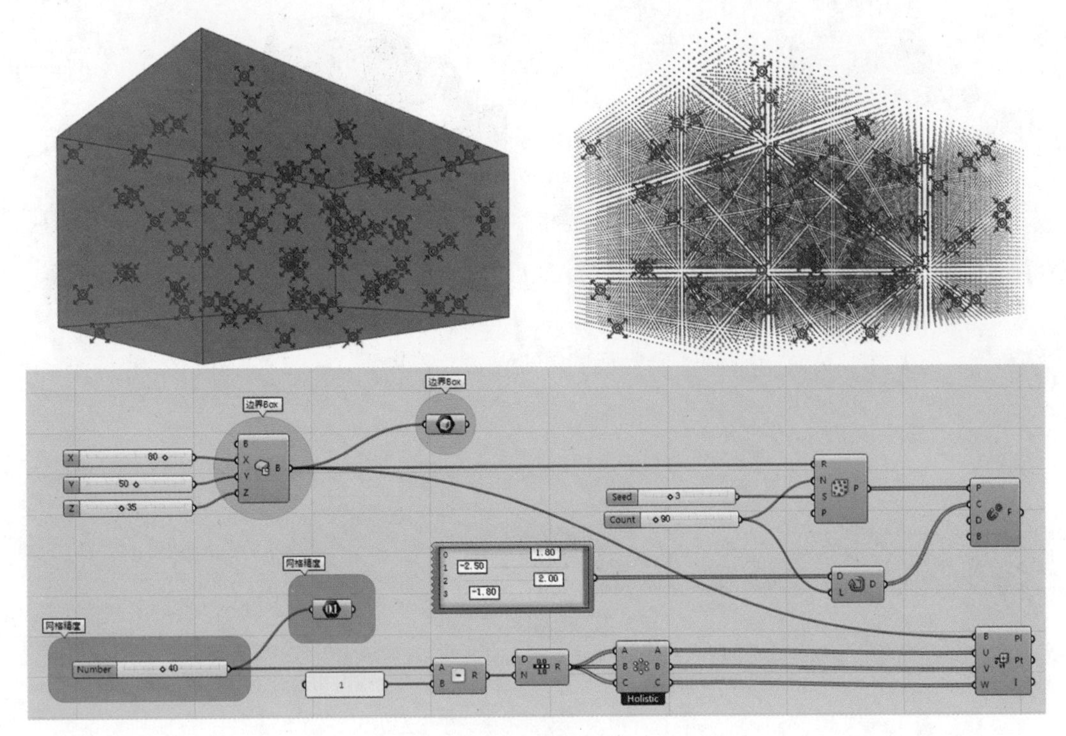

图 4–88　操作步骤

Marching Cubes 算法，为了保证每个方向上的等分点与细分 Box 的数目保持一致，需要将单个方向细分 Box 的数量减去 1 作为等分点的数量。

（4）用 Number Slider 运算器创建一个 40 的数值，并将其赋予 Number 运算器，将两个运算器同时命名为“网格精度”，后面的操作过程中可将这两个运算器的连线隐藏。

（5）通过 Subtraction 运算器将网格精度的数值减去 1，并将结果赋予 Range 运算器的 N 输入端。

（6）为了保证 X、Y、Z 方向生成相同数目的点，需要将 Range 运算器的输出数据通过 Cross Reference 运算器进行交叉对应，可通过放大运算器单击“+”来增加输入端的数量。

（7）将 Cross Reference 运算器的 3 个输出端数据分别赋予 Evaluate Box 运算器的 U、V、W 三个输入端。

（8）依据 Populate 3D 运算器在边界 Box 范围内创建 90 个随机点，其 S 输入端随机种子的数值可设定为 3。

（9）用 Gene Pool 运算器创建 4 个数值，分别为 1.80、−2.50、2.00、−1.80。由于该运算器的默认数值个数为 10，且区间是 0 至 100，可通过双击该运算器改变其数据的个数与区间。

（10）用 Repeat Data 运算器对上一步中创建的 4 个数据进行复制，复制后数据的总数与随机点的数量保持一致。

（11）通过 Point Charge 运算器创建点磁场，以随机点作为磁场的中心点，复制后的数据作为磁场的强度值。

（12）如图 4–89 所示，用 Merge Fields 运算器将全部的点磁场进行合并。

（13）通过 Evaluate Field 运算器测量每个三维等分点位置所对应的磁场强度。

（14）将边界 Box 赋予 Iso Surface 运算器的 Box 输入端；将三维等分点所处位置的磁场

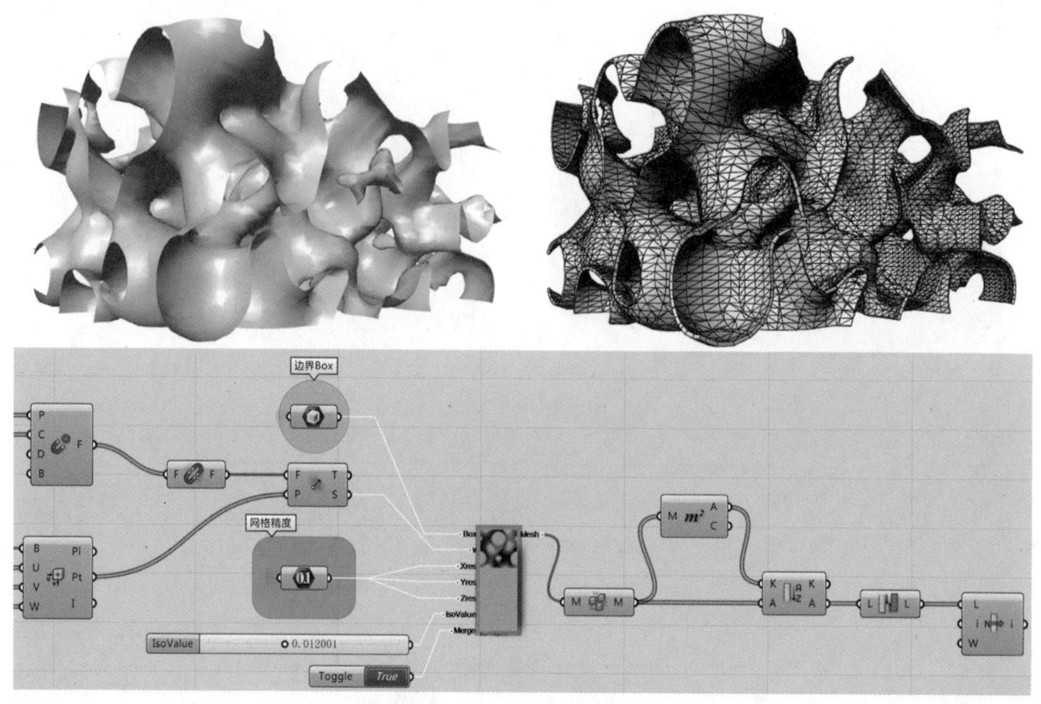

图 4-89　将全部的点磁场进行合并

强度值赋予其 v 输入端；将网格精度值赋予其 Xres、Yres、Zres 输入端。

用 Average 运算器测量磁场强度的平均值为 0.028662，因此 IsoValue 输入端的数值大小应与该值相差不大，该案例赋予的数值为 0.012001；将 True 布尔值赋予其 Merge 输入端，使生成的网格更圆滑。

（15）在调整 IsoValue 输入端变量的过程中，会出现部分网格未与主体相连的情况，为了使得到的结果只有一个整体的网格形体，可通过 Disjoint Mesh 运算器将不连接的网格进行分割。

（16）用 Mesh Area 运算器测量分割后全部网格的面积。

（17）通过 Sort List 运算器将网格按照面积大小进行排序。

（18）整体网格形体的面积是最大的，而 Sort List 运算器是按照由小到大的顺序进行排序，为了方便选择，可通过 Reverse List 运算器将列表进行反转，这样面积最大的网格形体就位于列表中的第一个位置。

（19）用 List Item 运算器提取列表中索引值为 0 的网格作为最终结果。

（20）如果对最终的网格形体有一定的厚度要求，可将其 Bake 到 Rhino 空间，用偏移网格命令对其加厚处理。

（21）如图 4-90 所示，改变 IsoValue 输入端的数值，并且只显示 Iso Surface 运算器的输出结果，即可看到整个网格形体生成的过程。

IsoValue=0.061　IsoValue=0.02116
IsoValue=0.0119　IsoValue=0.00748

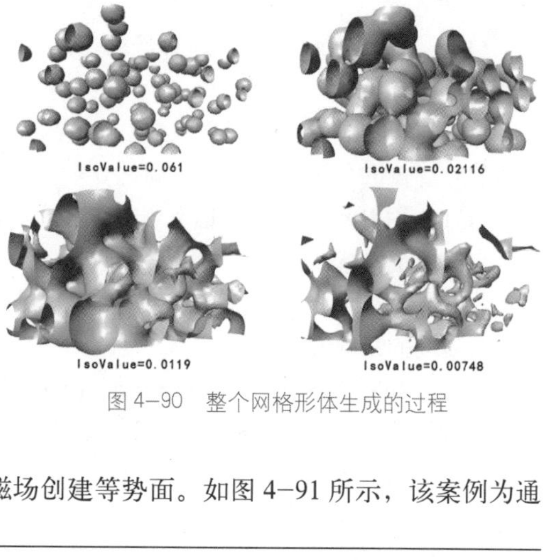

图 4-90　整个网格形体生成的过程

5.3 线磁场构建 Iso Surface

除了可通过点磁场创建等势面，还可由线磁场创建等势面。如图 4-91 所示，该案例为通过线磁场构建 Iso Surface 的应用实例。

图 4–91 通过线磁场构建 Iso Surface 的应用实例

该案例的主要逻辑构建思路为：首先在长方体范围内通过 OcTree 算法构建楼板平面，同时在该长方体范围内通过线磁场作用于三维等分点，最后由 Iso Surface 运算器提取出等势面。以下为该案例的具体做法。

（1）如图 4–92 所示，用 Center Box 运算器创建一个边界范围，其 X、Y、Z 输入端分别赋予数值 80、60、40。

（2）为了保证程序界面的简洁性，将 Center Box 运算器的输出数据赋予 Box 运算器，并将两个运算器同时命名为“边界 Box”，后面的操作过程中可将这两个运算器的连线隐藏。

（3）用 Deconstruct Brep 运算器分解长方体，并用 List Item 运算器提取索引值为 4 的底面。

（4）用 Populate 3D 运算器在 Box 范围内创建 100 个随机点。

（5）用 OcTree 运算器依据随机点生成八叉树结构，并将 0 赋予其 G 输入端。

（6）通过 Evaluate Box 运算器创建三维等分点，Iso Surface 运算器是采用 Marching Cubes 算法，为了保证每个方向上等分点与细分 Box 的数目保持一致，需要将单个方向细分 Box 的数量减去 1 的结果作为等分点的数量。

（7）用 Number Slider 运算器创建一个 30 的数值，并将该数值赋予 Number 运算器，将两个运算器同时命名为“网格精度”，后面的操作过程中可将这两个运算器的连线隐藏。

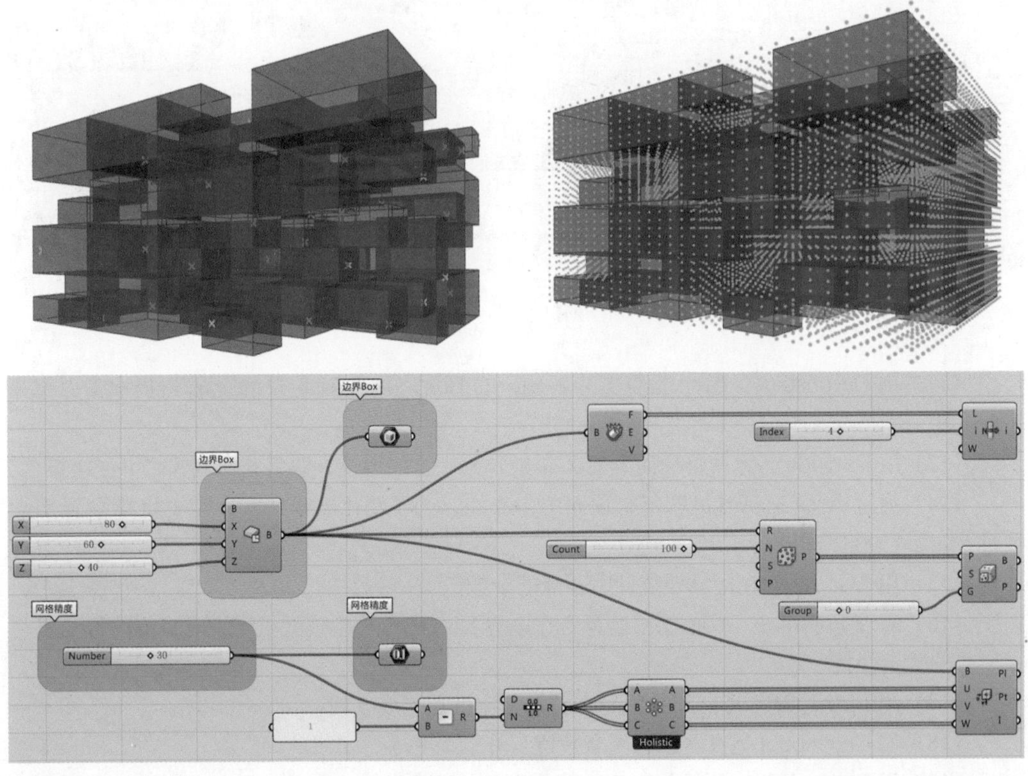

图 4–92 操作过程

（8）通过 Subtraction 运算器将网格精度的数值减去 1，并将结果赋予 Range 运算器的 N 输入端。

（9）将 Range 运算器的输出数据，通过 Cross Reference 运算器进行交叉对应，可通过放大运算器单击“+”来增加输入端的数量。

（10）将 Cross Reference 运算器的 3 个输出端数据分别赋予 Evaluate Box 运算器的 U、V、W 输入端。

（11）如图 4–93 所示，用 Random Reduce 运算器随机删除一定数量的 Box。

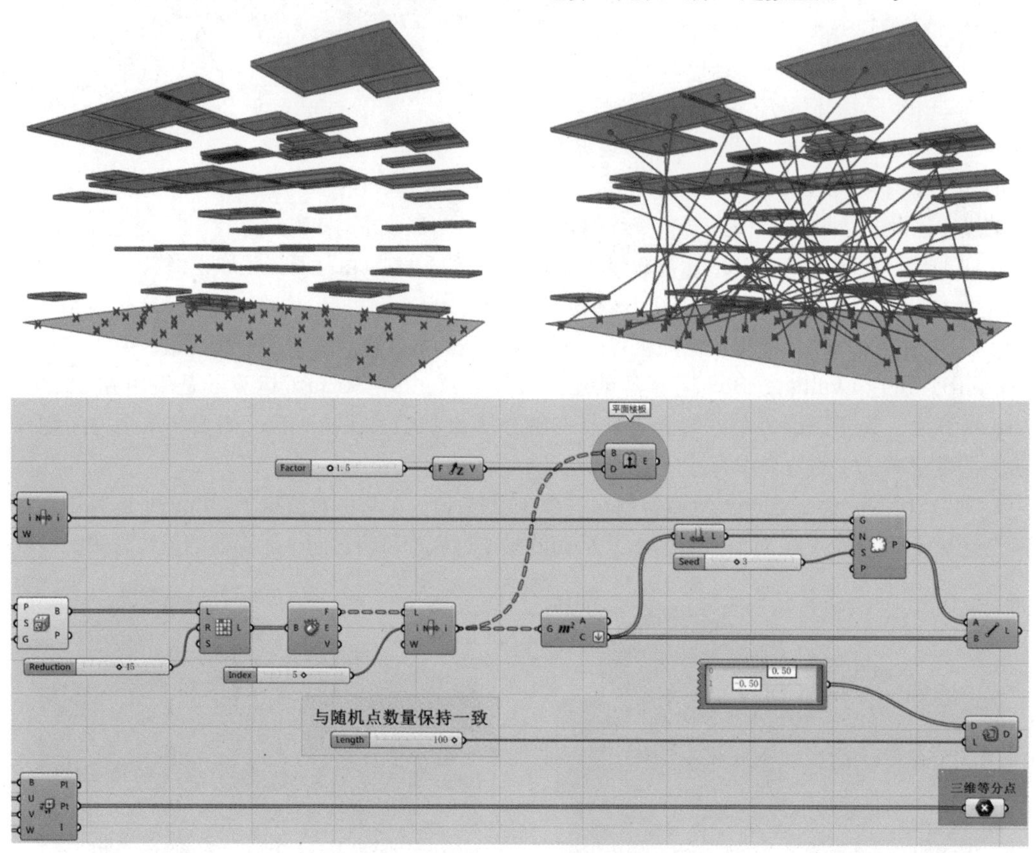

图 4–93　随机删除一定数量的 Box

（12）由 Deconstruct Brep 运算器分解剩余的 Box，并用 List Item 运算器提取索引值为 5 的顶面。

（13）用 Extrude 运算器将顶面沿着 Z 轴延伸出一定的厚度，并将其命名为“平面楼板”。

（14）通过 Area 运算器提取每个顶面的中心点，为了简化路径结构，需要将其 C 输出端通过 Flatten 进行路径拍平。

（15）用 List Length 运算器统计中心点的个数。

（16）通过 Populate Geometry 运算器在边界 Box 的底面生成随机点，随机点的数量要与中心点的数量保持一致。

（17）用 Line 运算器将全部的顶面中心点与随机点连成直线。

（18）用 Gene Pool 运算器创建两个数值，分别为 0.5、−0.5。

（19）用 Repeat Data 运算器对上一步中创建的两个数据进行复制，复制后数据的总数与随机点的数量保持一致。

(20) 将 Evaluate Box 运算器的 Pt 输出端数据赋予 Point 运算器，并将其命名为“三维等分点”。

(21) 如图 4-94 所示，用 Line Charge 运算器创建线磁场，并用 Merge Fields 运算器将全部的磁场进行合并。

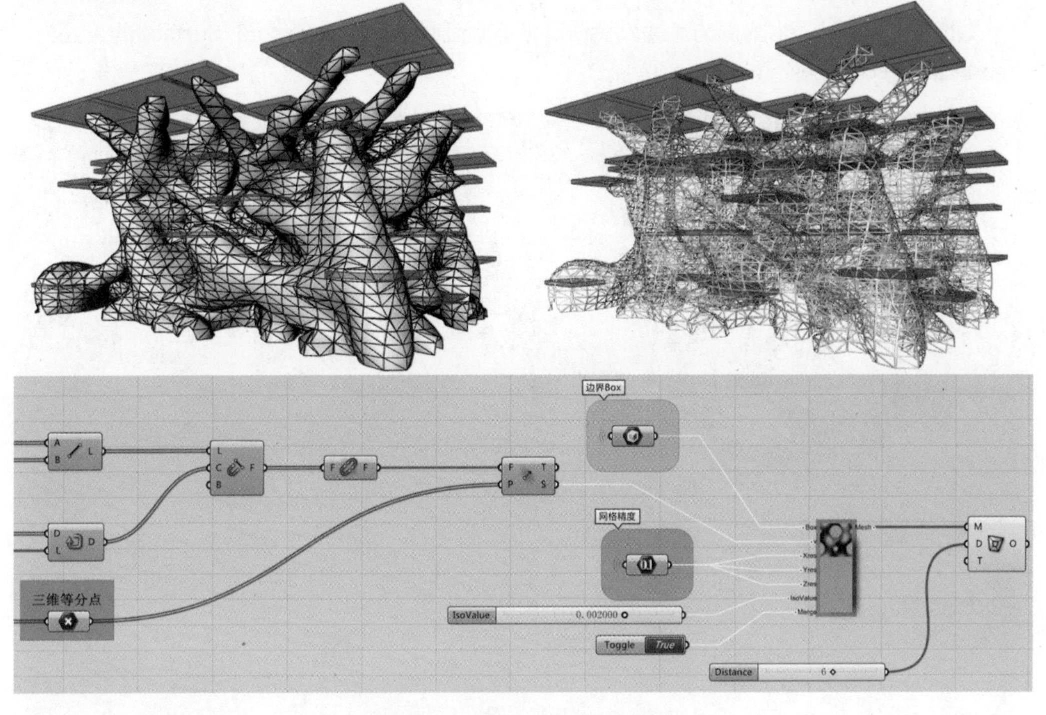

图 4-94　创建线磁场并进行合并

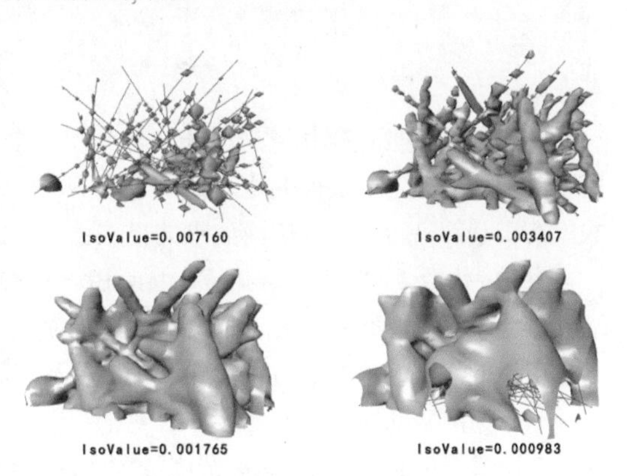

图 4-95　整个网格形体生成的过程

(22) 通过 Evaluate Field 运算器，测量每个三维等分点的位置所对应的磁场强度。

(23) 将边界 Box 赋予 Iso Surface 运算器的 Box 输入端；将三维等分点所处位置的磁场强度值赋予其 V 输入端；将网格精度值赋予其 Xres、Yres、Zres 输入端；IsoValue 输入端的数值为 0.002000；将 True 布尔值赋予其 Merge 输入端，使生成的网格更圆滑。

(24) 用 Picture Frame 运算器对生成的网格形体进行开洞处理，作为楼板平面的支撑结构。

(25) 如图 4-95 所示，改变 IsoValue 输入端的数值，并且只显示 Iso Surface 运算器的输出结果，即可看到整个网格形体生成的过程。

5.4 极小曲面

在数学概念中，极小曲面指的是平均曲率为零的曲面。随着计算机图形学的发展，极小曲面以其丰富的形体变化和流动性，被广泛应用于不同的设计领域。

极小曲面的形体可通过Iso Surface运算器进行模拟，其V值可直接由极小曲面方程式提供，极小曲面公式的发展属于数学领域，设计行业可直接使用现有的公式。下面将介绍几种常用的极小曲面。

5.4.1 Gyroid Surface

如图 4-96 所示，本案例为通过公式创建极小曲面形体，其中 Gyroid Surface 的公式为：cos(x)*sin(y)+cos(y)*sin(z)+sin(x)*cos(z)。

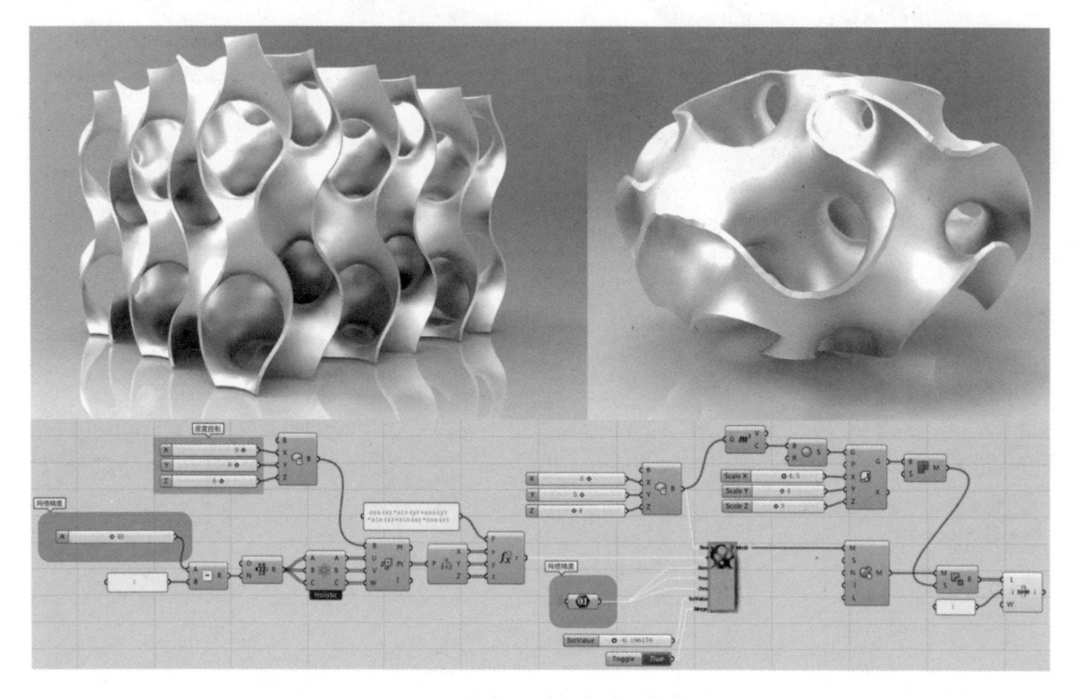

图 4-96　通过公式创建极小曲面形体

该案例的主要逻辑构建思路为：首先在一个 Box 范围内创建一定数量的三维等分点，并由极小曲面公式确定等值面的范围；再通过 Iso Surface 算法以网格的形式拟合等值面；最后用椭球体来切割网格，可生成圆滑效果的极小曲面，以下为该案例的具体做法。

（1）如图 4-97 所示，用 Center Box 运算器创建一个控制密度的长方体，其 X、Y、Z 输入端分别赋予数值 9、8、6。需要注意的是此处创建的长方体并不是极小曲面的边界范围，而是用来控制其密度的参数，可将赋予 X、Y、Z 输入端的数值命名为“密度控制”。

（2）用 Number Slider 运算器创建一个大小为 40 的数值，并将其赋予 Number 运算器，将两个运算器同时命名为“网格精度”。为了保证程序界面的简洁性，可将两个运算器的连线隐藏。

（3）通过 Subtraction 运算器将名称为“网格精度”的数值减去 1，并将结果赋予 Range 运算器的 N 输入端。

（4）将 Range 运算器的输出数据通过 Cross Reference 运算器进行交叉对应，可通过放大运算器单击“+”来增加输入端的数量。

（5）将 Cross Reference 运算器的 3 个输出端数据分别赋予 Evaluate Box 运算器的 U、V、W 输入端。

（6）用 Deconstruct 运算器将三维等分点分解为 X、Y、Z 坐标。

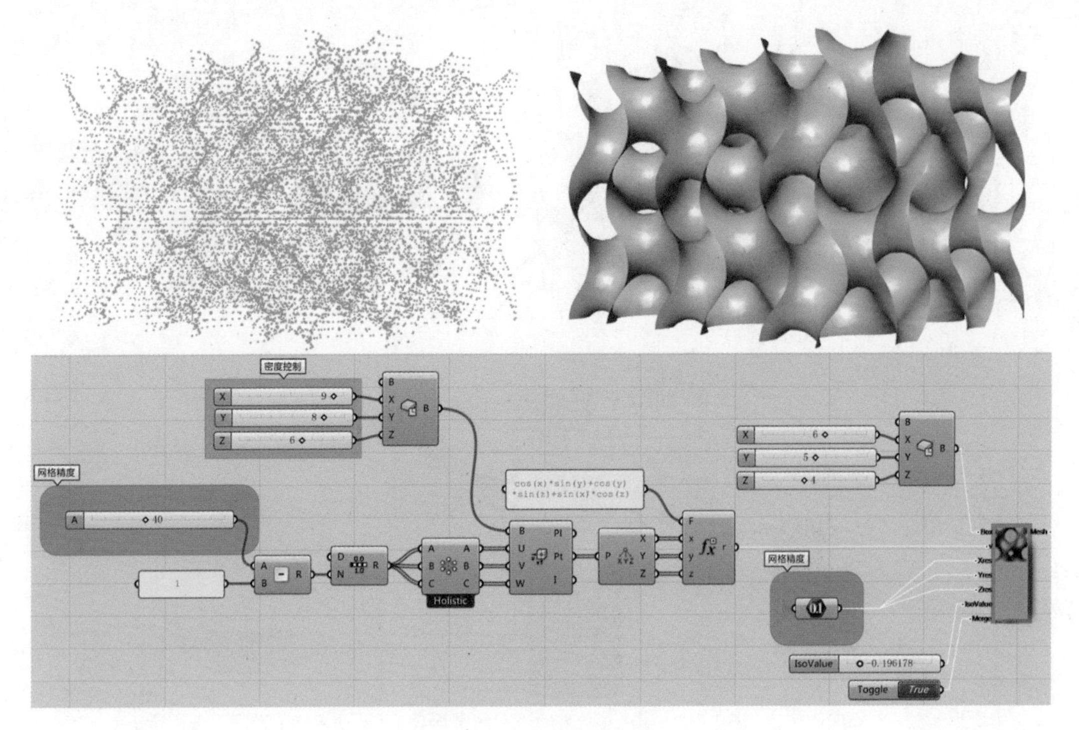

图 4–97　操作过程

（7）将分解后的 X、Y、Z 坐标分别赋予 Evaluate 运算器的 x、y、z 输入端，可通过放大运算器单击“+”来增加 z 输入端。

（8）在 Panel 面板中输入“cos(x)*sin(y)+cos(y)*sin(z)+sin(x)*cos(z)”，并将其赋予 Evaluate 运算器的 F 输入端。

（9）用 Center Box 运算器创建一个边界范围长方体，将数值 6、5、4 分别赋予 X、Y、Z 输入端，需要注意的是此处建立的长方体才是极小曲面的边界范围。

（10）将边界范围的长方体赋予 Iso Surface 运算器的 Box 输入端；将等值面的公式赋予其 V 输入端；将网格精度值赋予其 Xres、Yres、Zres 输入端；IsoValue 输入端的数值为 −0.196178；将 True 布尔值赋予其 Merge 输入端，使生成的网格更圆滑。

（11）如图 4–98 所示，用 Smooth Mesh 运算器将生成的网格形体进行圆滑处理。

（12）由 Volume 运算器提取边界 Box 的几何中心点。

（13）通过 Sphere 运算器依据几何中心点创建一个球体。

（14）由 Scale NU 运算器对球体进行三轴缩放，其 X、Y、Z 方向的缩放比例可分别设定为 4.5、4、3。此处用户可自行设置缩放比例因子，只要保证其范围不超过极小曲面边界即可。

（15）通过 Mesh Brep 运算器将缩放后的球体转换为网格。

（16）通过 Mesh Split 运算器用球体网格切割极小曲面网格。

（17）极小曲面网格被分割后会生成两部分，用 List Item 运算器提取索引值为 1 的网格，即可得到非规则形体的极小曲面。

（18）如需创建有厚度的网格形体，可将得到的结果 Bake 到 Rhino 空间，用偏移网格命令对其加厚处理。

（19）如图 4–99 所示，改变名称为“密度控制”中 X、Y、Z 变量的数值，同时调整 IsoValue 参数，即可得到不同密度下的极小曲面。

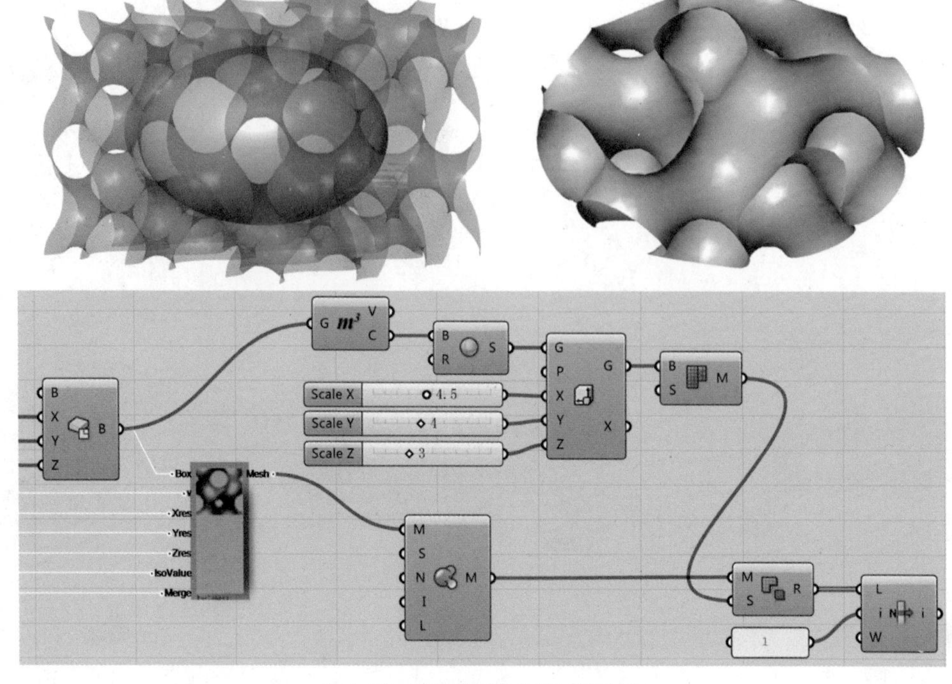

图 4—98　将网格形体进行圆滑处理

5.4.2 Neovius Surface

构建极小曲面的方法是一致的，只需将程序中的公式进行替换，同时调整密度控制的参数及 IsoValue 的参数。

Neovius Surface 的公式为：3*(cos(x) + cos(y) + cos(z)) + 4*cos(x) * cos(y) * cos(z)。将 Gyroid Surface 案例中的曲面公式替换为 Neovius Surface 的公式，同时将密度控制的 X、Y、Z 参数调整为 7、6、5，即可得到如图 4—100 所示的结果。

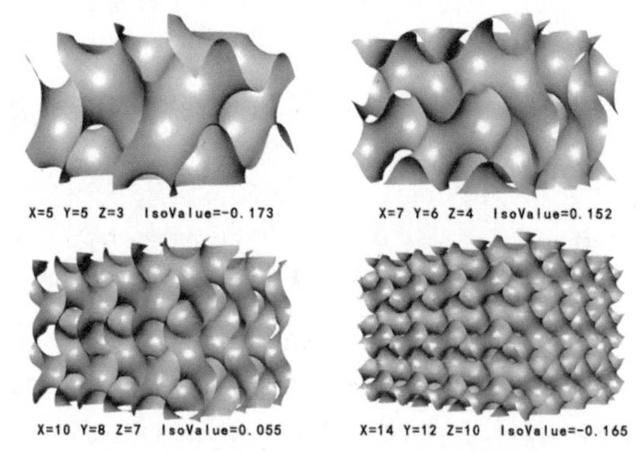

图 4—99　不同密度下的极小曲面

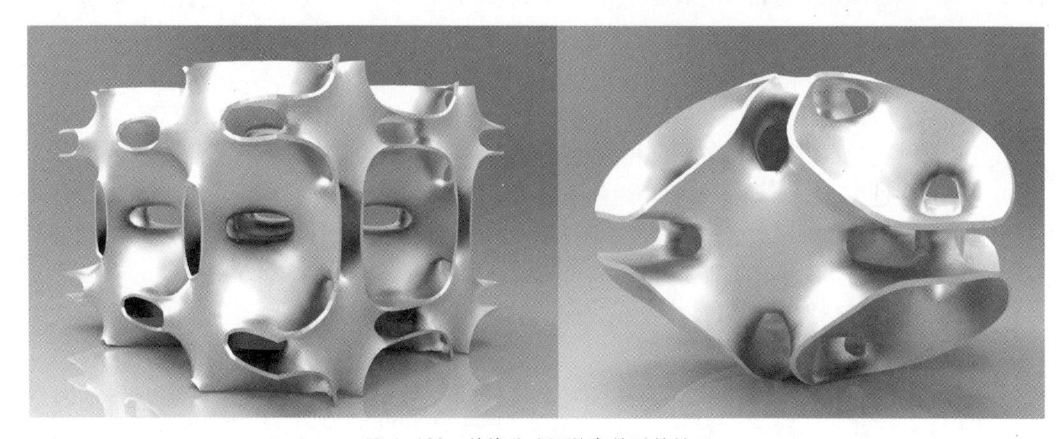

图 4—100　替换公式调整参数后的结果

5.4.3 Schwarz P Surface

Schwarz P Surface 的公式为：cos(x)+cos(y)+cos(z)。将 Gyroid Surface 案例中的曲面公式替换为 Schwarz P Surface 的公式，同时将密度控制的 X、Y、Z 参数调整为 9、7、6，即可得到如图 4–101 所示的结果。

图 4–101 替换公式调整参数后的结果

5.4.4 Split P Surface

Split P Surface 的公式为：1.1*(sin(2*x)*cos(y)*sin(z) + sin(2*y)*cos(z)*sin(x) +sin(2*z)*cos(x)*sin(y)) − 0.2*(cos(2*x)*cos(2*y) + cos(2*y)*cos(2*z) + cos(2*z)*cos(2*x)) −0.4*(cos(2*y) + cos(2*z) + cos(2*x))。将 Gyroid Surface 案例中的曲面公式替换为 Split P Surface 案例中的公式，同时将密度控制的 X、Y、Z 参数调整为 7、5、4，即可得到如图 4–102 所示的结果。

图 4–102 替换公式调整参数后的结果

5.4.5 Lidinoid Surface

Lidinoid Surface 的公式为：(sin(x)* cos(y) * sin(z) + sin(y)* cos(z) * sin(x) + sin(z)* cos(x) * sin(y)) − (cos(x)*cos(y) + cos(y)*cos(z) + cos(z)*cos(x))。将 Gyroid Surface 案例中的曲面公式替换为 Lidinoid Surface 案例中的公式，并将密度控制的 X、Y、Z 参数调整为 8、6、4，即可得到如图 4–103 所示的结果。

5.4.6 I–WP Surface

I–WP Surface 的公式为：cos(x)*cos(y) + cos(y)*cos(z) + cos(z)*cos(x) − cos(x)*cos(y)*cos(z)。将

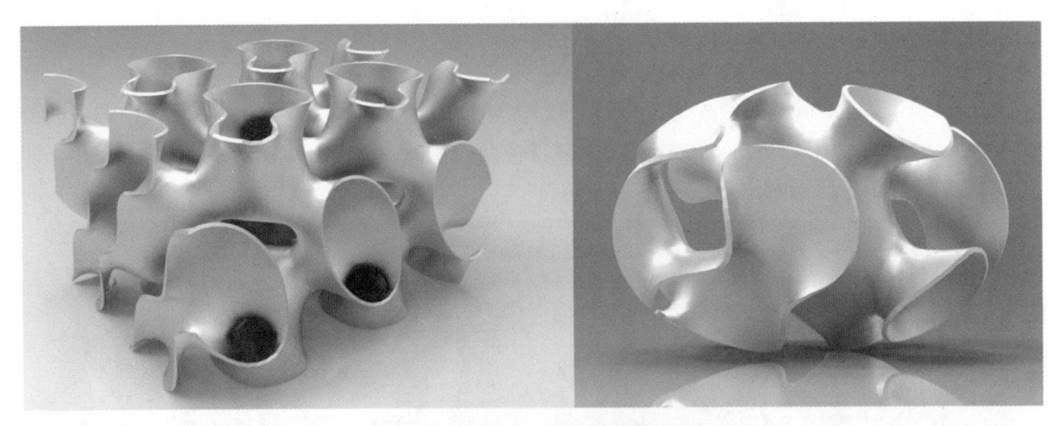

图 4-103　替换公式调整参数后的结果

Gyroid Surface 案例中的曲面公式替换为 I-WP Surface 的公式，并将密度控制的 X、Y、Z 变量调整为 7、6、4，同时将 IsoValue 的参数调整为 -0.23，即可得到如图 4-104 所示的结果。

图 4-104　替换公式调整参数后的结果

5.4.7 Scherk's Surface

Scherk's Surface 的公式为：4*sin(z)-sin(x)*sinh(y)，其中 sinh(y) 为双曲正弦函数。将 Gyroid Surface 案例中的曲面公式替换为 Scherk's Surface 的公式，并将密度控制的 X、Y、Z 参数调整为 4、6、8，即可得到如图 4-105 所示的结果。

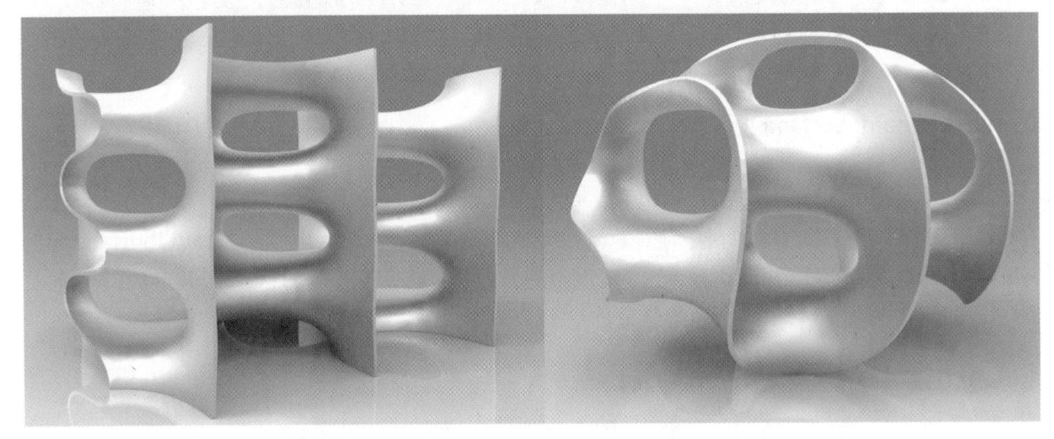

图 4-105　替换公式调整参数后的结果

5.4.8 Skeletal Surface

Skeletal Surface的公式为：cos(x)*cos(y) + cos(y)*cos(z) + cos(x)*cos(z) − cos (x) − cos (y) − cos (z)。将Gyroid Surface案例中的曲面公式替换为Skeletal Surface的公式，并将密度控制的X、Y、Z参数调整为6、6、6，同时将IsoValue的参数调整为−0.9，即可得到如图4−106所示的结果。

图4−106　替换公式调整参数后的结果

极小曲面的形式有很多种，用户可在该网站查找关于极小曲面的公式及详细信息：http://www.msri.org/publications/sgp/jim/geom/level/library/triper/index.html。同时用户也可尝试改变公式中的一些参数，虽然改变参数后创建的形体并非标准的极小曲面，但是同样可生成具有数学逻辑的结构体，如图4−107所示为改变公式中的一些变量生成的结果。

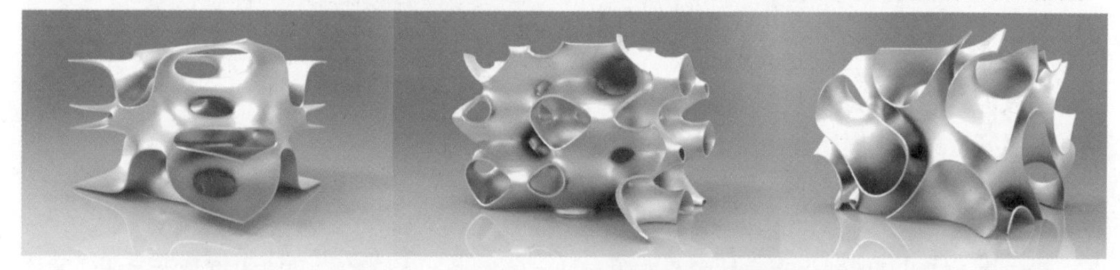

图4−107　改变公式中的一些变量生成的结果

5.5 3D打印参数化模型

3D打印是以可黏合性的塑料、陶瓷、金属等为材料，通过逐层叠加的方式打印数字模型。3D打印机可识别的标准数字模型格式为STL，其工作原理与普通打印机相似，都是将打印机内的材料一层一层叠加起来，最终将数字文件打印为实物。

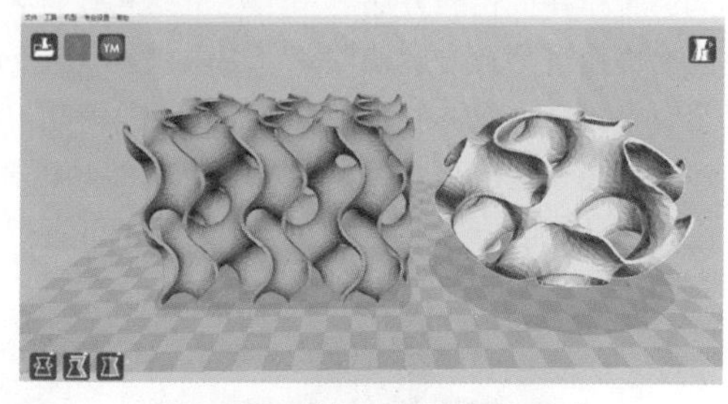

图4−108　将极小曲面模型导出为STL模型并导入到Cura软件中

如图4−108所示，将上一节中创建的两个极小曲面模型导出为STL模型，然后将模型导入到Cura软件中，通过读取模型的断面信息，用打印材料将这些断面进行逐层叠加。

图4−109　读取模型开始3D打印

如图4−109所示，3D打印机读取模型完毕后，即可开始进行打印。本次打印所选的材料为PLA（聚乳酸），由于PLA是由植物发酵聚合而成，因此与传统塑料相比，PLA更加低碳、绿色环保。

由于3D打印材料具有迅速固化的特性，因此可将断面切片通过堆叠成型。如图4−110所示为打印的最终成果。

图4−110　3D打印的最终结果

5.6 拓扑优化

拓扑优化通过显示材料的分布情况，可在设计空间找到最佳的分布方案，并提供精简的结构设计指导。

拓扑优化在工业设计领域中的应用要早于建筑领域，特别是在航空航天、汽车、半导体医学、军工等行业，其对零件的强度与重量有着更高的要求，但是仅凭工程直觉和经验很难得到满意的结果。借助有限元分析提供的建议，可将优化结果逐步演化为最终的产品，改变了传统结构工程师的设计思维。

如图4−111所示，借助Inspire软件对零件进行拓扑优化，通过设定荷载的大小与位置，由软件计算出合理的材料布局。将优化后的数字模型进行光顺处理并用于数位加工，再经过张力测试和光学检验，即可得到轻量化结果。

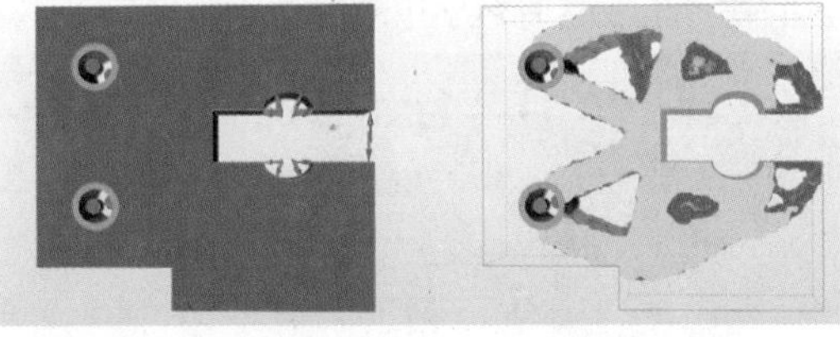

图4−111　对零件进行拓扑优化并合理布局

随着3D打印等数字化建造技术及有限元技术的发展，建筑的空间将不再拘泥于传统的格局。将拓扑优化的方法应用于建筑结构设计，能够使结构本身就具有强有力的艺术表现力，并且允许建筑师在方案初期即可引入结构优化的理念。在满足受力要求的情况下，将设计中的多余材料减去，能够很大程度上缩短工程周期与降低成本。

如图4−112所示，借助Inspire软件对建筑空间进行拓扑优化，通过设定荷载的大小与位置，由软件计算出合理的支撑布局，同时还可进行有限元分析。

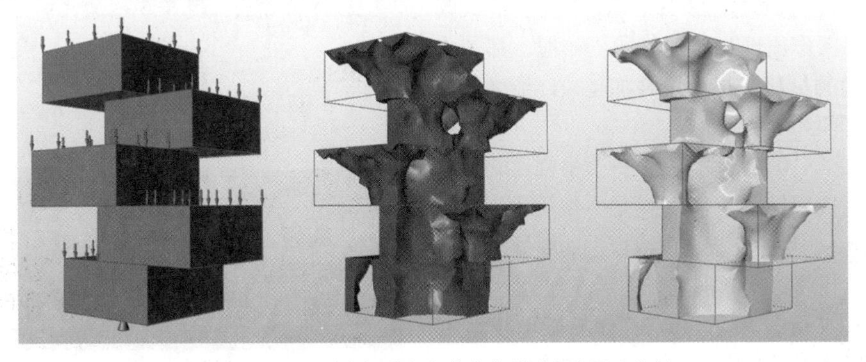

图4−112　对建筑空间进行拓扑优化并进行有限元分析

Millipede 插件也提供了拓扑优化与有限元分析的功能，其流程主要包含四部分：荷载与边界条件定义、集合定义信息、解算程序、得到结果。如图 4-113 所示，该案例为通过 Millipede 插件进行拓扑优化与有限元分析的案例。

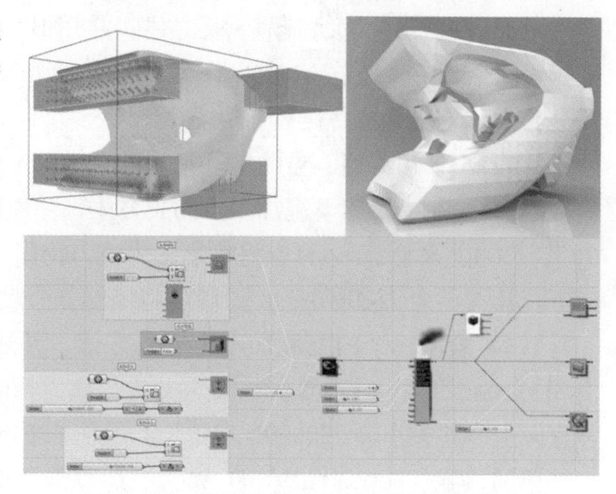

图 4-113　进行拓扑优化与有限元分析的案例

该案例的主要逻辑构建思路为：首先定义边界条件、支撑部件、施加压力部件，然后由 Topostruct 3D model 运算器集合定义后的全部组件，再通过 Topostruct 3D solver 运算器进行解算，生成有限元模型，最后可通过 3D Iso Mesh 运算器生成网格结果，同时还可对模型进行应力分析。以下为该案例的具体做法。

（1）如图 4-114 所示，绘制一个长、宽、高分别为 36、24、22 单位长度的长方体，并用 Brep 运算器将其拾取进 GH 中，由 3D boundary Region 运算器将该长方体定义为设计环境，并将该部分命名为“边界范围”。

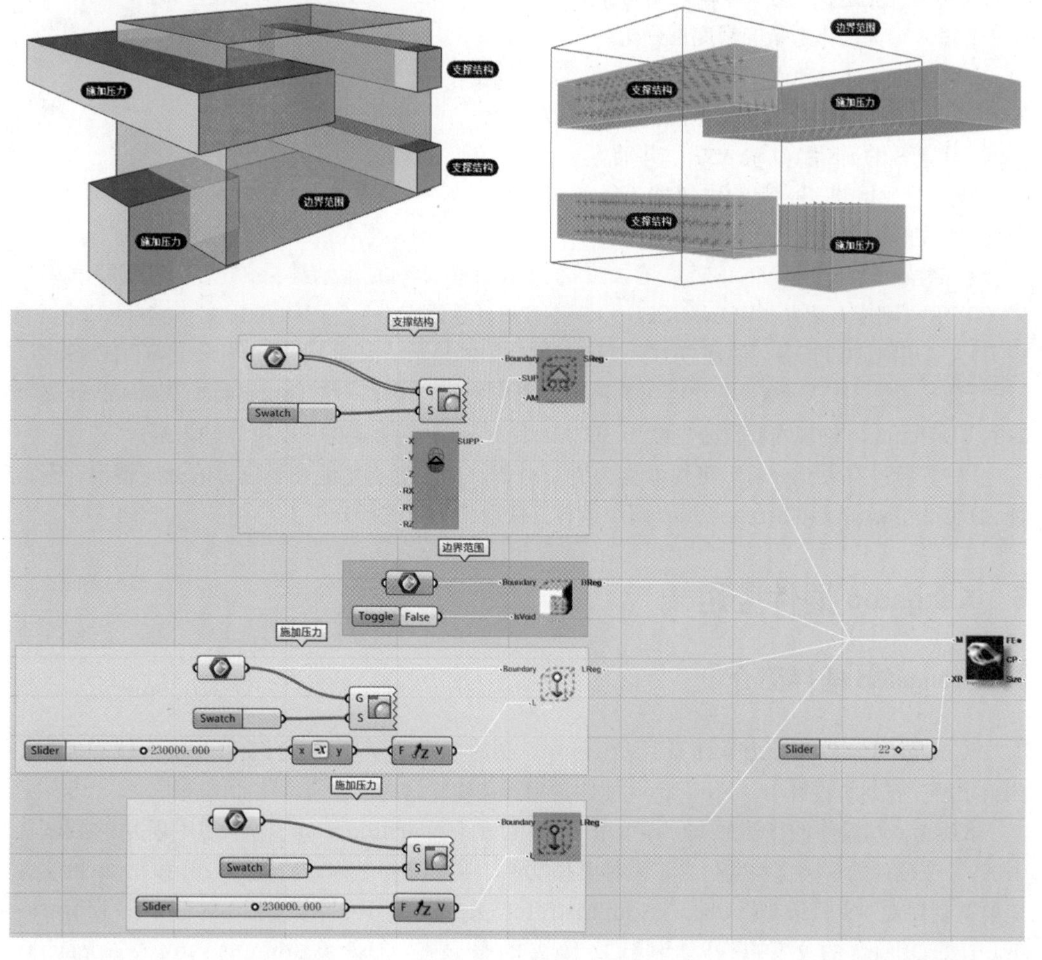

图 4-114　操作步骤

（2）在适当位置绘制两个长方体，并用 Brep 运算器将其拾取进 GH 中，为了区分组件，可将这两个长方体通过 Custom Preview 运算器赋予绿色。由 3D Support Region 运算器将这两个长方体定义为支撑结构，并将 MillC_StockSupportType 运算器赋予 3D Support Region 运算器的 SUP 输入端，提供有限元分析的材料定义，最后将该部分命名为“支撑结构”。

（3）绘制一个向下施加压力的长方体，并通过 Custom Preview 运算器为其赋予天蓝色。由 3D Load Region 运算器将其定义为施力物体，其 L 输入端的压力方向可由 Z 轴定义为竖直向下，其大小为 230000N/m^3，最后将该部分命名为“施加压力”。

（4）绘制一个向上施加压力的长方体，并通过 Custom Preview 运算器为其赋予黄色。由 3D Load Region 运算器将其定义为“施力物体”，其 L 输入端的压力方向可由 Z 轴定义为竖直向上，其大小为 230000N/m^3，最后将该部分命名为“施加压力”。

（5）通过 Topostruct 3D model 运算器将定义的全部组件进行合并，其 XR 输入端赋予 22 的分辨率数值，生成有限元模型结果。

（6）如图 4-115 所示，将 Topostruct 3D model 运算器的输出数据赋予 Topostruct 3D solver 运算器的 FE 输入端，并将 O、S、T 输入端分别赋予数值 4、0.13、0.257。其 O 输入端为优化迭代次数，S 输入端为圆滑系数，T 输入端为优化结果的密度百分比。

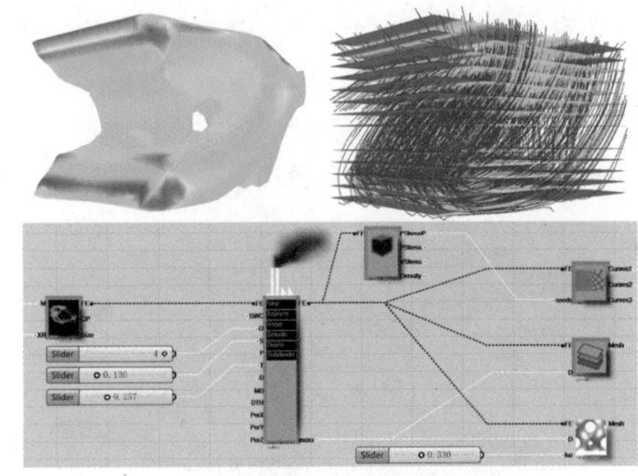

图 4-115　赋值

（7）将 Topostruct 3D solver 运算器的 FE 和 maxu 输出端数据分别赋予 3D Iso Mesh 运算器的 FE 和 D 输入端，并将其 Iso 输入端赋予数据 0.33，其输出数据为经过拓扑优化后的网格结果。

右键单击 3D Iso Mesh 运算器，可选择不同模式下的显示结果，包含 STIFFNESS _ FACTOR（刚度系数）、VONMISES _ STRESS（等效应力）、PRINCIPAL _ STRESS（主应力）、DEFLECTION（位移应力），该案例使用的显示结果为 VONMISES _ STRESS。

（8）通过 3D Mesh Results 运算器可实现应力的可视化，将 Topostruct 3D solver 运算器的 FE 和 maxu 输出端数据分别赋予 3D Mesh Results 运算器的 FE 和 D 输入端。

（9）经过有限元分析后可提取应力进行分析，为了更清楚地查看应力的分布情况，可通过 3D Cell Results 和 Stress Lines 两个运算器获取应力线进行分析。

6. Kangaroo 插件应用

6.1 Kangaroo 插件简介

Kangaroo 插件将动力学计算引入 GH 中，通过物理力学模拟进行交互仿真、找形优化、约束求解。在建筑设计中，Kangaroo 插件常用于创建膜结构形体与优化曲面嵌板。

Kangaroo 插件的下载地址为：http://www.food4rhino.com/，本书中所用的版本为 0.099。该插件的安装文件共包含了三种类型文件，其中文件名称的后缀为 .dll 和 .gha 的文件需要复制到文件夹目录 C:\Users\Administrator\AppData\Roaming\Grasshopper\Libraries 下，UserObjects 的文件需要复制到文件夹的目录 C:\Users\Administrator\ AppData\

Roaming\Grasshopper\UserObjects 下。如图 4–116 所示，安装完毕后，重启 GH 即可看到该插件出现在标签栏中。

Kangaroo 插件的核心组件为 KangarooPhysics 运算器，由于该插件处理的是对动态数据，因此需要通过 Timer 运算器来驱动程序，使其能够随着时间的变化改变记录结果，同时需要由布尔值开关来控制动态模拟的开始与结束。如图 4–117 所示为核心组件 KangarooPhysics 运算器的介绍。

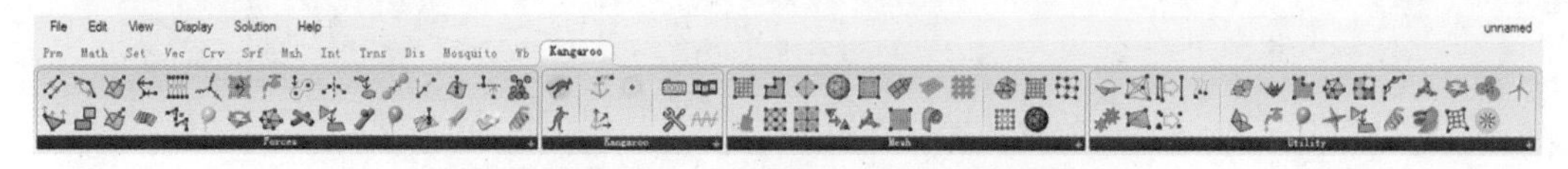

图 4–116　Kangaroo 插件出现在标签栏中

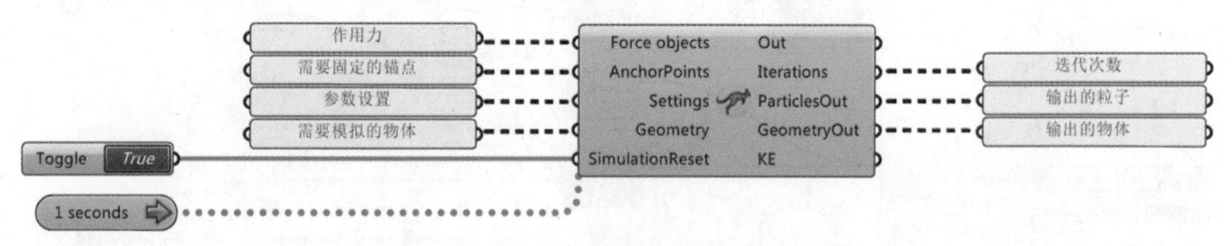

图 4–117　KangarooPhysics 运算器的介绍

6.2 Kangaroo 插件创建膜结构

膜结构是建筑设计中发展起来的一种新结构形式，它通过内部产生一定的张力来形成某种空间形态。Kangaroo 插件可以通过力学模拟，使设计者观察膜结构的找形过程，并获取某个时间点的静态模型。如图 4–118 所示为通过 Kangaroo 插件创建膜结构的应用实例。

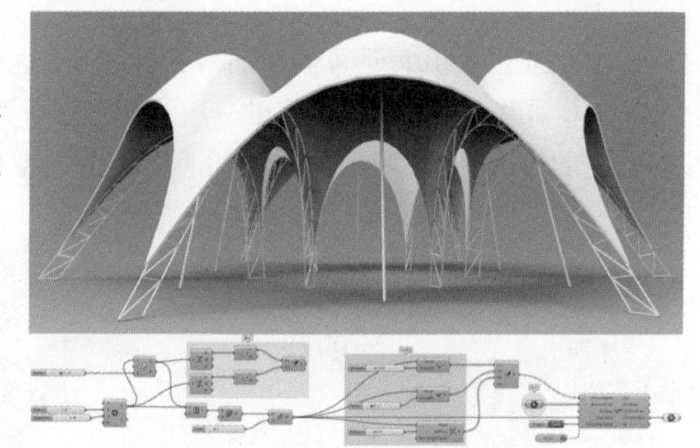

图 4–118　通过 Kangaroo 插件创建的膜结构实例

该案例的主要逻辑构建思路为：首先将缩放前后的多边形进行放样，然后将生成的曲面转换为网格，作为动力学模拟的物体；对这个网格施加弹力、圆滑作用力、单方向作用力，并将缩放前后的两个多边形的全部顶点作为固定锚点，最后由主模拟器对这个网格进行动力学模拟，生成最终的膜结构。以下为该案例的具体做法。

（1）如图 4–119 所示，由 Polygon 运算器创建一个多边形，并将其半径设置为 5，边数设定为 6。

（2）由 Scale 运算器对六边形进行缩放，缩放的比例因子设定为 0.35。

（3）用 Control Points 运算器分别提取两个六边形的顶点，由于生成的结果中包含重合点，因此需要通过 Create Set 运算器删除重合点。

（4）用 Merge 运算器将两组删除重合点之后的数据进行合并，同时将该部分组件进行群组并命名为“锚点”。

（5）为了保证程序连线的简洁性，可将合并后的点数据赋予 Point 运算器，并将其命名为“锚点”。用户可通过右键单击其输入端，将 Wire Display 的连线方式改为 Hidden。

（6）将缩放前后的六边形同时赋予 Loft 运算器的 C 输入端，通过放样生成曲面。

（7）由于 Kangaroo 插件是针对网格进行模拟，因此需要通过 Mesh Brep 运算器将曲面转换为网格。

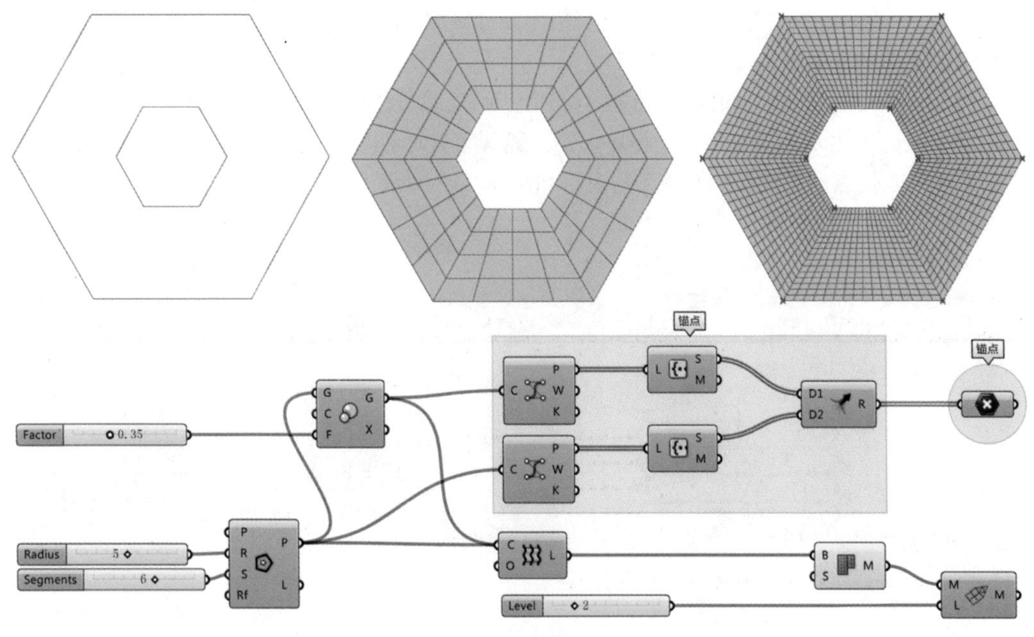

图 4-119　操作过程

（8）通过 Refine 运算器对网格进行细分，这样能保证最终的结果是一个较为圆滑的形态。

（9）如图 4-120 所示，将细分后的网格赋予 MeshSmooth 运算器，对网格施加圆滑作用力，并将圆滑作用力的强度值设定为 2000。

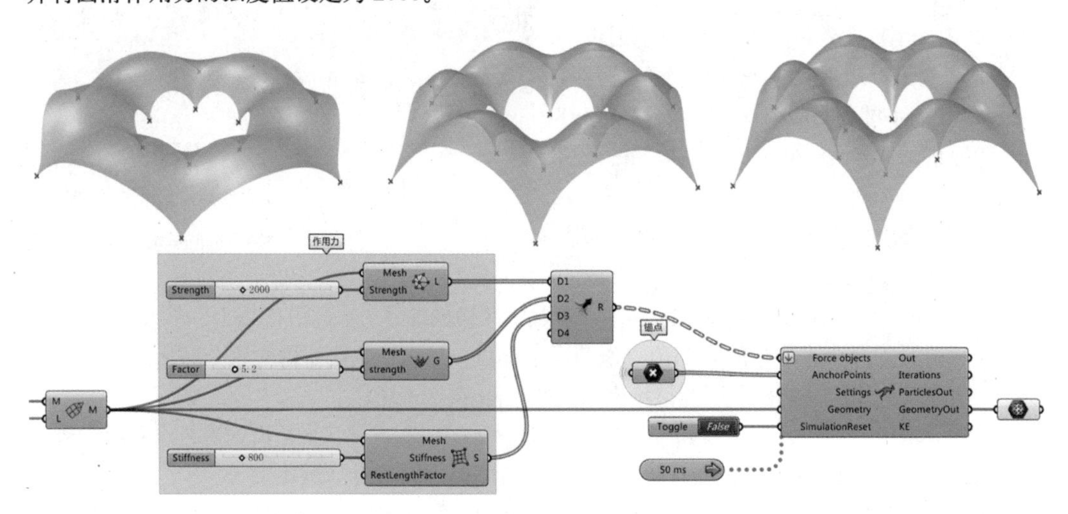

图 4-120　对网格施加圆滑作用力

（10）将细分后的网格赋予 Gravity 运算器，对网格施加 Z 轴方向作用力，由于膜结构的作用力向上，所以对应强度值为正值，该案例中将其设定为 4.6。

（11）将细分后的网格赋予 SpringsFromMesh 运算器，对网格施加弹力，保证整个形体不会因外力的作用而分解，该案例中将弹力强度值设定为 800。

（12）将 3 组作用力群组并命名为“作用力”，通过 Merge 运算器将 3 组作用力进行合并，并将合并后的作用力赋予 KangarooPhysics 运算器的 Force objects 输入端，需要注意的是 Force objects 输入端需要通过 Flatten 进行路径拍平。

(13)将连接线被隐藏的“锚点”组件赋予KangarooPhysics运算器的AnchorPoints输入端，在进行模拟找形过程中，两组六边形的顶点作为固定点。

(14) 将 Boolean Toggle 运算器赋予 KangarooPhysics 运算器的 SimulationReset 输入端，可通过布尔值控制程序运行的开闭。

(15) 将 Timer 运算器赋予 KangarooPhysics 运算器用以驱动程序。右键单击 Timer 运算器改变其 Interval 数值，可改变程序运行的时间刷新率，数值越小，程序运行越快。

(16) 将布尔值由 True 改为 False，可观察到程序开始运行，双击 Timer 运算器使其呈暗灰色即可获得某一时刻的静态模型，最后用 Mesh 运算器拾取最终结果。

(17) 如图 4-121 所示，改变初始 Polygon 运算器 S 输入端的边数，即可获得不同形体的膜结构效果。

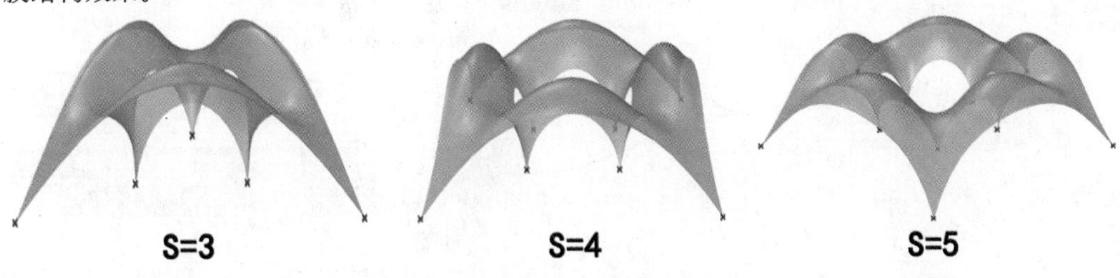

图 4-121　不同形体的膜结构效果

(18) 如图 4-122 所示，当模拟找形的计算完毕后，可将网格 Bake 到 Rhino 空间中，通过复制边缘命令提取桁架位置的网格边线，并将其组合后拾取进 GH 中，并用 Offset、Divide Curve、Shift List、Line 等运算器生成桁架结构。

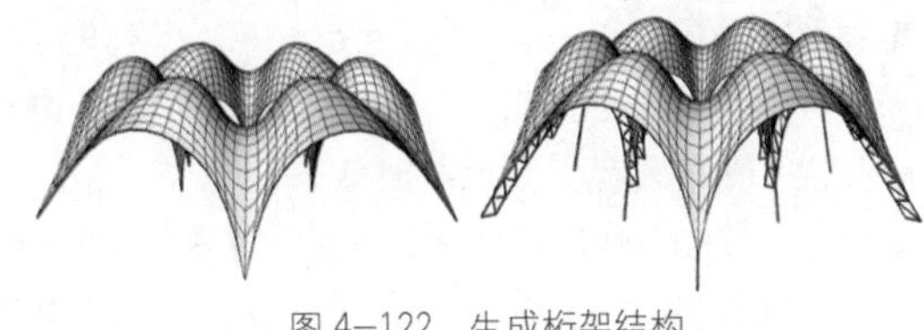

图 4-122　生成桁架结构

膜结构的顶部支撑杆件位置，可通过判定网格顶点的 Z 坐标数值来确定，将 Z 坐标最高的顶点与其投影到地面的点进行连线，即可生成支撑杆件。

6.3 Kangaroo 插件创建像素网格结构体

手绘是设计师表达构思、推敲方案的快捷手段，将手绘的思路与 GH 相结合来创建模型，可在短时间内得到比较符合预期的结果。由于在 Photoshop 软件中可模拟手绘的过程，因此可将 Photoshop 软件制作的图片作为生成结构体的依据。

如图4-123所示，本案例为通过Kangaroo插件依据图片像素生成网格结构体，当整个程序构建完毕后，只用替换程序中的图片即可改变结果，实现了方案构思的快速表达。

该案例的主要逻辑构建思路为：通过图片的灰度值确定锚点的位置，即将图片中颜色较深的区域对应的网格顶点定义为锚点，然后在弹力与垂直力共同作用下生成结构体。以下为该案例的具体做法。

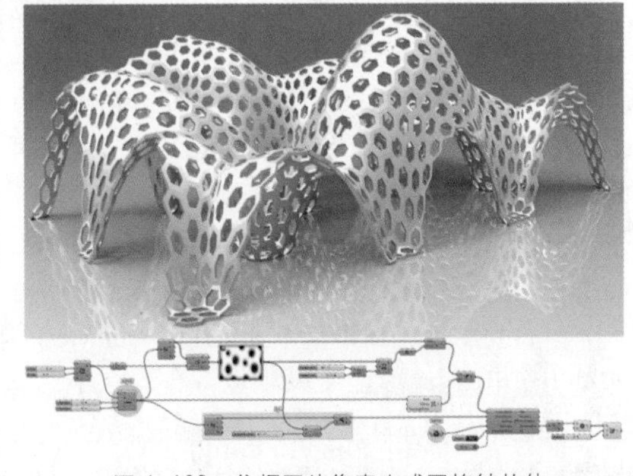

图 4-123　依据图片像素生成网格结构体

(1) 如图 4-124 所示，设定场地的范围是 35*20，在 Photoshop 软件中新建一个宽高

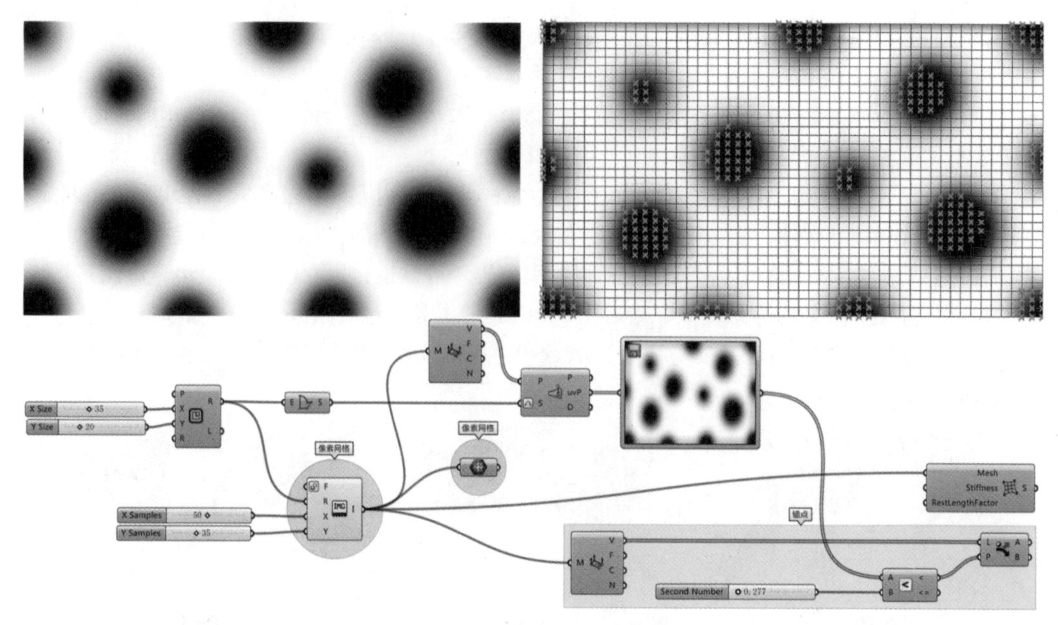

图 4–124 操作步骤

比为 35 ： 25 的页面，使用黑色的画笔工具在页面进行绘制，画笔着色的区域即为结构体与地面连接的位置。

（2）为了更好的产生渐变效果，可通过高斯模糊滤镜对画笔图层进行模糊处理，使黑色画笔与白色底图产生颜色过渡效果。

（3）在 GH 中用 Rectangle 运算器建立一个长和宽分别为 35 和 20 的矩形。

（4）将矩形赋予 Import Image 运算器的 R 输入端作为边界，同时右键单击 F 输入端找到 Photoshop 软件，导出图片的文件路径，即可创建一个着色网格，X、Y 两个方向的网格细分数量分别为 50 和 35。

（5）为了保证程序连线的简洁性，用 Mesh 运算器拾取 Import Image 运算器的输出结果，将两个运算器进行群组并命名为“像素网格”，通过右键单击其输入端，将 Wire Display 的连线方式改为 Hidden。

（6）用 Boundary Surfaces 运算器将矩形框进行封面。

（7）用 Deconstruct Mesh 运算器提取着色网格的顶点，并通过 Surface Closest Point 运算器计算网格顶点对应矩形面的 U、V 坐标值。右键单击 Surface Closest Point 运算器的 S 输入端，选择 Reparameterize 将曲面的区间映射到 0 至 1。

（8）将 U、V 坐标值赋予 Image sampler 运算器，并用 Image Sampler 运算器调入图片，同时双击运算器进入设置面板，将 Channel 改为 Colour Brightness。

（9）用 Smaller Than 运算器比较图像采样值与 0.277 的大小关系，即可区分图像中颜色较深与颜色较浅位置所对应的顶点。

（10）用 Deconstruct Mesh 运算器提取着色网格的顶点，并用 Dispatch 运算器对顶点进行数据分流，其分流依据为 Smaller Than 运算器输出的布尔值。

（11）将像素网格赋予 SpringsFromMesh 运算器，对网格施加弹力，保证整个形体不会因外力作用而分解。

（12）如图 4–125 所示，将 Deconstruct Mesh 运算器提取的网格顶点赋予 UnaryForce 运算器的 Point 输入端，为网格施加垂直作用力。

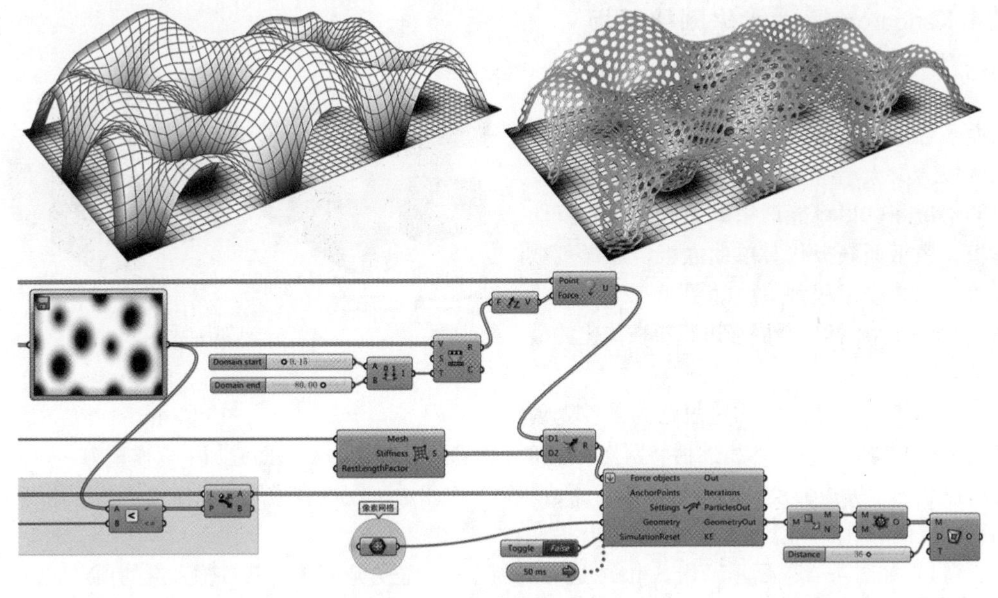

图 4–125　操作步骤

（13）用 Construct　Domain 和　Remap　Numbers 两个运算器将图像采样值映射到 0.15 至 80 的区间内，将映射后的数值赋予 Z 向量，作为垂直作用力的大小和方向。通过数据映射可将图片上对应颜色越亮位置的顶点，施加更大的作用力。

（14）将 UnaryForce 和 SpringsFromMesh 两个作用力用 Merge 运算器进行合并。

（15）将合并后的作用力赋予 KangarooPhysics 运算器的 Force　objects 输入端，同时将其通过 Flatten 进行路径拍平。

（16）将 Dispatch 运算器的 A 输出端数据赋予 KangarooPhysics 运算器的 AnchorPoints 输入端，即将图片颜色较深位置对应的顶点作为固定锚点。

（17）将名称为　“像素网格”的数据赋予 KangarooPhysics 运算器的 Geometry 输入端，作为动力学模拟对象。

（18）将 Boolean　Toggle 运算器赋予 KangarooPhysics 运算器的 SimulationReset 输入端，可通过布尔值控制程序运行的开闭。

（19）将 Timer 运算器赋予 KangarooPhysics 运算器用以驱动程序。

（20）将布尔值由 True 改为 False，可观察到程序开始运行。双击 Timer 运算器使其呈暗灰色，即可获得某一时刻的静态模型。

（21）由 Triangulate 运算器将所有四边网格面转换为三边网格面。

（22）通过 Weaverbird’s　Dual　graph 运算器将三边网格面的中心点进行连线，即可生成六边形矩阵。

（23）通过 Picture　Frame 运算器将线框向内偏移生成网格面。

（24）如图 4–126 所示为程序模拟过程中的几个静态模型展示。

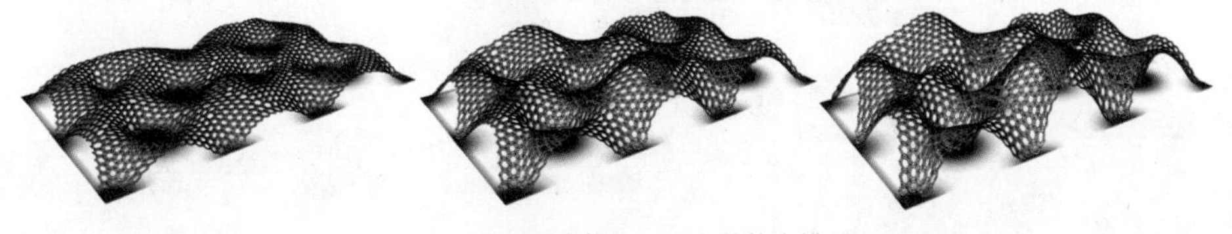

图 4–126　程序模拟过程中的静态模型

6.4 Kangaroo 插件优化网格平板

随着建造技术的提升，越来越多的异形曲面幕墙应用于现代建筑中，但是过多的曲面嵌板会大大增加工程预算，在满足视觉要求的情况下，尽可能地用单曲嵌板代替双曲嵌板，用平面嵌板代替单曲嵌板，这样可很大程度的减少工程预算。如图 4-127 所示为通过 Kangaroo 插件对嵌板进行平板优化的最终结果。

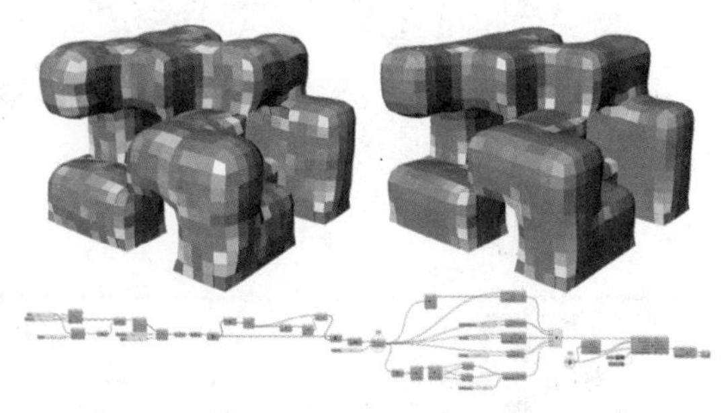

图 4-127　通过 Kangaroo 插件对嵌板进行平板优化的最终结果

该案例的主要逻辑构建思路为：首先创建一个细分均匀的网格体，然后将网格的底部面删除，对剩余的网格面施加平板作用力、弹力、圆滑作用力、等边力及将网格顶点拉回原始形体的作用力，在这些力的共同作用下即可达到网格平板优化的目的。以下为该案例的具体做法。

（1）如图 4-128 所示，用 Square 运算器创建一个正方形矩阵，其 S 输入端的顶点间距可设定为 2，Ex 和 Ey 两个输入端赋予的数值为 3，同时将其 P 输出端通过 Flatten 进行路径拍平。

（2）调入 Series 运算器，将顶点间距 2 赋予其 N 输入端，C 输入端赋予数值 3，同时将其 S 输出端通过 Graft 创建成树形数据。

（3）将矩阵的顶点沿着 Z 轴方向进行移动，将等差数列作为控制顶点移动的数值。

（4）以移动后的顶点作为中心点，由 Center Box 运算器创建正方体矩阵，由于顶点之间的距离为 2，而 Center Box 运算器的长、宽、高默认数值也为 2，因此生成的正方体的相邻面是重合的。为了简化路径结构，可将其 B 输出端通过 Flatten 进行路径简化。

（5）通过 Random Reduce 运算器随机删除数值为 23 的正方体，其 S 输入端的随机种子数值设定为 7。

（6）用 Solid Union 运算器将剩余的正方体进行布尔运算，删除有重叠的面。

（7）用 Simple Mesh 运算器将合并后的体块以最简形式转换为网格。

（8）用 Mesh Explode 运算器将网格拆开为多个网格面。

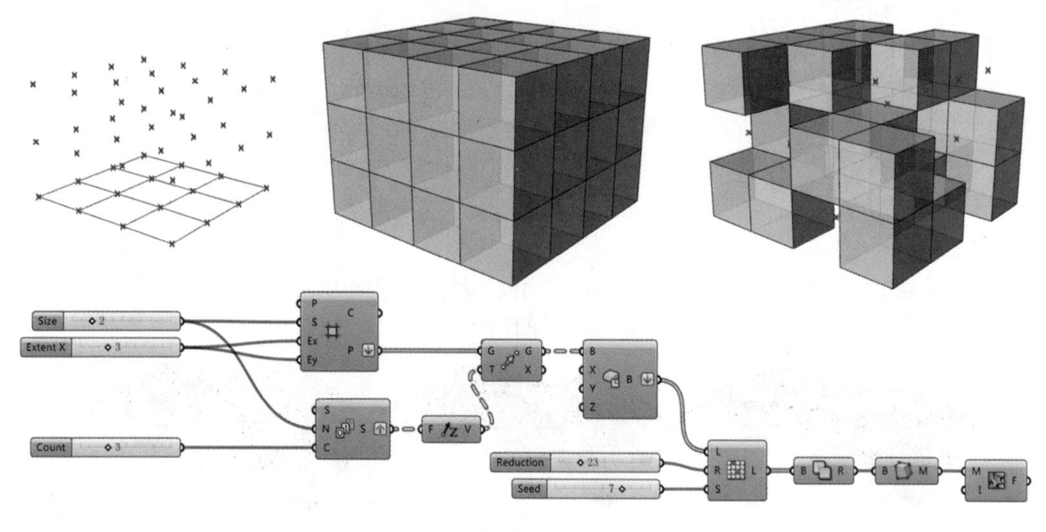

图 4-128　操作步骤

（以上步骤同样可通过 T-Splines 插件进行操作，不过为了得到均匀分布的嵌板效果，要尽可能地使网格布面均匀，避免出现网格面大小差异较大的情况。）

（9）如图 4-129 所示，由于底部的网格面不是有效的幕墙范围，因此需要将其删除，根据网格面中心点的 Z 坐标值可将其筛选出来。

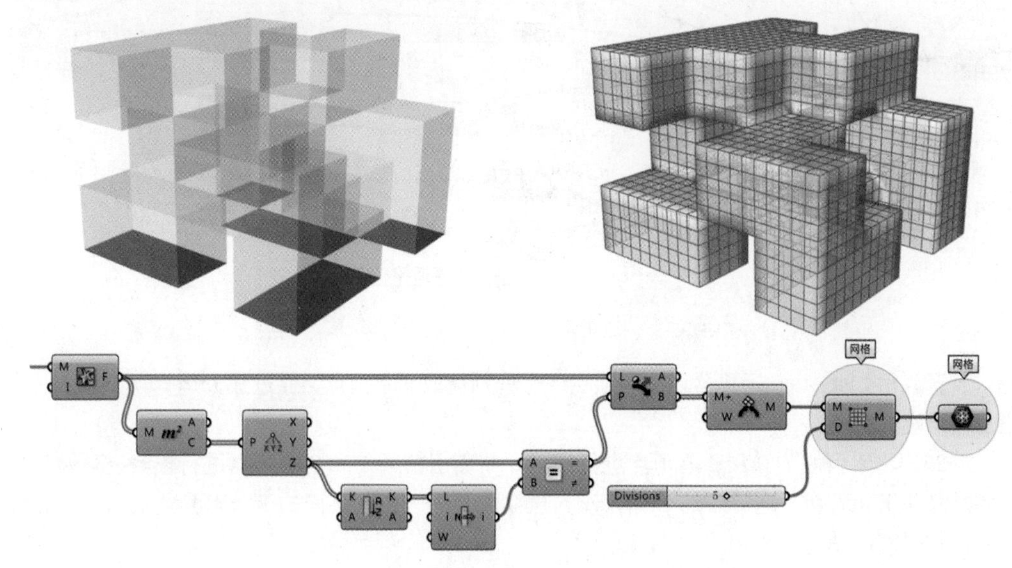

图 4-129 操作步骤

（10）用 Mesh Area 运算器提取每个网格面的中心点。

（11）通过 Deconstruct 运算器提取每个中心点的 Z 坐标值。

（12）用 Sort List 运算器将全部的 Z 坐标值从小到大进行排列。

（13）用 List Item 运算器提取出索引值为 0 的项值，即最底部网格面中心点的 Z 坐标值。

（14）用 Equality 运算器，判定所有网格面中心点的 Z 坐标值与最小值是否相等，其输出结果为一系列布尔值。

（15）依据判定的布尔值，用 Dispatch 运算器对网格面进行分流，其 B 输出端的数据即为剔除掉底部网格面的剩余结果。

（16）用 Join Meshes and Weld 运算器将全部网格面进行合并与焊接。

（17）由于目前的网格面数量较少，需要通过 QuadDivide 运算器进行细分，将细分次数设定为 5。将该运算器通过 Group 进行群组，并命名为“网格”。

（18）为了保证程序连线的简洁性，用 Mesh 运算器拾取 QuadDivide 运算器的输出结果，并将其命名为“网格”， 同时右键单击其输入端，将 Wire Display 的连线方式改为 Hidden。

（19）如图 4-130 所示，用 Deconstruct Mesh 运算器提取细分网格的顶点，然后用 PullToMesh 运算器对顶点施加拉向原始网格的作用力。

（20）通过 PlanarizeQuads 运算器对所有网格面施加四点共面作用力，将其强度值设为 3000。

（21）用 SpringsFromMesh 运算器对网格施加弹力，保证整个形体不会因外力的作用而分解。

（22）用 MeshSmooth 运算器对网格施加圆滑作用力，将其强度值设为 3000。

（23）为了避免嵌板在外力作用下变形，需要对每个网格面施加等边作用力。用 Mesh Explode 运算器将网格分解为网格面的集合。

（24）用 Deconstruct Mesh 运算器提取每个网格面的 4 个顶点。

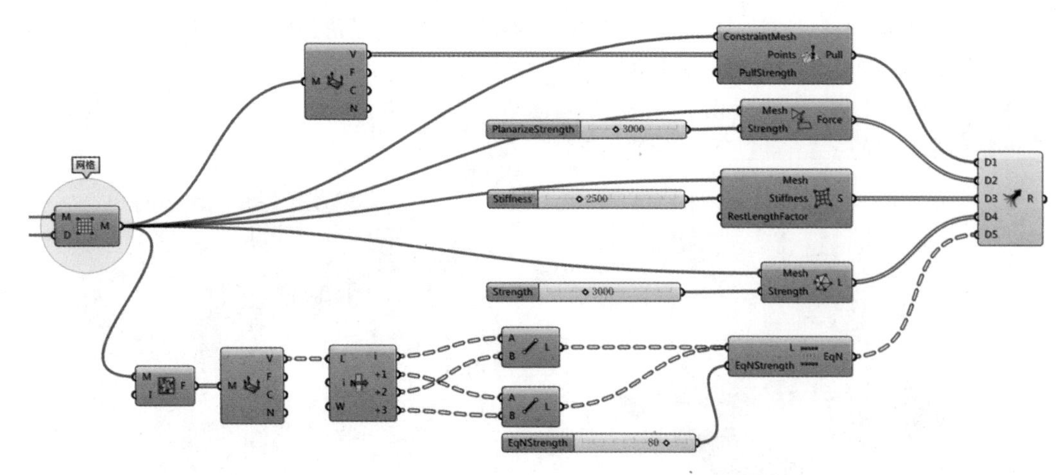

图 4–130　提取细分网格的顶点并施加作用力

（25）用 List Item 运算器，按照顶点序号分别提取 4 个顶点，通过放大运算器，单击“+”增加输出端的个数。

（26）将索引值为 0 和 2 的顶点进行连线，将索引值为 1 和 3 的顶点进行连线，再将两组线同时赋予 EqualizeN 运算器的 L 输入端，这样就为同一个网格面的两条对角线施加了等边作用力，其强度值设定为 80。

（27）用 Merge 运算器将全部的作用力进行合并。

（28）如图 4–131 所示，将合并后的作用力赋予 KangarooPhysics 运算器的 Force objects 输入端，同时将其通过 Flatten 进行路径拍平。

（29）用 NakedVertices 运算器提取细分后网格的外露顶点，将其赋予 KangarooPhysics 运算器的 AnchorPoints 输入端，将与地面相交的顶点作为固定锚点。

（30）将 Boolean Toggle 运算器赋予 KangarooPhysics 运算器的 SimulationReset 输入端，通过布尔值控制程序运行的开闭。

（31）将 Timer 运算器赋予 KangarooPhysics 运算器用以驱动程序。

（32）将布尔值由 True 改为 False，即可观察到程序开始运行，程序经过一段时间的计算模拟将会处于动态平衡的状态，双击 Timer 运算器使其呈暗灰色，即可获得最终结果的静态模型。

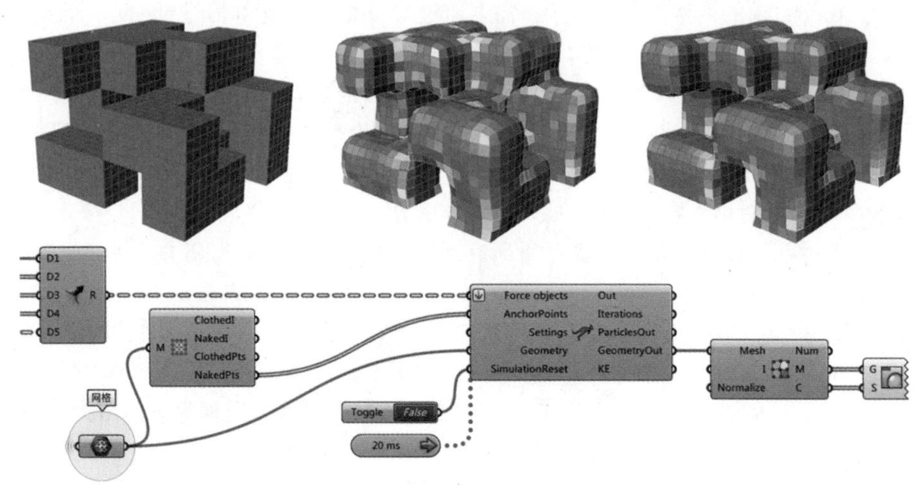

图 4–131　将合并后的作用力赋予 Force objects 输入端

（33）用 PlanarityDisplay 和 Custom Preview 两个运算器以渐变色显示网格的平板程度，越趋近于绿色表明该嵌板越趋近于平板状态。

6.5 Kangaroo 插件其他应用

如图 4−132 所示，Circle Packing 相切圆阵列是很常用的设计装饰元素，通过 Kangaroo 插件的动力学运算可创建相切圆阵列。构建程序用到的主要作用力为 PowerLaw 和 SpringsFromLine，即通过引力使圆彼此吸引，再由弹力使相邻两个圆保持相切的状态。

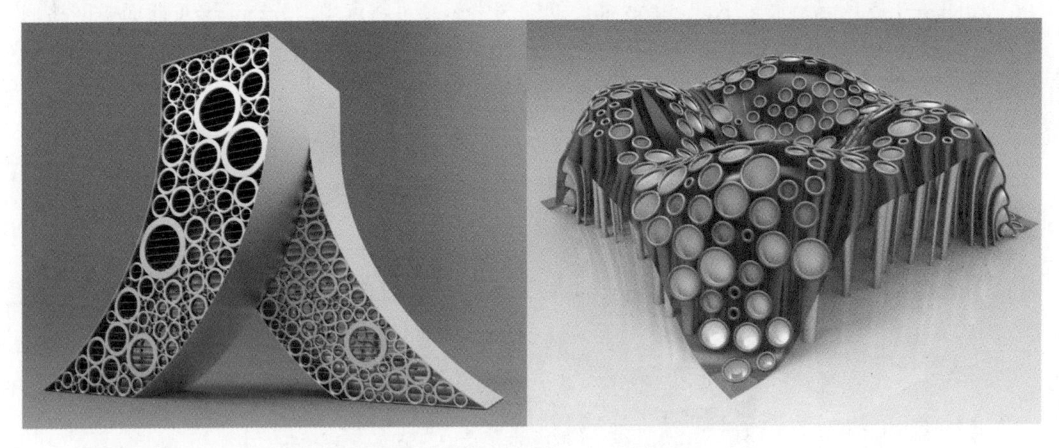

图 4−132　Circle Packing 相切圆阵列

PowerLaw 运算器的强度值为负值时为引力，正值时为斥力。为了保证圆彼此间的相切状态，弹力的 Rest length、UpperCutoff 两个输入端需要赋予的数值为圆半径两两相加之和，其作用是为了使两个圆在产生重合部分之后，弹力发挥作用。

褶皱建筑作为一种先锋建筑思潮，为建筑形式带来了更多的可能性。如图 4−133 所示，其布料褶皱般的轻盈造型，改变了以往建筑硬朗的框架形象。通过 Kangaroo 插件的动力学运算可模拟类似织物褶皱、变形的效果，构建程序用到的主要作用力为 GasVolume、Laplacian、SpringsFromLine，即通过气体压力对网格进行缩小，然后通过圆滑力和弹力维持形体的圆滑结构。

GasVolume 运算器的 Volume 输入端控制网格形体的膨胀或缩放，当赋予的数值小于原始形体的体积时，其输出的结果为缩放作用力，就会产生褶皱的效果。

折纸是门独特而古老的艺术形式，最早可追溯到西汉末年。由折纸构成的几何图形已被

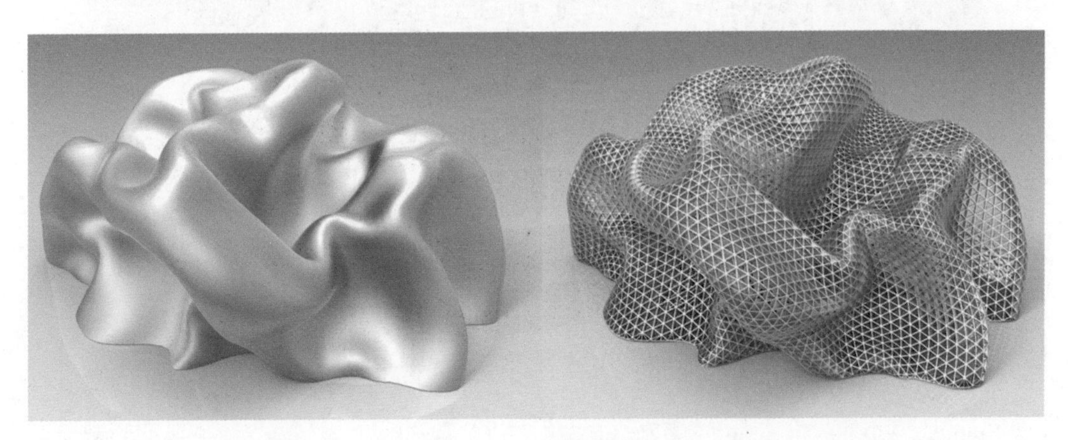

图 4−133　褶皱建筑模型

广泛应用于不同的设计领域，越来越多的折纸元素被应用于建筑设计中。如图 4-134 所示，通过 Kangaroo 插件的动力学运算可模拟折纸的过程，构建程序用到的主要作用力为 Hinge 和 SpringsFromLine，即通过弯折力作用于网格顶点，对形体进行折叠，然后由弹力维持整体结构。

随着工程技术与视觉审美的不断提高，规则的曲面造型已经难以满足时代进步的要求，越来越多不规则的结构形态应用于建筑领域，但是这种不规则的形体很难用单一曲面进行拟合，而多重曲面和网格形体又给后期的优化设计带来了很多障碍。表面均匀点分布的优化可创建均匀的结构杆件及模数较少的幕墙单元，这种优化设计在工程建造中可以很大程度上降低成本。

如图 4-135 所示，通过 Kangaroo 插件的动力学运算可将点均匀分布于多重曲面或网格形体上，构建程序用到的主要作用力为 PullToSurf 和 PowerLaw，即通过拉向曲面作用力保证点始终分布于曲面上，斥力能使点在一定距离下保持动态平衡。

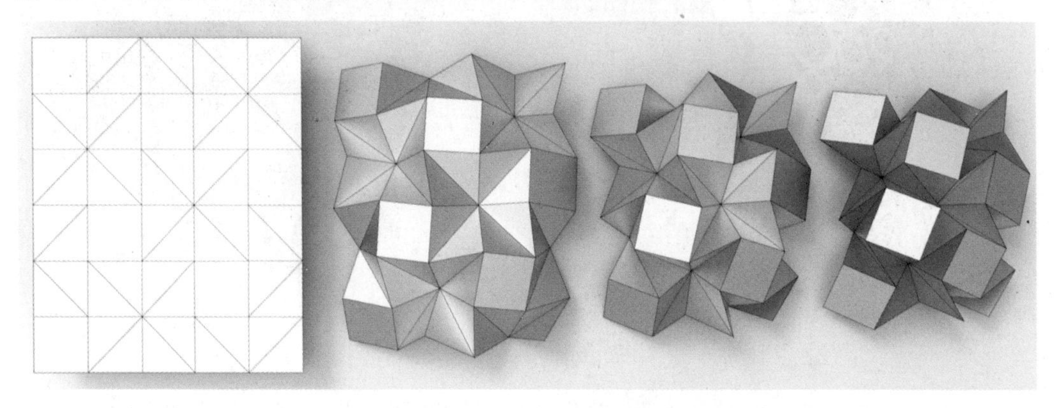

图 4-134　通过 Kangaroo 插件模拟折纸的过程

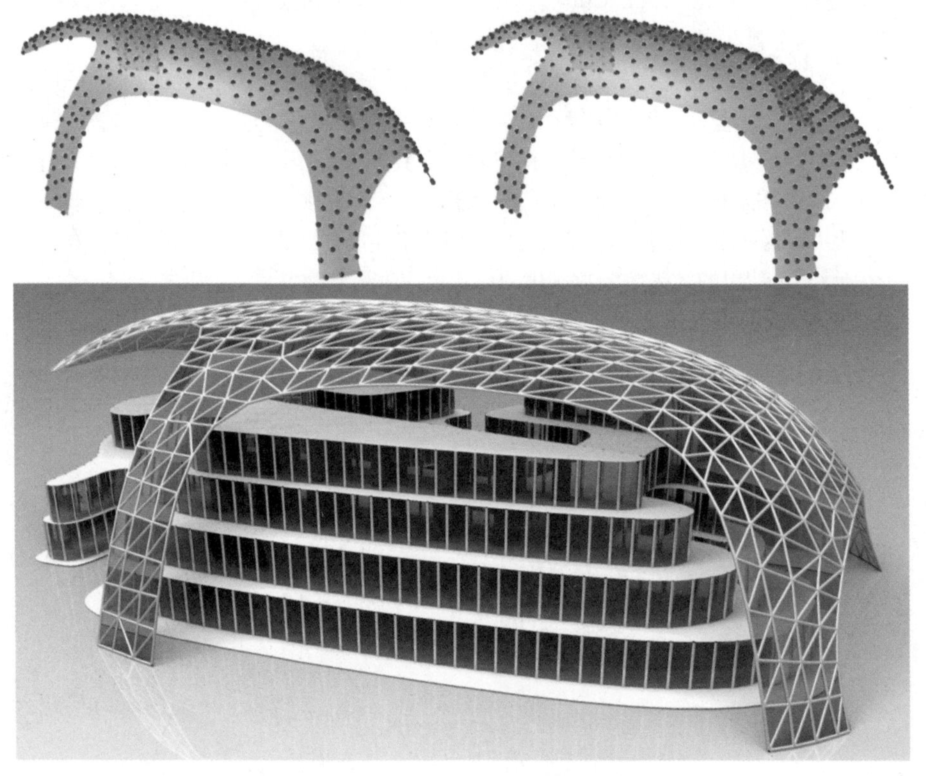

图 4-135　将点均匀分布于多重曲面或网格形体上

第五章　Surface 应用实例

1. 数学曲面

1.1 数学曲面案例一

在之前章节中介绍了通过公式构建极小曲面的方法，本节将介绍通过数学公式重构曲面的方法。如图 5-1 所示，数学曲面可用来创建景观墙面或室内装饰墙面。

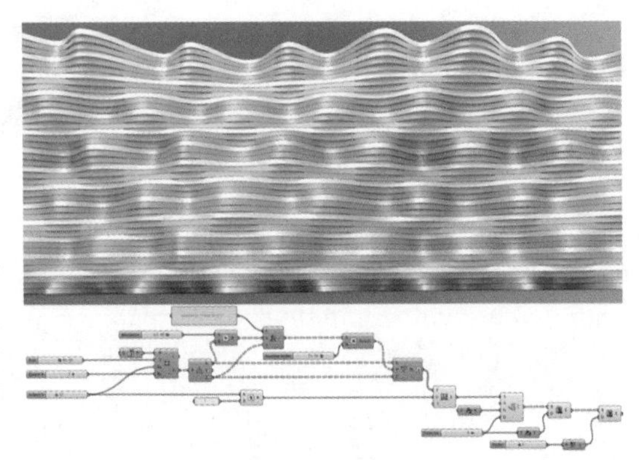

图 5-1　数学曲面的应用

本案例的主要逻辑构建思路为：通过数学公式，重新确定二维平面点阵的位置，并依据定位后的点阵创建曲面，最后由曲面上的等距断面线创建结构单元。以下为该案例的具体做法。

(1) 如图 5-2 所示，用 Square 运算器在 XZ 平面创建一个正方形矩阵，其边长 S

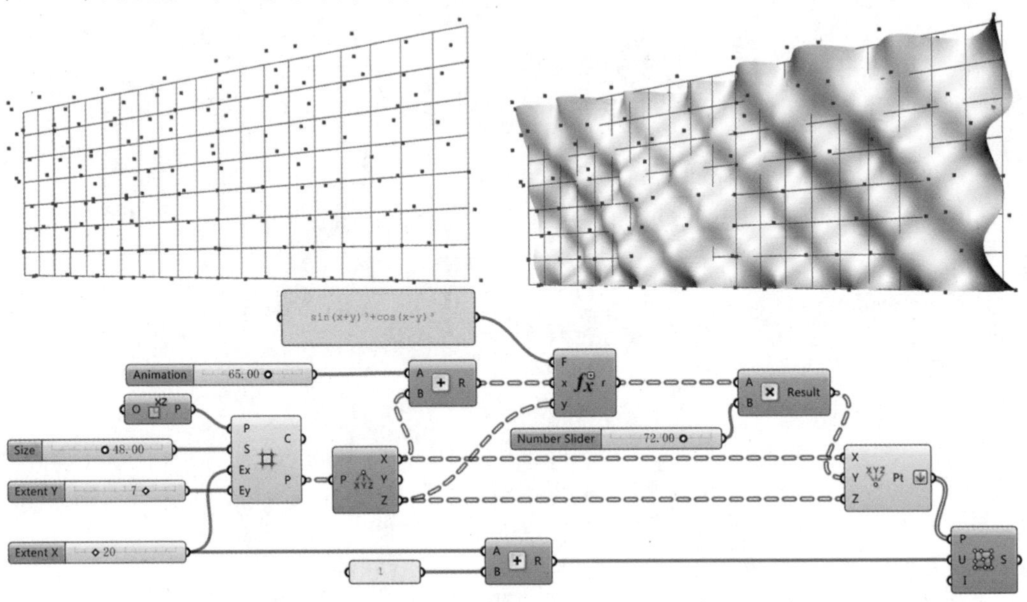

图 5-2　创建正方形矩阵

输入端设定的数值为 48，X 和 Y 两个方向单元数量分别为 20、7。

(2) 用 Deconstruct 运算器将正方形矩阵的顶点分解为 X、Y、Z 坐标。为了使生成的曲面有起伏变化，需要对点的 Y 坐标进行重构。

(3)将分解后的X坐标值通过Addition运算器加上65,便于通过调整参数影响曲面的形态。

(4) 将上一步的结果赋予 Evaluate 运算器的 x 输入端，并将分解后点的 Z 坐标值赋予其 y 输入端，在 Panel 面板中输入 “$\sin(x+y)^3+\cos(x-y)^3$” 表达式，并将其赋予 Evaluate 运算器的 F 输入端。

(5) 通过 Multiplication 运算器将表达式的输出结果乘以一个倍增值，该案例中设定的数值为 72。

(6) 将分解后的 X、Z 坐标值分别赋予 Construct Point 运算器的 X、Z 输入端，并将 Multiplication 运算器的输出数据赋予 Construct Point 运算器的 Y 输入端，同时通过 Flatten

将其输出端数据进行路径拍平。

(7) 将Y坐标重构后的点赋予Surface From Points运算器的P输入端，并将X方向矩阵单元数量为20的数值通过Addition运算器加上1，将其结果赋予Surface From Points运算器的U输入端。

(8) 如图5-3所示，用Contour运算器在曲面上生成等距断面线，计算方向为Z轴方向，等距断面线的间距为8。

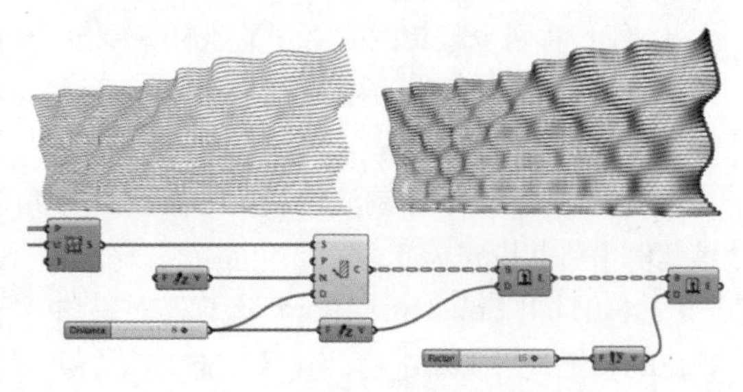

图5-3 在曲面上生成等距断面线

(9) 将等距断面线通过Extrude运算器沿着Z轴方向进行延伸操作，延伸的高度要与等距断面线的间距保持一致。

(10) 将曲面继续通过Extrude运算器沿着Y轴方向进行延伸操作，延伸的长度为15，生成的结果为有厚度的结构体。

(11) 为了创建不同形式的曲面，用户可尝试更换Evaluate运算器的数学表达式，并通过调整参数获得满意的结果。

1.2 数学曲面案例二

通过数学表达式还可模拟自然界中有规律的曲面形态。如图5-4所示为数学曲面模拟的水波纹形态，可将其应用于立面造型中。

该案例的主要逻辑构建思路为：通过两个点模拟水波纹的起始位置，并将这两个起始点控制的数学表达式进行组合，其目的是为了生成波纹叠加的效果；然后通过表达式对矩阵点进行重新定位，最后将同一路径下的点进行连线，并通过放样生成波纹曲面。以下为该案例的具体做法。

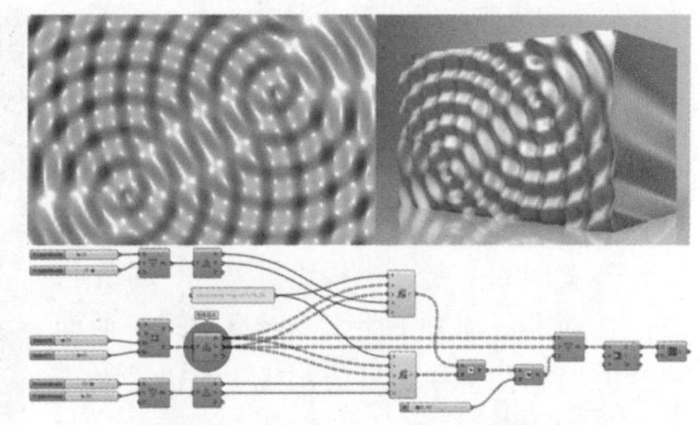

图5-4 数学曲面模拟的水波纹形态

(1) 如图5-5所示，用Square运算器在XY平面创建一个正方形矩阵，X和Y两个方向单元数量分别为70和45。

(2) 用Deconstruct运算器将正方形矩阵的顶点分解为X、Y、Z坐标。为了产生曲面形态变化的效果，需要对顶点的Z坐标进行重构。

(3) 通过两个Construct Point运算器创建两个点，用以模拟水波纹的起始点，两个点的坐标分别为{20，10，0}、{50，30，0}。

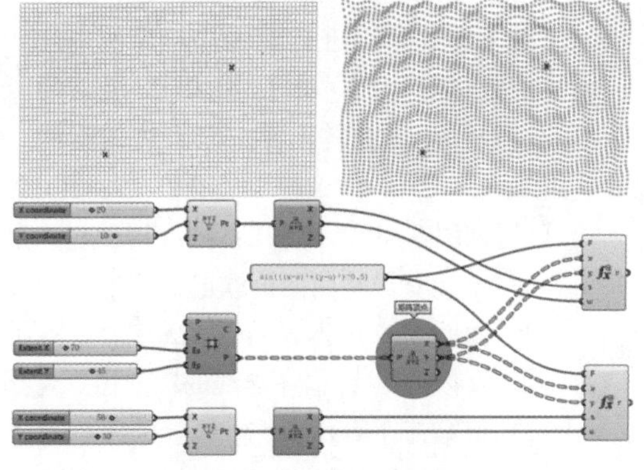

图5-5 创建正方形矩阵

(4) 用Deconstruct运算器将两个起始点分解为X、Y、Z坐标。

(5) 在Panel面板中输入“sin(((x−s)²+(y−u)²)^0.5)”表达式，并将其分别赋予两个Evaluate运算器的F输入端。^0.5表示开方，“^”符号可在英文输入法状态下通过Shift+6输入。

(6) 放大两个Evaluate运算器，单击“+”增加两个输入端。将矩阵顶点的X、Y坐标分别赋予两个 Evaluate 运算器的 X、Y 输入端。

（7）将两个起始点的 X、Y 坐标分别赋予两个 Evaluate 运算器的 S、U 输入端。

（8）如图 5-6 所示，通过 Addition 运算器将两个表达式的输出结果相加，其目的是为了构建波纹叠加的数据。

（9）为了便于控制波纹起伏的高度，可将 Addition 运算器的输出结果乘以一个倍增值，该案例中将其设定为 0.86。

（10）用 Construct Point 运算器对矩阵顶点的位置进行重新定位，其 X、Y 坐标值保持不变，将表达式控制的数值赋予其 Z 输入端。

（11）用 Nurbs Curve 运算器将同一路径下的点连成曲线，同时将其输出端通过 Flatten 进行路径拍平。

（12）由 Loft 运算器将曲线通过放样生成波纹曲面。

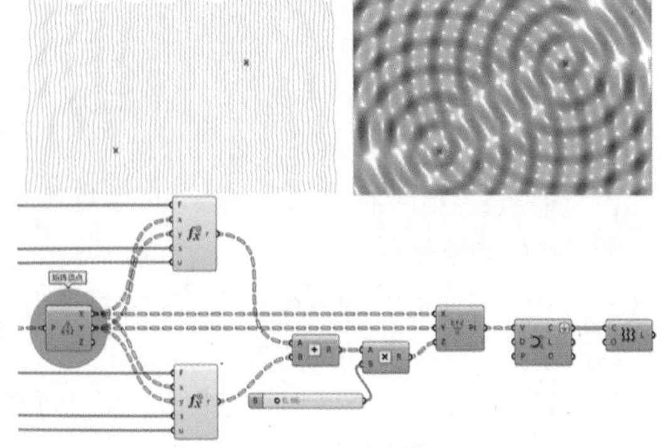

图 5-6　将两个表达式的输出结果相加

2. 扭转结构表皮

GH 构建曲面的思路与 Rhino 是一致的，即由点到线再到面，想要得到丰富变化的曲面造型，需要转换到点或线层级进行操作。如图 5-7 所示，本案例为通过 GH 构建扭转结构表皮的应用实例。

本案例的主要逻辑构建思路为：首先将单一曲面进行细分子曲面，然后提取子曲面一个方向的结构线；将结构线中点沿着对应曲面法线方向移动，并依据移动后的点，与结构线两个端点组成一个三点平面，将结构线以三点平面为中心进行旋转，其旋转角度可通过函数进行控制；最后将同一路径下的曲线通过放样生成扭转曲面。以下为该案例的具体做法。

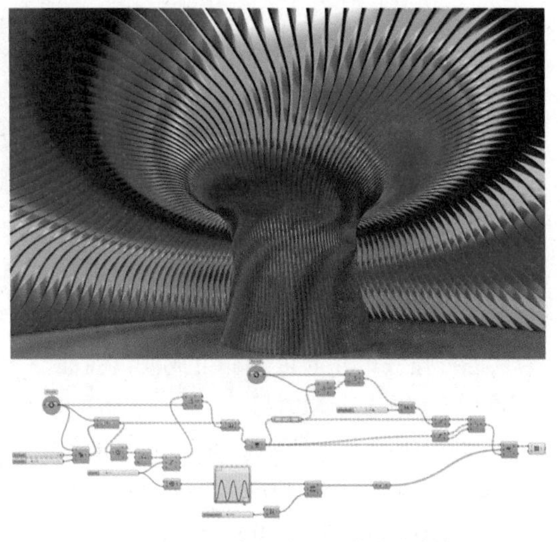

图 5-7　通过 GH 创建扭转结构表皮

（1）如图 5-8 所示，在不同高度创建 5 个不同大小的圆，通过 Loft 命令将其放样成面，并用 Surface 运算器将曲面拾取进 GH 中。

（2）如图 5-9 所示，将 Surface 运算器命名为“原始曲面”，由于后面的操作中会用到该曲面数据，为了保证程序连线的简洁性，可用另外一个 Surface 运算器拾取曲面数据。

（3）将第二个 Surface 运算器也命名为“原始曲面”，通过右键单击运算器输入端，将 Wire Display 的连线模式改为 Hidden，即可隐藏运算器之间的连线。

（4）通过 Divide Domain^2 运算器将原始曲面等分为二维区间，其 U、V 两个方向等分的数量分别为 1、110。

（5）通过 Isotrim 运算器依据二维区间分割原始曲面，同时需要在其输出端通过 Simplify 将数据进行路径简化，并用 Graft 形成树形数据。

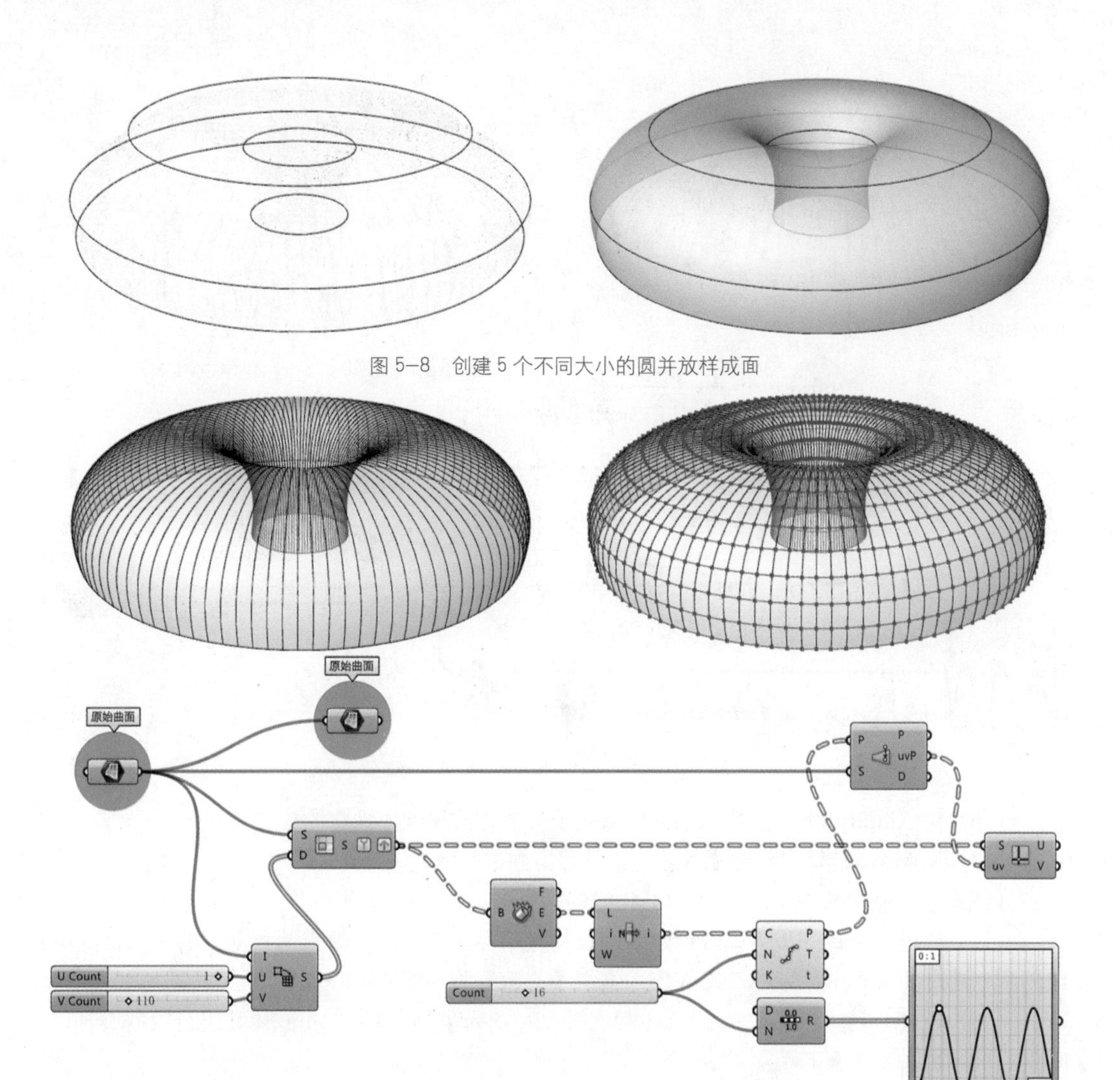

图 5-8　创建 5 个不同大小的圆并放样成面

图 5-9　用另外一个 Surface 运算器拾取曲面数据

(6) 用 Deconstruct Brep 运算器分解每个子曲面。

(7) 用 List Item 运算器提取每个子曲面对应索引值为 0 的边缘线。

(8) 通过 Divide Curve 运算器在边缘线上生成等分点，其 N 输入端赋予的数据为 16。

(9) 通过 Surface Closest Point 运算器，计算等分点对应的原始曲面的 U、V 坐标值。

(10) 由 Iso Curve 运算器提取等分点对应子曲面的结构线。

(11) 将步骤 (8) 中的数值 16 赋予 Range 运算器的 N 输入端，可将 0 至 1 区间等分 16 段。

(12) 将等分数据赋予 Graph mapper 运算器，并通过右键单击运算器，将函数类型改为 Sine 正弦函数，用户可自行调整函数曲线形态。

(13) 如图 5-10 所示，通过 Trim Tree 运算器将结构线数据进行路径转换。将其 T 输入端通过 Simplify 进行路径简化， D 输入端保持默认数值 1 即可。其输出结果可将每个子曲面对应的结构线放置在一个路径结构内。

(14) 用 Point On Curve 运算器提取每条结构线的中点。

(15) 通过 Surface Closest Point、Evaluate Surface 两个运算器计算中点对应原始曲面的法线方向。

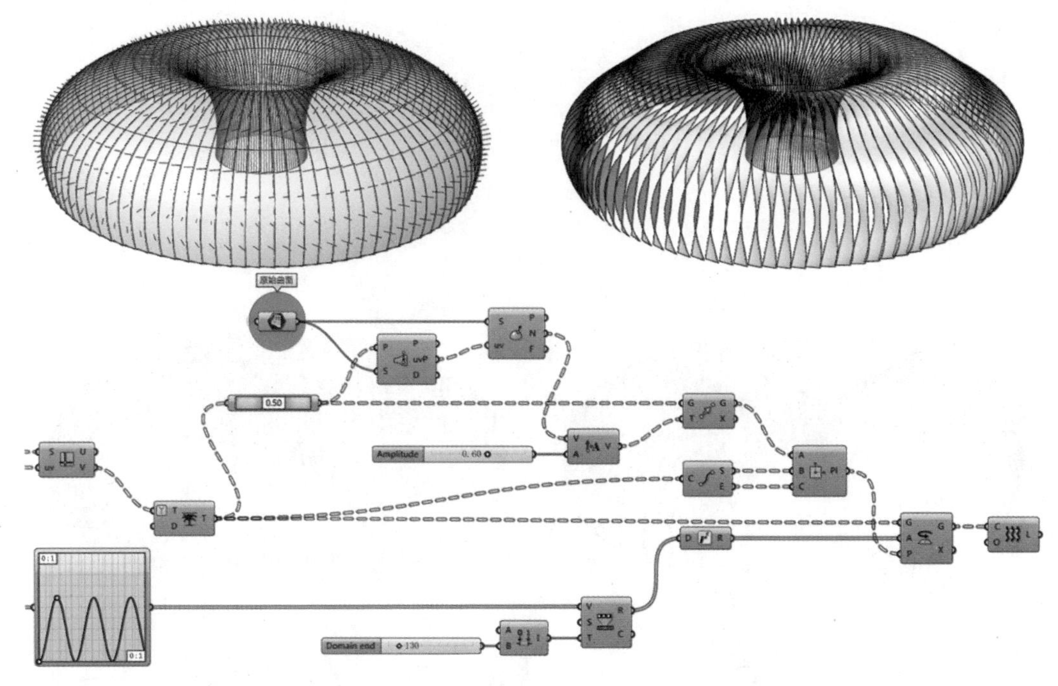

图 5-10　将结构线数据进行路径转换

（16）用 Amplitude 运算器为法线向量赋予数值，该案例中设定的数值为 0.6。

（17）用 Move 运算器将中点沿着对应法线方向进行移动。

（18）用 End Points 运算器提取结构线的两个端点。

（19）通过 Plane 3Pt 运算器创建平面，构建平面所依据的 3 组点为移动后的中点及结构线的两个端点。需要注意的是，其 A 输入端赋予的数据为平面的中心点。

（20）通过 Construct Domain、Remap Numbers 两个运算器对正弦函数进行数据映射，映射的目标区间为 0 至 130。

（21）通过 Radians 运算器，将映射后的数据转换为弧度制，并将其赋予 Rotate 运算器的 A 输入端。

（22）将路径转换后的结构线赋予 Rotate 运算器的 G 输入端。

（23）将三点平面赋予 Rotate 运算器的 P 输入端。

（24）通过 Loft 运算器将旋转后的曲线进行放样，即可生成扭转形态的曲面。

（25）如图 5-11 所示，改变 Graph mapper 运算器的函数曲线，即可生成扭转周期不同的曲面形态。

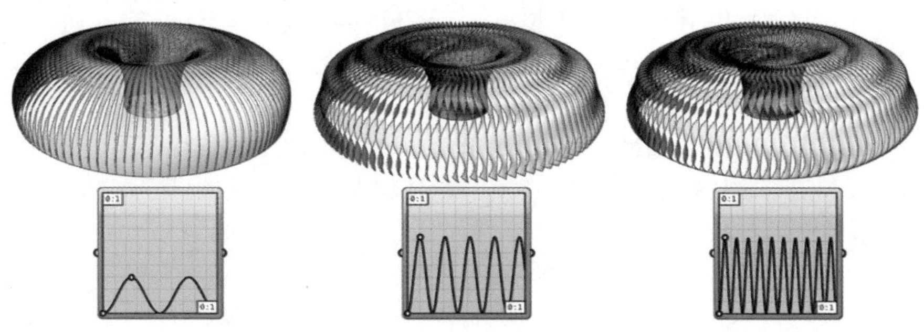

图 5-11　扭转周期不同的曲面形态

3. 莫比乌斯曲面

3.1 莫比乌斯曲面应用实例

将一个纸带扭转 180° 并将两头对接起来，即可形成莫比乌斯环。莫比乌斯环既没有起点，也没有终点，如果将其应用于工业、建筑等设计领域，可创建出交织与连续的空间。目前已有很多应用莫比乌斯环的建成项目，比较具有代表性的是北京凤凰国际传媒中心、哈萨克斯坦国家博物馆、上海世博会丹麦馆。如图 5–12 所示，该案例为莫比乌斯曲面在建筑设计中的应用案例。

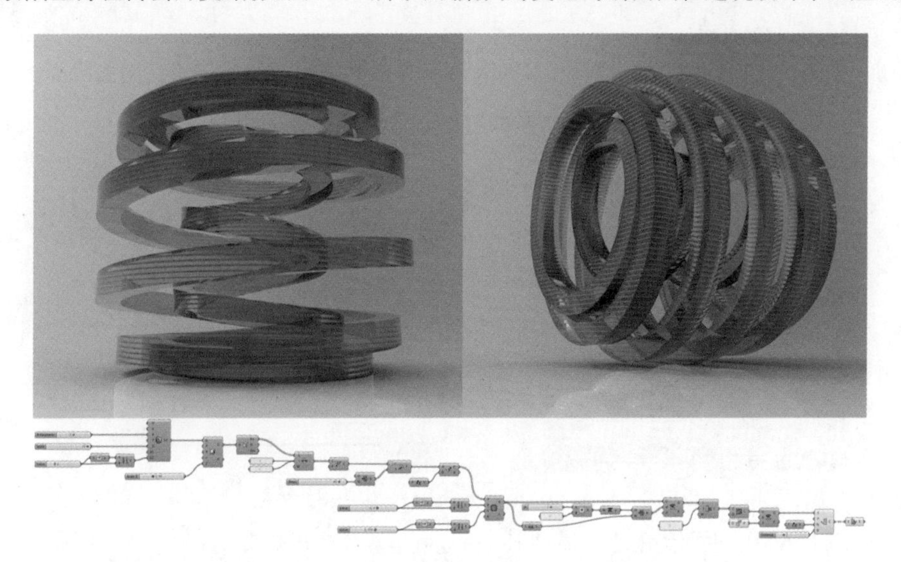

图 5–12　莫比乌斯曲面在建筑设计中的应用

本案例的主要逻辑构建思路为：首先通过 LunchBox 插件创建一个莫比乌斯环曲面，提取该曲面的外露边缘线；然后在边缘线上生成一定数量的切平面，并以其为中心构建矩形。将矩形在一定数学规律下进行旋转，最后将旋转后的矩形通过放样生成曲面。以下为该案例的具体做法。

（1）如图 5–13 所示，通过 LunchBox 插件中的 Mobius Surface 运算器，创建一个莫比乌斯曲面。为了方便调控其形体，可将 5 和 10 分别赋予其 R、S 两个输入端，并通过 -2 至 2 的区间控制其 V 方向的区间。

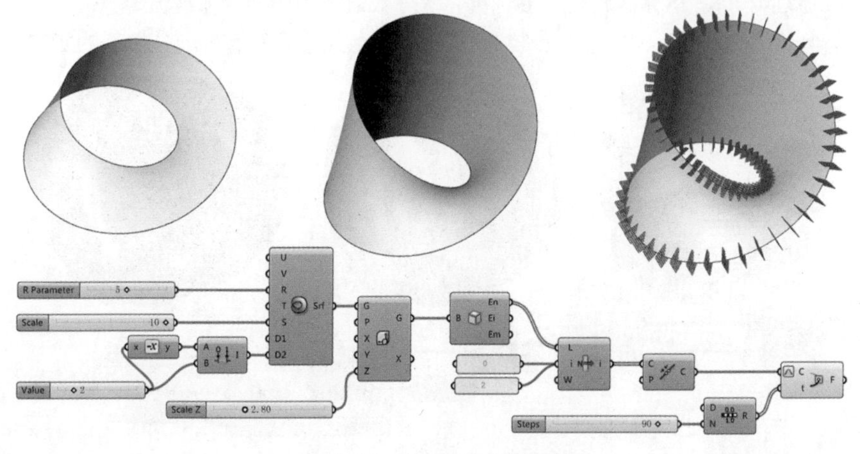

图 5–13　创建莫比乌斯曲面

（2）通过 Scale NU 运算器将莫比乌斯曲面在 Z 轴方向放大 2.8 倍。

（3）由 Brep Edges 运算器提取缩放后曲面的边缘线。

（4）通过 List Item 运算器，提取 En 输出端对应索引值为 0 和 2 的曲线，得到的结果即为外露边缘线。

（5）将两条外露边缘线通过 Join Curves 运算器进行组合。

（6）通过 Perp Frame 运算器在曲线上生成切平面，其 C 输入端通过 Reparameterize 将定义域转换到 0 至 1 区间。

（7）用 Range 运算器将默认的 0 至 1 区间等分 90 段，并将其输出的 91 个数据赋予 Perp Frame 运算器的 t 输入端。

（8）如图 5-14 所示，通过 Align Plane 运算器将其按照 Z 轴方向进行对齐平面。

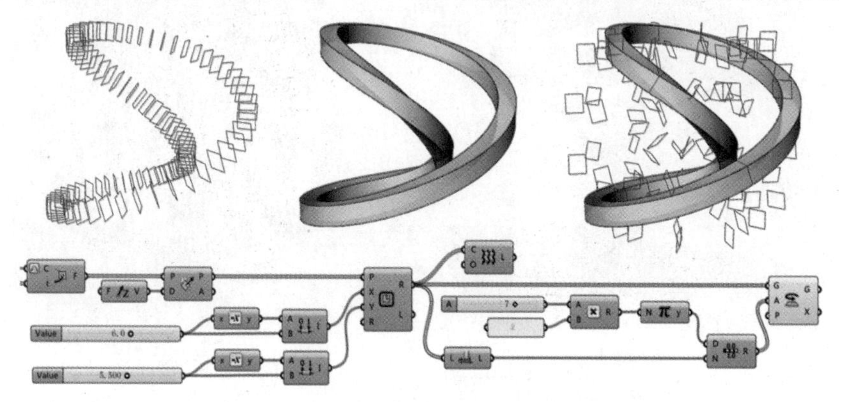

图 5-14　按照 Z 轴方向进行对齐平面

（9）以对齐后的平面为中心，通过 Rectangle 运算器生成矩形，其 X、Y 两个输入端分别赋予区间 −6 至 6、−5.5 至 5.5。

（10）通过 Loft 运算器将矩形放样成面，但是扭转周期无法通过变量进行调整。为了生成更加复杂的莫比乌斯曲面，需要将扭转周期作为变量控制曲面形体。

（11）通过 List Length 运算器测量矩形的个数，并将输出结果赋予 Range 运算器的 N 输入端。

（12）为了保证扭转后的曲面能够首尾相接，其旋转的弧度值应为 Pi 的偶数倍。通过 Multiplication 运算器将整数变量值乘以 2，并将其结果赋予 Pi 运算器的 N 输入端。

（13）将 Pi 运算器的输出结果，赋予 Range 运算器的 D 输入端。

（14）通过 Rotate 运算器旋转矩形，可将等分数值作为旋转的弧度值。

（15）如图 5-15 所示，由于在首位相接的位置会出现两个距离十分接近的矩形，为了保

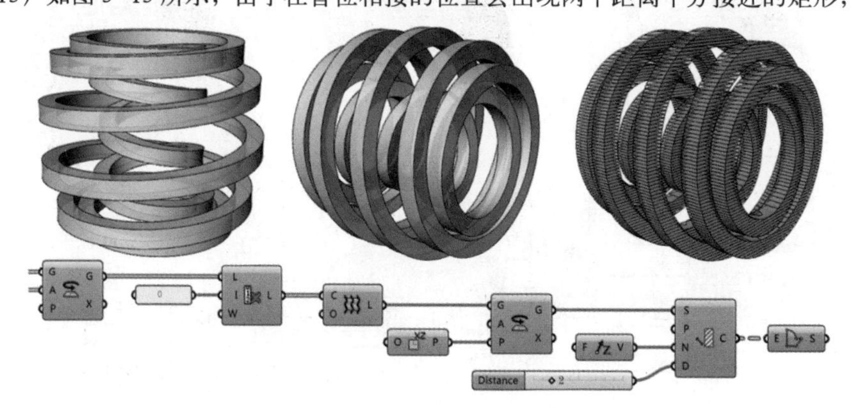

图 5-15　删掉索引值为 0 的矩形

证结果的正确性，可通过 Cull Index 运算器删掉索引值为 0 的矩形。

(16) 将剩余矩形数据赋予 Loft 运算器的 C 输入端，即可生成多扭转周期的莫比乌斯曲面。

(17) 将曲面通过 Rotate 运算器在 XZ 平面进行旋转，旋转的弧度值为 0.5*Pi，生成的结果可作为概念性设计方案。

(18) 通过 Contour 运算器在形体表面生成等距断面线，将其作为楼层线。

(19) 用 Boundary Surfaces 运算器对楼层线进行封面，其结果可作为楼层板结构。

3.2 丝带教堂案例

上一个案例中介绍了莫比乌斯曲面通用的生成方法，其对形体细节的调整能力较弱。如图 5-16 所示，本节将以日本丝带教堂为案例，介绍创建空间环绕形体的方法。

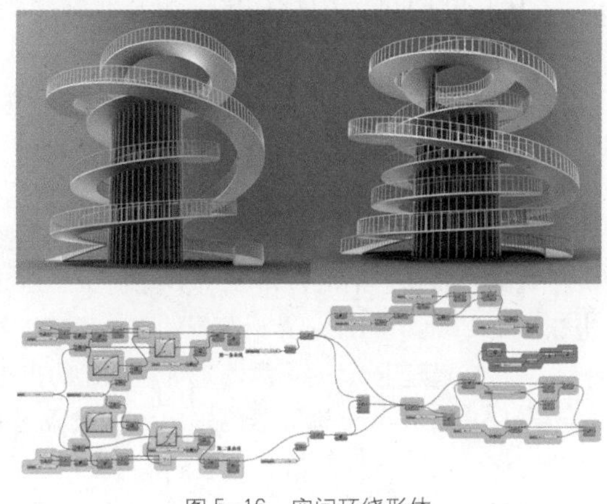

图 5-16　空间环绕形体

该案例的主要逻辑构建思路为：首先创建两条尾端相连的螺旋线，然后各自提取一部分，通过混接生成圆滑的连接曲线；将 3 条曲线进行组合并向外偏移，通过放样即可生成坡道曲面；提取内圈螺旋线的一部分，将其投影到 XY 平面，通过放样即可生成中间的玻璃幕墙；最后由边缘线生成栏杆结构。以下为该案例的具体做法。

(1) 如图 5-17 所示，螺旋线的构建方法为：将直线上的等分点移动和旋转，再由移动后

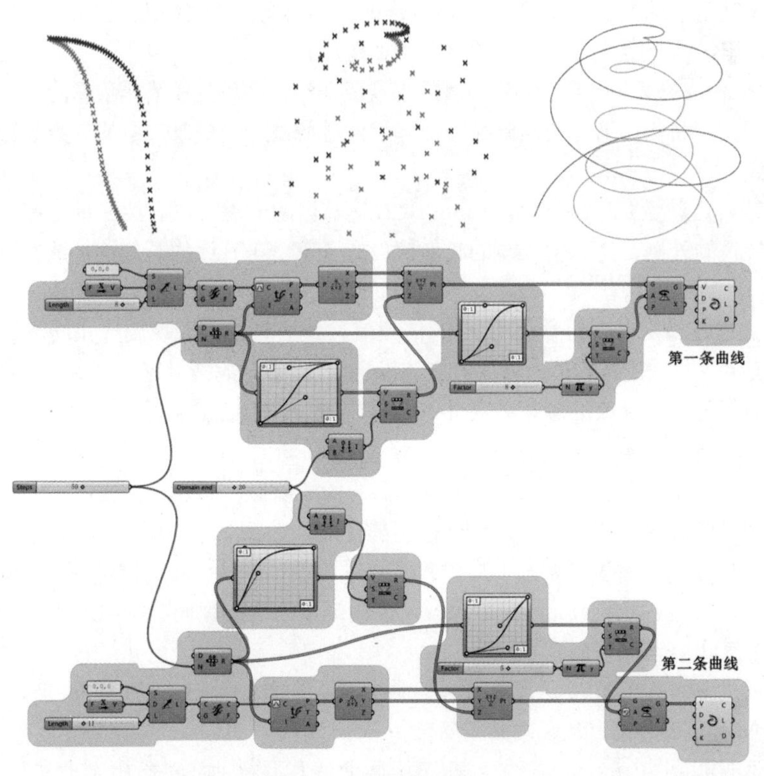

图 5-17　螺旋线的构造方法

的点连成螺旋线。为了保证两条螺旋线的一端相连，两条直线的起始点需要重合。

（2）由于两条螺旋线的制作方法相同，只是初始直线的长度、等分点旋转的周期和方向略有不同，因此只介绍其中一条螺旋线的制作方法。

（3）通过 Line SDL 运算器在 X 轴方向创建一条直线，该直线的起点坐标为 {0,0,0}，其长度设定为 8。

（4）通过 Flip Curve 运算器将直线进行翻转。

（5）用 Evaluate Curve 运算器在直线上生成等分点，其 C 输入端通过 Reparameterize 将定义域转换到 0 至 1 区间。

（6）用 Range 运算器控制等分点的数量，其 N 输入端赋予的数据为 50，那么生成等分点的数量为 51。

（7）通过 Deconstruct 运算器将等分点分解为 X、Y、Z 坐标。

（8）将等分数值赋予 Graph mapper 运算器，并将函数类型设定为 Bezier。

（9）由于函数的输出数据范围是 0 至 1，因此需要通过 Remap Numbers、Construct Domain 两个运算器进行数据映射，该案例中映射的目标区间是 0 至 20。

（10）将映射后的数值赋予 Construct Point 运算器的 Z 输入端，并将原等分点的 X、Y 坐标赋予 Construct Point 运算器的 X、Y 输入端。

（11）通过 Rotate 运算器对重新构建的点进行旋转。

（12）将 Range 运算器的输出数据赋予另一个 Graph Mapper 运算器，并将函数类型设定为 Bezier。

（13）由于函数的输出数据范围是 0 至 1，因此需要通过 Remap Numbers、Construct Domain 两个运算器进行数据映射，该案例中映射的目标区间是 0 至 8π。

（14）将映射后的数值赋予 Rotate 运算器的 A 输入端，只要保证旋转的最大弧度值为 π 的偶数倍，螺旋线两个端点的 X 坐标即可保持不变。

（15）用 Interpolate 运算器将旋转后的点连成曲线，即可生成第一条螺旋线。

（16）用户可将制作第一条螺旋线的全部组件进行复制，更改其中的部分参数，即可生成第二条螺旋线。

（17）第一处需要更改的参数为 Line SDL 运算器的 L 输入端，为了保证第二条螺旋线位于第一条螺旋线的外侧，其 L 输入端的长度值应大于第一条直线的长度值，该案例中将其更改为 11。

（18）第二处需要更改的参数为 π 的倍数值，该变量控制着螺旋线扭转的周期。为了创建另一个坡道的入口，旋转的最大弧度值应该设定为 π 的奇数倍，该案例中将其更改为 5π。

（19）第三处需要更改的参数为 Rotate 运算器的 A 输入端，通过右键单击 A 输入端，选择【Reverse】对输入的数据进行反转。

（20）通过调整 4 个 Graph mapper 运算器的函数图形，即可改变螺旋线的形体。

（21）两条螺旋线在顶部交点处的连接不够自然，如图 5-18 所示，可用两个 Sub Curve 运算器分别提取两条曲线的一部分，其 C 输入端通过 Reparameterize 将定义域转换到 0 至 1 区间。

（22）通过 Construct Domain 运算器，控制提取曲线的区间，两条曲线提取的区间可分别设定为 0 至 0.9、0 至 0.75。

（23）通过 Blend Curve 运算器将两条曲线进行混接，由于两条曲线的方向不同，需要通过 Flip Curve 运算器将第二条区间曲线反转。

（24）通过 Join Curves 运算器将两条区间曲线和混接曲线进行组合，并且通过 Flatten

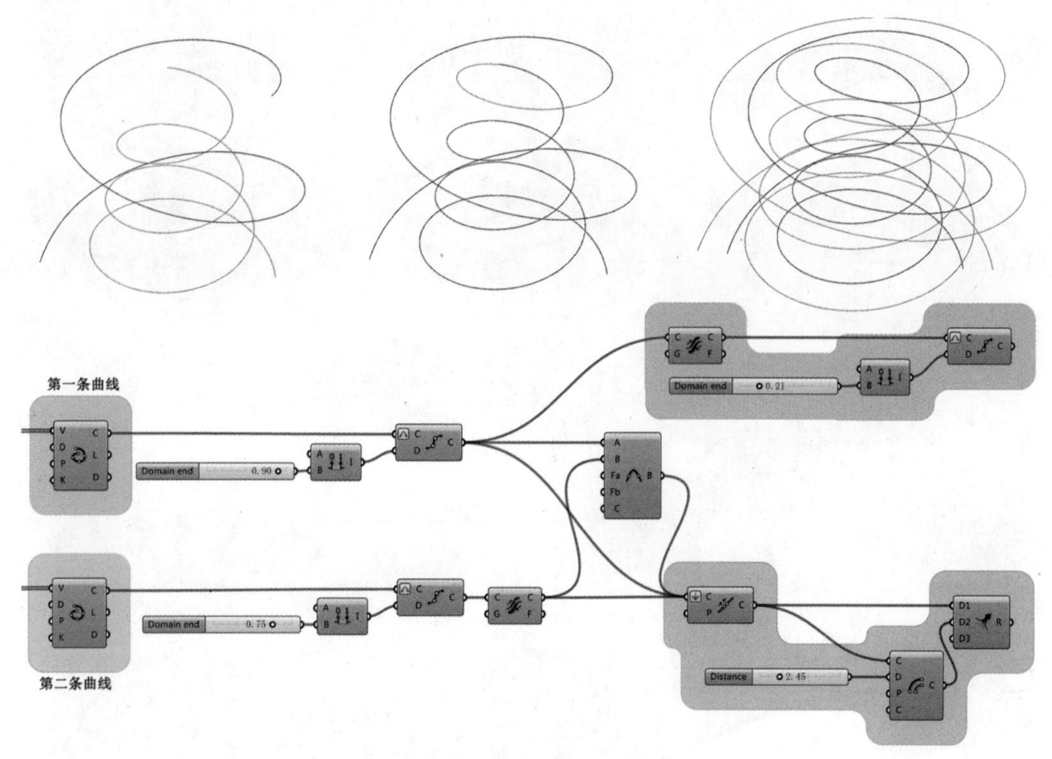

图 5-18　提取曲线的一部分并转换区间

将输入端进行路径拍平。

（25）将组合后的曲线通过 Offset 运算器进行偏移，其 D 输入端的偏移距离设定为 2.45。

（26）用 Merge 运算器将偏移前后的两条曲线进行组合。

（27）为了创建中间玻璃幕墙部分，可通过 Flip Curve 运算器将第一条区间曲线进行反转。

（28）用 Sub Curve 运算器提取曲线的一部分，并通过 Reparameterize 将定义域转换到 0 至 1 区间。

（29）通过 Construct Domain 运算器控制提取曲线的区间，该案例中设定的区间是 0 至 0.21。

（30）如图 5-19 所示，将上一步骤中提取的区间曲线通过 Project 运算器投影到 XY 平面上。

（31）将投影前后的两条曲线通过 Loft 运算器放样成面，即可生成玻璃幕墙部分。

（32）将投影曲线赋予 Divide Curve 运算器，并将其 N 输入端的等分段数设定为 45。

（33）用 Surface Closest Point 运算器计算等分点对应曲面的 U、V 坐标值。

（34）通过 Iso Curve 运算器生成 U、V 坐标对应的结构线。

（35）用 Pipe 运算器依据 U 方向的结构线生成圆管，可将其作为玻璃幕墙的支撑结构。

（36）将合并后的两组曲线通过 Loft 运算器放样成面，并需要将其 C 输入端通过 Flatten 进行路径拍平。

（37）将生成的曲面通过 Extrude 运算器进行延伸，其方向为 Z 轴的负方向，延伸的距离为 0.14。生成的多重曲面可作为坡道部分。

（38）将合并后的两组曲线通过 Move 运算器进行移动，移动的方向为 Z 轴正方向，移动的距离为 1.25。

（39）通过 Divide Curve 运算器在两组曲线上创建等分点，其 N 输入端的等分段数设定为 630。

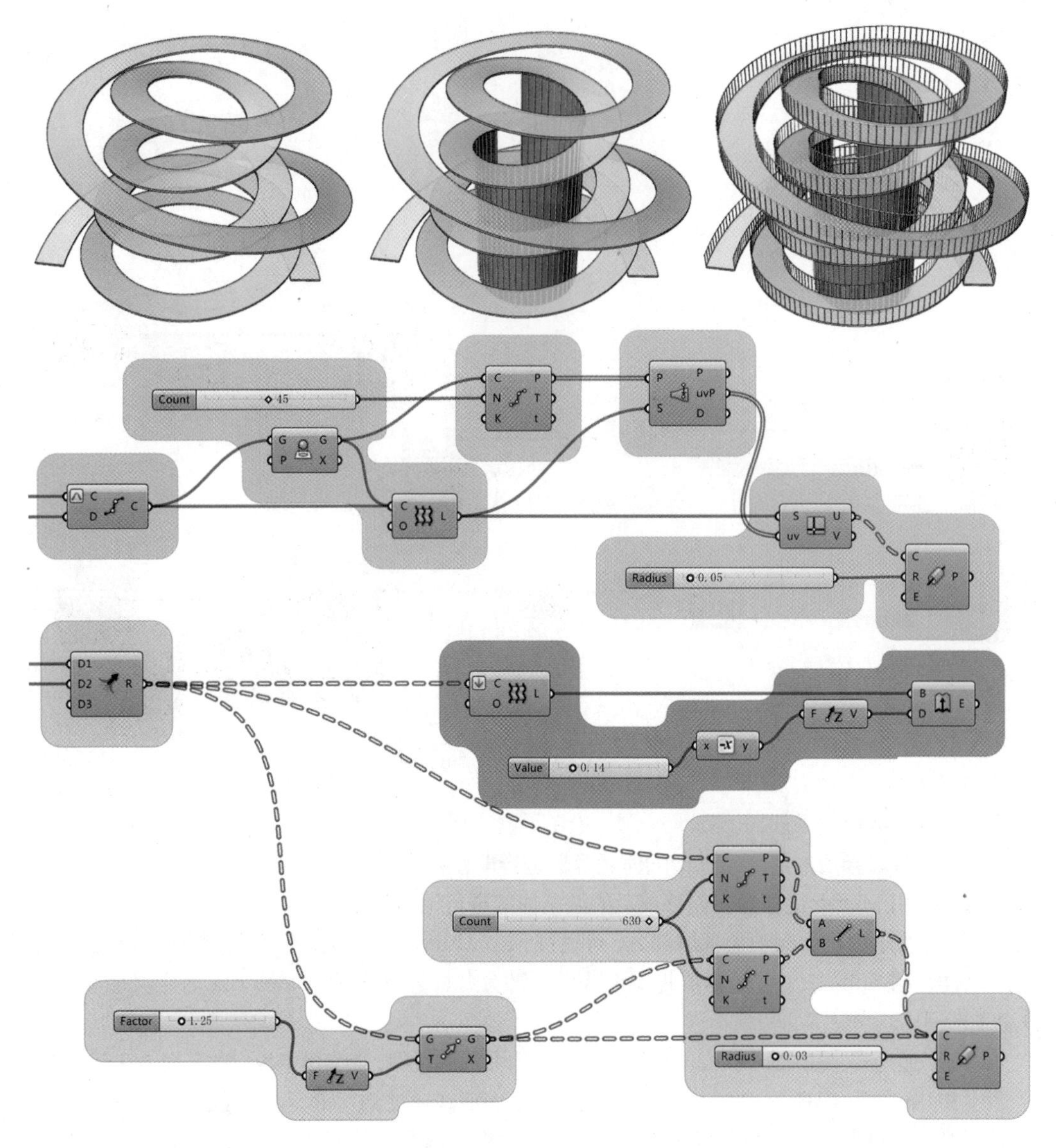

图 5-19　将区间曲线投影到 XY 平面上

（40）用 Line 运算器将对应的等分点进行连线。

（41）将 Move、Line 两个运算器的输出数据同时赋予 Pipe 运算器的 C 输入端，将其圆管半径设定为 0.03，即可生成坡道的栏杆结构。

4. 曲面映射

曲面映射在 GH 中的应用频率较高，其中将三维曲面映射到平面的方法，可在很大程度上简化空间定位的过程。如图 5-20 所示，本节将以孔洞表皮为案例，介绍曲面映射在 GH 中的应用方法。

该案例的主要逻辑构建思路为：首先通过不同大小、不同高度的 4 个圆角矩形生成主体曲面，然后提取该曲面的 U、V 区间，并依据其创建一个顶点为原点的矩形，即可将主体空间曲面映射至 XY 平面。

该案例中的孔洞包含两种类型：入口控制孔洞、光照强度控制孔洞，这两种类型的孔洞大小不一致，因此需要两个点干扰步骤来生成全部的孔洞。在映射后的矩形范围内生成二维等分点，并将该部分点作为第一组点。

在矩形范围内创建 3 个点作为干扰点，干扰点的位置就是光照强度需求量最大的位置。为了创建控制光照强度的孔洞，需要将二维等分点进行移动，移动法则设定为：距离干扰点位置越近，二维等分点移动的距离越大。此处生成的点作为第二组点。

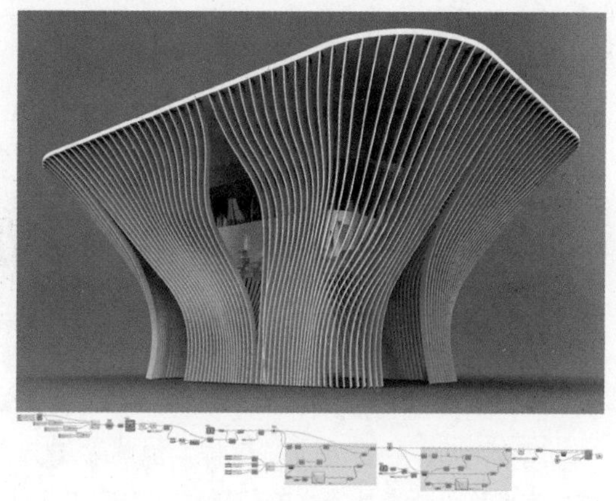

图 5-20　孔洞表皮

为了创建控制入口的孔洞，需要将第二组点进行移动。首先确定主体曲面的底部边缘对应的矩形中的边缘，在对应矩形边上确定三个点作为干扰点，干扰点的位置就是入口的位置。将移动法则设定为：距离干扰点位置越近，第二组点移动的距离越大。此处生成的点作为第三组点。

将第三组点在各自路径下进行连线，然后沿着 Z 轴方向延伸一定距离。将延伸出的曲面按照 U、V 坐标重新映射回主体曲面上，并将结果 Bake 到 Rhino 空间中，最后通过偏移曲面命令生成有厚度的结构体。以下为该案例的具体做法。

（1）如图 5-21 所示，在构建 4 个不同大小和高度的圆角矩形时，需要多次用到移动和缩放运算器，为了使程序的全部参数可控，同时又保证程序连线的简洁性，可将部分重复运算器进行封装组合。

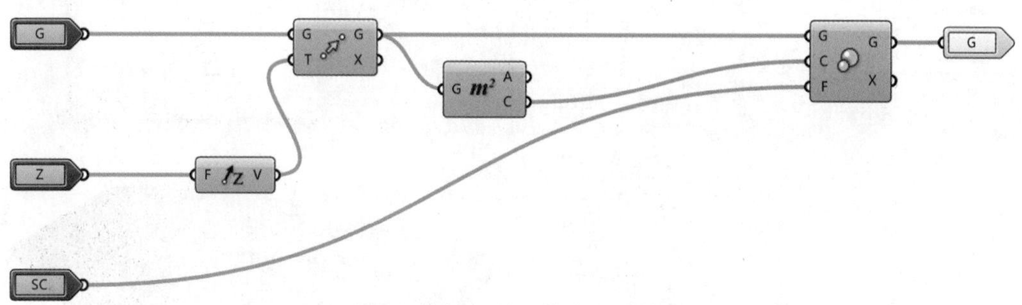

图 5-21　将部分重复运算器进行封装组合

（2）调入 Move 运算器，并将向量 Z 赋予 Move 运算器的 T 输入端。

（3）将 Move 运算器的输出数据赋予 Area 运算器的 G 输入端。

（4）调入 Scale 运算器，将 Move 运算器的输出数据赋予其 G 输入端，同时将 Area 运算器的输出数据赋予其 C 输入端。

（5）调入 3 个 Cluster Input 运算器，将第 1 个 Cluster Input 运算器连接 Move 运算器的 G 输入端，将第 2 个 Cluster Input 运算器连接向量 Z 运算器，将第 3 个 Cluster Input 运算器连接 Scale 运算器的 F 输入端。

（6）通过双击 3 个 Cluster Input 运算器，将其名称分别更改为 G、Z、SC。

（7）调入 Cluster Output 运算器，并将 Scale 运算器的 G 输出端与其连接。

（8）如图 5-22 所示，选择【全部运算器】后按空格键，在弹出图标中选择【Cluster】，即可将该组运算器进行封装组合。

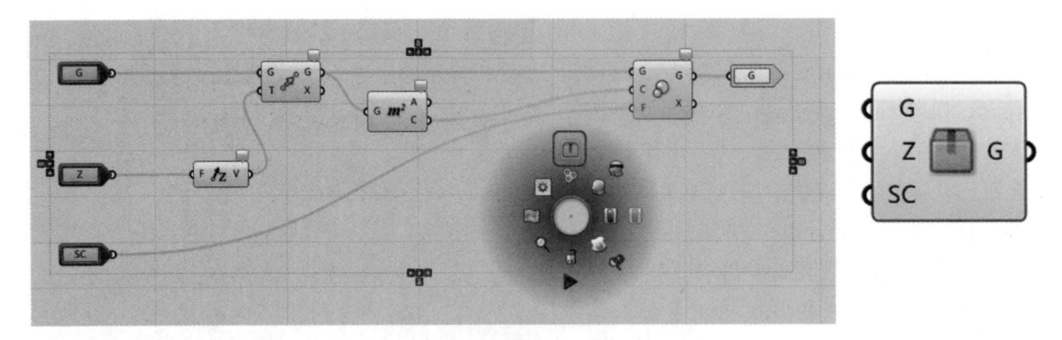

图 5–22　将运算器进行封装组合

（9）如图 5–23 所示，鼠标左键单击【Cluster】，选择【File–Creat User Object】，通过设定名称、所在标签栏的位置，即可在下次使用时直接调用该封装运算器。

（10）如图 5–24 所示，通过 Rectangle 运算器创建一个圆角矩形，其 X、Y 两个方向长度分别设定为 50、35，其圆角半径设定为 8。

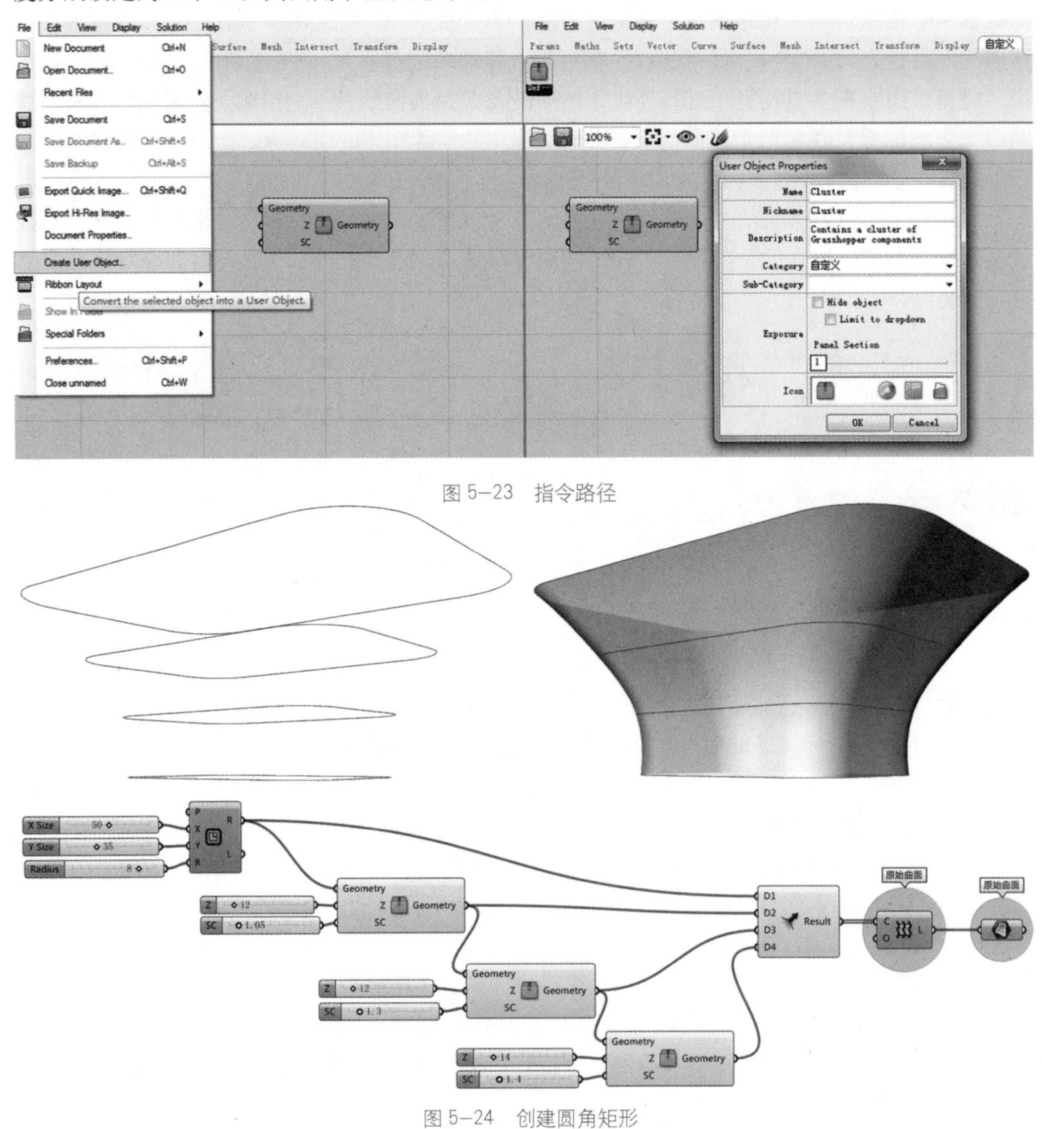

图 5–23　指令路径

图 5–24　创建圆角矩形

（11）通过自定义的 Cluster 运算器，将圆角矩形进行移动和缩放，其 Z 轴移动的距离为 12，缩放的比例因子为 1.05。

（12）通过 Cluster 运算器将第二个圆角矩形进行移动和缩放，其 Z 轴移动的距离为 12，缩放的比例因子为 1.3。

（13）通过 Cluster 运算器将第三个圆角矩形进行移动和缩放，其 Z 轴移动的距离为 14，缩放的比例因子为 1.4。

（14）通过 Merge 运算器，将 4 个圆角矩形合并到一个路径结构内。

（15）通过 Loft 运算器，依据组合后的 4 个圆角矩形放样成面，将 Loft 运算器通过 Group 进行群组，并将其命名为"原始曲面"。

（16）由于后面的操作过程中会用到该数据，为了保证程序连线的简洁性，可通过 Surface 运算器拾取其输出结果，并命名为"原始曲面"。通过右键单击 Surface 运算器的输入端，将其 Wire Display 的连线模式改为 Hidden，即可隐藏运算器之间的连线。

（17）如图 5-25 所示，通过 Deconstruct Domain^2 运算器提取原始曲面的 U、V 区间。

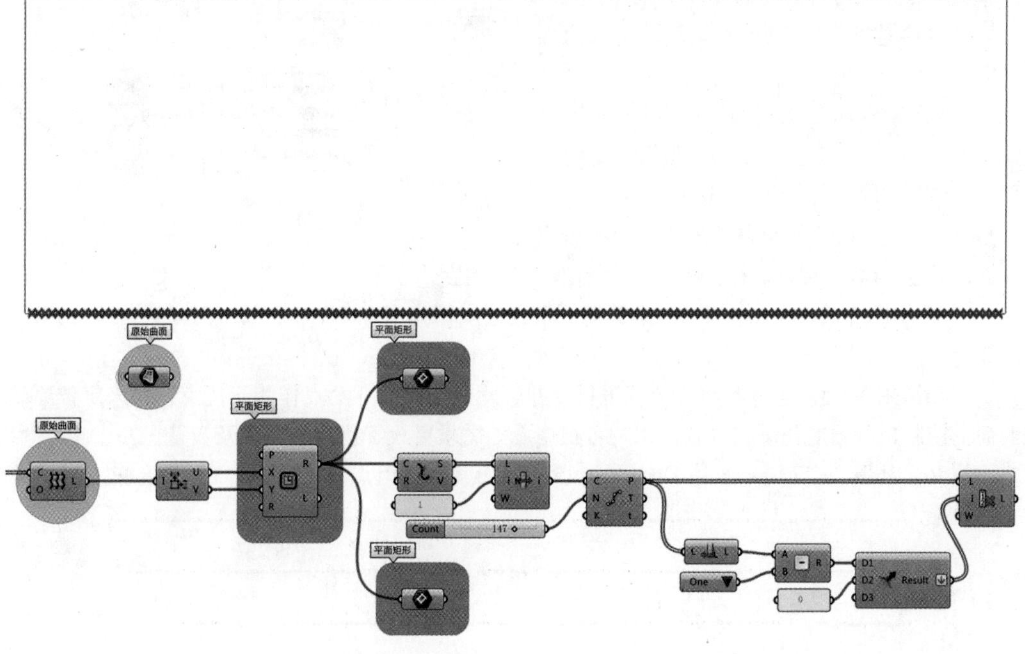

图 5-25　提取原始曲面的 U、V 区间

（18）将原始曲面的 U、V 区间分别赋予 Rectangle 运算器的 X、Y 两个输入端，即可创建原始曲面映射到 XY 平面的矩形边界框。

（19）将 Rectangle 运算器通过 Group 进行群组，并将其命名为"平面矩形"。

（20）由于后面的操作过程中会用到两个"平面矩形"的数据，为了保证程序连线的简洁性，可通过两个 Rectangle 运算器拾取矩形的输出数据，对其通过 Group 进行群组，并将两个运算器都命名为"平面矩形"。通过右键单击两个 Rectangle 运算器的输入端，将其 Wire Display 的连线模式改为 Hidden，即可隐藏运算器之间的连线。

（21）通过 Explode 运算器将矩形分解为 4 条边。

（22）由 List Item 运算器提取对应索引值为 1 的矩形边缘。

（23）在提取的矩形边缘上通过 Divide Curve 运算器生成等分点，将等分的段数设定为

147，那么生成点的个数为 148。

（24）如果将矩形边缘的两个端点重新映射回原始曲面，那么这两个点恰好处于曲面的接缝位置，为了避免后期在映射过程中产生重复的结构，可将等分点中的首尾两个点删除。

（25）用 List Length 运算器统计等分点的个数。

（26）由于列表中最后一个数据的对应索引值应为总个数减 1，因此将等分点的总个数通过 Subtraction 运算器减去 1，此处 1 的数值可通过 Value List 运算器创建。

（27）用 Merge 运算器将列表中最后一个数据的索引值和 0 进行合并，为了保证两个数据位于一个列表内，需要在其输出端通过 Flatten 进行路径拍平。

（28）用 Cull Index 运算器删除列表中的首尾两个点。

（29）如图 5–26 所示，将步骤（20）中的一个平面矩形通过 Boundary Surfaces 运算器进行封面。

（30）通过 Surface Closest Point 运算器，计算剩余等分点对应曲面的 U、V 坐标。

（31）通过 Iso Curve 运算器提取曲面对应 U、V 坐标的结构线。

（32）将曲面 U 方向的结构线通过 Divide Curve 运算器产生等分点，等分的段数设定为 5，那么在每条结构线上产生点的数量为 6。

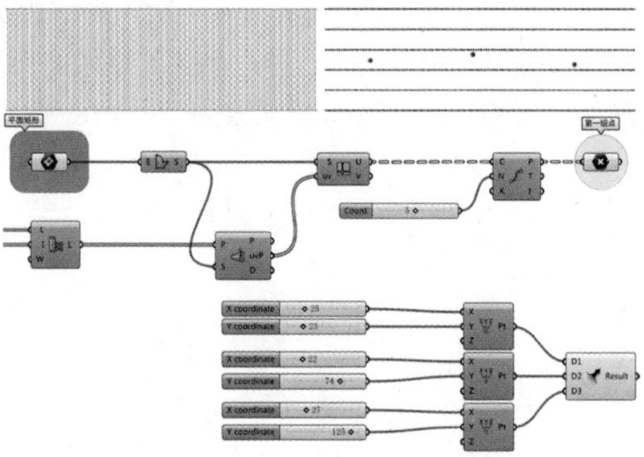

图 5–26 通过 Boundary Surfaces 运算器进行封面

（33）用 Point 运算器拾取等分点的输出数据，通过 Group 对其进行群组，并命名为“第一组点”。

（34）用 3 个 Construct Point 运算器分别创建坐标为 (25,23,0)、(22,74,0)、(27,125,0) 的 3 个点。

（35）用 Merge 运算器将 3 个点进行合并，此处创建的 3 个点作为干扰点，用来定位原始曲面上控制光照强度孔洞的位置，用户可根据设计需求更改干扰点的位置及数量。

（36）如图 5–27 所示，用 Deconstruct 运算器将第一组点分解为 X、Y、Z 坐标。

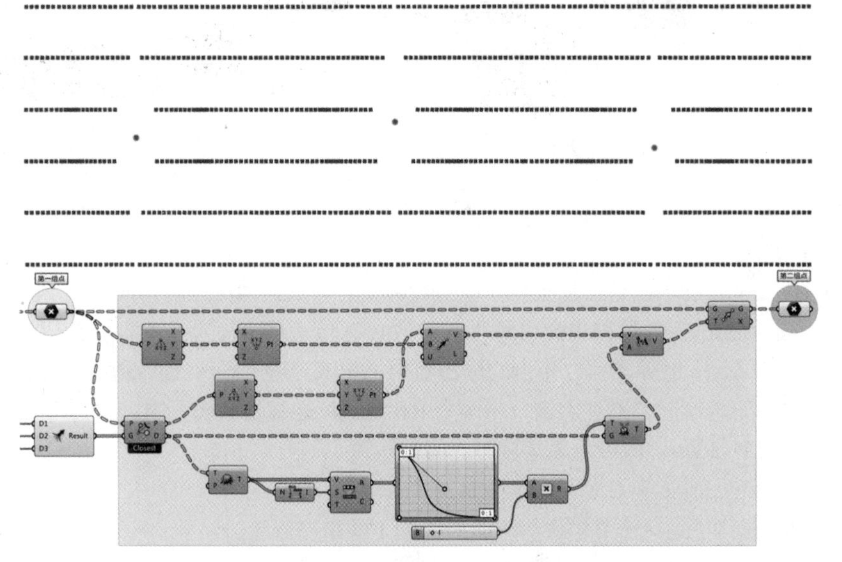

图 5–27 将第一组点分解为 X、Y、Z 坐标

(37) 将分解后的 Y 坐标赋予 Construct Point 运算器 Y 输入端。

(38) 通过 Pull Point 运算器，计算第一组点与 3 个干扰点对应的最近点与最近距离。

(39) 用 Deconstruct 运算器将对应的最近点分解为 X、Y、Z 坐标。

(40) 将分解后的 Y 坐标赋予 Construct Point 运算器 Y 输入端。

(41) 通过 Vector 2Pt 运算器创建两点向量，其 A 输入端为对应最近点投影到 Y 轴的点，其 B 输入端为第一组点投影到 Y 轴的点。

(42) 通过 Flatten Tree 运算器，将 Pull Point 运算器的 D 输出端数据进行路径拍平。

(43) 将拍平后的数据赋予 Remap Numbers 运算器的 V 输入端。

(44) 将拍平后的数据赋予 Bounds 运算器，用以统计第一组点到 3 个干扰点的最近距离组成的区间。

(45) 将 Bounds 运算器的输出数据，赋予 Remap Numbers 运算器的 S 输入端，映射后的数据即处于 0 至 1 区间内。

(46) 将映射后的数据赋予 Graph mapper 运算器，其函数类型设定为 Bezier 函数，后期可调整该函数曲线获得满意结果。

(47) 由于映射后的数据处于 0 至 1 范围内，可将其通过 Multiplication 运算器乘以一个倍增值，该案例中设定的倍增值为 4。

(48) 为了保证数据路径一致，需要将函数映射后的数值通过 Unflatten Tree 运算器进行路径还原，其 G 输入端的还原法则为 Pull Point 运算器的 D 输出端数据。

(49) 通过 Amplitude 运算器为两点向量赋予数值，并将路径还原之后的数据赋予其 A 输入端。

(50) 通过 Move 运算器将第一组点进行移动，将 Amplitude 运算器的输出数据作为移动的向量。由于向量的方向为 Y 轴方向，因此全部点都只在 Y 轴方向进行移动。

(51) 用 Point 运算器拾取 Move 运算器的输出数据，通过 Group 进行群组，并将其命名为“第二组点”。

(52) 如图 5-28 所示，为了确定原始曲面底部边缘对应的矩形边缘的索引值，可在原始曲面底部边缘上创建一个点，然后通过 Surface Closest Point 运算器计算该点对应的 U、V 坐标，用 Point 运算器拾取其 uvP 输出端数据，即可看到对应点出现在矩形的一条边上。该案例中曲面底部边缘对应矩形边缘的索引值为 3。

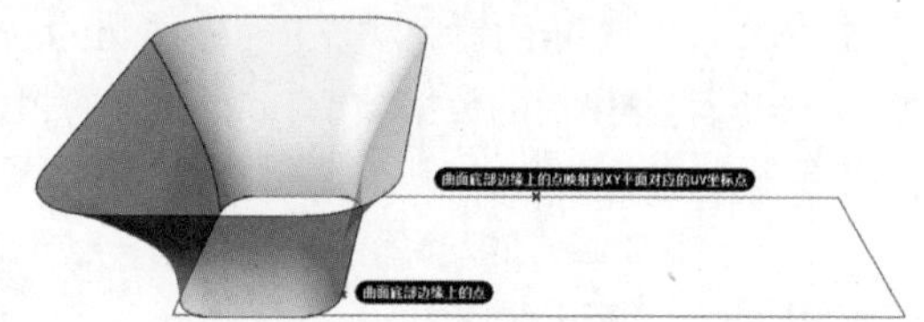

图 5-28 确定原始曲面底部边缘对应的矩形边缘的索引值

该步骤只是用来确定底部边缘对应的映射位置，用户在操作完毕后可将该步骤的程序删除。

(53) 如图 5-29 所示，用 Deconstruct 运算器将第二组点分解为 X、Y、Z 坐标。

(54) 将分解后的 Y 坐标赋予 Construct Point 运算器 Y 输入端。

(55) 将步骤 (20) 中的另外一个平面矩形通过 Explode 运算器拆开，即可提取矩形的四条边缘。

(56) 通过 List Item 运算器提取对应索引值为 3 的边缘，可通过 Value List 运算器直接创建数值 3。

(57) 通过 Divide Curve 运算器在边缘线上创建等分点，可将等分的段数设定为 3，那么产生等分点的个数为 4，此处创建的点作为控制入口孔洞的中心位置。由于曲线的两个端点在映射回原始曲面后，其位置会重叠在一起，因此创建的入口孔洞为 3 个。

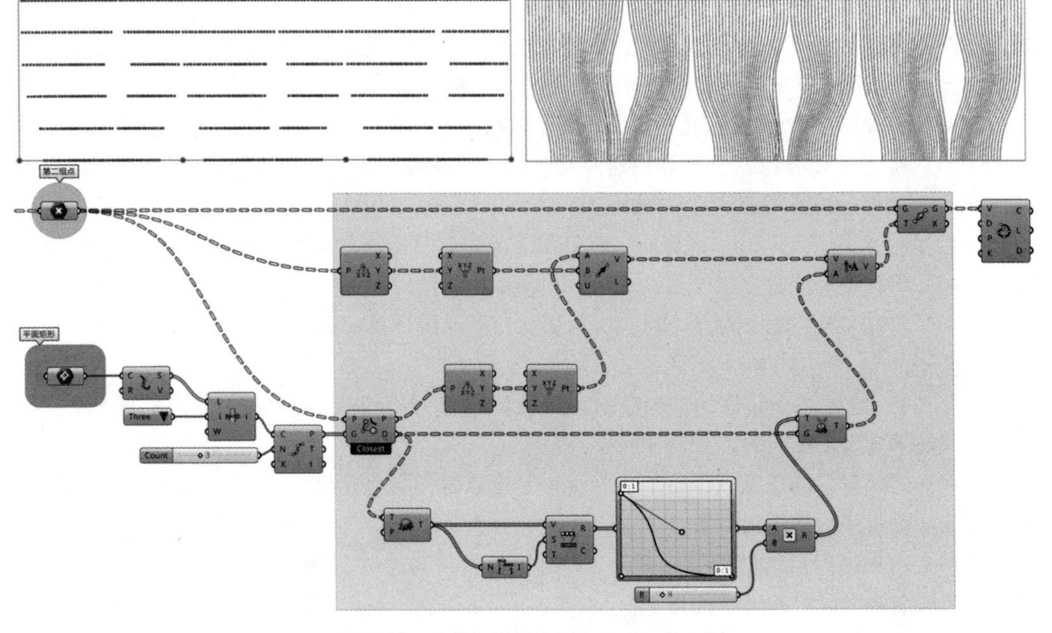

图 5-29 将第二组点分解为 X、Y、Z 坐标

（58）通过 Pull Point 运算器计算第二组点与 4 个干扰点对应的最近点与最近距离。

（59）用 Deconstruct 运算器将对应最近点分解为 X、Y、Z 坐标。

（60）将分解后的 Y 坐标赋予 Construct Point 运算器 Y 输入端。

（61）通过 Vector 2Pt 运算器创建两点向量，其 A 输入端为对应最近点投影到 Y 轴的点，其 B 输入端为第二组点投影到 Y 轴的点。

（62）通过 Flatten Tree 运算器，将 Pull Point 运算器的 D 输出端数据进行路径拍平。

（63）将拍平后的数据赋予 Remap Numbers 运算器的 V 输入端。

（64）将拍平后的数据赋予 Bounds 运算器，用以统计第二组点到 4 个干扰点最近距离的区间。

（65）将 Bounds 运算器的输出数据，赋予 Remap Numbers 运算器的 S 输入端，映射后的数据即处于 0 至 1 区间内。

（66）将映射后的数据赋予 Graph Mapper 运算器，其函数类型可设定为 Bezier 函数，后期可调整该函数曲线获得满意结果。

（67）由于 Graph mapper 运算器的输出数据处于 0 至 1 范围内，可将其通过 Multiplication 运算器乘以一个倍增值，该案例中设定的倍增值为 8。

（68）为了保证数据路径一致，需要将函数映射后的数值，通过 Unflatten Tree 运算器进行路径还原，其 G 输入端的还原法则为 Pull Point 运算器的 D 输出端数据。

（69）通过 Amplitude 运算器为两点向量赋予数值，将路径还原之后的数据赋予其 A 输入端。

（70）通过 Move 运算器将第二组点进行移动，将 Amplitude 运算器的输出数据作为移动的向量。由于向量的方向为 Y 轴方向，因此全部点都只在 Y 轴方向进行移动。

（71）通过 Interpolate 运算器将移动后的点连成曲线。

（72）如图 5-30 所示，通过 Extrude 运算器，将曲线沿着 Z 轴方向延伸 1.5 个单位长度。为了简化路径结构，可通过右键单击运算器的输出端，选择 Flatten 将数据进行路径拍平。

（73）通过 Bounding Box 运算器生成延伸曲面的包裹 Box，通过右键单击运算器，选

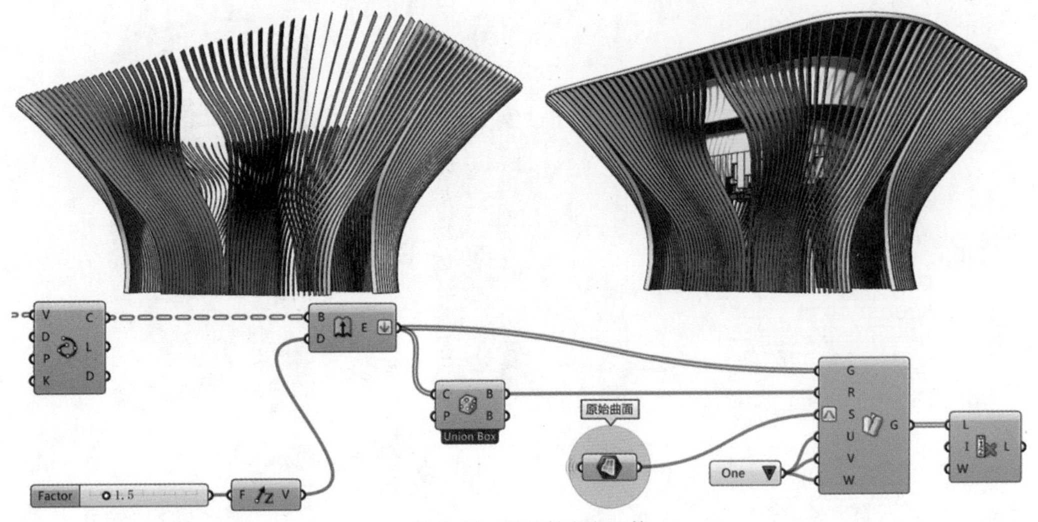

图 5-30 沿 Z 轴方向延伸

择【Union Box】，其输出结果为合并后的单一 Box。

(74) 用 Surface Morph 运算器将延伸曲面重新映射回原始曲面，其 G 输入端的数据为延伸曲面；R 输入端的参考盒子数据为延伸曲面的包裹 Box；S 输入端的映射目标曲面为步骤（16）创建的原始曲面，同时需要右键单击 S 输入端，选择 Reparameterize 将目标曲面的区间重新定义到 0 至 1；将 Value List 运算器的数值设置为 1，并将其赋予 U、V、W 输入端。

(75) 为了避免重新映射回原始曲面的物体在接缝处重合，可通过 Cull Index 运算器删除列表中索引值为 0 的物体。

(76) 将 Cull Index 运算器的输出结果 Bake 到 Rhino 空间，通过偏移曲面命令生成有厚度的结构单元。

(77) 用户可自行设定干扰点的位置及更改程序中的不同变量，调整干扰点对孔洞大小的影响范围。建筑内部的空间模型可在 Rhino 中进行完善。

5. 逻辑构成建筑立面

5.1 相交法构成建筑立面

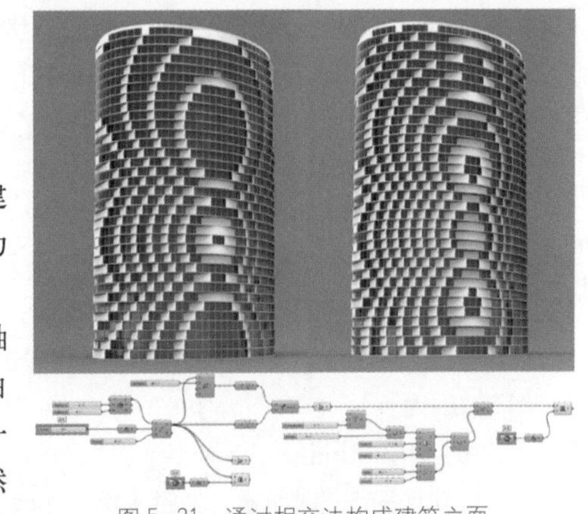
图 5-31 通过相交法构成建筑立面

通过空间实体之间求取交线的方法，可创建较为复杂的逻辑图形。如图 5-31 所示，该案例为通过相交法构成建筑立面的应用。

该案例的主要逻辑构建思路为：首先将 Z 轴方向的阵列椭圆进行偏移，然后两两对应生成曲面；在建筑内部空间，创建半径为等差数列的一组球体，对其分别在 X、Y、Z 方向进行缩放，然后计算这组球体和之前创建曲面的交线，将交线延伸的高度与楼层高度保持一致，即可生成外立面幕墙结构。以下为该案例的具体做法。

(1) 如图 5-32 所示，通过 Ellipse 运算器创建一个椭圆，其 R1、R2 两个轴半径分别为 31 和 21。

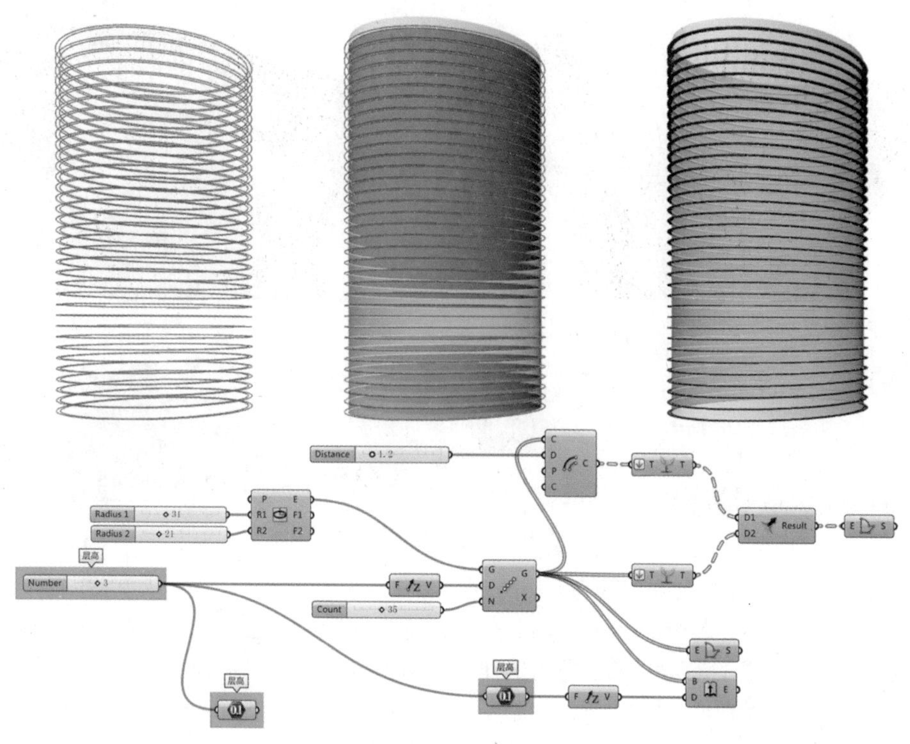

图 5—32　操作步骤

（2）通过 Linear　Array 运算器将椭圆沿着 Z 轴方向进行阵列，将层高设定为 3，层数设定为 35。

（3）将数值为 3 的 Number　Slider 运算器通过 Group 进行群组，并将其命名为“层高”。

（4）由于后面的程序中会用到两个名称为“层高”的数据，为了保证程序连线的简洁性，可通过两个 Number 运算器拾取 Number　Slider 的输出结果，对其通过 Group 进行群组，并命名为“层高”。通过右键单击两个 Number 运算器的输入端，将其 Wire　Display 中的连线模式更改为 Hidden，即可隐藏运算器之间的连线。

（5）通过 Boundary　Surfaces 运算器对阵列后的椭圆进行封面，其结果可作为楼层板结构。

（6）通过 Extrude 运算器，将阵列后的椭圆沿着 Z 轴方向延伸，延伸的高度与层高的数值保持一致，其结果可作为玻璃幕墙结构。

（7）通过 Offset 运算器将阵列后的椭圆进行偏移，偏移的距离可设定为 1.2。

（8）为了保证相同楼层内外椭圆的数据两两对应，需要通过 Graft　Tree 运算器将两组椭圆分别形成树形数据。为了简化路径结构，需要在两个 Graft　Tree 运算器的输入端通过 Flatten 进行路径拍平。

（9）用 Merge 运算器将两组树形数据进行合并，每个楼层对应的两个椭圆即被组合到一个路径结构内。

（10）用 Boundary　Surfaces 运算器将合并后的数据进行封面。

（11）如图 5—33 所示，通过 Construct　Point 运算器创建一个坐标为（0；0；30）的点，将该点作为球心，通过 Sphere 运算器创建一个球体，其半径设定为 20。

（12）通过 Scale　NU 运算器对球体进行缩放，其 X 轴方向的缩放比例为 0.8，Z 轴方向的缩放比例为 1.2。

（13）通过 Offset 运算器对缩放后的球体进行偏移，偏移的距离由等差数列控制。将等差

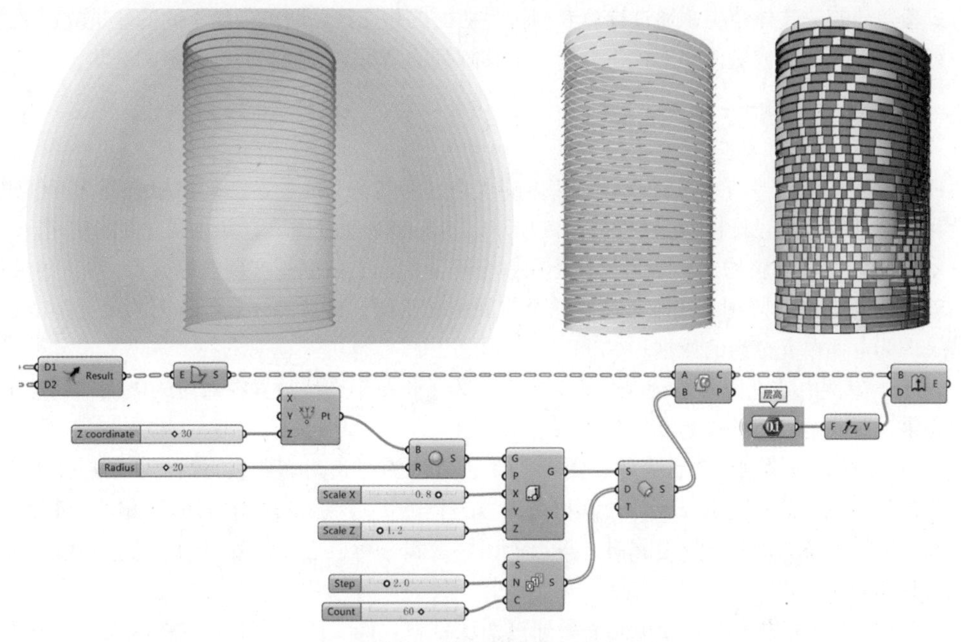

图 5–33　创建球体进行缩放

数列的公差值设定为 2，个数设定为 60。为了与之前创建的曲面产生完整交集，用户在自行调整参数的时候，需要保证偏移曲面的范围大于建筑的主体范围。

（14）通过 Brep ｜ Brep 运算器计算两组曲面的交集。

（15）通过 Extrude 运算器将相交线沿着 Z 轴方向延伸，延伸的高度与层高的数据保持一致。

（16）用户可自行调整程序中的不同变量，在 Rhino 空间即可看到建筑立面的不同变化结果。

（17）如图 5–34 所示，将程序中的球体更换为不同的曲面或实体模型，再将其通过阵列

图 5–34　不同的建筑立面效果

的方式覆盖建筑的主体范围，通过计算其与边界曲面的相交线，即可创建不同的建筑立面效果。用户可自行定义曲面或实体的形式，只需保证其阵列的结果与边界曲面有完整的交集。

5.2 图块定义建筑立面

Rhino 中的图块具有批量修改群组物体的优点，将其与 GH 的参数构建相结合，可创建逻辑性和重复性较高的设计模型。如图 5-35 所示，本案例为通过图块定义建筑立面的应用。

本案例的主要逻辑构建思路为：首先在一个平面矩形上依据长度创建等分点，然后将等分点沿着 Z 轴方向进行阵列；接下来创建一个空间旋转平面，计算等分点到平面的最近距离，将其结果作为立面单元分组的依据。

由于本案例中的立面共包含 6 个基本图块，为了将每个图块放置在对应的立面阵列点上，需要将最近距离的数值替换为 0、1、2、3、4、5。

在 Rhino 空间绘制 6 个正方体，需要确保正方体的边长为阵列点间距的 2 倍。在 6 个正方体内创建不同形态的立面单元，然后以每个立方体的中心点为基点定义 6 个图块。最后通过 Human 插件中的 PlaceBlock 运算器，将每个图块放置在对应立面阵列点的编号上。以下为该案例的具体做法。

（1）由于该案例中的立面单元需要通过图块创建，而 GH 中没有拾取图块的运算器，因此需要通过插件来实现对图块的识别。本案例中需要用到的插件为 Human，该插件的主要功能包含提取 Rhino 模型中的光、图块、文本信息，可按照图层及材料属性提取信息。

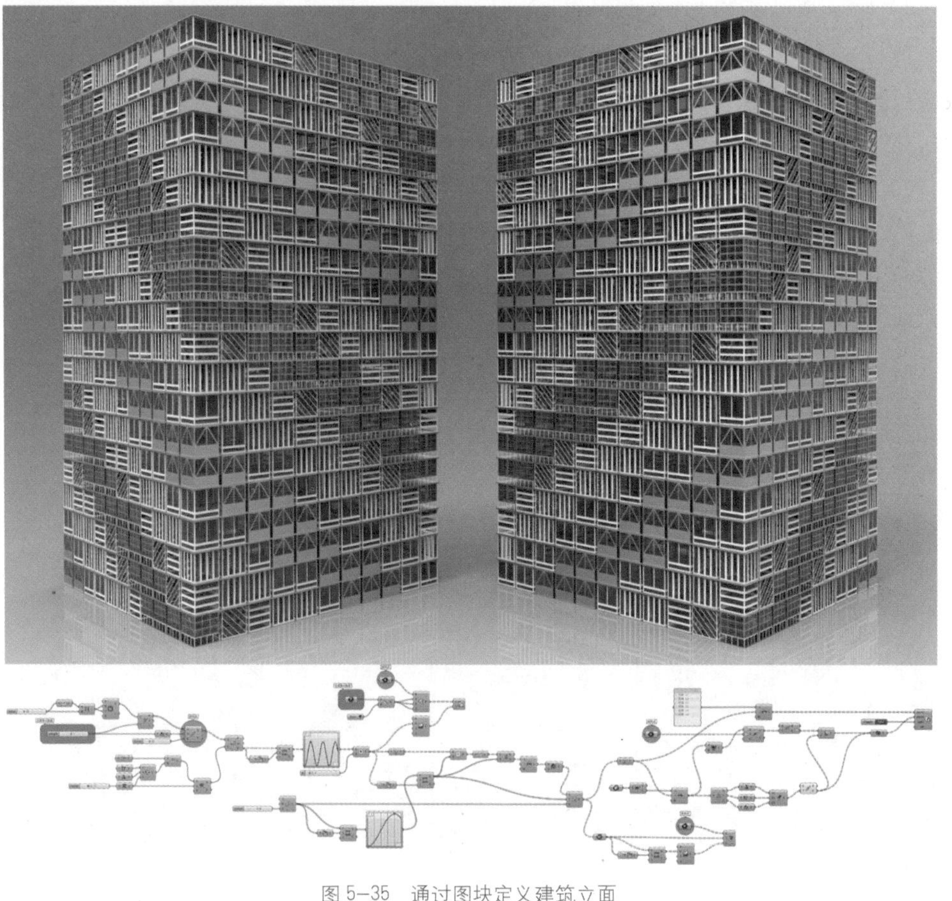

图 5-35　通过图块定义建筑立面

Human 插件的下载地址为：http://www.food4rhino.com/，插件下载完成后，可将其复制到文件目录 C:\Users\Administrator\AppData\Roaming\Grasshopper\Libraries 下。如图 5-36 所示，重启 Rhino 和 GH 后即可看到 Human 插件出现在 GH 的标签栏中。

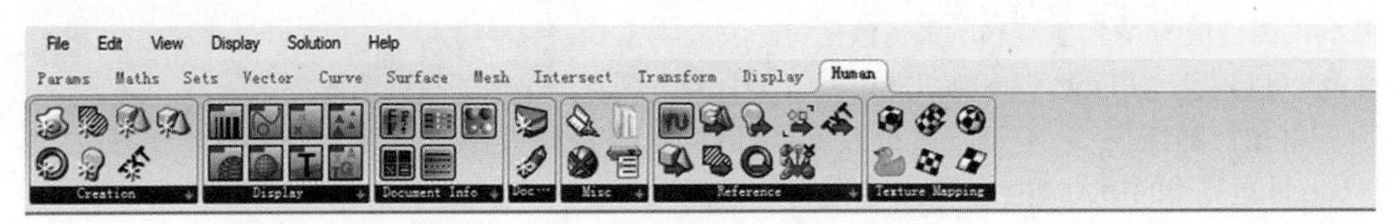

图 5-36 Human 插件出现在 GH 的标签栏中

（2）如图 5-37 所示，通过 Rectangle 运算器创建一个正方形，其 X、Y 两个方向的长度设定为 40。

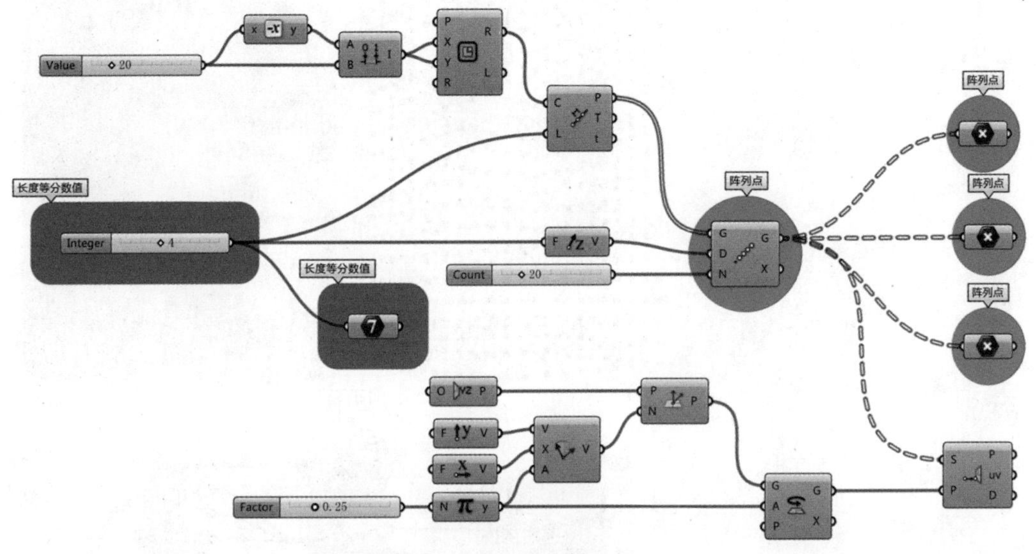

图 5-37 创建正方形

（3）为了保证正方形的中心点位于原点位置，可通过 Construct Domain 运算器创建一个 -20 至 20 的区间，并将其赋予 Rectangle 运算器的 X、Y 输入端。

（4）通过 Divide Length 运算器在正方形上依据长度创建等分点，本案例中将其设定为 4。将数值为 4 的 Number Slider 运算器通过 Group 进行群组，并将其命名为“长度等分数值”。

（5）由于后面的程序中会用到名称为 “长度等分数值”的数据，为了保证程序连线的简洁性，可通过 Integer 运算器拾取 Number Slider 的输出数据，对其通过 Group 进行群组，同时将其命名为“长度等分数值”。通过右键单击 Integer 运算器的输入端，将其 Wire Display 中的连线选项更改为 Hidden，即可隐藏运算器之间的连线。

（6）通过 Linear Array 运算器将等分点沿着 Z 轴方向进行阵列，需要将名称为“长度等分数值”的数值作为相邻两个点的间距，阵列的个数设定为 20。将 Linear Array 运算器通过 Group 进行群组，并将其命名为“阵列点”。

（7）由于后面的程序中会用到 3 个阵列点数据，为了保证程序连线的简洁性，可通过 3 个 Point 运算器拾取 Linear Array 的输出数据，通过 Group 对其群组，并命名为“阵列点”。通过右键单击 Point 运算器的输入端，将其 Wire Display 中的连线模式更改为 Hidden，即可隐藏运算器之间的连线。

（8）通过 Rotate Vector 运算器，将 Y 向量沿着 X 轴进行旋转，弧度值可设定为 0.25*Pi。

（9）通过 Adjust Plane 运算器，重新定义 YZ 平面的 Z 轴方向，使其与旋转后的向量方向保持一致。

（10）为了更好地控制平面位置，可继续通过 Rotate 运算器将重新定义后的平面进行旋转，旋转的弧度值与 Y 向量旋转的弧度值保持一致。

（11）通过 Plane Closest Point 运算器计算阵列点到平面的最近距离。

（12）如图 5-38 所示，通过 Bounds 运算器统计最近距离数值组成的区间，需要将 Bounds 运算器的输入端通过 Flatten 进行路径拍平。

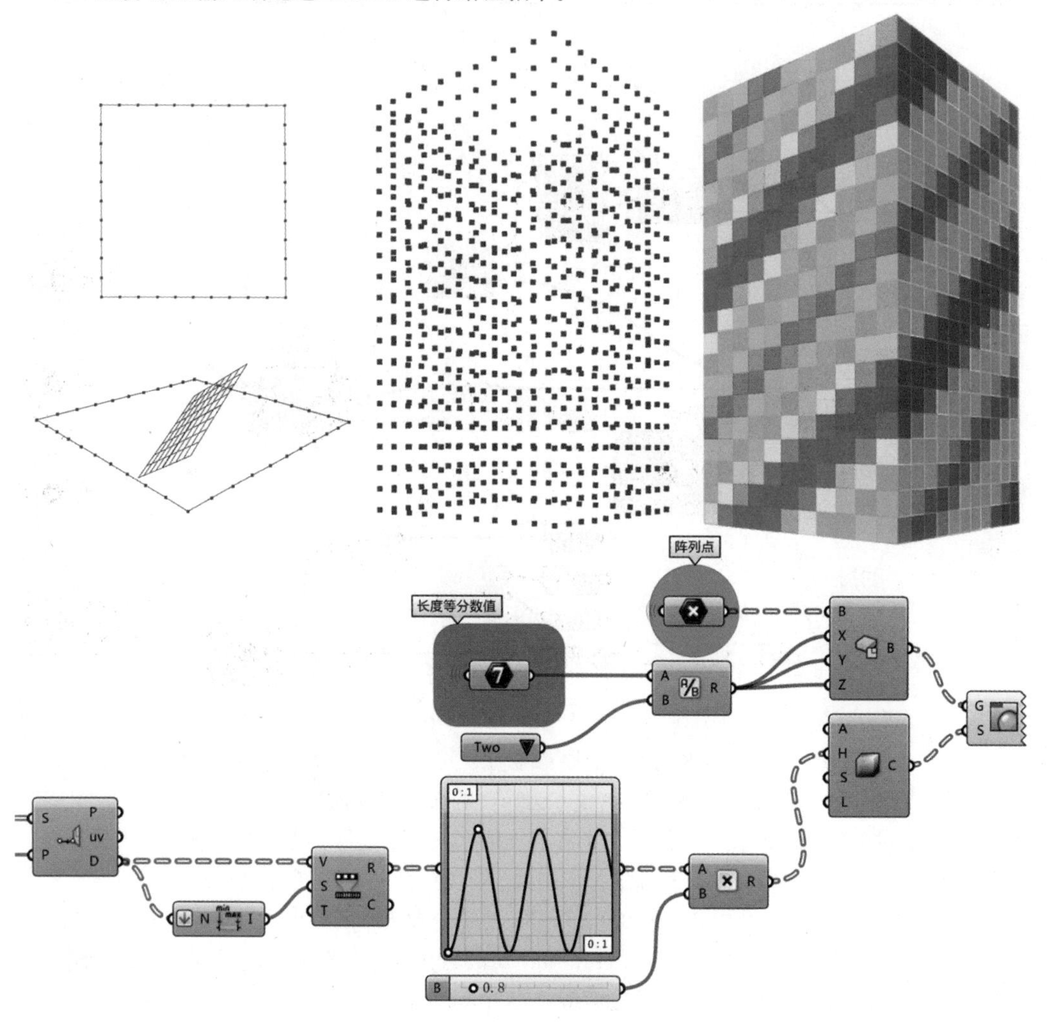

图 5-38　统计最近距离数值组成的区间

（13）通过 Remap Numbers 运算器将最近距离的数值映射到 0 至 1 区间内。

（14）为了丰富立面的变化，可将映射后的数值赋予 Graph Mapper 运算器进行函数映射，通过右键单击运算器，将 Graph Types 函数类型更改为 Sine，然后适当调整函数曲线图形。

（15）由于 Graph mapper 运算器的输出数据范围是 0 至 1，为了更好地控制数据范围，可通过 Multiplication 运算器将其结果乘以一个倍增值，该案例中将倍增值设定为 0.8。

（16）为了查看阵列点创建立面单元的初步效果，以步骤（7）中创建的阵列点为中心，通过 Center Box 运算器创建正方体。

（17）为了保证创建的立方体恰好相交，其长宽高的数值应与阵列点的间距保持一致。将步骤（5）中创建的“长度等分数值”通过 Division 运算器除以 2，此处的数值 2 可通过 Value List 运算器进行创建。

（18）将 Division 运算器的输出结果赋予 Center Box 运算器的 X、Y、Z 输入端，即可创建长宽高数值同为 4 的正方体。

（19）将映射后的数值赋予 Colour HSL 运算器的 H 输入端，即可得到每个阵列点对应的色相数值。

（20）通过 Custom Preview 运算器为每个正方体赋予其对应的颜色。

（21）由于该案例中设定的立面包含 6 个单元体，因此需要将全部映射后的数值转换为对应的 0、1、2、3、4、5 这 6 个整数。

（22）如图 5–39 所示，通过 Series 运算器创建一个等差数列，其 C 输入端的数据个数为 6。

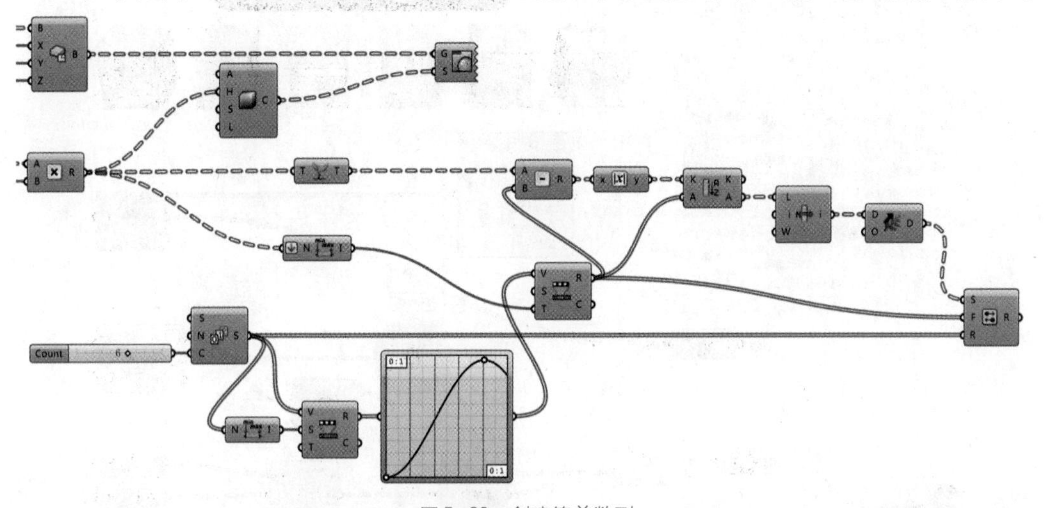

图 5–39 创建等差数列

（23）通过 Bounds 和 Remap Numbers 两个运算器，将等差数列映射到 0 至 1 区间内。

（24）为了增加控制立面形态的变量，可将映射后的数值赋予 Graph Mapper 运算器对其进行函数映射。通过右键单击运算器，将 Graph Types 函数类型更改为 Sine，然后适当调整函数曲线图形。

（25）将 Multiplication 运算器的输出结果赋予 Bounds 运算器，并右键单击其输入端选择 Flatten，将数据进行路径拍平。

（26）将区间赋予 Remap Numbers 运算器的 T 输入端，将函数映射后的数据赋予 Remap Numbers 运算器的 V 输入端。

（27）通过 Graft Tree 运算器，将 Multiplication 运算器的输出结果创建成树形数据。

（28）将上一步骤的输出结果减去 Remap Numbers 运算器的输出结果。

（29）由于 Subtraction 运算器的输出结果包含负数，因此需要通过 Absolute 运算器提取每个数据的绝对值。

（30）将映射后的数据通过 Sort List 运算器进行重新排序，其排序依据为 Absolute 运算器的输出结果。

（31）Sort List 运算器的 A 输出端数据，对应了重新排序后的结果。列表中每个路径下的第一个数字，为最接近 Multiplication 运算器的输出结果，可通过 List Item 运算器提取每个路径下索引值为 0 的数据。

（32）通过 Shift Paths 运算器合并一级路径，使生成的数据结构与形成树形数据之前的数据结构保持一致。

（33）通过 Replace Members 运算器，将合并路径之后的数据用 0、1、2、3、4、5 这 6 个整数进行对应替换。

（34）如图 5-40 所示，为了更直观地查看立面上每个阵列点对应的数字，可通过 Text Tags 运算器将对应的数字标注在阵列点上。

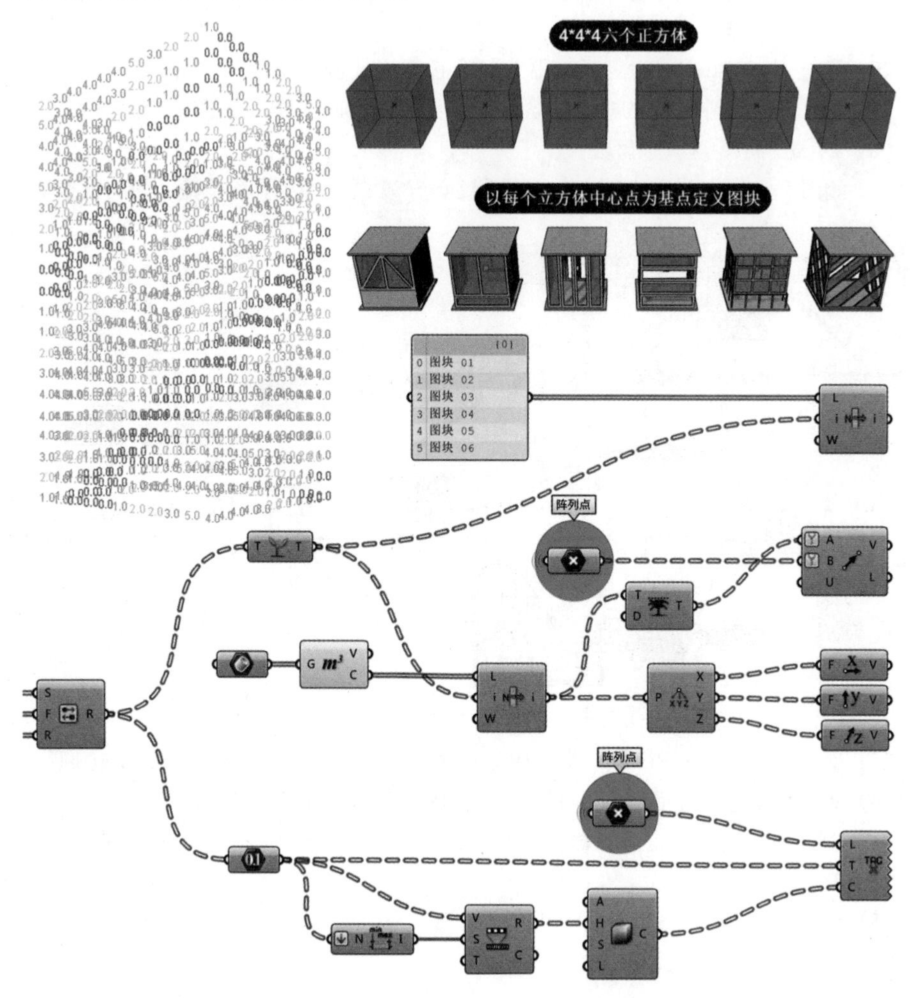

图 5-40　将对应的数字标注在阵列点上

（35）为了保证程序连线的简洁性，可通过 Number 运算器，拾取 Replace Members 运算器的输出数据。

（36）将 Number 运算器的输出结果，通过 Bounds 和 Remap Numbers 两个运算器进行数据映射，其目标映射区间为 0 至 1，同时将 Bounds 运算器的输入端通过 Flatten 进行路径拍平。

（37）将映射后的数据赋予 Colour HSL 运算器的 H 输入端，即可得到每个数字对应的色相数值。

（38）将步骤（7）中创建的“阵列点”赋予 Text Tags 运算器的 L 输入端，将 Number 运算器的输出结果赋予其 T 输入端，将 Colour HSL 运算器输出的颜色赋予其 C 输入端。Text Tags 运算器的输出结果即为标注在阵列点上的有颜色的文字。

（39）由于该程序中设定整数的个数为 6，因此需要在 Rhino 空间中定义 6 个图块。首先在 Rhino 空间中创建 6 个长、宽、高为 4 的正方体，然后通过 Brep 运算器将其拾取进 GH 中。

（40）通过 Volume 运算器提取每个正方体的几何中心点，由于图块需要以正方体中心点作为基点，因此需要将 Volume 运算器的输出结果 Bake 到 Rhino 空间中。

（41）用户需在6个正方体范围内，创建6组不同的单元体，然后通过Rhino中的Block命令，将 6 组单元体分别定义为图块，并将每个正方体的几何中心点作为对应定义图块的基点。在定义图块过程中，将 6 组图块分别命名为“图块 01”“图块 02”“图块 03”“图块 04”“图块 05”“图块 06”。

（42）通过 Graft Tree 运算器，将 Replace Members 运算器的输出结果创建成树形数据。

（43）通过 List Item 运算器，确定每个图块中心点对应的立面阵列点的位置。

（44）通过 Deconstruct 运算器将点分解为 X、Y、Z 坐标，将 3 个输出端分别赋予 Unit X、Unit Y、Unit Z 运算器。

（45）通过 Trim Tree 运算器，删掉 List Item 运算器输出结果的一级路径，使其与形成树形数据之前的数据结构保持一致。

（46）将步骤（7）中创建的“阵列点”赋予 Vector 2Pt 运算器的 B 输入端，将 Trim Tree 运算器的输出结果赋予其 A 输入端，为了保证路径一致，需要将 A、B 两个输入端通过 Simplify 进行路径简化。

（47）调入 Panel 面板，并在其中输入“图块 01”“图块 02”“图块 03”“图块 04”“图块 05”“图块 06”，每输入完一个名称后需要按 Enter 键进行换行。输入完毕后右键单击 Panel 面板，选择 Multiline Data 将文本转换为数据格式。

（48）通过 List Item 运算器，确定每个图块名称对应立面阵列点的位置。

（49）图块定义完毕后，需要将其放置到立面对应阵列点上。放置图块需要借助 Human 插件中的 PlaceBlock 运算器，其 xform 输入端的移动数据由 Move 运算器的 X 输出端提供。

（50）如图 5-41 所示，将两点向量赋予 Move 运算器的 T 输入端，为了保证其数据结构与 List Item 运算器一致，需要将其 X 输出端通过 Graft 形成树形数据。

（51）虽然在上一步骤中创建了图块中心点到对应阵列点的移动数据，但是 PlaceBlock 运算器的默认移动起点是原点，因此需要增加图块中心点相对原点的移动数据。

（52）用 Merge 运算器将 Unit X、Unit Y、Unit Z 3 个向量进行合并，其输出结果即为每个图块中心点相对原点的移动向量。

（53）将合并后的移动向量赋予 Move 运算器的 T 输入端，其 X 输出端就是每个图块中心点相对原点的移动数据。

（54）由于需要将两组移动数据进行合并，因此要先通过 Match Tree 运算器将两组数据的路径进行匹配。

（55）通过 Compound 运算器将两组移动数据进行合并，那么相同路径下的移动数据将被合并为一个移动数据。

（56）将 List Item 运算器的输出结果赋予 PlaceBlock 运算器的 name 输入端，将合并后的移动数据赋予其 xform 输入端，将 Boolean Toggle 运算器赋予其 Bake 输入端。

（57）将 Boolean Toggle 运算器的布尔值由 False 改为 True 时，即可在 Rhino 空间中看到图块已经被放置在对应的阵列点上，同时得到的结果为经过 Bake 之后的模型。

当程序全部构建完毕之后，用户可先将 Boolean Toggle 运算器的布尔值由 True 改回 False，然后显示 Text Tags 运算器的标注结果，通过调整程序中的不同参数可查看立面的变化情况。

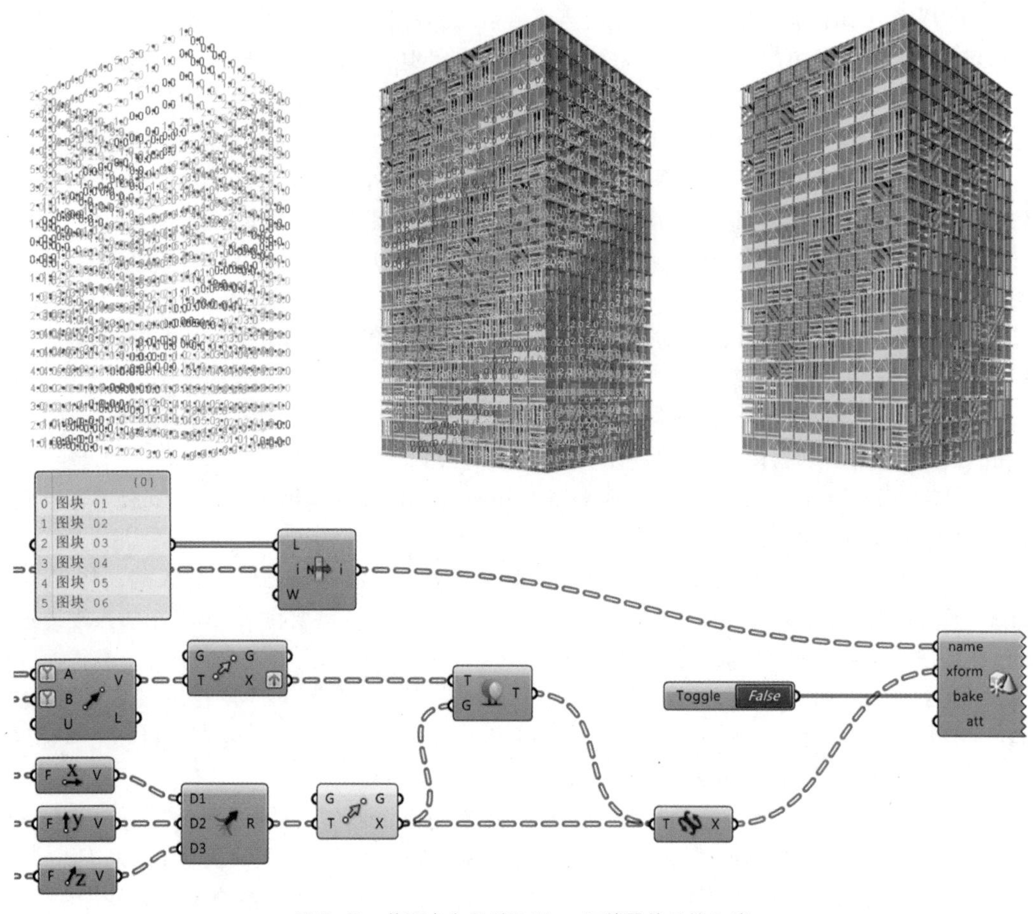

图 5–41　将两点向量赋予 Move 运算器的 T 输入端

程序中名称为“长度等分数值”的 Number Slider 数据可暂时保持不变，因为其决定了图块的大小。如果将该数值进行改动，而图块大小没有相应进行变化，那么生成的最终结果将是一个不合理的模型。如果用户希望更改每个立面单元的尺寸，可在调整完名称为“长度等分数值”的 Number Slider 数据之后，将图块大小改为与之对应的尺寸即可。

为了丰富立面变化，用户同样可通过 Rhino 中的 BlockEdit 命令更改图块样式。当程序中的参数及图块样式调整完毕后，将 Boolean Toggle 运算器的布尔值由 False 改为 True，即可在 Rhino 空间中生成更新之后的模型。如图 5–42 所示，调整程序中的函数曲线及图块样式，可生成不同的立面结果。

图 5–42　不同的立面效果

6. 参数化体育场

膜结构具有造价低、造型方便、跨度大、工程周期短等特点，设计师可结合高强度钢结构材料的使用，创建跨度大且无立柱的开敞空间。如图 5−43 所示，该案例为参数化在膜结构体育场设计中的应用。

本案例的主要逻辑构建思路为：首先创建一个单一曲面，并提取一定数量的竖向结构线；将相邻两条结构线作为一个单元，并将每条结构线分为两段，如图 5−44 所示，可依据两段曲线分别创建顶部和底部的膜结构，由膜结构的边缘进一步创建钢结构部分。

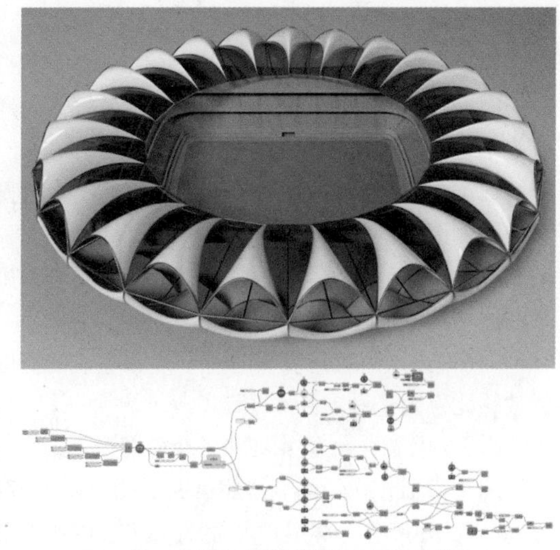

图 5−43　参数化在膜结构体育场设计的应用

通过 Edge Surface 运算器依据边缘线生成曲面即可创建膜结构，因此通过点定位曲线是本案例的关键步骤。为了保证程序中的连线具有较高程度的可读性，需要将数量较多的点运算器连线进行隐藏，用户在操作过程中需注意每个点的名称及群组颜色的差异。以下为该案例的具体做法。

（1）如图 5−45 所示，在构建不同大小和高度的椭圆时，需要多次用到移动和缩放运算器。在本章第 4 节曲面映射案例中，从步骤（1）到步骤（7）已经介绍过封装运算器的方法，本节

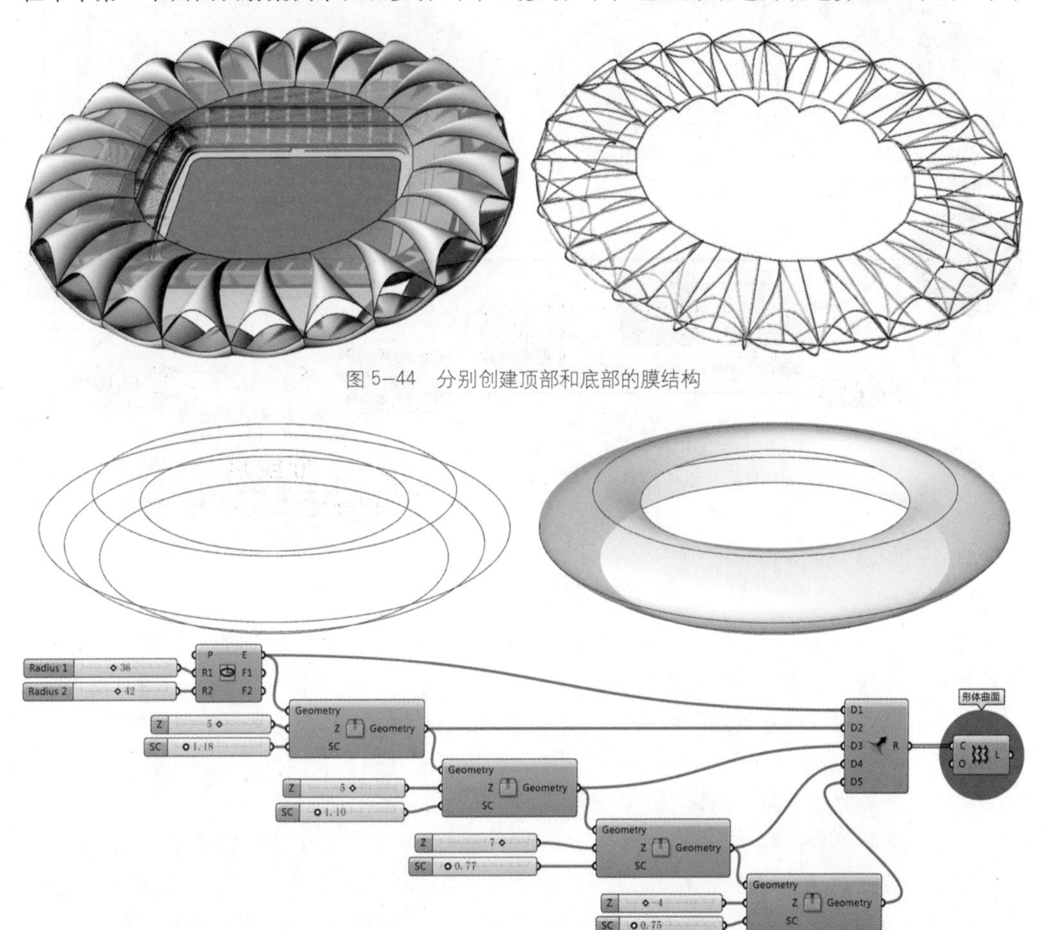

图 5−44　分别创建顶部和底部的膜结构

图 5−45　运用移动和缩放运算器

将直接调用其结果。

（2）通过 Ellipse 运算器，创建一个 R1、R2 分别为 36 和 42 的椭圆。

（3）通过封装运算器将椭圆沿着 Z 轴方向进行移动，将距离设定为 5，缩放的比例因子设定为 1.18。

（4）通过封装运算器将上一步骤生成的椭圆沿着 Z 轴方向进行移动，将距离设定为 5，缩放的比例因子设定为 1.10。

（5）通过封装运算器将上一步骤生成的椭圆沿着 Z 轴方向进行移动，将距离设定为 7，缩放的比例因子设定为 0.77。

（6）通过封装运算器将上一步骤生成的椭圆沿着 Z 轴方向进行移动，将距离设定为 −4，缩放的比例因子设定为 0.75。

（7）用 Merge 运算器将 5 个椭圆全部组合在一个路径结构内。

（8）通过 Loft 运算器将合并后的椭圆进行放样，生成的结果即为体育场的形体曲面。通过 Group 对其进行群组，并命名为“形体曲面”。用户可直接在 Rhino 中创建单一曲面，然后将其拾取进 GH 作为形体曲面。

（9）如图 5-46 所示，通过 Brep Edges 运算器提取形体曲面的外露边缘，并用 List Item 运算器提取索引值为 0 的边缘。

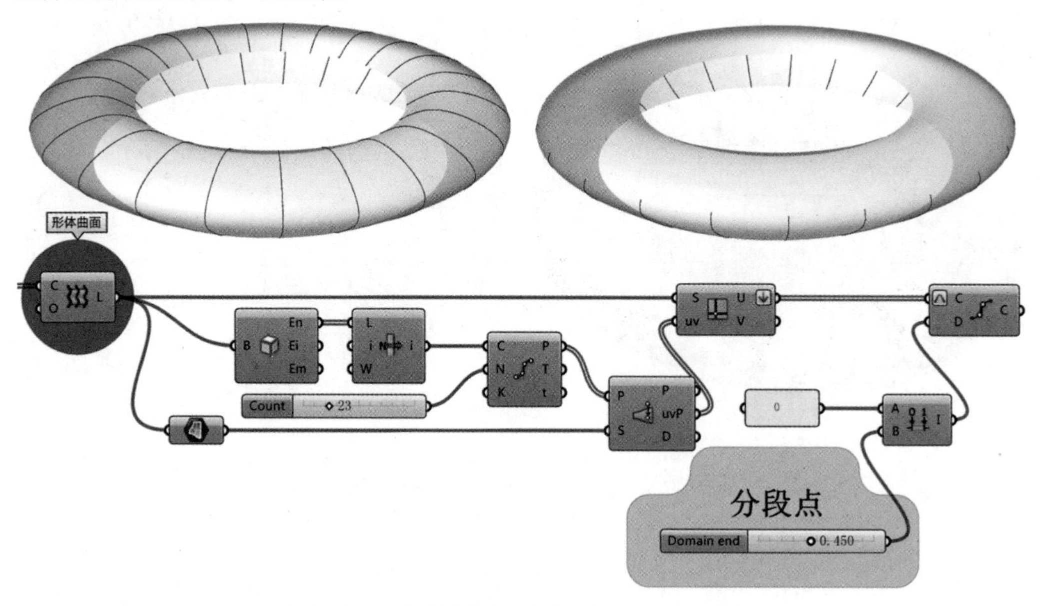

图 5-46　提取形体曲面的外露边缘和索引值为 0 的边缘

（10）通过 Divide Curve 运算器在边缘线上生成等分点，将等分段数设定为 23，由于曲线是封闭的，因此生成等分点的个数也是 23。

（11）为了保证程序连线的可读性，用 Surface 运算器拾取 Loft 运算器的输出结果。

（12）将等分点赋予 Surface Closest Point 运算器的 P 输入端，将形体曲面赋予其 S 输入端，即可计算等分点对应曲面的 U、V 坐标值。

（13）将形体曲面赋予 Iso Curve 运算器的 S 输入端，并将 Surface Closest Point 运算器的 uvP 输出端数据，赋予 Iso Curve 运算器的 UV 输入端，即可提取曲面 U、V 坐标对应的结构线。

（14）该案例中需要的数据为 U 向结构线数据，由于其输出结果为树形数据，因此需要通过右键单击 Iso Curve 运算器的 U 输出端，选择 Flatten 进行路径拍平。

（15）由于体育场的膜结构分为上下两部分，因此需要将 U 向结构线也分为两部分。通过 Sub Curve 运算器，可按照区间提取曲线对应部分，通过右键单击其 C 输入端，选择【Reparameterize】将曲线区间重新定义到 0 至 1。

（16）调入一个 0 至 1 区间的 Number Slider 运算器，并将其数值设定为 0.45，同时将其命名为“分段点”。通过 Construct Domain 运算器创建一个 0 至 0.45 的区间。

（17）将 0 至 0.45 的区间赋予 Sub Curve 运算器的 D 输入端，即可提取结构线上对应区间的一段曲线。

（18）如图 5-47 所示，用 Pipe 运算器将提取的区间曲线生成圆管，生成的结果可作为底部膜结构的支撑钢结构。

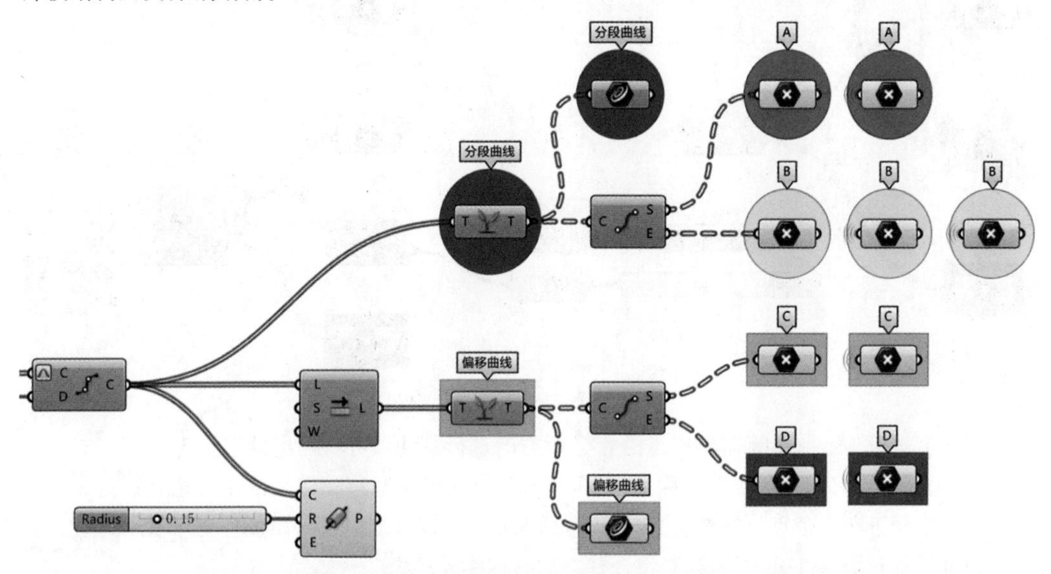

图 5-47　将提取的区间曲线生成圆管

（19）由于膜结构是通过相邻两条区间曲线创建的，因此需要通过 Shift List 运算器，将区间曲线进行数据偏移。

（20）通过两个 Graft Tree 运算器，将偏移前后的两组曲线转换成树形数据，通过 Group 将两个运算器进行群组，并分别命名为“分段曲线”和“偏移曲线”。

（21）由于后面的操作过程中会用到上一步骤中创建的两组树形数据，因此可用 Curve 运算器分别拾取两组树形数据。通过 Group 将两个运算器进行群组，并分别命名为“分段曲线”和“偏移曲线”。 为了保证程序连线的可读性，可将该步骤的运算器连线进行隐藏。

（22）通过两个 End Points 运算器分别提取两组曲线的端点。

（23）用两个 Point 运算器拾取名称为“分段曲线”的起点，为了与其他端点进行区分，可将这两个 Point 运算器进行群组并命名为“A”，同时为了保证程序连线的简洁性，需要隐藏其中一个 Point 运算器的连线。

（24）用 3 个 Point 运算器拾取名称为“分段曲线”的终点，将这 3 个 Point 运算器进行群组并命名为“B”，同时隐藏其中两个 Point 运算器的连线。

（25）用两个 Point 运算器拾取名称为“偏移曲线”的起点，将这两个 Point 运算器进行群组并命名为“C”， 同时隐藏其中一个 Point 运算器的连线。

（26）用两个 Point 运算器拾取名称为“偏移曲线”的终点，将这两个 Point 运算器进行群组并命名为“D”， 同时隐藏其中一个 Point 运算器的连线。

（27）如图 5-48 所示，将名称为“A”和“C”的两个起点通过 Addition 运算器进行相加，再由 Division 运算器将得到的坐标之和除以 2，其结果即为两个起点之间的中点。

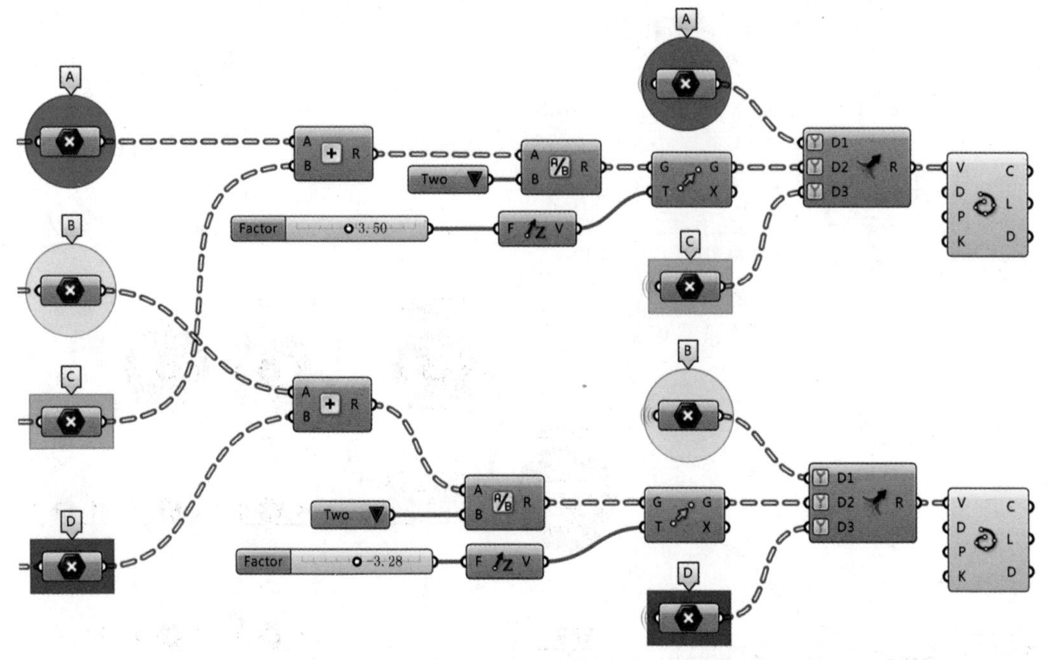

图 5-48　确定两个起点之间的中点

（28）通过 Move 运算器将中点沿着 Z 轴方向进行移动，可将距离设定为 3.5。

（29）用 Merge 运算器将名称为“A”“C”的两组点与移动之后的中点进行合并，为了保证每个路径下有 3 个点，需要将 Merge 运算器的 3 个输入端通过 Simplify 进行路径简化。

（30）通过 Interpolate 运算器将合并之后的点连成曲线。

（31）将名称为“B”和“D”的两个起点通过 Addition 运算器进行相加，再由 Division 运算器将得到的坐标之和除以 2，其结果即为两个端点之间的中点。

（32）通过 Move 运算器将中点沿着 Z 轴方向进行移动，可将距离设定为 -3.28。

（33）用 Merge 运算器将名称为“B”“D”的两组点与移动之后的中点进行合并，为了保证每个路径下有 3 个点，需要将 Merge 运算器的 3 个输入端通过 Simplify 进行路径简化。

（34）通过 Interpolate 运算器将合并之后的点连成曲线。

（35）如图 5-49 所示，将两个 Interpolate 运算器的输出数据分别赋予 Edge Surface 运算器的 A、B 输入端，将名称为“分段曲线”和“偏移曲线”的两组数据分别赋予其 C、D 两个输入端。生成的结果即为底部的膜结构。

（36）用 Merge 运算器将两组曲线进行合并，然后通过 Pipe 运算器将其生成圆管，生成的结果可作为底部膜结构的支撑钢结构。

（37）将名称为“B”的终点数据通过 Flatten 运算器进行路径拍平。

（38）通过 PolyLine 运算器将拍平之后的点数据连成多段线，为了保证多段线是闭合的，需要将其 C 输入端的布尔值改为 True。

（39）由于后面的操作过程会用到该多段线数据，可用 Curve 运算器拾取 PolyLine 运算器的输出结果，通过 Group 将两个运算器进行群组，并命名为“结构杆件线”。

（40）用 Pipe 运算器将多段线生成圆管，生成的结果可作为上下两部分膜结构的连接钢结构。

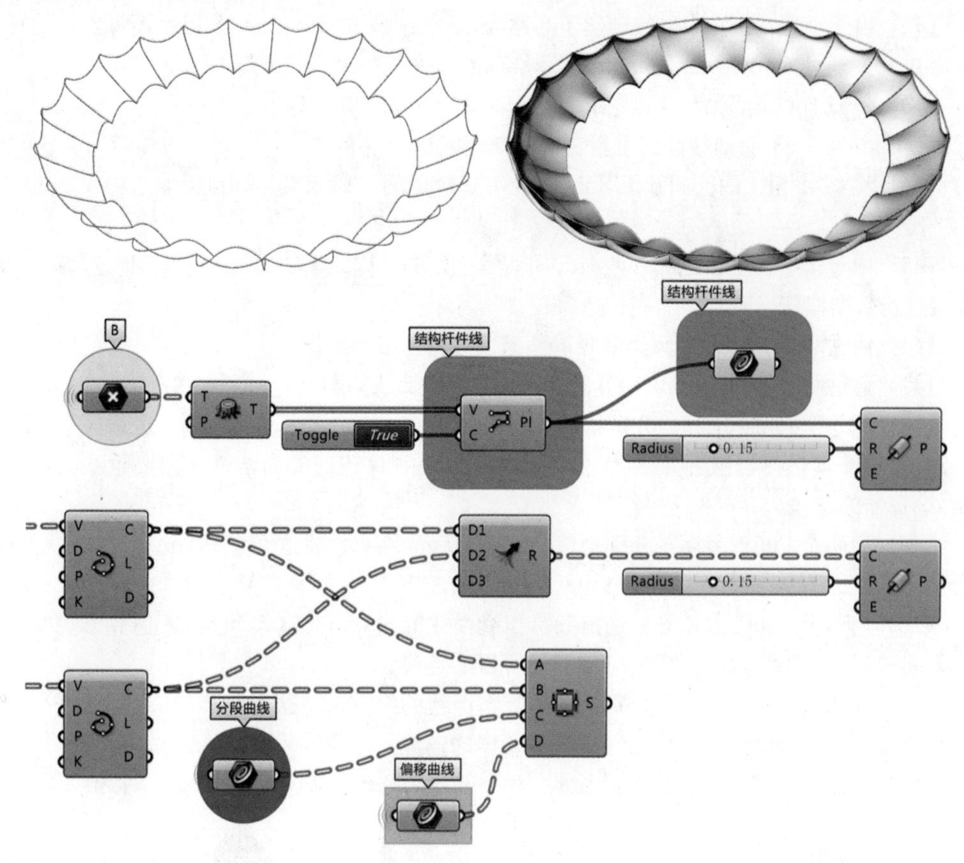

图 5-49　生成底部膜结构

（41）如图 5-50 所示，在底部膜结构创建完毕以后，需要继续创建顶部的膜结构部分。由于该案例中底部曲线对应的区间为 0 至 0.45，为了保证数据关联，那么顶部膜结构对应的曲线区间应为 0.45 至 1。

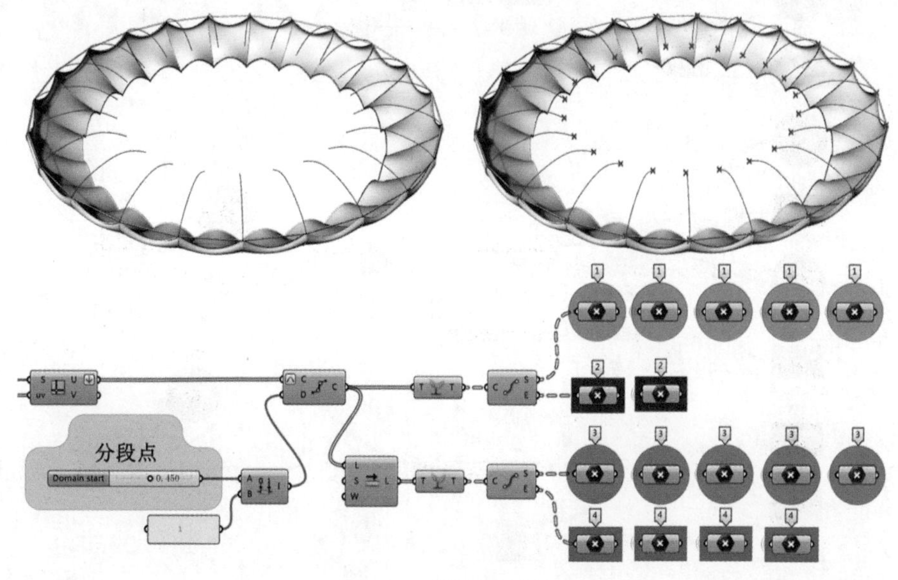

图 5-50　创建顶部膜结构

（42）由于步骤（16）中已经创建了名称为“分段点”的 Number Slider 运算器，并且其数值为 0.45，通过 Construct Domain 运算器可创建一个 0.45 至 1 的区间。

（43）将 U 向结构线赋予 Sub Curve 运算器的 C 输入端，通过右键单击其 C 输入端，选择【Reparameterize】将曲线区间重新定义到 0 至 1。

（44）将 0.45 至 1 的区间赋予 Sub Curve 运算器的 D 输入端，即可提取结构线上对应区间的一段曲线。

（45）由于膜结构是通过相邻两条区间曲线创建的，因此需要通过 Shift List 运算器将区间曲线进行数据偏移。

（46）通过两个 Graft Tree 运算器将两组曲线转换成树形数据。

（47）通过两个 End Points 运算器分别提取两组曲线的端点。

（48）用 5 个 Point 运算器分别拾取第一组曲线的起点，为了与其他端点进行区分，将这 5 个 Point 运算器进行群组并命名为“1”。为了保证程序连线的简洁性，需要隐藏其中 4 个 Point 运算器的连线。

（49）用两个 Point 运算器分别拾取第一组曲线的终点，将这两个 Point 运算器进行群组并命名为“2”，同时隐藏其中一个 Point 运算器的连线。

（50）用 5 个 Point 运算器分别拾取第二组曲线的起点，将这 5 个 Point 运算器进行群组并命名为“3”，同时隐藏其中 4 个 Point 运算器的连线。

（51）用四个 Point 运算器分别拾取第二组曲线的终点，将这 4 个 Point 运算器进行群组并命名为“4”，同时隐藏其中 3 个 Point 运算器的连线。

（52）如图 5–51 所示，通过 Addition、Division、Value List 运算器，计算名称为“1”和“3”

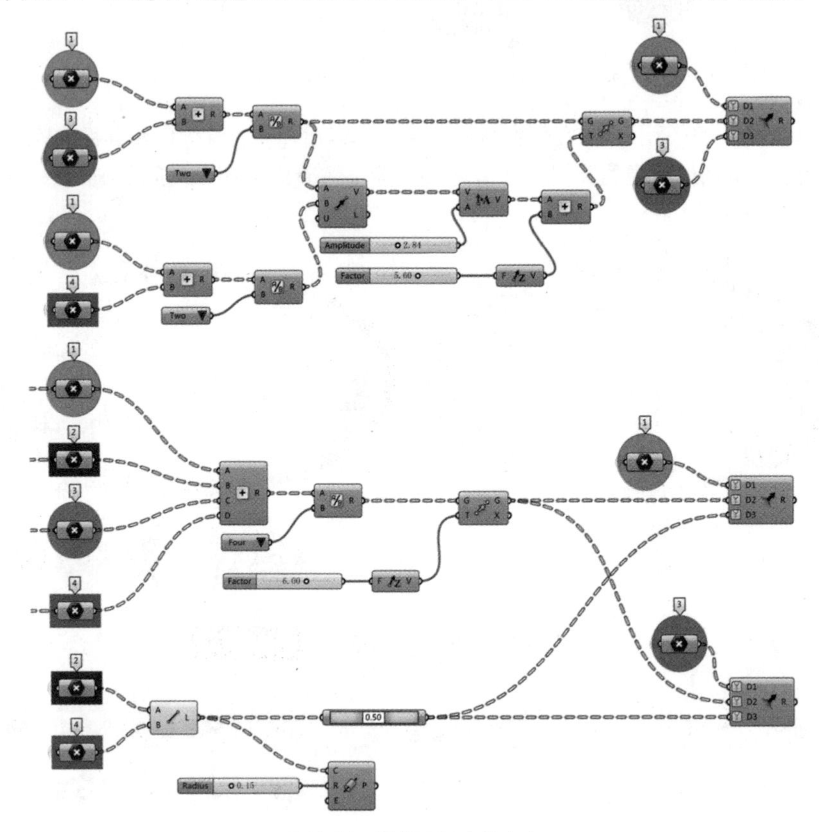

图 5–51　计算两组点的中点

两组点的中点，其中 Value List 运算器的数值应设置为 2。

（53）通过 Addition、Division、Value List 运算器，计算名称为“1”和“4”的两组点的中点，其中 Value List 运算器的数值应设置为 2。

（54）通过 Vector 2Pt 运算器创建两组中点对应的向量。

（55）为了更好地控制移动方向，可通过 Addition 运算器将两点向量与 Z 向量相加，其中 Z 向量的数值大小可设定为 5.6。

（56）通过 Move 运算器，将名称为“1”和“3”的两组点对应的中点进行移动，移动的大小和方向通过两个向量之和来控制。

（57）用 Merge 运算器将名称为“1”和“3”的两组点与移动之后的中点进行合并，为了保证每个路径下有 3 个点，需要将 Merge 运算器的 3 个输入端通过 Simplify 进行路径简化。

（58）通过 Addition、Division、Value List 运算器，计算名称为“1”“2”“3”“4”的四组点对应的中心点，其中 Value List 运算器的数值应设置为 4。

（59）通过 Move 运算器将上一步骤创建的中心点沿着 Z 轴进行方向，可将距离设定为 6。

（60）用 Line 运算器将名称为“2”和“4”的两组点连成直线，并用 Pipe 运算器将其生成圆管，生成的结果可作为顶部膜结构的支撑钢结构。

（61）通过 Point On Curve 运算器提取上一步骤中直线的中点。

（62）通过 Merge 运算器，将名称为“1”的点、步骤（59）中移动之后的点及步骤（61）创建的中点这 3 组数据进行合并，为了保证每个路径下有 3 个点，需要将 Merge 运算器的 3 个输入端通过 Simplify 进行路径简化。

（63）用 Merge 运算器，将名称为“3”的点、步骤（59）中移动之后的点、步骤（61）创建的中点这 3 组数据进行合并，为了保证每个路径下有 3 个点，需要将 Merge 运算器的 3 个输入端通过 Simplify 进行路径简化。

（64）如图 5-52 所示，用 Interpolate 运算器将第 1 组合并后的点连成曲线。

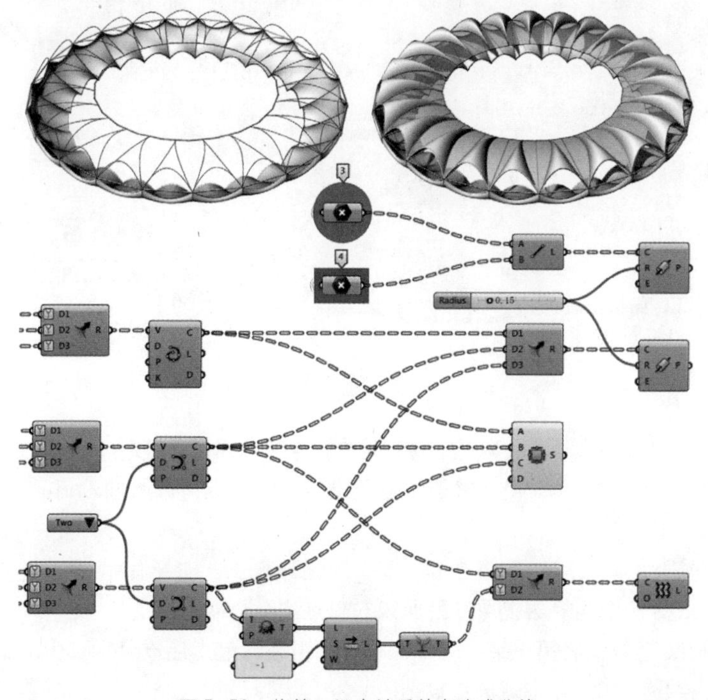

图 5-52　将第一组合并后的点连成曲线

（65）用 Nurbs Curve 运算器将第 2 组和第 3 组合并后的点连成曲线，由于每个控制点曲线是由 3 个点组成的，为了保证运算器不报错，需要将其 D 输入端的阶数改为 2，此处数值 2 可通过 Value List 运算器创建。

（66）用 Merge 运算器将 3 组曲线进行合并，并用 Pipe 运算器将其生成圆管，生成的结果可作为顶部膜结构的支撑钢结构。

（67）将 3 组曲线分别赋予 Edge Surface 运算器的 A、B、C 输入端，生成的结果即为顶部凸起膜结构。

（68）将第 3 组曲线数据通过 Flatten Tree 运算器进行路径拍平。

（69）通过 Shift List 运算器将拍平后的数据进行偏移，其 S 输入端赋予的数据为 −1。

（70）通过 Graft Tree 运算器将偏移后的数据生成树形数据。

（71）用 Merge 运算器将第 2 组曲线和第 3 组曲线数据进行组合，为了保证每个路径下有两条曲线，需要将 Merge 运算器的两个输入端通过 Simplify 进行路径简化。

（72）通过 Loft 运算器将合并后的曲线进行放样，生成的曲面可作为顶部半透明材质的雨篷。

（73）将名称为“3”和“4”的两组点通过 Line 运算器连成直线，并通过 Pipe 运算器生成圆管，生成的结果可作为钢结构间的连接部件。

（74）如图 5−53 所示，将步骤（72）中创建的曲面，通过 Deconstruct Brep 运算器提取曲面边缘线。

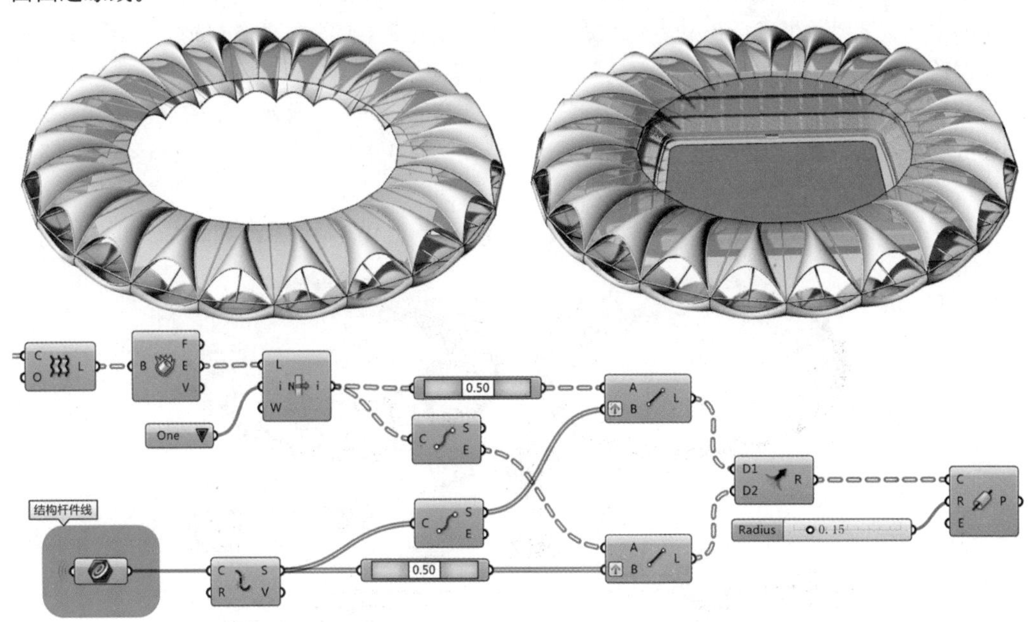

图 5−53　提取曲面边缘线

（75）用 List Item 运算器提取索引值为 1 的边缘线，其中数值 1 可通过 Value List 运算器创建。

（76）通过 Point On Curve 运算器提取边缘线上的中点，再通过 End Points 运算器提取边缘线的两个端点。

（77）通过 Explode 运算器将步骤（39）中创建的结构杆件线拆开，并由 Point On Curve、End Points 两个运算器提取每段曲线的中点和两个端点。

（78）用 Line 运算器将第一组线的中点和第二组线的起点连成直线，为了保证路径对应，需要将其 B 输入端通过 Graft 形成树形数据。

（79）用 Line 运算器将第一组线的终点和第二组线的中点连成直线，为了保证路径对应，需要将其 B 输入端通过 Graft 形成树形数据。

（80）用 Merge 运算器将两组直线数据进行合并。

（81）用 Pipe 运算器将合并后的直线生成圆管，圆管的半径设定为 0.15，生成的结果可作为钢结构间的连接部件。

（82）在膜结构及钢结构全部创建完毕以后，可在 Rhino 空间继续创建观众席区域的模型，该部分内容需由用户自行完成。

（83）如图 5–54 所示，改变步骤（10）中等分点的个数，即可生成膜结构单元数量不同的结果，用户也可自行调整程序中的其他参数来改变膜结构的形态。

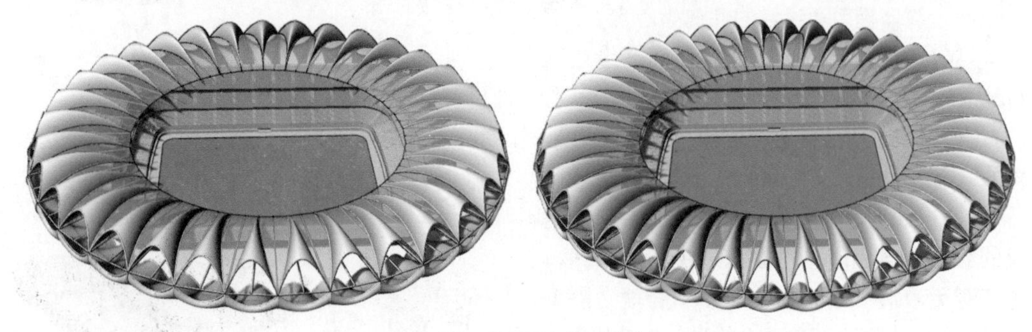

图 5–54　不同形态的膜结构

7. 数字城市

7.1 参数化城市背景

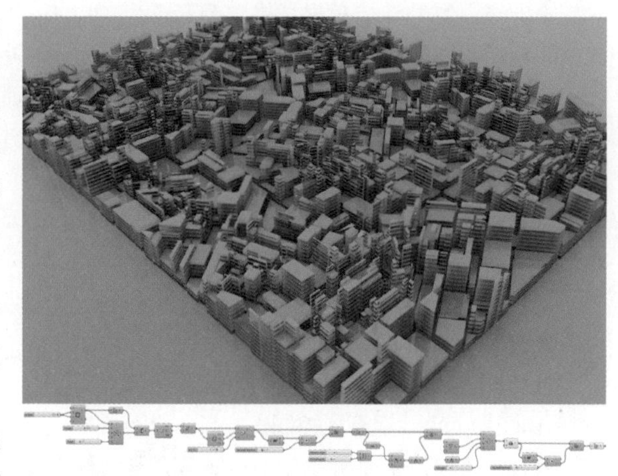

图 5–55　通过 Substrate 算法构建城市背景的应用

在一些鸟瞰场景中需要一定数量的建筑作为城市背景，如果按照手工方法来制作，不仅费时而且也很难创建出较为自然的城市效果。通过参数化的方法可在短时间内批量生成建筑。如图 5–55 所示，该案例为通过 Substrate 运算器构建城市背景的应用。

本案例的主要逻辑构建思路为：首先通过 Substrate 运算器构建城市街道肌理，再通过生成的曲线切割基底曲面，将每一小块曲面的边缘进行缩放，生成的结果即为建筑轮廓线；通过判定剔除掉面积较小的轮廓线，再将剩余的轮廓线进行封面；由随机数据控制建筑底面的延伸高度，最后通过每个建筑体块生成等距断面线，依据其可创建建筑的楼层板结构。以下为该案例的具体做法。

（1）如图 5–56 所示，通过 Rectangle 运算器创建一个长和宽同为 100 的矩形，并用 Boundary Surfaces 运算器将其封面生成基底曲面。

（2）将矩形赋予 Substrate 运算器的 B 输入端，那么生成的肌理将位于该矩形范围内。将其 N 输入端线条的数量设定为 460，其 S 输入端的随机种子数值设定为 15。

(3) 通过 Surface Split 运算器，由生成的肌理线条切割基底曲面。

(4) 用 Brep Edges 运算器提取切割后每个曲面的边缘线，由于生成的曲线是断开的，因此需要通过 Join Curves 运算器将其进行组合，生成的结果就是封闭的曲面边缘线。

(5) 生成的肌理曲线可作为街道的中心线，为了生成周边的建筑，需要将切割后的每个曲面边缘进行缩放，通过 Polygon Center 运算器提取边缘线的几何中心点。

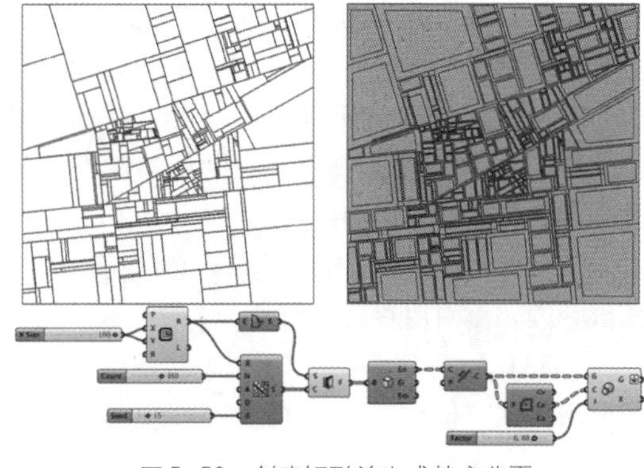

图 5-56 创建矩形并生成基底曲面

(6) 通过 Scale 运算器将曲面边缘线进行缩放，其缩放中心为对应的几何中心点，缩放比例可设定为 0.8。

(7) 由于后面需要判定每个边缘线的面积，为了简化数据的路径结构，需要将 Scale 运算器的 G 输出端通过 Flatten 进行路径拍平。

(8) 如图 5-57 所示，由于上一步骤生成的结果中会包含一些面积过小的边缘线，为了避免最后创建的建筑形体不合理，需要先通过判定来剔除面积过小的建筑轮廓线。

(9) 通过 Area 运算器计算每个建筑轮廓线的面积。

(10) 用 Larger Than 运算器判定面积的数值与 1.3 的大小关系，面积大于 1.3 的对应输出结果为 True，反之结果则为 False。此处的判定数值用户可根据场地大小来调整。

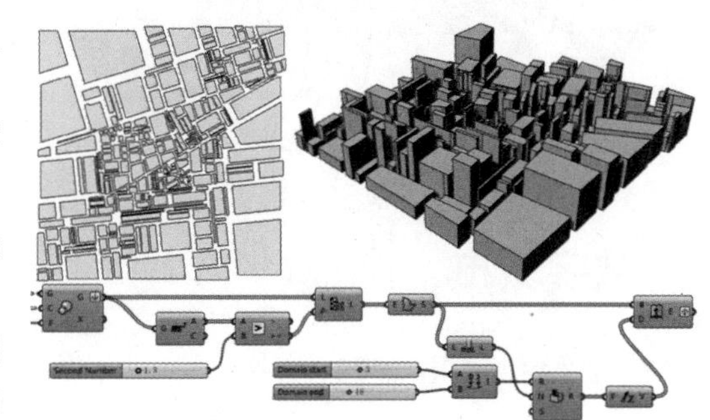

图 5-57 剔除面积过小的建筑轮廓线

(11) 用 Cull Pattern 运算器依据布尔值删除掉面积小于 1.3 的建筑轮廓线。

(12) 通过 Boundary Surfaces 运算器将剩余的建筑轮廓线进行封面，生成的结果即为建筑底面。

(13) 为了保证数据关联，需要通过 List Length 运算器测量建筑底面的总个数，并将其输出结果赋予 Random 运算器的 N 输入端。

(14) 由 Construct Domain 运算器创建一个 3 至 18 的区间，并将其结果赋予 Random 运算器的 R 输入端。

(15) 通过 Random 运算器创建一组与建筑底面数量相同的随机数据，其区间由 Construct Domain 运算器控制。

(16) 将建筑底面通过 Extrude 运算器沿着 Z 轴方向延伸，其延伸的高度由随机数据进行控制。

(17) 到目前为止已经生成了建筑体块，为了增加场景中的建筑元素，需要生成楼板结构。

(18) 由于后面需要依据每个单独的建筑体块生成等距断面线，因此需要将 Extrude 运算器的输出端通过 Graft 形成树形数据。

(19) 如图 5-58 所示，通过 Contour 运算器在每个建筑体块上生成等距断面线。可将原点赋予其 P 输入端，作为生成等距断面线的起点，计算的方向为 Z 向量方向，相邻等距断面线的高度差设定为 1。

（20）由于生成的等距断面线包含面积过小的结果，为了避免封面时出错，可通过面积判定剔除掉面积过小的楼层线。需要通过 Flatten Tree 运算器将生成的结果进行路径拍平。

（21）通过 Area 运算器计算每个楼层线的面积，并用 Larger Than 运算器判定面积数值与 1.3 的大小关系。

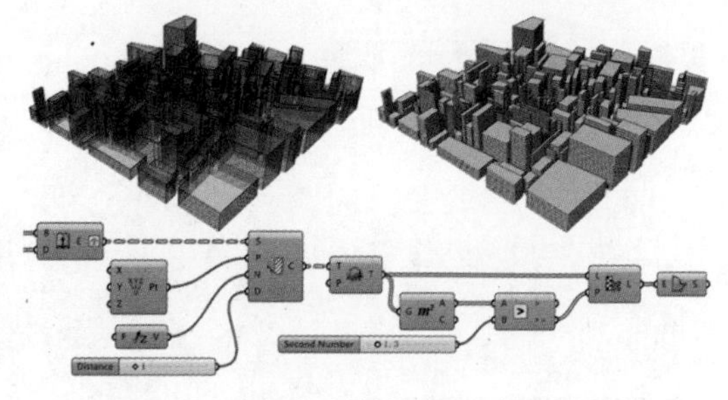

图 5-58　在每个建筑体块上生成等距断面线

（22）通过 Cull Pattern 运算器依据布尔值删除面积小于 1.3 的楼层线。

（23）通过 Boundary Surfaces 运算器将剩余的楼层线进行封面，生成的结果即为每个建筑体块对应的楼板结构。

如果用户想创建更大规模的城市模型，可增加 Substrate 运算器的线条数量，但是这样做的弊端是：如果线条数量过大，会导致程序运行非常慢，也可能会出现软件崩溃的现象。为了避免这种情况的发生，可按照上面的步骤，制作几组高度和随机种子不同的单元，然后通过复制、旋转、阵列等方法拼出范围更大的城市背景。

7.2 ELK 插件创建城市地图

OpenStreetMap 是一个开放的地图数据网站，用户可将选定区域的地图数据以 XML 格式导出。ELK 插件可依据 XML 格式的数据创建矢量地图，生成建筑、道路、水域、铁路、便利设施等图示。

ELK 插件的下载地址为：http://www.food4rhino.com/。插件下载完成后，可将其复制到文件目录 C:\Users\Administrator\AppData\Roaming\Grasshopper\Libraries 下。如图 5-59 所示，重启 Rhino 和 GH 后即可看到 ELK 插件出现在标签栏中。

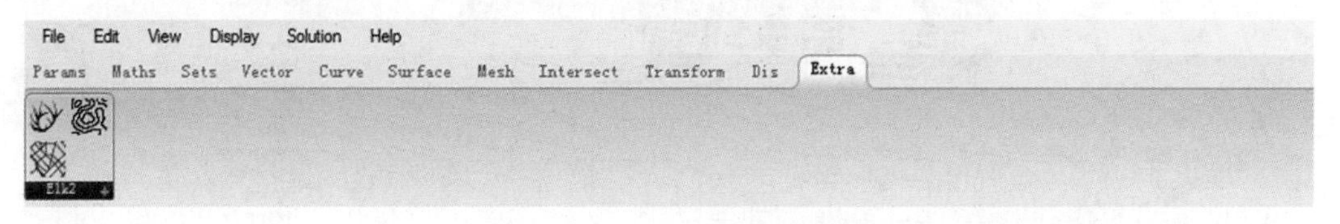

图 5-59　ELK 插件出现在标签栏中

ELK 插件可替代手工描绘地形图的过程，这在很大程度上提高了工作效率。不过由于 OpenStreetMap 网站对于国内较大城市才有较为完整的矢量数据，因此对于一般区域，ELK 插件只能起到辅助的作用。如图 5-60 所示，该案例是以 ELK 插件创建城市地图的方法。

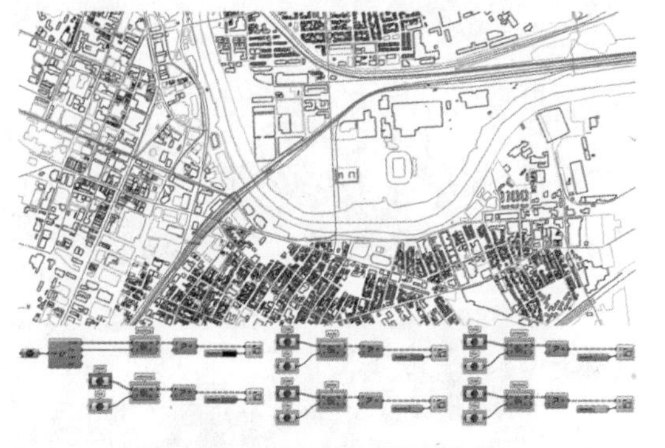

图 5-60　以 ELK 插件创建城市地图

（1）如图 5-61 所示，登录网站：http://www.openstreetmap.org/，在搜索栏中输入需要创建地图的城市或区域名称，然后单击导出，即可生成文件后缀名为 .osm 格式的矢量地图数据。

（2）在 GH 中调入 File Path 运算器，并通过右键单击该运算器，选择【Set One File Path】，调入后缀名为 .osm 格式的矢量数据。

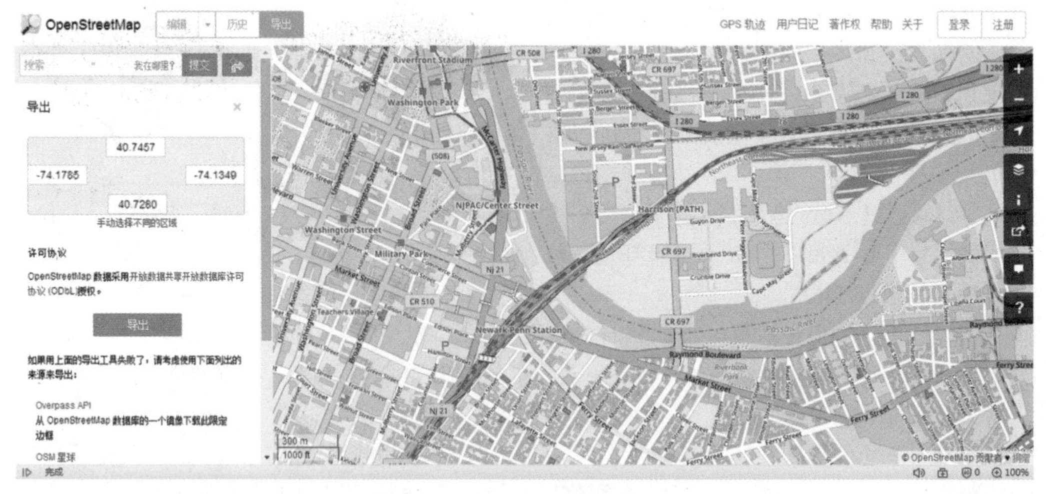

图 5-61　登录网站导出数据文件

（3）将 File Path 读取的数据赋予 Location 运算器的 File 输入端。

（4）用两个 Data 运算器分别拾取 Location 运算器的 OSM 和 File 两个输出端数据，并将其分别命名为“OSM”和“File”。

（5）如图 5-62 所示，将 OSM 和 File 两个输出端数据分别赋予 OSM　Data 运算器的 O、F 两个输入端。OSM　Data 运算器可产生 26 种不同类型的图示，可通过右键单击该运算器，将 Feature　Type 类型改为 building。其输出结果即为矢量数据中对应建筑的轮廓，将该运算器通过 Group 进行群组并命名为“building”。（ 如果用户想对输出建筑类型进行细分管理，可通过右键单击 OSM　Data 运算器，选择【Select　Feature　Sub-types】，将对应的子类建筑增加到右侧选择集中，勾选【Show　Individual　Outputs】，即可将不同子类别建筑添加到运算器输出端。）

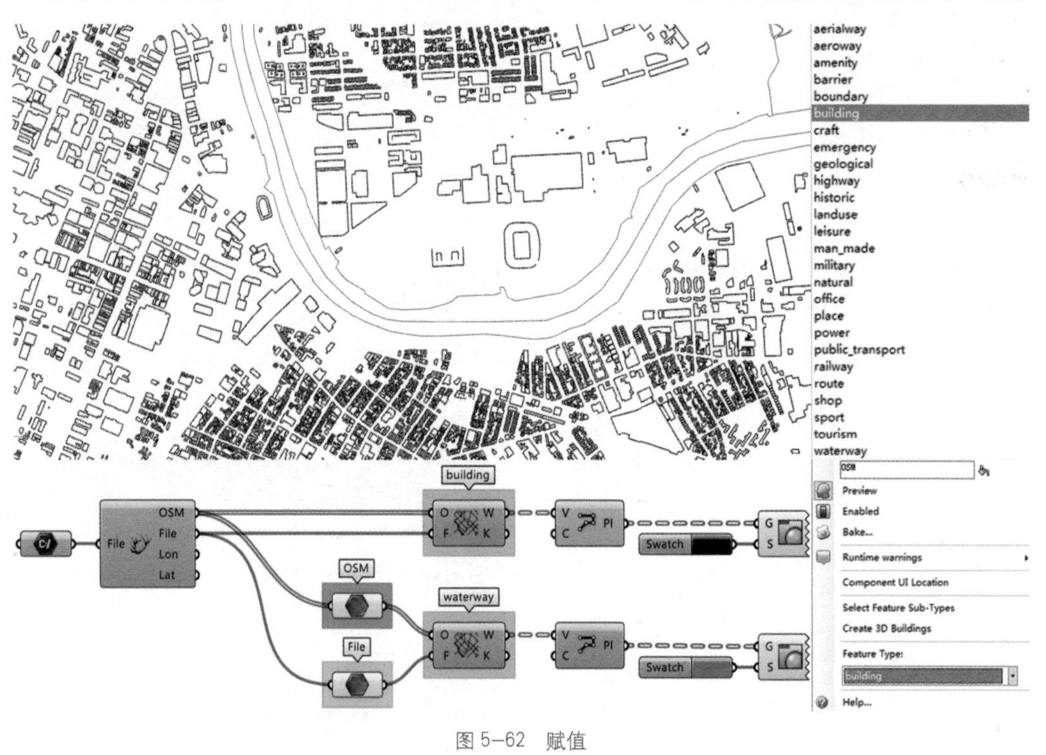

图 5-62　赋值

（6）用 PolyLine 运算器将 building 的顶点连成多段线，并通过 Custom　Preview 运算器将建筑轮廓线赋予黑色。

（7）将名称为“OSM”“File”的两个 Data 数据赋予 OSM　Data 运算器的 O、F 输入端，右键单击该运算器，将 Feature　Type 类型改为 waterway，其输出结果即为矢量数据中对应水系的节点，将该运算器通过 Group 进行群组并命名为“waterway”。

（8）用 PolyLine 运算器将 waterway 的节点连成多段线，并通过 Custom　Preview 运算器将建筑轮廓线赋予蓝色。

（9）如图 5-63 所示，为了简化程序的连线，可将名称为“OSM”“File”的两个 Data 运算器各复制 4 组，同时分别右键单击输入端，将 Wire　Display 的连线方式改为 Hidden，即可隐藏运算器之间的连线。

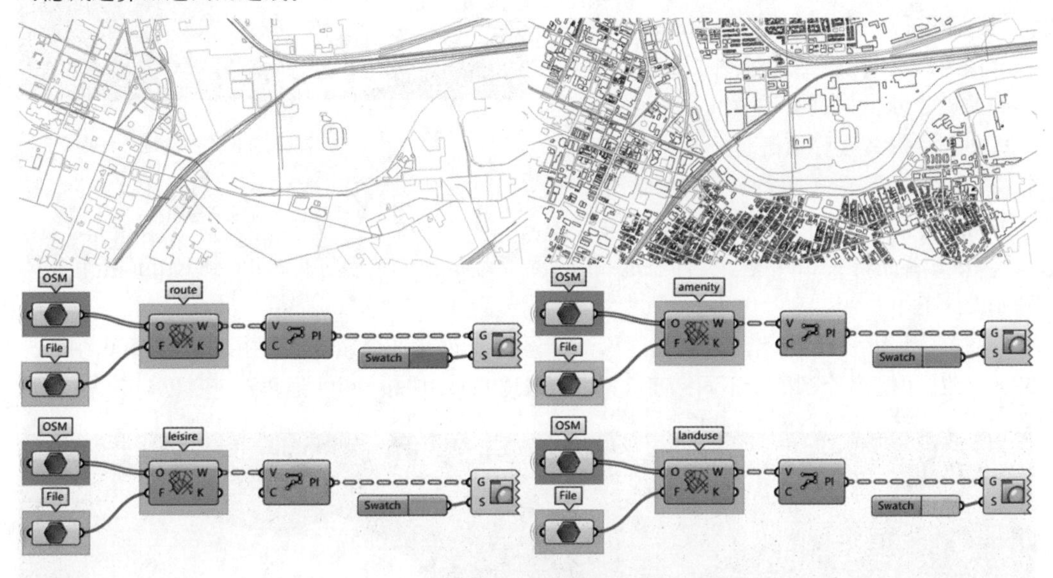

图 5-63　复制并隐藏运算器之间的连线

（10）将复制后的第一组“OSM”“File”两个 Data 数据赋予 OSM　Data 运算器的 O、F 两个输入端，将 Feature　Type 类型改为 route。其输出结果即为矢量数据中对应道路的节点，将该运算器通过 Group 进行群组并命名为“route”。

（11）将复制后的第二组“OSM”“File”两个 Data 数据赋予 OSM　Data 运算器的 O、F 两个输入端，将 Feature　Type 类型改为 leisire。其输出结果即为矢量数据中对应休闲边界的节点，将该运算器通过 Group 进行群组并命名为“leisire”。

（12）将复制后的第三组“OSM”“File”两个 Data 数据赋予 OSM　Data 运算器的 O、F 两个输入端，将 Feature　Type 类型改为 amenity。其输出结果即为矢量数据中对应便利设施边界的节点，将该运算器通过 Group 进行群组并命名为“amenity”。

（13）将复制后的第四组“OSM”“File”两个 Data 数据赋予 OSM　Data 运算器的 O、F 两个输入端，将 Feature　Type 类型改为 landuse。其输出结果即为矢量数据中对应可利用土地边界的节点，将该运算器通过 Group 进行群组并命名为“landuse”。

（14）用 4 个 PolyLine 运算器将 4 组节点分别连成多段线，并通过 4 个 Custom　Preview 运算器将 4 组多段线赋予不同颜色。

（15）OSM　Data 运算器可生成 26 种不同类型的图示节点，本案例只提取其中 6 种作为演示，用户可根据需求自行增加图示种类。

8. 幕墙参数化应用实例

8.1 幕墙嵌板的排序与编号

在幕墙的深化设计中，通过参数化的方法对嵌板进行批量排序与编号，可在很大程度上提高工作效率。如图 5-64 所示，该案例为通过 GH 对实际项目中的幕墙嵌板进行排序与编号。

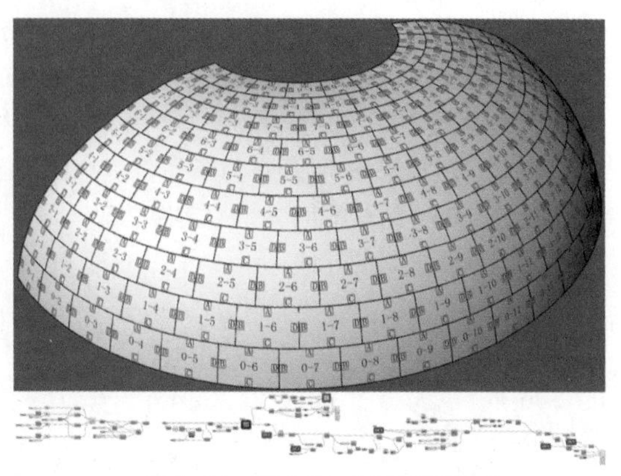

图 5-64　通过 GH 对实际项目中的幕墙嵌板进行排序与编号

本案例的主要逻辑构建思路为：首先将一个曲面进行分格，然后将其 Bake 到 Rhino 空间作为幕墙嵌板的初始文件；将 Rhino 空间的曲面重新拾取进 GH 中，首先通过每个嵌板中心点的 Z 坐标值进行分组，并对其进行排序编号，然后将每个嵌板的边缘按照统一方向进行标注。以下为该案例的具体做法。

（1）首先将 Rhino 模型文件通过 GH 生成幕墙嵌板，然后将其 Bake 到 Rhino 空间作为初始设计条件。

（2）如图 5-65 所示，首先通过 Circle 运算器创建 4 个圆，其半径分别为 500、448、320、154。由于 4 个圆处于不同标高位置，可通过 Construct Point 运算器来定位标高。4 个圆

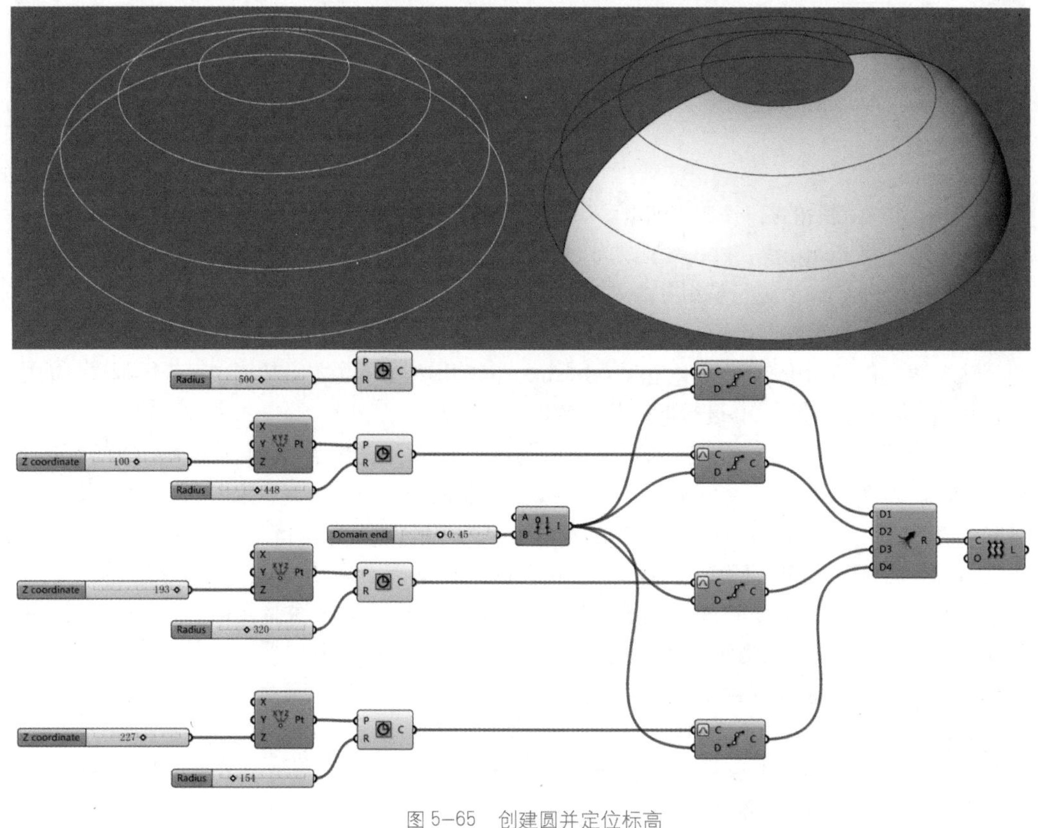

图 5-65　创建圆并定位标高

的 Z 轴标高分别为 0、100、193、227。

（3）通过 Sub Curve 运算器分别提取 4 个圆上的一部分曲线，右键单击 Sub Curve 运算器的 C 输入端，选择【Reparameterize】将曲线的定义域设定为 0 至 1。

（4）通过 Construct Domain 运算器创建一个 0 至 0.45 的区间，并将其作为提取曲线的区间。

（5）用 Merge 运算器将 4 段曲线进行合并，并通过 Loft 运算器将合并后的曲线放样成面。

（6）如图 5–66 所示，通过 Divide Domain² 运算器将曲面等分二维区间，U 向等分数量为 10，V 向等分数量为 1。

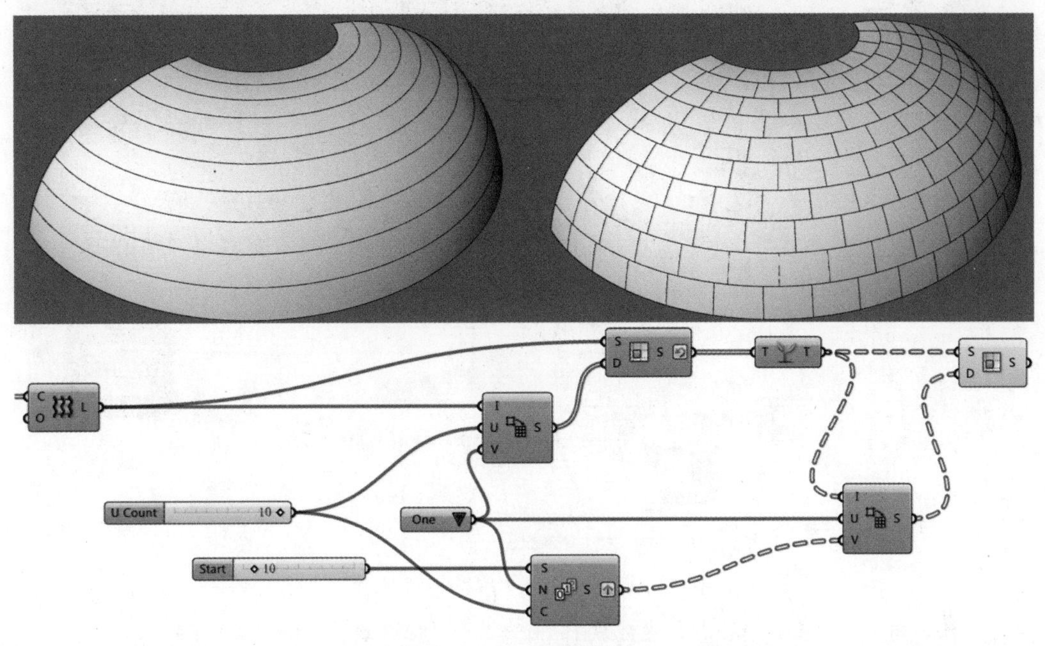

图 5–66　将曲面等分二维区间

（7）通过 Isotrim 运算器依据二维区间对曲面进行第一次分割。由于该曲面的形态收敛于顶部，为了保证嵌板排布的均匀性，越往上的位置嵌板的数量应该越少。右键单击 Isotrim 运算器的 S 输出端，选择【Reverse】进行数据反转。

（8）通过 Graft Tree 运算器将反转后的数据形成树形数据。

（9）通过 Divide Domain² 运算器将分割后的曲面继续等分二维区间，其 U 向等分数量为 1，V 向等分数量通过等差数列进行控制。

（10）将等差数列的初始数值设定为 10，即在最顶部的分割曲面上生成 10 个嵌板，将公差值设定为 1，使相邻两个分割曲面的嵌板数量相差 1。等差数列数据的个数需要与第一次分割曲面的 U 向数值保持一致。

（11）为了保证等差数列与分割后的曲面一一对应，需要将 Series 运算器的输出端通过 Graft 形成树形数据。

（12）通过 Isotrim 运算器依据二维区间，对分割后的曲面进行二次分割。

（13）由于在实际工作的交接过程中，后续专业拿到的模型往往是被打乱编号的 Rhino 文件，因此需要将 Isotrim 运算器的输出结果 Bake 到 Rhino 空间，将其作为初始文件。

（14）如图 5–67 所示，用 Surface 运算器拾取上一步骤中 Bake 到 Rhino 空间的全部曲面。

（15）由 Area 运算器提取每个嵌板的中心点，并通过 Deconstruct 运算器将中心点分解为 X、Y、Z 坐标。

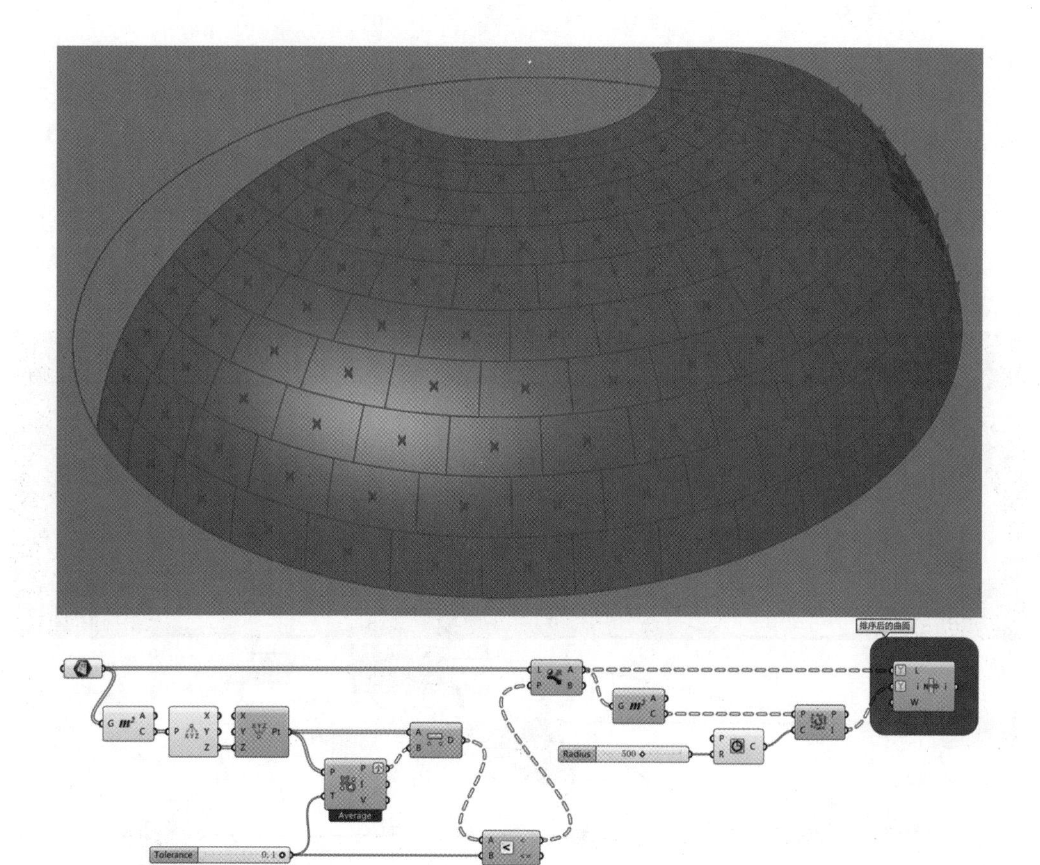

图 5-67　拾取全部曲面

（16）将上一步骤的中心点 Z 坐标赋予 Construct Point 运算器的 Z 输入端。

（17）通过 Cull Duplicates 运算器在一定公差值范围内删除重复点，由于该案例中高度大致相同的嵌板，其中心点处于同一标高位置，因此可将公差值设定为 0.1。如果用户在其他项目中遇到嵌板中心点高度相差较大的情况，可适当调大该公差值。

（18）右键单击 Cull Duplicates 运算器的 P 输出端，选择【Graft】将其输出结果形成树形数据。

（19）通过 Distance 运算器，测量 Construct Point 与 Cull Duplicates 两个运算器输出点间的距离。

（20）用 Smaller Than 运算器判定距离数值与公差值 0.1 间的大小关系。

（21）用 Dispatch 运算器依据布尔值，将步骤（14）中的曲面进行数据分流。在公差值范围内，中心点标高相同的嵌板将被放置于一个路径结构内。

（22）用 Area 运算器提取分流后嵌板的中心点，并将其赋予 Sort Along Curve 运算器的 P 输入端。

（23）用 Circle 运算器创建一个半径为 500 的圆，并将其赋予 Sort Along Curve 运算器的 C 输入端，它将依据圆的方向将曲面进行重新排序。

（24）依据 Sort Along Curve 运算器输出的索引值，用 List Item 运算器将分组后的曲面进行重新排序，为了保证路径对应，需要将 List Item 运算器的 L、i 两个输入端通过 Simplify 进行路径简化。

（25）将 List Item 运算器通过 Group 进行群组，并命名为“排序后的曲面”。

（26）如图 5-68 所示，对于分组排序后的嵌板，需要对其进行编号。为了提高程序效率，可通过转换 Mesh 的方法进行运算。

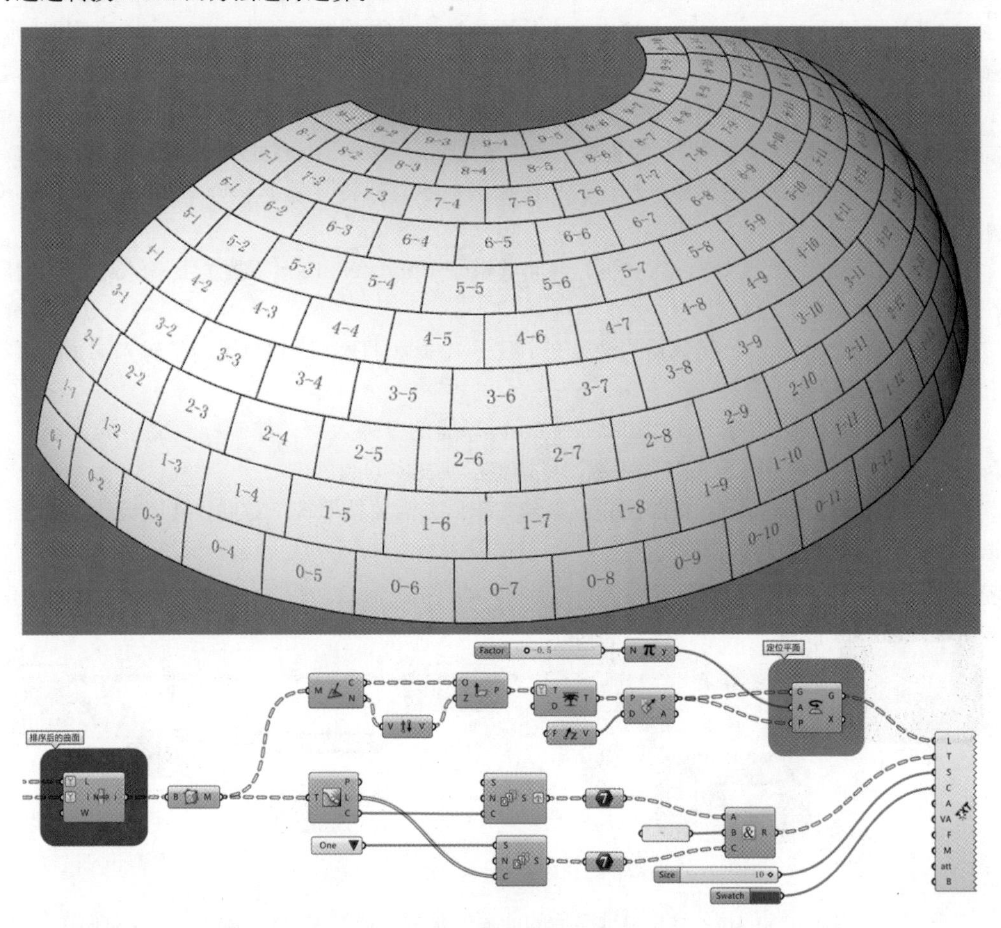

图 5-68　对分组排序后的嵌板进行编号

（27）通过 Simple Mesh 运算器将曲面嵌板全部转换为四边网格。

（28）通过 Face Normals 运算器提取网格面的中心点及其对应的网格法线方向。将中心点赋予 Plane Normal 运算器的 O 输入端作为新平面的中心点。

（29）用 Reverse 运算器调转网格法线方向，并将其赋予 Plane Normal 运算器的 Z 端，作为新平面的 Z 轴方向。

（30）通过 Trim Tree 运算器将新平面的路径结构进行还原，使其与曲面嵌板的路径结构保持一致。Trim Tree 运算器的 D 输入端默认数值为 1，说明其删除的路径数量为 1，需要将其 T 输入端通过 Simplify 进行路径简化。

（31）用 Align Plane 运算器将新平面按照 Z 轴方向进行对齐。

（32）通过 Rotate 运算器将对齐后的平面进行旋转，其旋转弧度值为 $-0.5*\pi$。可将该 Rotate 运算器通过 Group 进行群组，并命名为“定位平面”。

（33）将“定位平面”赋予 JustifiedText3d 运算器的 L 输入端，作为文字标注的中心点和定位平面。需要注意的是，JustifiedText3d 运算器位于 Human 插件中。

（34）将定位平面构建完毕后，需要继续创建标注的文字。通过 Tree Statistics 运算器，测量步骤（27）中网格数据的路径数量及每个路径下数据的个数。

（35）将 Tree Statistics 运算器的 C 输出端数据赋予 Series 运算器的 C 输入端，即将路径数量作为等差数列数据的个数，同时将 Series 运算器的输出端通过 Graft 形成树形数据。

（36）通过 Integer 运算器去掉小数点后面的数字，并将其赋予 Concatenate 运算器的 A 输入端。

（37）将 Tree Statistics 运算器的 L 输出端数据赋予另一个 Series 运算器的 C 输入端，同时将等差数列的起始值设定为 1，即将每个路径下数据的个数，作为对应等差数列数据的个数。

（38）通过 Integer 运算器去掉小数点后面的数字，并将其赋予 Concatenate 运算器的 C 输入端。

（39）在 Panel 面板中输入“-”，并将其赋予 Concatenate 运算器的 B 输入端。其输出结果即为需要标注的文字。

（40）将 Concatenate 运算器的输出文字赋予 JustifiedText3d 运算器的 T 输入端，即可将标注文字定位于平面上。

（41）可将数值 10 赋予 JustifiedText3d 运算器的 S 输入端，控制标注文字的大小。将 Colour Swatch 运算器赋予其 C 输入端，可调整标注文字的颜色。

（42）如图 5-69 所示，将曲面嵌板编号完毕后，需要按照统一方向，将嵌板的边缘进行排序编号，辅助嵌板的定位安装。

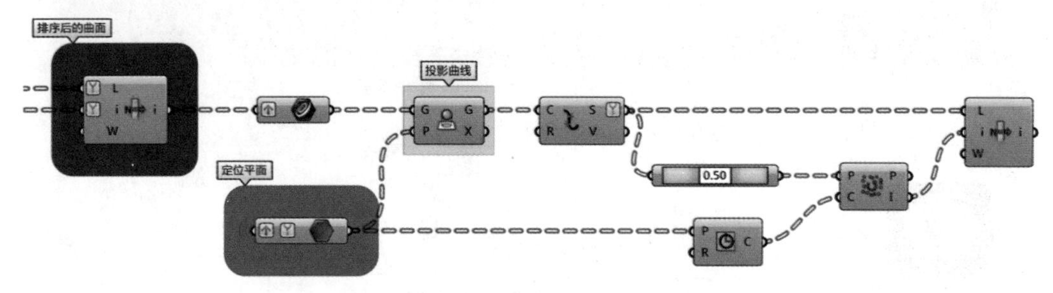

图 5-69　将嵌板的边缘进行排序编号

（43）将步骤（25）中名称为“排序后的曲面”数据，通过 Curve 运算器提取曲面边缘线，同时将 Curve 运算器的输入端通过 Graft 形成树形数据。

（44）用 Data 运算器拾取步骤（32）中名称为“定位平面”的数据，为了保证程序连线的简洁性，可隐藏其与 Rotate 运算器之间的连线。为了使定位平面与曲面边缘线的路径一致，需要将 Data 运算器的输入端通过 Simplify 简化路径，并通过 Graft 形成树形数据。将 Data 运算器通过 Group 进行群组，并命名为“定位平面”。

（45）通过 Project 运算器将曲面边缘投影到定位平面上。由于后续操作过程中还会用到该数据，可通过 Group 对其进行群组，并命名为“投影曲线”。

（46）通过 Explode 运算器将投影曲线进行分解，同时将其 S 输出端通过 Simplify 进行路径简化。

（47）通过 Point On Curve 运算器提取每段曲线的中点，并将其赋予 Sort Along Curve 运算器的 P 输入端。

（48）通过 Circle 运算器以定位平面为中心创建圆，并将其赋予 Sort Along Curve 运算器的 C 输入端。

（49）通过 List Item 运算器，将嵌板边缘线依据圆的方向进行排序。

（50）由于步骤（42）到步骤（49）是将曲面嵌板边缘按照统一方向进行排序，接下来需要统一曲面边缘的起始位置。

（51）如图 5–70 所示，由 Point On Curve 运算器提取每段曲线的中点，并通过 Deconstruct 运算器将中点分解为 X、Y、Z 坐标。

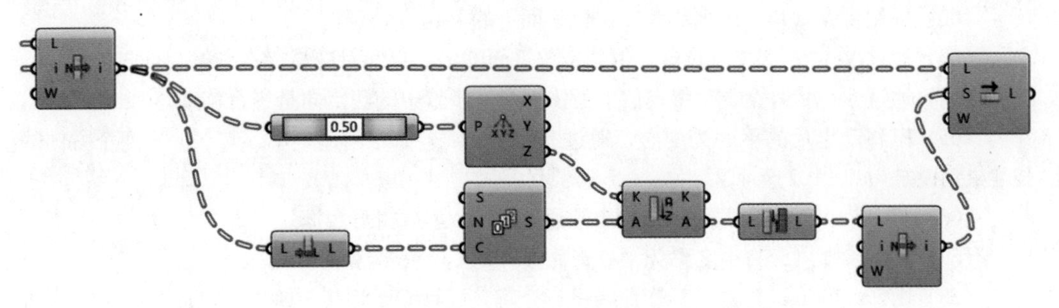

图 5–70 提取每段曲线的中点并分解为 X、Y、Z 坐标

（52）用 List Length 运算器测量每个路径下曲面嵌板的数量，并将其赋予 Series 运算器的 C 输入端。

（53）通过 Sort List 运算器依据中点的 Z 坐标数值，将等差数列进行重新排序。

（54）由于 Sort List 运算器是按照 Z 坐标值由小到大顺序排列的，为了将每个嵌板的顶部边缘作为起始位置，可通过 Reverse List 运算器将数据进行反转。

（55）通过 List Item 运算器提取每个路径下的第一个数据，并将其赋予 Shift List 运算器的 S 输入端。

（56）通过 Shift List 运算器将曲面嵌板的序号进行数据偏移，其结果为每块嵌板顶部边缘的起始位置。

（57）如图 5–71 所示，用 Curve 运算器拾取步骤（45）中名称为“投影曲线”的数据，为了保证程序连线的简洁性，可隐藏其与 Project 运算器之间的连线。通过 Group 将 Curve 运算器进行群组，并命名为“投影曲线”。

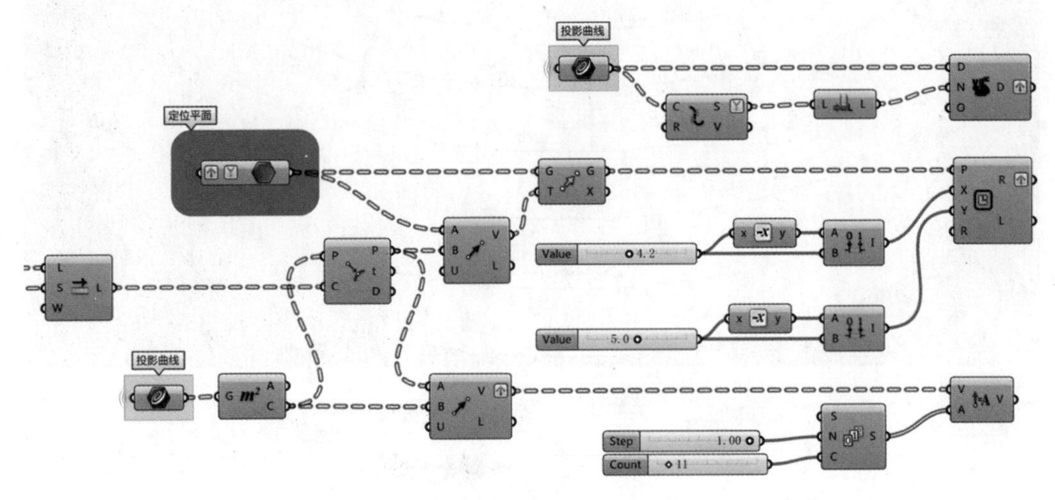

图 5–71 拾取数据并隐藏运算器之间的连线

（58）通过 Area 运算器提取每组投影曲线的几何中心点。

（59）由 Curve Closest Point 运算器计算几何中心点到对应曲面边缘的最近点。

（60）通过 Vector 2Pt 运算器依据最近点和几何中心点创建两点向量，同时需要将其 V 输出端通过 Graft 形成树形数据。

（61）由 Amplitude 运算器为向量赋予数值。其数值大小由 Series 运算器进行控制，等差数列的公差值为 1，数据个数为 11。

（62）复制步骤（44）中名称为“定位平面”的 Data 运算器。

（63）通过 Vector 2Pt 运算器，依据定位平面的中心点和对应最近点创建两点向量。

（64）通过 Move 运算器，将定位平面依据上一步骤中的两点向量进行移动。

（65）以移动之后的平面为中心，通过 Rectangle 运算器创建矩形，其 X、Y 两个方向的长度分别设定为“-4.2 至 4.2”和“-5 至 5”。

（66）将 Rectangle 运算器的 R 输出端通过 Graft 形成树形数据。

（67）复制步骤（57）中名称为“投影曲线”的 Curve 运算器。

（68）由 Explode 运算器对投影曲线进行分解，同时需要将其 S 输出端通过 Simplify 进行路径简化。

（69）通过 List Length 运算器测量每个路径内分解后曲线的数量，并将其赋予 Duplicate Data 运算器的 N 输入端。

（70）将投影曲线数据通过 Duplicate Data 运算器进行复制，同时将其 D 输出端通过 Graft 形成树形数据。

（71）如图 5-72 所示，通过 Move 运算器将矩形沿着向量方向进行移动。

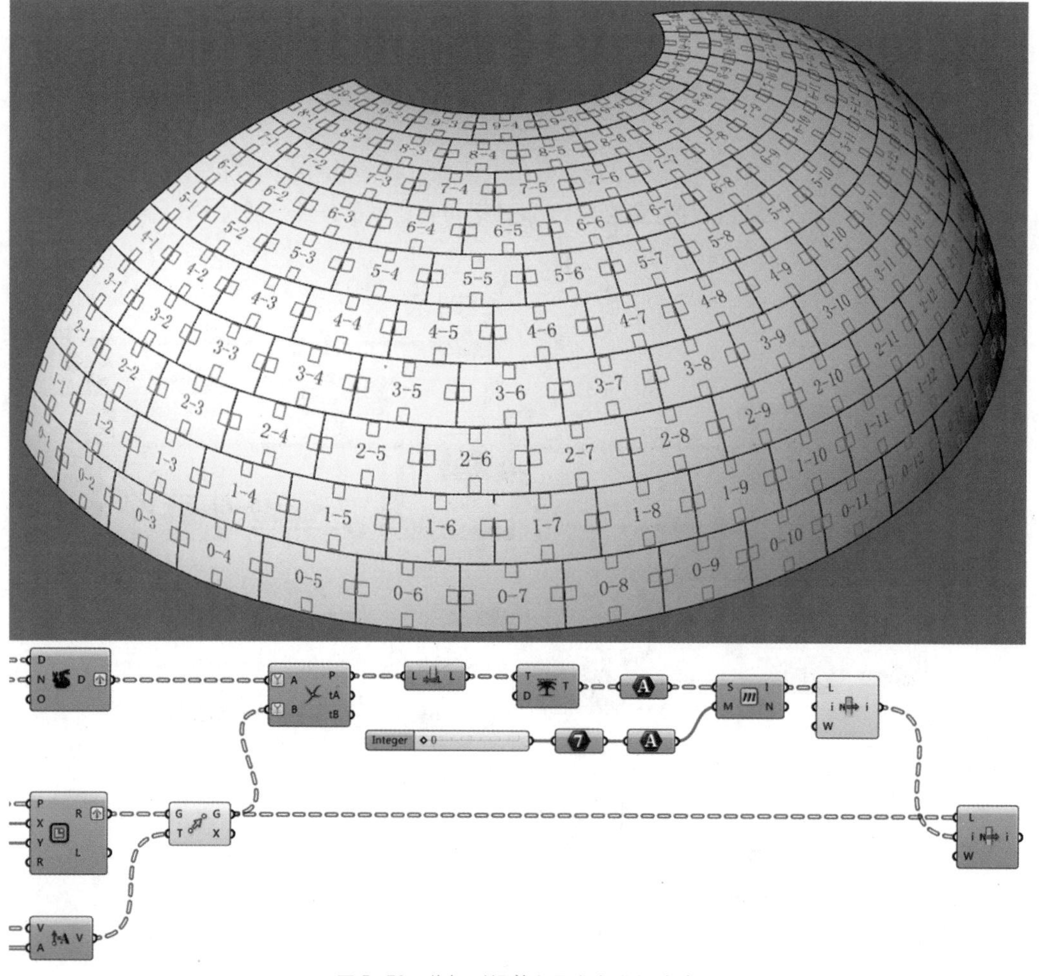

图 5-72　将矩形沿着向量方向进行移动

（72）通过 Curve ｜ Curve 运算器计算移动后的矩形与复制后边缘的交点。为了保证路径对应，需要将 Curve ｜ Curve 运算器的两个输入端通过 Simplify 进行路径简化。

（73）用 List Length 运算器测量交点的数量。

（74）通过 Trim Tree 运算器将上一步骤的输出结果进行路径还原。

（75）用 Text 运算器将路径还原之后的数字转换为文字。

（76）由 Number Slider 运算器创建一个数值为 0 的数字，并通过 Integer 运算器去掉小数点后面的数字，由 Text 运算器再将数字转换为文字。

（77）通过 Member Index 运算器提取出交点数量为 0 的数据所对应的索引值。

（78）通过 List Item 运算器提取出第一个与曲面边缘交点个数为 0 的矩形索引值。

（79）通过另一个 List Item 运算器依据索引值提取对应的矩形。

（80）如图 5-73 所示，通过 Trim Tree 运算器将上一步骤的输出数据进行路径还原，同时将其 T 输入端通过 Simplify 进行路径简化。

（81）用 Polygon Center 运算器提取矩形的中心点。

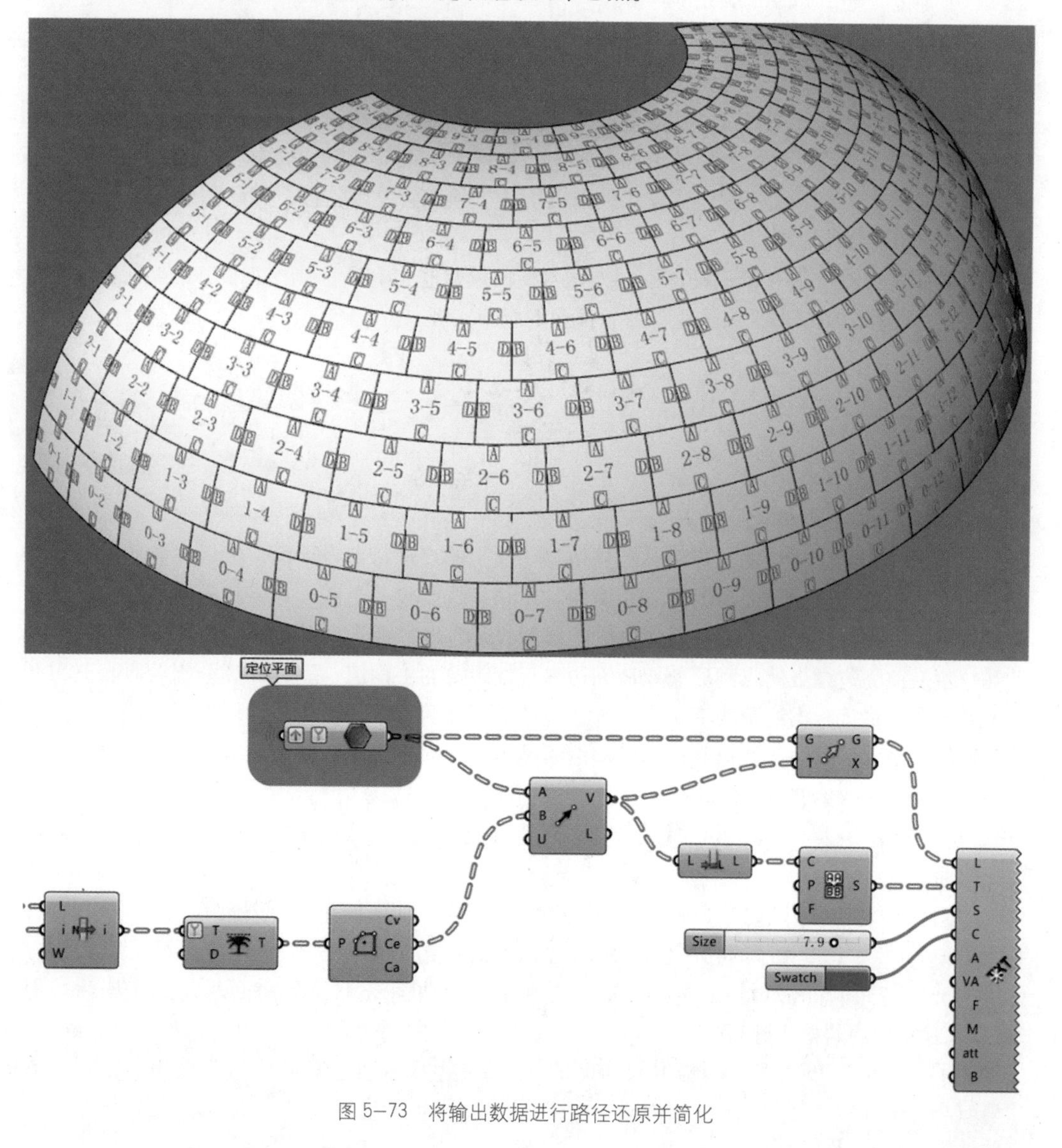

图 5-73　将输出数据进行路径还原并简化

（82）复制步骤（44）中名称为“定位平面”的 Data 运算器。

（83）通过 Vector 2Pt 运算器，依据定位平面中心点和矩形中心点创建两点向量。

（84）通过 Move 运算器，将定位平面沿着向量方向进行移动，并将移动后的平面赋予 JustifiedText3d 运算器的 L 输入端，将其作为标注位置。

（85）通过 List Length 运算器测量每个路径下向量的个数。

（86）将上一步骤输出的结果赋予 Sequence 运算器的 C 输入端，由于每个路径内有 4 个数值，因此可在每个对应路径内创建 A、B、C、D4 个字符。

（87）将 Sequence 运算器的输出字符赋予 JustifiedText3d 运算器的 T 输入端，作为需要标注的文字。

（88）将数值 7.9 赋予 JustifiedText3d 运算器的 S 输入端，用来控制标注文字的大小。将 Colour Swatch 运算器赋予其 C 输入端，可调整标注文字的颜色。

8.2 遗传算法——双曲面优化为单曲圆柱面

双曲面上两个方向都存在主曲率不为 0 的点；单曲面上一个方向点的主曲率都为 0。圆柱面也是单曲面的一种，由于其可以精确定位圆心、半径、弧度，因此在实际工程中的应用较多。

在幕墙的深化设计中，可将双曲面嵌板优化为可展开的单曲圆柱面嵌板。由于单曲面可进行摊平展开，加工后再弯折为原始单曲面形态，这样可大大降低制造成本。不过并不是所有的双曲面都能优化为单曲面，因为优化后的单曲面 4 个顶点会发生位移，因此需要在工程可接受误差范围内进行优化。

双曲面优化的方法有很多种，不同方法对应的精度也会有所区别。如图 5–74 所示，该案例为通过遗传算法将双曲面优化为单曲圆柱面的应用实例。

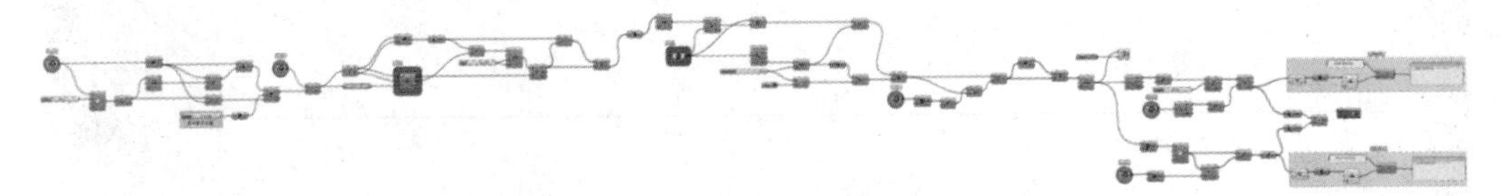

图 5–74 通过遗传算法将双曲面优化为单曲圆柱面

该案例的主要逻辑构建思路为：首先依据曲面上的点进行拟合平面，然后将其切平面进行旋转，计算出旋转后的平面与曲面的相交线。由相交线创建一个圆，并将其沿着中心点对应的法线方向延伸为圆柱面；将原始双曲面的边缘线投影到圆柱面上，并依据投影线分割圆柱面。计算分割后曲面边缘上的点到原始双曲面边缘最近距离的平均值；同时计算分割后曲面上的点到原始双曲面最近距离的平均值；通过遗传算法计算在两组平均值最小的情况下，切平面旋转的弧度值；最后通过边缘距离和曲面距离两组精度值，判定优化的结果是否在工程可接受误差范围内。以下为该案例的具体做法。

（1）如图 5–75 所示，为了简化操作，可直接提取本章第 8 节中的一个曲面嵌板作为初始的优化曲面。

（2）选中该曲面，通过“UnrollSrf”指令对其进行摊平曲面操作，由于该曲面是一个双曲面，指令栏中会提示：您要摊平的物件至少有一个曲面的两个方向都有曲率，这样的曲面无法被展开。

（3）用户同样可通过曲率分析图形来判定一个曲面是否为双曲面，判定完毕后，用 Surface 运算器将其拾取进 GH 中。

（4）如图 5–76 所示，将拾取双曲面的 Surface 运算器通过 Group 进行群组，并命名为“Surface”。

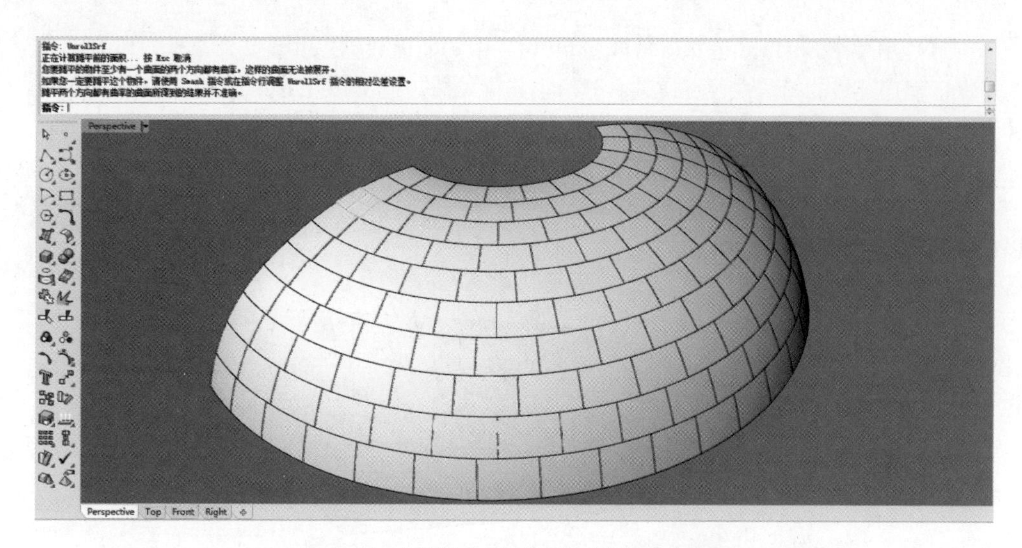

图 5-75　直接提取曲面嵌板作为初始优化曲面

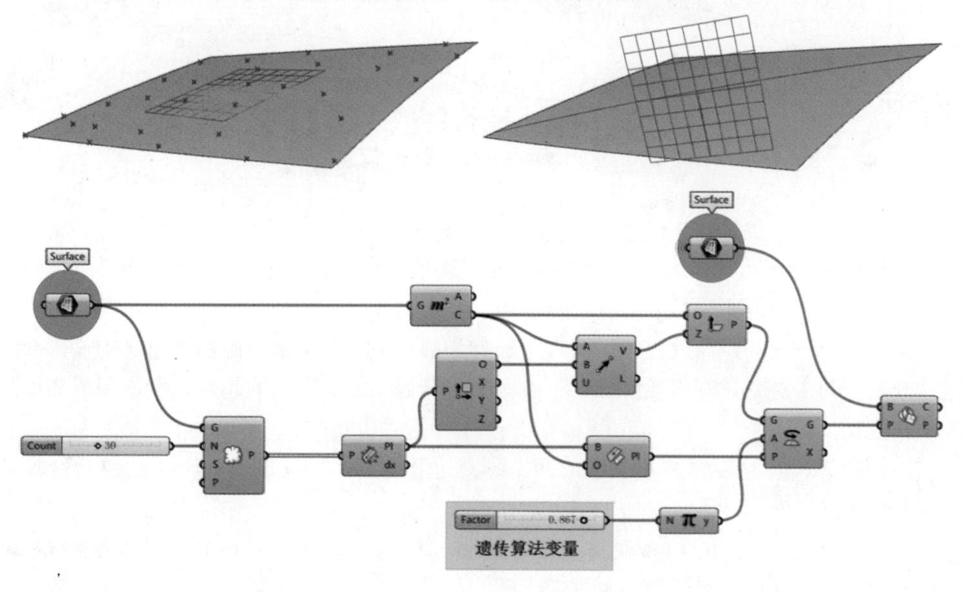

图 5-76　操作步骤

(5) 通过 Populate　Geometry 运算器在曲面上生成 30 个随机点，并用 Plane　Fit 运算器依据随机点拟合出一个平面。

(6) 通过 Deconstruct　Plane 运算器，提取拟合平面的中心点，并由 Area 运算器提取原始曲面的中心点。

(7) 通过 Vector　2Pt 运算器，依据两组数据创建两点向量。

(8) 通过 Plane　Normal 运算器创建一个以曲面中心点为中心，垂直于向量的平面。

(9) 通过 Plane　Origin 运算器将拟合平面的中心点定位到曲面中心点位置，并以其为旋转中心，通过 Rotate 运算器将垂直于两点向量的平面进行旋转。

(10) 将一个数据范围是 0 至 1 的 Number　Slider 运算器赋予 Pi 运算器，作为旋转的弧度值，用户可先随意设定一个数值。由于该旋转弧度值将作为遗传算法的变量因子，可将其命名为“遗传算法变量”，后期需要将 Galapagos 运算器的 Genome 输入端连接到该 Number　Slider 运算器。

（11）用一个 Surface 运算器拾取步骤（4）中的曲面数据，并将其命名为“Surface”。为了保证程序连线的简洁性，可通过右键单击其输入端，将 Wire Display 模式改为 Hidden，即可隐藏运算器之间的连线。

（12）通过 Brep | Plane 运算器计算旋转后的平面与原始曲面的相交线。

（13）如图 5-77 所示，通过 End Points 运算器提取相交线的两个端点，并由 Point On Curve 运算器提取相交线的中点。

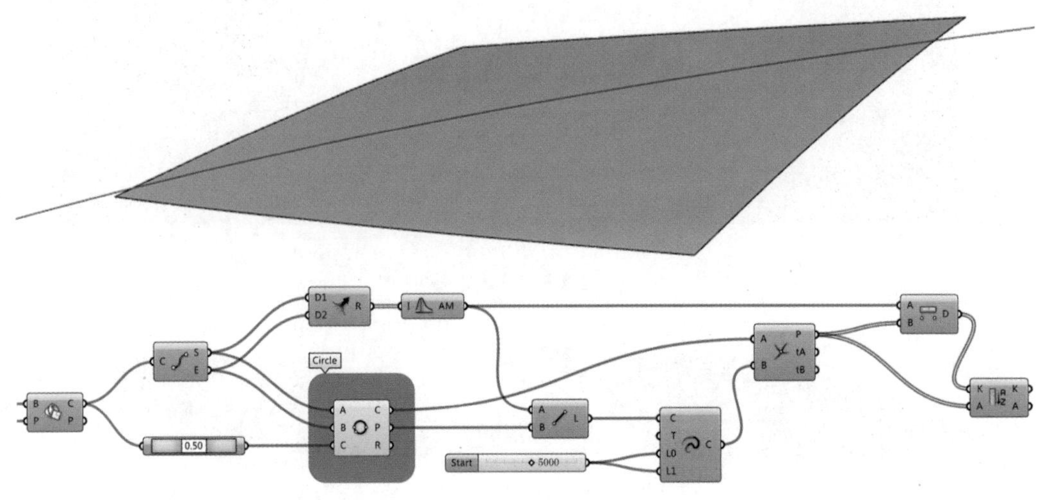

图 5-77　提取相交线的两个端点及中点

（14）通过 Circle 3Pt 运算器，依据上一步骤中的 3 个点创建一个圆，由于后续操作过程还会用到该数据，可通过 Group 对其进行群组，并命名为“Circle”

（15）由于后面的操作过程中需要将圆延伸为圆柱面，并依据原始曲面边缘的投影曲线对其进行分割，为了避免分割位置恰好处于曲面的接缝处，需要将圆的起始点调整到距离原始曲面最远的位置。

（16）用 Merge 运算器将相交线的两个端点进行合并，并通过 Average 运算器计算两个端点的中点。

（17）将圆心和中点由 Line 运算器连成直线，并通过 Extend Curve 运算器将直线在两个方向进行延伸，只要保证其延伸的范围大于圆的范围即可。（由于圆的半径往往比较大，该步骤中延伸的数值可直接设定为一个很大的值。）

（18）通过 Curve | Curve 运算器计算延伸线与圆的两个交点，并通过 Distance 运算器测量中点到两个交点的距离。

（19）通过 Sort List 运算器依据测量的距离值将两个交点进行排序。

（20）如图 5-78 所示，由于点是按照其到中心点的距离由小到大进行排列的，为了提取距离最远的交点，可通过 Reverse List 运算器将点的数据列表进行反转。

（21）通过 List Item 运算器提取出列表中的第一个点，即为距离原始曲面最远的那个交点。

（22）用 Circle 运算器拾取步骤（14）中的圆数据，并将其命名为“Circle”。为了保证程序连线的简洁性，可通过右键单击其输入端，将 Wire Display 模式改为 Hidden，即可隐藏运算器之间的连线。

（23）通过 Curve Closest Point 运算器计算交点对应圆上的 t 值。

（24）通过 Seam 运算器将圆的起始点位置依据 t 值重新定义到交点处。

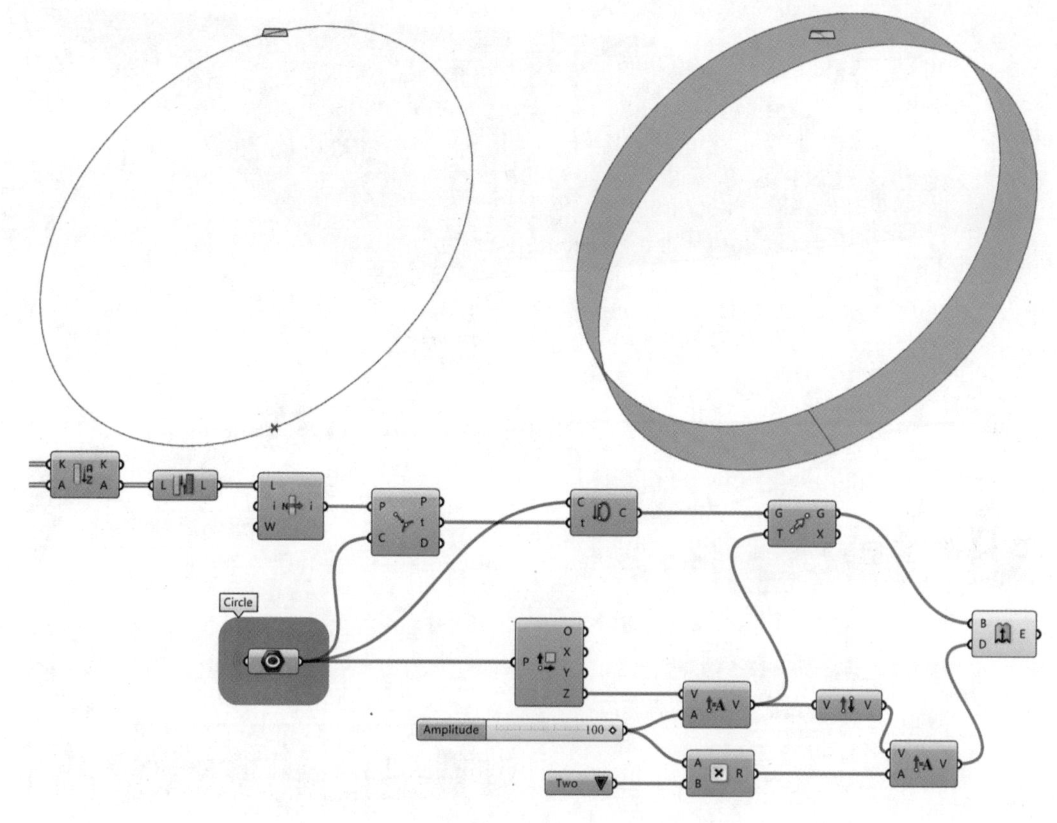

图 5-78　将点的数据列表进行反转

（25）通过 Deconstruct　Plane 运算器将圆所在的平面进行分解，其 Z 输出端数据即为圆心所对应的法线方向。

（26）通过 Amplitude 运算器为法线向量赋予数值，为了保证圆柱面的范围大于原始曲面，其 A 输入端可赋予一个较大的数值，本案例中将其设定为 100。

（27）通过 Move 运算器将圆沿着上一步骤创建的向量进行移动。

（28）由 Reverse 运算器将向量进行反转，并通过 Amplitude 运算器将移动距离的 2 倍作为其向量大小。

（29）将移动后的圆沿着上一步骤创建的向量延伸出曲面。

（30）如图 5-79 所示，复制步骤（11）中的 Surface 运算器，并用 Brep　Wireframe 运算器提取其边框线。

（31）用 Join　Curves 运算器将曲面边框线进行合并，并通过 Pull　Curve 运算器将其投影到圆柱面上。

（32）用 Surface　Split 运算器依据合并后的边框线进行分割曲面，并通过 Area 运算器计算分割后全部曲面的面积。

（33）通过 Sort　List 运算器将分割后的曲面依据面积由小到大进行排序。

（34）由 List　Item 运算器提取出面积最小的曲面，为了与原始双曲面进行区分，可通过 Custom　Preview 运算器为其赋予颜色。

（35）如图 5-80 所示，用 Brep　Edges 运算器提取分割后曲面的边缘，并用 Join　Curves 运算器将其进行组合。

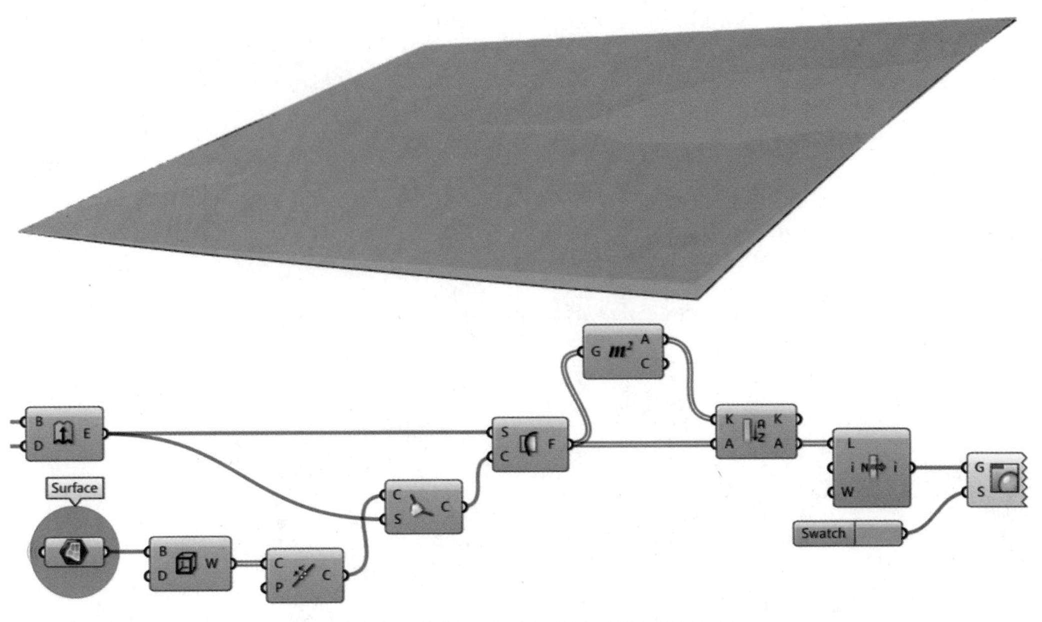

图 5—79　复制 Surface 运算器并提取其边框线

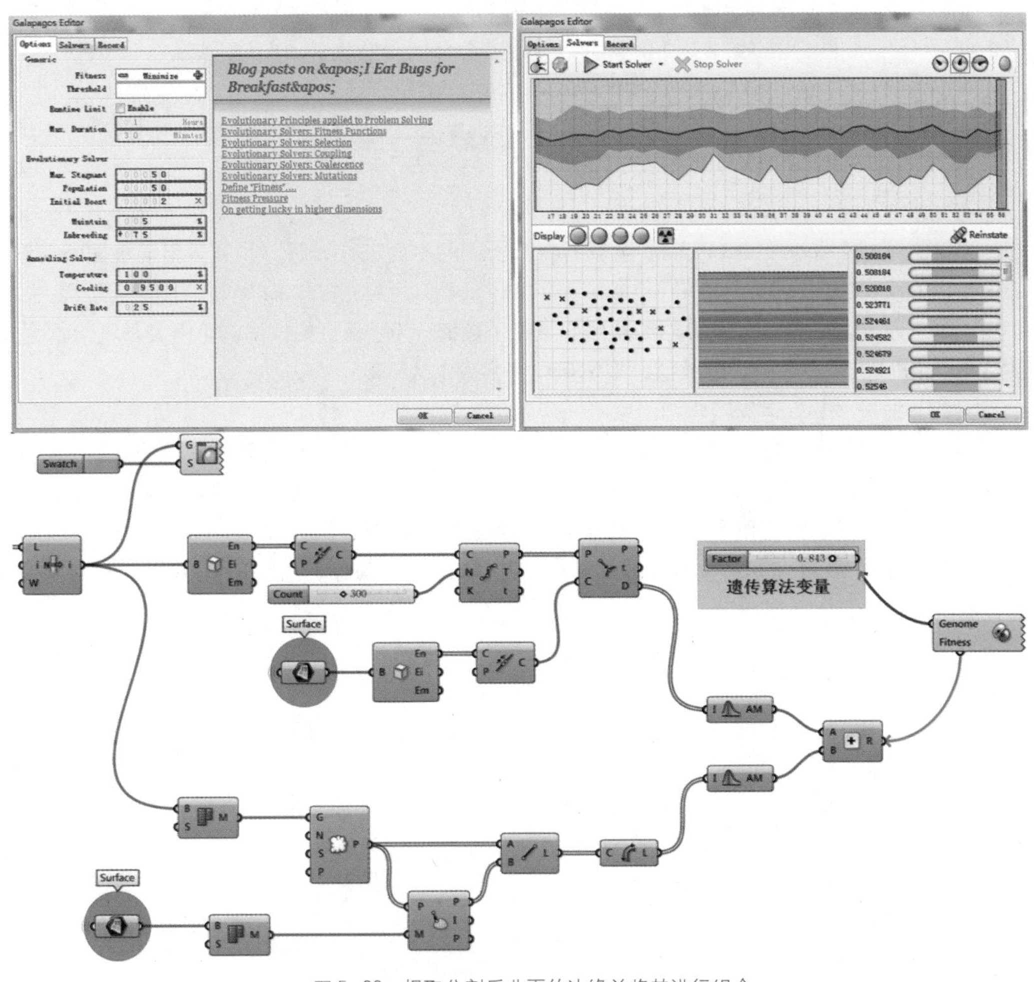

图 5—80　提取分割后曲面的边缘并将其进行组合

（36）通过 Divide Curve 运算器在边缘线上生成等分点。

（37）复制步骤（11）中的 Surface 运算器，用 Brep Edges 运算器提取其边框线，并通过 Join Curves 运算器将其进行组合。

（38）通过 Curve Closest Point 运算器，计算分割后曲面边缘上的点到原始双曲面边缘的最近距离，并由 Average 运算器计算出最近距离的平均值。

（39）为了提高程序运行效率，可由 Mesh Brep 运算器将分割后的曲面转换为网格，并通过 Populate Geometry 运算器在网格上生成随机点。

（40）复制步骤（11）中的 Surface 运算器，并由 Mesh Brep 运算器将其转换为网格。

（41）通过 Mesh Closest Point 运算器，计算随机点到原始曲面转换为网格后的最近点，并由 Line 运算器将随机点与对应最近点进行连线。

（42）用 Length 运算器测量全部直线的长度，并由 Average 运算器计算出长度的平均值。

（43）用 Addition 运算器将两组平均值进行相加。

（44）调入 Galapagos 运算器，将其 Fitness 输入端与 Addition 运算器的输出端进行连线，其 Genome 输入端与步骤（10）中的 Number Slider 运算器进行连线。（为了让用户清楚看到 Galapagos 运算器与变量的连线，在此将步骤（10）中 Number Slider 运算器与 Pi 运算器的连线进行了隐藏。）

（45）Galapagos 运算器的连线方法与其他运算器有所不同，需要从 Galapagos 运算器的输入端连线到目标运算器。

（46）双击 Galapagos 运算器打开编辑面板，将 Options 标签下的 Fitness 改为 Minimize，即将两组平均值之和的目标结果设定为最小值。在 Solvers 标签下单击【Start Solver】即可开始运算，程序会通过不停迭代产生一个相对最小值，并输出对应的旋转弧度值。

（47）通过遗传算法优化完毕后，与 Genome 输入端相连的 Number Slider 运算器的数值变为 0.397。

（48）如图 5-81 所示，程序优化完毕后，需要继续判定其结果是否在工程可接受误差范围内。

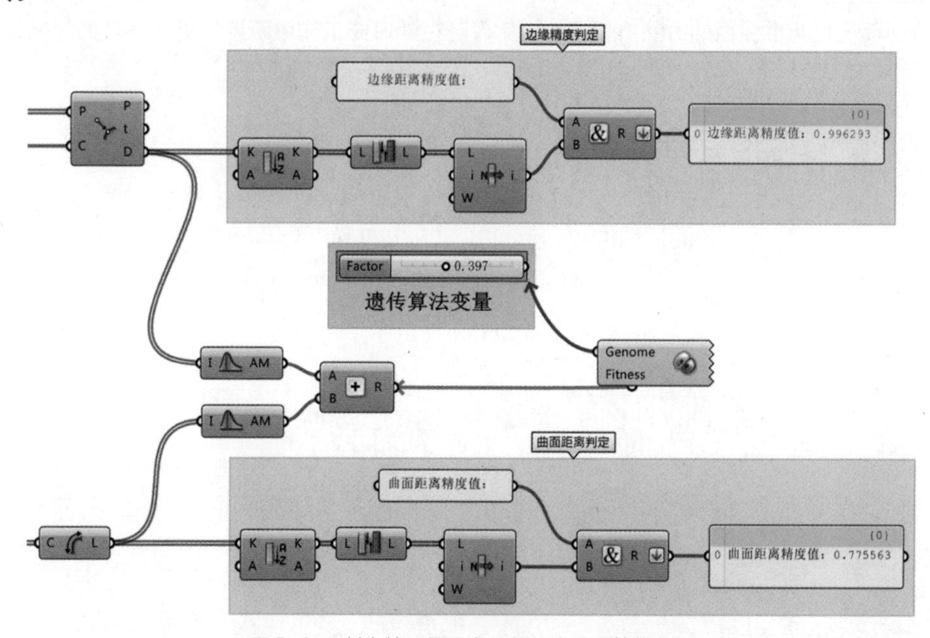

图 5-81 判定结果是否在工程可接受误差范围内

（49）将步骤（38）中 Curve Closest Point 运算器的 D 输出端数据，通过 Sort List 运算器将其由小到大进行排序。

（50）通过 Reverse List 运算器将数据进行反转，那么距离最大的数值将位于列表的第一个位置。

（51）通过 List Item 运算器将最大的数值提取出来。

（52）为了将结果更直观地显示出来，可在 Panel 面板中输入“边缘距离精度值：”，并通过 Concatenate 运算器将其与最大值进行文字合并。通过 Flatten 将输出端数据进行路径拍平，并用 Panel 面板查看其输出结果。

（53）步骤（49）至步骤（52）是优化后的曲面与原始曲面边缘的精度值判定，接下来需要对其进行曲面距离判定。

（54）将步骤（42）中 Length 运算器的输出数据通过 Sort List 进行由小到大排序。

（55）通过 Reverse List 运算器将数据进行反转，那么距离最大的数值将位于列表的第一个位置。

（56）通过 List Item 运算器将最大的数值提取出来。

（57）为了将结果更直观地显示出来，可在 Panel 面板中输入“曲面距离精度值：”，并通过 Concatenate 运算器将其与最大值进行文字合并。通过 Flatten 将输出端数据进行路径拍平，并用 Panel 面板查看其输出结果。

（58）将边缘误差与曲面误差判定完毕后，需要将其与幕墙加工厂及施工方进行对接，确认误差精度是否在施工误差允许范围内。

（59）最后将优化后的单曲面 Bake 到 Rhino 空间中，并通过“UnrollSrf”指令对其进行摊平曲面操作，在平面空间即可继续深化加工图纸。

以上介绍了通过遗传算法将双曲面优化为单曲圆柱面的一种方法，由于不同项目中嵌板形态以及精度要求不同，导致优化的方法也会有所不同。用户还可将原始曲面边缘投影到平面，使其满足在某一视线角度下大致重合为一条线，这种以原始曲面边缘为参考优化出来的结果在误差上会更小一些。

双曲面优化为单曲面的方法有很多，使用者可在学习或工作中研发出更为合理的优化方法。